U0137941

屏具

刘传生 著

中国林業出版社

图书在版编目（CIP）数据

屏具 / 刘传生著 . -- 北京 : 中国林业出版社 , 2024.3

ISBN 978-7-5219-2453-4

Ⅰ . ①屏… Ⅱ . ①刘… Ⅲ . ①家具 – 研究 – 中国 – 古代 Ⅳ . ① TS666.202

中国国家版本馆 CIP 数据核字（2023）第 231609 号

审图号 : GS 京（2023）2567 号　自然资源部　监制

摄　　像：刘加斌　赵　众　姚文祥（助理）
图片整理：刘加斌　郭宗平　周　颖
文字整理：张朝忠　丁艳丽　刘加旭　姚秀英

策划编辑：杜　娟
责任编辑：杜　娟　李　鹏
装帧设计：杨昶贺　赵梦琛

出版发行：中国林业出版社
（100009　北京西城区刘海胡同 7 号，电话 83223120）
出版咨询：（010）83143553
电子邮箱：cfphzbs@163.com
网　　址：www.forestry.gov.cn/lycb.html
制　　版：北京美光设计制版有限公司
印　　刷：北京雅昌艺术印刷有限公司
版　　次：2024 年 3 月第 1 版
印　　次：2024 年 3 月第 1 次印刷
开　　本：787mm × 1092mm　1/16
印　　张：30.25　插页 4
印　　数：1 ～ 2500 册
字　　数：635 千字
定　　价：800.00 元

作者简介

刘传生，1961 年生，河北沧州人

北京万乾堂古代家具艺术馆创办人

北京收藏家协会古典家具专业委员会主任

中国职业岗位技能艺术品（家具）高级鉴定师

中央美术学院客座、课程教授

清华大学特聘大学生艺术作品文化艺术顾问

加拿大文物与艺术研究基金会古典家具高级顾问

出版著作《大漆家具》（故宫出版社，2013 年）

马未都先生与作者探讨《屏具》一书的相关细节

序一

屏风在中国传统家具中的重要性很容易被忽视。它可能是最古老的中国家具，但由于今人居住环境的改变，屏风几近退出家居市场，除在公共空间还可以寻觅到屏风的踪影，一般私人空间中几乎没有了屏风的位置。

屏风的存在至少有三千年历史了。先秦屏风很难找到实物了，但文献记载清晰，有扆、萧蔷、斧依等古代称谓。明朝文人文震亨在《长物志》中指出："屏风之制最古。"这一结论准确无误。屏风以其功能——屏障，在先秦居住环境中曾有着不可替代的功用，很多成语保留了屏风的使用痕迹：绸缪帐扆、祸起萧墙、翦屏柱楣、杜门屏迹、点屏成蝇、锦屏射雀、九叠云屏、雨帐云屏，等等。从这些成语内容就知屏风在居住使用时的功能，以遮挡隐蔽为用，其核心是体现某一种中庸。

国人自古就讲究凡事不能一览无余，追求曲径通幽；尽管对称是中国古典美学的第一原则，但无论是宏大的宫殿，还是朴素的民居，中国人都不能让“气”直来直去，必须变换路径，让其有柳暗花明、豁然开朗的感觉；凡难以避免通直之时，设置屏风是最好的手段，所以在行进路径上，在厅堂空间的布局上，屏风都展现了其特殊的屏障功能，让直成曲，变穿成障。

屏风早期式样单一，中规中矩，这种古老家具生命力顽强，至清代仍广泛使用，尤其宫殿及豪门大宅，立式屏风总要矗立在中心位置，起着视觉中心的作用。尽管百年来这类立式屏风功能渐渐退化，但因为三千年来形成的文化惯性，屏风的屏障功能退化，陈设功能加强，常常作为主人待客的背景，彰显地位与身份。

由于屏风的重要性，屏风衍生出多个品类，折屏、桌屏、砚屏、墙屏、挂屏、床屏、枕屏、香屏、插屏、镜屏、灯屏，等等，多有实用功能。各类屏风顾名思义，功能与生活相关，为生活提供便利。即便没有实用功能的墙屏、挂屏，其装饰性大大提高了室内氛围，让寂静的墙壁生动起来。

至此，屏风升华，由纯粹的家具变成纯粹的艺术品。这是其他种类家具无法比拟的，也是屏风难以归类的根由之一。

家具的分类，前辈学者各抒己见，但从未把屏风单独归类，多放在杂项类中，委屈了屏风。这些年中国古代家具的研究热、收藏热逐渐降温，许多浸淫多年的家具爱好者难以看到新的成果，刘传生先生另辟蹊径，持之以恒，以古代屏风为题，翻阅文献，走访各类人等，反复比对，终于将成果奉献于世，这就是大作《屏具》。

屏具单独成书，可喜可贺。在喧嚣过后，沉寂下来的才是成果。中国家具产生三千年以上，从未间断的只有屏风，可以说一部屏风的历史就是一部中国家具的历史，此话中肯并不为过。

是为序。

马未都

收藏家、文化学者、观复博物馆创办人

癸卯芒种

常纪文先生对此书的编著做相关指导

序二

我与刘传生先生因为研究古髹漆家具结缘，成了多年的学术朋友。

髹漆家具是中国古代家具之宗。所谓髹漆，是指以漆涂物。从出土文物来看，六七千年前的河姆渡遗址中就发现了木胎朱漆碗；从历史文献来看，《韩非子・十过篇》记载，尧舜时就曾用木材制作食器，并“削锯修之迹，流漆墨其上”，可见我国髹漆木制生活器物的历史久远。髹漆家具属于髹漆木制器物的一个大门类。从出土文物来看，我国至少从秦汉开始就有了髹漆家具，有学者研究指出，比较成熟的髹漆技艺在商代就被运用到床、案类家具的保护和装饰上。研究遗存的唐宋元壁画和宋元古画，如甘肃敦煌莫高窟壁画和山西芮城永乐宫壁画等，可以在其中发现用途各异、色彩丰富、造型优美的髹漆家具。这说明髹漆家具作为上至皇家贵族、下至黎民百姓都使用的家具，其传承历史相当悠久，使用范围相当广泛，文化内涵也相当丰富。目前，床、桌、椅、几、柜等髹漆家具还在被官方和民间广泛地使用。在人类文明的历史长河中，髹漆家具的形制和髹漆工艺也不是一成不变的，随着人们审美观念的变化、漆艺工艺的进步有所发展，体现其本土化创新和发展的生命力。基于此，家具学术界理应系统、全面梳理和研究于本土起源和传承的髹漆家具历史和文化。

近些年，古髹漆家具的收藏和研究并非一帆风顺。与古髹漆家具收藏有着市场竞争关系的是硬木古家具，其中以紫檀、黄花梨为甚，因其在明清为皇家和权贵使用，身份显赫，拍卖价格一直居高不下，被市场广为推崇。当然，对于形制独特、工艺精湛、年份久远的大漆家具，市场拍卖行情有时也不错，但是与紫檀、黄花梨家具的拍卖相比，总的情况并不理想。因此，一些古髹漆家具收藏者、销售者、拍卖者有些灰心丧气，一些研究者认为在坐学术冷板凳。我觉得，只有经过历史检验的文化才是好东西，纵观我国历史，一段时间有一段时间的审美观和价值观，每个人有每个人的审美倾向和价值取向，判断每类家具的市场行情和收藏价值，既要看过去，也要看当下，更要放眼未来，大可不必自我贬低。尽管紫檀、黄花梨家具因其材质和造型在明代后期得到宫廷重视，但明清宫廷和民间并未遗弃髹漆家具。

近些年，本人多次到故宫及其库房实地调研，发现很多柱、檐、栏等木制构件和床、柜等木制家具都是髹漆的，军机处陈设的桌椅大都是清晚期制作的榆木擦漆题款家具；发现库房存放的宫廷髹漆家具，譬如朱漆描金绘云龙纹柜、箱、案、几等，仍然占有很大的比重，并非都是紫檀或黄花梨制作的。到民间调研，发现存世的古家具绝大多数是髹漆家具。从研究历史来看，我国学者对紫檀、黄花梨家具的研究约起始于20世纪80年代，与髹漆家具的研究历史相比，总体则要晚得多，也短得多。基于此，在研究家具文化和收藏价值时，既要肯定紫檀和黄花梨家具的独特地位，承认髹漆家具的悠久历史，也要分析各自的比较优势，力求客观、公正，对历史负责，不误导社会大众和投资者。

目前，古髹漆家具的研究有很多需要补缺或者系统、深入研究的问题。譬如，对于宋元及以前髹漆家具的种类、造型和工艺，学者们的研究总体上看系统性不够，主要的原因是出土文物和存世器具太少，加上唐宋元古书画存世不多，难以充分提供具有时代连续性和区域代表性的研究样本。一旦学术上触类旁通，如研究家具的学者，也积累一些古陶瓷、古石刻、古绘画知识，参考其器样、纹饰、绘画上体现的家具，研究视野会不断拓展。如欣赏从十六国到元朝开凿了十个朝代的甘肃敦煌莫高窟佛教壁画，就会在娱乐、宴会、集会、聊天等场合找到神仙、官员、仕女们的坐具、床榻、餐桌等家具，颜色与造型丰富。对不同朝代的壁画进行对比，会发现家具形制的历史传承与发展性。再如欣赏山西芮城永乐宫元代道教壁画，就会发现该壁画对元代工作和生活的场景描述具有体系性和连贯性，在不同的自然、社会和人文场景中布设了用途、制式不一的髹漆家具。以桌为例，从用途来看，可以看到办公用桌、聚会用桌、店铺账桌、茶桌、酒桌、供桌、踏桌等；从形制来看，可以看到长条、长方、方形桌；从颜色来看，可以看到红色、黑色、白色、绿色和红黑相配、黑白相配、红白相配、绿白相配的桌。以坐位为例，从用途来看，可以看到凳、椅和榻；从凳来看，既有长条凳、小凳，也有鼓形镂空凳；从八字形的长条凳腿来看，形状也有差异，有的是直溜的八字形，有的是外撇的八字形；从椅来看，既有灯挂椅，也有各式宝座；从榻来看，既有坐的，也有躺的，场景不同，形态与做工也有差异。从宋元两代壁画、书画的记载比较来看，无论是桌还是椅，元代都继承了宋代家具的一些元素。因此，壁画和书画对于正确把握宋元古髹漆家具的陈设文化和制作工艺，非常有参考价值。譬如有的学者认为，元代的家具总体形体粗大、雕饰华美，但从山西芮城永乐宫元代道教壁画中精美的家具绘画和应用场景来看，就会觉得“形体粗大”的判断具有片面性。因此，古髹漆家具的研究需加强与相关艺术领域的学术对话，在沟通之中深化本领域的系统性研究，以还原各时代家具发展的本来历史面貌。

我既喜欢紫檀、黄花梨家具，也喜欢古髹漆家具。近一二十年，我和儿子杰中收藏了古髹漆家具的一个独特门类——清末民国京作榆木擦漆题款系列家具。在藏品中，既有一批龙顺成在清末为宫廷和民间共同生产的“龙顺”题款家具，也有天成、广兴等清末知名家具作坊生产的题款家具，因此有了一些收藏与研究的心得体会。基于研究成果，2019 年龙顺成中式家具有限公司聘请我担任龙顺成京作文化传承名誉顾问。

我和儿子经常去刘传生先生的古代家具艺术馆参观、交流。他组织的有关家具展览我们也提供过“龙顺”款榆木擦漆家具予以支持。传生先生出身于教师，文化功底深厚，作为中国古髹漆家具研究的学术权威和带头人之一，著述颇丰，并经常利用电视、报纸和新媒体向大众传授古髹漆家具文化，履行自己的社会责任。我经常在古家具收藏市场上听到业内对他的高度评价。

中国古代家具文化博大精深，尽管先生阅物无数，具有扎实的理论功底和丰富的实践知识，但他非常谦逊，表达观点格外小心谨慎，讲究有理有据。先生与人为善，待人真诚，为人随和，总会及时回复我和朋友们请教的学术问题。有时尽管持不同的学术观点，但也会委婉表达，体现了传统文化研究学者的宽广胸襟。更为难能可贵的是，先生支持百花齐放、百家争鸣，对各类收藏和各派学术观点持开放心态。尽管他收藏的古髹漆家具数量颇丰，也很经典，但也充分肯定紫檀、黄花梨家具的历史地位和收藏价值。在他收藏的家具中，不乏紫檀和黄花梨精品。

为了弘扬中国本土屏具家具文化，弥补屏具家具历史研究的不足，促进当代屏具家具技艺的发展，先生年近花甲，仍然笔耕不辍，目前又有力作面世，对于古家具收藏界和学术界，是一件难得的好事。先生手写《屏具》书稿并一一制图，非常注重写作质量。据我所知，本书写作与修改耗时至少四年，有时就其中的一些焦点和难点问题与朋友们反复交流，直至表述稳妥为止。现在，先生请我这个后学为书作序，我自感才学不够，有些诚惶诚恐。我觉得，系统研究屏具家具的技艺、历史和文化，既是对中国家具历史的梳理和总结，也是对中国家具历史的负责和担当。基于此，传生先生是与家具历史对话的学者，他的研究不仅是写给我们当代人看的，更主要的是，通过他的认真负责可以看出，他是写给历史看的。处在历史长河中的家具研究学者，也会在今后的研究中，发掘新的史料，寻找新的证据，对他的学术呼吁、期望和疑惑作出历史回应。在刘传生先生这样学者的带领下，中国的屏具家具研究肯定会持续得到系统、科学、客观的发展。

是为序，请业内方家和读者们批评指正。

常纪文

北京市人大常委会委员

国务院发展研究中心资源与环境政策研究所副所长、研究员

2022 年 12 月于北京

引言

和大多数儿时的小伙伴们一样，我小时候对人的印象、记忆最为深刻的，是那些从民国时期走来，穿着缅裆裤打着腿带子裹着小脚，拄着拐杖走起路来发出“噔儿噔儿”的声音，踩着点儿走到村中唯一的小卖铺里，慢慢悠悠从怀里掏出用小方手帕包了好几层的零花钱，买上几块小饼干或槽子糕都觉得甚为自豪，幸福满满，且在回家的路上，故意放慢脚步左顾右盼一通显摆的老太太，和那些戴着瓜皮帽留着帽樱子头，聚在村口侃着大山、叼着大烟袋的老爷子们。就家具而言，见到最多、最为熟知的是北方常见的三仓大躺柜和圆包圆做法的正方形或长方形炕桌，至于其他的家具，以我所生活的北方农村地区来说，就再也看不到什么像样儿的家具了。我的小学时光，前两年是站着读完的，没有椅凳，只有用土坯搭成的“泥课桌”。三年级开始父亲才在别人的帮助下给我做了一条铁凳子。此凳是用一块长约一米六，宽不足三十厘米，类似“凹”字形的有槽厚铁板，先将两头中间部位的铁板适度剪掉一部分，留出脚足形样，并按所需尺寸留出腿子的高度后，再分别窝弯形成与座面垂直的直角状，凳子就做成了。此凳优点：结实；缺点：一、重量过大，搬动起来较为费劲，因当时学校条件较差，每天上下学都得自己来回扛着走，很吃力；二、易倒，因座面较长、宽度过窄、没有挓度、头重脚轻等原因，所以前后倒地是常事儿；三、凳面冰凉，梆硬，夏天没感觉，冬天特明显。当然了，和我一样没凳子坐的学生不止我一人。

20 世纪 80 年代中期，第一次接触古代家具，对于我这样从小未见几件、认知几乎为零的初涉者而言，既好奇又神秘，“原来还有这样的家具”。先是由紫檀、黄花梨木家具入手，因资料的缺乏和自身基础等多方面的原因所致，最初的认知也只是桌、椅、几、案之类的实用器，不知道屏具也算家具，对于屏具在实用功能之外还具有一定的装饰作用和欣赏性而成为赏器，应高于常见的普通实用性家具等方面认知较浅，体会不深。1999 年，当第一次见到有别于常见紫檀、黄花梨制式的山西地区产明末清初制榆木黑大漆彩绘案上大座屏时，惊着了，做梦都没想到天底下竟然还有这样制式及工艺的屏具。事后儿，就当时而言，在并不完全明白且花了“天价”又挣了“好钱”的同时，眼界大开，脑洞大开，从此开始对屏具重视起来，并产生了更为浓厚的兴趣，进而也就影响到了后来在屏具领域的深入探索与相关收藏。2002年，当再次偶遇并幸得一件形美工精的黑大漆素面座屏后，为寻求答案，被迫“逼上梁山”，此话听似有些惊玄过头儿，但确为肺腑之言。从此，算是正式地踏入了屏具研究之门。

正是因为这第一次与黑大漆彩绘案上大座屏的邂逅，所带来的视觉冲击与震撼，加之第二次幸得素屏后，迫于寻求既要正确又要准确的相关说法而进行研究的过程中，不断深入所带来的全新认知，才在有发现、有感悟、有研究、有总结的基础上，得以着手此书的筹备与编写。所以每逢知己、好友相聚，或有意交流，或茶余饭后，我总是会讲道：“这两张距今已有几百年的座屏，如同老天赐给我的百年钥匙，试图让我用这百年的钥匙，打开千年屏具世界文化宝库的大门。”抑或正是源于这看似老天有意的安排和机缘巧合，加上心怀理念以及对古代先贤聪明智慧的敬畏之意，才一切得以随缘，有了以下本书各章节内容的呈献。

第一章引子部分，真实具体地道明了成书的缘由。

第二章，实为抛砖引玉之篇章。本章在依据传世实物、注重实际情况、参考相关资料以及自身实践实战经验积累的基础上，将屏具门类的宗源纯正、历史久远、体系庞大以及其范畴下的族群成员相互关系、发展演变等相关问题，在给出具体划分原则、结合实际的情况下，进行类别划分和品种细分，并就其相关名称定义、选材用料、制作工艺、演变传承、艺术承载、文化体现等多方面加以阐述诠释，进行探讨，甚至定性定位。此外还对屏具的传世情况以及相关屏具的存世数量等具体问题给出了我的观点，如实地进行罗列与展现，摆明现象、提出问题、亮出观点、发出声音、引起注意和受到重视，意在将屏具门类从现有的杂具门类之中真正地剥离出来，独立门户，还屏具门类该有的身世和地位，以便更好地引领和促进屏具门类相关方面的深入研究，推进屏具文化的传承与弘扬。

第三章，就素屏文化方面的体现与传承加以梳理展现，主要是想通过对与古代文人有关的奇闻逸事、相关典故以及诗词歌赋和绘画等不同领域及层面的探讨，找寻古代即有素屏一说的重要依据，并对素屏文化，尤其是古代文人圈的素屏文化进行浅析和展示。

第四章，为相关屏具鉴赏与收藏方面的阐述以及部分屏具代表的选录、赏析与探讨，意在给读者、家具爱好者提供一些有意义有价值的参考资料，使读者对屏具的制作、应用、艺术体现、文化承载等多方面的理解认知更加深入，让更多的人喜欢屏具，提高对屏具门类的重视，同时益于鉴赏，利于收藏，更利于传统文化的弘扬。

屏具，为中国人的原发家具，因其问世较早，发展时间较长，体系庞大，种类丰富，形式多样，故相关研究方面涉及面广量大，且盘根错节，尤为复杂，有的更是难以厘清，其文化方面的承载和积淀更为博大厚重，因此有关屏具门类方面的研究乃是一项宏大的工程，任重而道远，是需所有有识之士、全体同仁、广大爱好者共同参与和努力的事情。因个人的经历、能力及水平所限，本书以下相关内容的呈现、研究及探讨，还是处于较为肤浅的层面，且会存在着些许的不同程度的偏差或错误，所以，还望各位师长、前辈及广大同仁斧正。

刘传俊

万乾堂古代家具艺术馆创办人

2023 年 7 月 26 日

（二）百姓阶层……232
（三）统治阶层……235
三、屏具文化的两个层面……242
（一）形而下称之为『器』层面……243
（二）形而上谓之『道』的层面……244
第四节　屏具门类增设的依据与理由……247
一、时间久远……247
二、宗源纯正……247
三、脉络清晰体系庞大……248
四、文化承载及属性……248
五、研究现状……248

第三章　素屏探研

第一节　古代素屏概述……252
第二节　素屏文化探研……256
一、素屏人文趣事略表……256
二、素屏与诗词……260
（一）唐　代……260
（二）五　代……265
（三）宋　代……266
（四）元　代……268
（五）明　代……268
（六）清　代……270
三、素屏与绘画……273
第三节　小结与寄语……290

目录

序一
序二
引言

第一章 引子
第一节 偶得赏屏 …… 2
第二节 幸遇黑大漆素屏 …… 8
第三节 屏具的学术研究现状 …… 12

第二章 屏具探研
第一节 屏具概述 …… 20
第二节 屏具的体系、类别探研 …… 23
一、屏具类别划分原则探研 …… 23
（一）按功能划分 …… 24
（二）按结构制式划分 …… 28
（三）划分原则 …… 30
二、种类细分及相关探研 …… 35
（一）屏风类 …… 35
（二）座屏类 …… 129
（三）挂屏类 …… 201
（四）炕屏类 …… 219
第三节 屏具文化浅析 …… 222
一、屏具文化概述 …… 222
二、屏具展现的阶层文化 …… 225
（一）文人阶层 …… 225

（一）选材用料……367
（二）设计、形制及制作工艺……368
（三）身份属性……378
（四）相关方面与参考……379
三、明晚期黄花梨玉石心砚屏……380
（一）形制与设计……382
（二）选材内外……385
（三）年份探讨与判定……388
（四）相关文化延展……392
四、明代榆木黑大漆云石心赏屏……396
（一）制式结构……398
（二）选材用料及文化属性……402
（三）年代与产地……403
（四）相关文化延展……404
五、明晚期楠木黑大漆素面枕屏……408
（一）设计与用色……410
（二）选材用料及工艺……412
（三）制作年代……415
（四）身份、属性、名称等相关探讨……416
（五）相关发现……439
附：相关参考资料……440
参考文献……445
图片索引……447
后　记……459
致　谢……461

第四章　屏具鉴赏

第一节　身份与属性 …… 294
第二节　鉴赏指南 …… 297
一、理念与定位 …… 297
二、鉴赏参考指南 …… 309
（一）屏具鉴赏标准及条件探讨 …… 309
（二）小　结 …… 317
三、经验与体会 …… 318
（一）制式之优 …… 319
（二）『石片儿』之选 …… 321
（三）年代之差 …… 325
（四）年份之秘 …… 328
（五）官造民制之选 …… 334
（六）明清之别 …… 337
（七）书房匾之优 …… 338
（八）楹联之荐 …… 341
第三节　代表赏析 …… 349
一、明晚期杉木黑红漆披麻灰彩绘描金赏屏 …… 350
（一）设计与形制 …… 352
（二）制作工艺、选材用料及相关 …… 354
（三）年代推断 …… 354
（四）属性探研 …… 360
（五）文化延展 …… 361
二、清乾隆御制紫檀嵌百宝灯屏式赏屏 …… 364

第一章 引子

第一节　偶得赏屏

20 世纪 90 年代，经过十多年的改革开放，中国经济发展迅猛，特别是经受住了亚洲金融风暴洗礼后的 90 年代末，全国上下百业兴盛，一派繁荣，家具行业亦是如此。这里所说的家具行业，现如今是泛指古代家具行业和遍及全国各地的所有古典家具及红木制造业仿古作坊等。而在当时，因为没有新做后仿产业的出现，所以无论是较为专业的具有一定学术性体现的“古代家具”之称，还是民间的“老家具”“旧家具”以及笼统的“古典家具”等多种称谓，都是指从民间寻找搜集的清代及清代以前的古旧家具，其指向只是古代家具的范畴。

家具行业，是指由那些亲自下乡走村串户寻找家具的一线行家和中间商、批发商、消费者、收藏家共同构成的古代家具流通渠道及市场模式。行业中，国内一线最基层的行家行为，北方人俗称“拉乡”或“喝街”，南方人则叫做“跑通子”或“铲地皮”。中间商无论是几手经营者、无论生意做得大与小，统统都被称作“二道贩子”。国外的经营者、消费者则被称为“批发商”或“客人”。无论怎样，在当时自上而下、由内而外自发形成的淘宝大军及经营链条，将中国的大部分古代家具，先由农村到城市，经二道贩子、批发商，最后倒腾运到国外的消费者、收藏者手中，其中以美国、英国、法国、德国、瑞士、瑞典、西班牙、日本、韩国、泰国为主，少量的则在国内流转。

随着改革开放的不断深入，交通、信息及通信等高科技的跟进与完善，原有的古代家具行业链条及模式，也随之发生改变，以广东珠海，上海虹桥，天津西青，北京吕家营、高碑店等地为代表的南北方古代家具集散地逐渐形成。集散地的出现与形成，省去了部分中间商的费用，拉近了一线行家等与批发商及城市大行家修理厂之间的距离和关系，惠及了一线行家，成就了北上广等较大城市中的批发商、修理厂。以当时北方地区最早的古代家具集散地之一的北京吕家营村为例，在 1997 年至 1999 年间，就陆陆续续地招来了山西临汾地区的部分一线行家，他们在此租一处民宅、一所院子，既能住人又能存货，把他们从一线寻来或从他人手中购得的老家具，整车整车拉到北京进行贩卖。这种模式在当时虽属自发而成，但收效不错，运转良好，一段时间内红火热闹，一派繁荣，给那代玩家具的人带来了可观效益，带来了乐趣，更是留下了美好难忘的回忆。

1999 年深秋的一天清晨，天刚蒙蒙亮，我就来到了吕家营古代家具集散地，看看有没有山西行家们新到的货。这是我当时不得已而养成的习惯，隔三差五就要起个大早，之所以这么做：一是他们的货大多都是夜间到，清晨卸；二是那个时候不像现在人人都有手机，什么时候到货预先是不知道的，能不能买到货，是否捡到漏儿，那得靠勤快、凭运气，去晚了好货就被早到的人买走了，所以要经常起个大早儿碰运气。这是每个买货人都清楚和必须做的事儿。这天碰巧儿，我一到吕家营，正好赶上山西一位刘姓行家到货，货刚刚卸完，桌子、椅子、柜子等屋内院外摆得满满的。高兴，没人来，我是第一个到的。

打过招呼后，我就迫不及待地屋内院外跑个不停，想了解一下这批家具的大概情况，做到心中有数后，再具体地、有针对性地和货主商谈。这是通常最行之有效的做法，这样做不会因不知情或是因一件东西的价格谈不拢而延误时间，抑或遇上别的买家来了而失去商机丢失好货，这样做能“掐尖儿”。我大概看了一圈儿后，便又匆忙地回到屋内放置的一个高大黑漆柜子面前，此柜宽超一米，高度两米有余，进深较大，前面双门对开，中间无立柱，内有隔层，下设闷仓，为典型晋作风格圆角柜制式。第一眼看到此柜时，因天还没大亮，且柜子又放在屋内，所以有些视物不清，幸好当时柜子的一扇门不在，朦胧中看到层板下闷仓内似有东西。出于职业习惯，基于本能弯腰探头，隐约间觉得这里面的东西非同一般。待二次回来再一探究竟时天已大亮，取出此物的瞬间，双目圆瞪，神经紧绷，心跳加速如呼吸要停止的感觉。好家伙！阔平大面，漆灰考究，双面彩绘，工笔娴熟，尽展古雅，整体上屏下座，最引人注目的是底座之上的四个滚圆状大球，球体壮硕饱满，形美韵足，气场强大，视觉冲击强烈，如图 1-1、图 1-2 所示。讲实话，因是平生第一次见到这有别于之前常见的黄花梨、紫檀等常规制式以外的“特殊”制式和做法的赏屏，一时间有些惊着了，傻了眼，被此屏给镇住了。仔细端详，反复琢磨，认真思考后，除了一个字“好”是肯定的外，但具体好在哪里、好到什么份上等相关问题仍是茫然不知，一头雾水。时间不等人，因担心考虑时间过长怕别的买家赶到，所以情急之下，慌忙之中，不得不在自己真是不明白的情况下，凭着直觉抱着捡漏的心理向对方询问了个价格，万万没有想到的是这位刘姓行家开出了在当时应为天价的两万元，让我彻底蒙圈了，顿时心情就沉重了下来。在当时，一件年份在明代中期左右，高浮雕满彩绘瑞兽人物的大佛柜价格也不超过三五千元，即便是较为考究独特且形美、工精、年份久、品相好的桌子、案子、椅子等也多在三五千元上下，价格超过一万元的漆木家具几乎很少。这么说吧，当时就同等尺寸大小的黄花梨或紫檀木所制作完美座屏，其价格也不会超过三五万元。怎么办？买吧，开价过高，且几经商讨货主就是不松口，咬住两万不放，难以达成。不买吧，东西特殊、勾人，让人难受！闹心！最终在心里没底、胸中无准数而又难以放弃，门外还有买家到来敲门的紧急情况下，以一万八千元强行谈妥。

图 1-1　明晚期黑大漆彩绘案上赏屏（摄于 1999 年）
万乾堂 旧藏

图 1-2　明晚期黑大漆彩绘案上赏屏侧面
万乾堂 旧藏

价已谈妥，尽管没有付款，但货已归我，无论赚赔，买卖双方皆不可反悔，这是老古玩行的规矩。此时，我这颗悬到嗓子眼儿的心总算落了地，但是新到的买家见到此屏已卖心中确有些遗憾和不悦。还好，因她是当时北京屈指可数的四大女中豪杰批发商之一，以量大普货发箱为主，所以并不特别在意这一件半套。后来听卖家说，在我走后，当她选了一批货谈好价格后，他又以多送了她两件家具的举动表示歉意算作弥补，这弦外之音，便知卖家当时对此屏所售价格的满意程度是超出预想的。

事情过去多年后，当再次和刘姓卖家重叙这段“旧情”时，他仍高兴有余且坦然地向我讲述了当时开出“天价”的原因。他说：“其实当时我也不懂，这屏是我在老家邻村的一个小行家那里买的，花了一千多块钱……”究竟花了多少钱还不一定啊！因为古玩行讲故事的事儿太多啦。紧接他又说：“往北京拉之前有些含糊，我怕拉上来卖不上好价钱，所以就在电话里和北京的另外一个大行家摸了摸底，那个行家说能给我出到八千块钱，心里有了点底这才运了上来，没想到这货刚到，就被你这个专挑好货的主儿给撞上了。不瞒你说，在你弯腰探头看第一眼时，我就发现你眼神不对，就觉得你看上这东西了，就认定你能看上的东西肯定不赖，所以……”哈哈！我还以为他不懂，自己能捡到漏呢！其实人家是有备而来，反而我才是被动的“棋子”呢，这正是应了古人的那句老话儿“买的不如卖的精”。

尽管认知有限，价格较高，但买得高兴，信心十足。在买到此屏后的一年左右时间内，得到多数行家和同仁们的肯定，但多数人对价格过高不能理解。这期间，卖家所讲的给他出价八千元大行家的助理，业内人称阿勇的王先生闻讯而来，虽对此屏心驰神往、垂涎不已，但最终也因价格过高引憾而去。之后，差不多又过了两年的时间，此屏才被一位港商以二万八千元的价格买走。虽说没有挣到什么大钱，且压在手里一段时间，但该屏的发现、购得及经手过程，刻骨铭心，额外收获胜于金钱。细想两点可以肯定：其一，此屏的买价和卖价在当时，确实是远高于市场行情的，具一定的突破性，而且此屏此物确为鲜见；其二，就我个人而言，其事可算作有预见、有胆识、有魄力的成功案例之一，现在说起来可能有些轻松和自豪，但在当时那个自身水平有限，眼界没开，专业知识等相关参考资料缺乏，信息并不通畅，市场行情相对封闭，而且经济水平相对低下，能做到这一点，谈何容易。

通过此屏的经手，前前后后，由朦胧到清晰，发现原来在明末到清中期这一时期制作及应用的黄花梨、紫檀、红木等硬木座屏以外，还有制作年代更早、制作工艺更为考究的大漆座屏。似乎认识到了古代家具“天外”还应有“天”，紫檀、黄花梨家具以外还有更好东西的一面。

通过此屏的高来高走及最后的圆满收官悟得：虽然紫檀、黄花梨材质的古代家具，在某种情况下，其价值等方面确占优势，但是，此大漆工艺明代座屏，形美工精及市场价值得以肯定的同时，亦能说明，古代家具的价值，其中也包括市场价值，应是一个综合性的问题，不能唯材第一，材质不能等同于价格价值。因此，此屏此事之后：其一，加强了我对古代家具品鉴方面的理性和客观认知，厘清和坚定了古代家具综合价值的判定标准及条件，进而有效地调整和转变了自己的经营思路和收藏理念；其二，通过此屏，更加增长了我在屏具收藏与研究方面的信心，增加了物力精力等方面的投入，为本书以下内容的呈现奠定了基础。

前示图 1-1 和图 1-2 为 1999 年购得上述明代黑大漆彩绘人物、亭台楼阁座屏正面及侧面的留存资料展示，此屏宽 100 厘米，高 106 厘米，厚 36 厘米，当时放在我吕家营仓库的一张约两米三长明代独板黄花梨翘头案上，用柯达胶卷拍照的，故效果不佳。这一尺寸，这种体量的案上座屏，在传世的同类屏具中是非常少见的。如面对实物，在全然不知，尤其是对古代屏具没有什么了解的前提下，其感觉、感受可想而知。

第二节　幸遇黑大漆素屏

2002年秋，杭州李姓朋友举办古家具拍卖会，我应邀参加。拍卖结束后与前来参加拍卖的香港古典家具收藏家、业界大家蒋念慈先生和台湾古典家具爱好者李新平先生，一同前往位于河坊街胡庆余堂近邻，于2002年1月28日正式开馆的观复古典家具博物馆参观。博物馆的展厅紧邻河坊街，分上下两层，展厅的后面有一长不足20米、宽不足5米的内院，穿过内院西北角方位有配房两间，为架构式通间，装点古雅舒适。参观完毕后，时任博物馆负责人的陈业先生热情地将我们引向了内宅品茶叙旧，此时惊喜的一幕出现了，清晰记得当陈先生推开VIP客厅门的那一刻，进门右手约1米处靠墙的位置，摆放着一张马蹄足弓字枨明式黄花梨半桌，半桌上面陈设着一件极为抢眼的黑大漆素屏，如图1-3所示。因摆放的位置紧邻门口，又因在这张长100余厘米、宽仅有40余厘米的桌面上摆放着一张近90厘米宽、80余厘米高、30厘米厚且底座之上配四个滚圆饱胀的硕大球体的较大型器具。空间的狭窄，位置的局促以及桌小屏大等体量尺度方面极不匹配的摆放形式，加之此屏通体素裹的黑漆髹饰和器物自身所具有的冲击感，出其不意，使人眼前一亮，顿感震撼。当时心里像扔砖头一样咕咚、咕咚心跳加速，真的是有点不知所措，不敢相信“世上竟然还有这东西”！自己的眼睛没看错吧？！没做梦吧？！使劲眨了几下眼睛，定了定神儿，果然是件全素无饰的黑大漆座屏。讲实话，在见到此素屏之前，别说是与素屏打过照面，就连听说过都没有，不知道世上竟然还有素屏。

宾主落座，茶过三巡，我便迫不及待地起身走近黑漆素面座屏，一探究竟。看造型制式古雅妙美；看局部细节工手到位；看漆灰工艺，灰厚漆稠色泽莹润，尤为考究。看包浆皮壳老到自然、旧貌尽显。那为什么整件器具上没有一笔的勾、描、彩绘及差色出现？是不是它原来的彩绘工艺因年久等原因而脱落？它是否为一件未完工的半成品？一系列的疑惑浮出脑海，看了许久还是一头雾水，没有思路更找不到答案，越看越懵，甚至连个目标方向都找不到。回到座位上便和主人主动交流起来。主人除肯定此器是老物件没修未配外，其余也讲不出什么可供参考的东西。但意想不到的是，在主人讲述此屏来历的过程中了解到，此屏为陈业先生私人藏品，

图1-3 明晚期黑大漆素屏
万乾堂 藏

与博物馆无关，于是便起了拥有此屏的念头。

好东西自己会说话，古玩行里有“好物叫人”之说法。聊了一会儿便又身不由己来到素屏前，他们几位在聊天，我则独自静心观赏此屏，半个小时过去了，一个小时过去了，还是糊里糊涂，搞不明白为什么一点点的修饰都没有。干脆！在征得主人同意后将此屏抱到了院中，充足的自然光下看到屏心的漆面，似罩过最后的面漆，且平整光洁，无任何瑕疵和偷工减料之疑，当年肯定是漆色莹亮、漆面如镜。一般说来，较为考究的大漆家具，无论其施以何种漆灰工艺，经多少道工序，最后的一道工艺皆以罩面漆收尾，此屏的罩面漆实施预示着工序的完成，成品的收官。近前细观发现，岁月使然，屏心两面皆开出了与漆灰质地年代等皆相应相符的蛇腹状大断纹，断纹洒脱自然， 断口痕迹岁月尽显。此时心中已有定数，虽不敢保证百分百为成品，但此屏半成品的几率极低，且确老无疑。有了一定的认知和定性后，拥有此屏的念头更加强烈。讲心里话，当时真的不是为了赚钱，和钱无关，就是觉得独特、新鲜、没见过，是发自内心的喜欢、好奇，想弄明白是怎么回事。那种势在必得不可错失，错过肯定后悔且会成为终身遗憾的感觉直往上顶。

要想如愿拥得此屏，必须符合三个条件：一是要看主人是否可以割爱，如主人不让一切将无从谈起；二是即使主人答应出让，那要看出让的价格是多少，如果价格过高，在这种认知不够充分的情况下，自己能否接受也是一个问题；三是同行而来的还有蒋、李二位先生，都是多年要好的朋友，他们喜欢与否，他们想要或不想要是他们的事，但我必须征得他们的意见，做到礼让，毕竟是三人同往。如都喜欢理应三人同拥，或二人有兴趣亦可共有，若他们二位谦让，我求之不得加感谢。这确是当时心理。

先是问过屏的主人陈业先生，思虑片刻稍作停顿后的陈先生慢语伴着长声回道："刘先生，我已收藏多年，这是马先生（马未都）关照给我的，本不该出，看你那么喜欢，可以！"第一道门儿开了，旗开得胜有希望，心中暗喜，紧接着按规矩在没有具体的谈价之前要先和蒋、李二位进行沟通，还好二人几乎同声应道："传生，你来！"谢天谢地！心里悬着的石头一下落地了。何出此言，口对心地讲，还是源于太喜欢此屏了，当时就想独拥此屏，但凡有他人的加入，此屏只能作为商品流转，不能收藏。所以，在此也再次诚挚地感谢蒋念慈先生、李新平先生二位仁兄当年的宽爱与成全。三个问题只剩价格这一关了，这一关亦等同于第一关，一样重要，没有开头肯定不会有结果， 没有结果等于头儿没开，还好主人虽开价不低但经简单沟通最后作出一定的让步， 尽管在当时讲价格还是不小，可谓"天价"，但我也深知此让步乃友情之举，加之欲求心切，所以最后还是一咬牙，如愿喜获此黑大漆素面座屏。

此素屏，虽然纯属偶遇，意外所获，甚是欣喜，但心中还是有一丝不安，毕竟是在懵懂无知、"胸无成竹"的情况下作出的决定，在其属性、作用甚至是不是半成品等方面并未完全知晓的情况下，以重金购得。现在想想当时的决策及果断，还是源于多年来这份对古典家具深入骨髓的喜爱及情怀所致。

得到此黑大漆素屏后的一段时间内，我兴奋不已，热情高涨，真的是日思夜念，爱不释手，一有空闲便仔细观赏，静心思考。主动与文博界及业界众位老师和同仁进行交流探讨、寻求见解的同时，多方查找相关方面的资料和信息，而且更加注重和留意与屏具有关的所有传世实物，这一切举措意在早日寻得此黑大漆素面座屏相关问题的求证和找到正确的最终答案。然，由于传世素屏的罕见，又一时间找不到对应的证据，加之可供参考性资料的缺乏以及当时文博界和业界的相关研究尚少，所以在得到此黑大漆素屏的十余年间，尽管几经努力，但对该素屏研究与认知仅停留在此黑大漆素面座屏肯定是一件完美的作品，它应该用于个人的私密空间，或为书斋或为禅室，它是用来满足精神需求之器具，具有形而上的一面，应该属于小众“独享”之器等层面。也可以这么说，对于此黑大漆素面座屏的认知，前些年更多的是从器物自身情况，以及经验和人为意识的主观因素等方面去理解、研究。虽然对器物自身的定位、定性等方面判断没有问题，认知观点也基本正确，但主观性较强，在缺乏充分的立论与证据的情况下，有些认知及观点难免略显苍白，故未曾公示于众，一直处于潜心研究之中。

一晃二十年过去了，由于近些年来主要着手于对古代家具文化方面的研究和传统工艺方面的传承及弘扬工作，时至近期，有意对几十年来沉浸于古代家具长河之中所见所闻和所感受到的、感悟到的一些认知和经验等进行梳理总结，以备日后成书。在查找和梳理与屏具相关的历史资料中，意外发现了唐代大文豪白居易一生与“素屏”结缘的典故与情怀。沿着这条线索，通过进一步多方面的查找和考证，从诗词歌赋、古代绘画和历代人文趣事、典故等历史资料中，窥见“素屏”在几千年人类文明历史发展进程中，在物质及精神生活中的作用和文化地位，印证了素屏的真实属性及意义。

正是源于喜获这件明清交替时期的黑大漆素面座屏，以及近二十年不间断的探寻研究与求证，才有了本书以下相关章节对此素屏的研究心得和论述。不仅如此，也是源于与该素屏相伴二十年，才厘清了屏具门类中的族群成员、体系脉络及相互关系等，才有了屏具门类理应单设一门进行研究的思路和观点。这由点到面的逐渐认知和发现过程，如果将传承有序、体系庞大的屏具门类及屏具文化视为千年宝库，那黑大漆素面座屏就犹如是开启这千年宝库之门的“百年钥匙”，由此可见黑大漆素面座屏对我后续屏具门类研究和本书出版所具有的重要性和意义。

第三节　屏具的学术研究现状

古代家具的发展历史总结起来大概可以分为七个阶段：第一阶段，夏商周时期，为古代家具的萌芽期（少见木质家具）；第二阶段，春秋战国至两汉，古代家具的雏形期（低矮型家具为主）；第三阶段，魏、晋、南北朝时期，古代家具的发展初期（鲜见高装家具）；第四阶段，隋唐至五代，古代家具的发展中期（高、低装并存，高装家具呈上升趋势）；第五阶段，宋至元代，古代家具的成熟期（完善了榫卯结构，高装家具成为主流）；第六阶段，明代，古代家具集大成的鼎盛时期；第七阶段，清代，清代家具的制作与发展，除清早期的家具制作有继承传统延续古制和部分乾隆时期的官作家具还算不错外，就总体情况而言，从清初至清末，家具的制作与发展整体呈下滑趋势。

其中，隋、唐及五代时期，人们的坐姿由原来的席地而坐逐渐转变为垂足而坐，所以作为坐具和卧具的椅、凳和床、榻类实用性家具，首先在高度上发生了变化，逐渐由低转高。同时与之相关的其他相应器具也随之而变，这看似简单的高低之差其实并非那么容易，它是古人生活习惯、习俗的大转变，是意识形态精神层面的转变，是人类文明进步的体现。这一时期家具由低矮向高装的转变，可称之为家具发展史上的“第一次革命”时期，是思想上的革命。虽然唐及五代时期，家具已经发生了由低向高的转变，但是唐代家具的内部结构及组合形式相对简易，其家具的制作主要以包厢家具为主，框架之外特别重视外观的装饰与华丽。宋代家具除沿袭唐代家具的高装形制外，还借鉴了建筑之中大木梁架结构的营造方法和经验，加强完善了榫卯结构，解决了力学与美之间的矛盾，淡化了外表的繁复装饰，形成了宋代家具造型制式等方面刚劲内敛、质朴古雅的独特风格。这种科学巧妙榫卯结构在家具制作中的应用，在当时既是一种技术上的革新，又是一次家具制作方面“革命”性的创举，因此又被称之为家具发展史上的“第二次革命”。榫卯结构时至今日是其他任何做法无可替代的。家具发展史上第六阶段的明代家具，在唐的华丽、宋的内敛、元代存有豪放的基础之上吸取各时代精华、富有创新，进而形成了以简约流畅为主，繁简共存，且承古扬今，形工皆备，艺韵皆俱，文化厚重的时代风格与特征，它是一个集大成的时期，使家具的发展与制作达到了历史的顶峰，所以把这一时期称之为家具发展史上的“鼎盛”时期当之无愧。

古代家具的形体变化自低向高，人类日常活动由低往高以席地、床榻、桌椅为中心的三次改变，是三次核心性的转变。在家具服务于人类的宗旨下，家具的品种越来越多，门类越来越清晰，功能越来越细化，用途越来越广泛，极大地满足了人类生活各个方面需要的同时也丰富了精神层面的需求，进而使家具的制作遍及华夏大地。伴随着人类文明的不断发展与进步，经过几千年的创造与传承，家具的应用早已进入人类生活的方方面面，其制作的总数量已无从统计甚至无法估量。传世古代家具的数量，据不完全统计也可用数以万计甚至更大的计量单位来形容，且林林总总、千姿百态。有些器具除自身所具的实用功能外，还涉及装饰装潢、营造空间、注重艺术呈现、体现人文礼仪及宗教信仰的精神层面等。面对如此体系庞大，门类齐全，脉络清晰的古代家具群体，就家具方面的研究而言，古今中外已有多位专家学者著书立论，远的不讲，自明代以来有文震亨著《长物志》，黄成、杨明共著《髹饰录》，近有古斯塔夫·艾克著《中国黄花梨家具图考》，王世襄先生著《明式家具研究》，杨耀先生著《明式家具研究》，陈增弼遗著《传薪》，马未都著《马未都说收藏·家具篇》，田家青著《清代家具》，以及笔者所著《大漆家具》等众位同仁及家具爱好者，分别从不同的视角及层面发表了相关研究成果与专著。尤其是近三四十年的时间里，伴随着改革开放的不断深入，经济发展迅猛，传统文化需求骤然升温，一时间行业兴旺，全民收藏热，学术研究工作也已有条不紊地展开和深入。就家具范围内，相关古代家具研究方面，有关“门类划分”这一首要及关键性的课题，似乎没有被真正重视起来，没有给出既恰当又准确的说法，以至于“屏具门类”没能得到足够的体现和应有的位置，致该门类的收藏与研究双双落伍，其部分原因，从以下相关方面的罗列和分析阐述中或许可窥见一二。

截至目前，就古代家具的门类划分而言，首先，依业界及社会大众层面而论，普遍存在着认识尚浅、概念混乱，却又能达成可分五大类的错误共识现状。以拍卖图录和绝大多数与古代家具相关书籍的出版为例，其家具的具体展示与排列，多见先椅凳，再桌案、架柜、床榻，最后是各种杂具和文房等小件器具的版式呈现，这正是“坐具、卧具、承具、庋具、杂具”五个门类的体现。现实中，相关方面及问题的体现与例证不在少数，且真实充分，在此不再做更多更为详尽的列举与阐述。再者，在认真阅读和研究了几十年来有关学术界、文博界相关古代家具“门类划分”方面的权威性论著和资料后发现，自二十世纪三四十年代，至二十一世纪前二十年的这段时间里，曾有几位古代家具研究的奠基人、开拓者，皆对“屏具门类”有所涉及，特别是以德国人古斯塔夫·艾克和收藏大家王世襄先生等为代表的已故中、外老前辈们，皆在各自的相关著作及论述中，有诸如“屏”“屏障”“屏座”“屏类”等与屏具相关的字词出现和“屏具门类”的隐现，甚至确有“屏具”一词的出现。但因当年可供参考的相关资料较少，以及当时交通不便、信息不畅等因素的影响，受限于所见传世实物较少，导致研究不能深入展开，大家各抒己见、各持观点，最终未能统一，没能给出一个正确的、明确的说法。加之家具研究与文化推动的泰斗级人物王世襄先生，在其 1985 年出版的《明式家具珍赏》一书中 22 页前言部分的“四、家具的品种和形式”，明确表明了“明及清前期的家具品种，虽不及清中期以后的那样繁多，但上视宋元堪称大备。如依其功能加以类别，可分为‘椅凳、桌案、床榻和柜架四类’，另将其用途各异、实物不多的品种合并成‘其他类’共得五大类”的前提下，又在表明“屏风是屏具总称”的观点及定义下，将屏具作为首选纳入了“其他类”之首位。更有，凡有涉及“屏具”以及“屏具门类”研究的书籍，且不说相关论述方面的模糊不清，亦不论各自的观点异同之别，单以多位老前辈们的著作出版时间而论，就难与 1985 年、1989 年先后出版的、恰逢其时的《明式家具珍赏》和《明式家具研究》两部巨著对行业的推动、学术领域的影响以及大众传播力度等方面相提并论。在此历史背景和条件下，形成了经不起推敲的“共识”，亦在情理之中。

在各位前辈学者有关中国古代家具门类划分，以及相关屏具与屏具门类研究和体现的基础上，站在巨人的肩膀之上，当亲眼目睹了浩瀚如烟的传世古代家具和各类屏具后，结合行业的具体情况，面对学术界的研究现状，尤其是针对文博领域学术界根据古代家具的功能、属性等已经基本确立的，且被大家所认知的“坐具、卧具、承具、庋具、杂具”五类划分法，多年来个人总感觉有些不妥。问题在于，这其中“卧具”主要包括围子床、架子床、八步床（跋步床）、禅床及各种凉床、凉榻等。“坐具”包括宝座、交椅、四出头椅、圈椅、官帽椅、玫瑰椅、梳背椅、靠背椅、太师椅、禅椅、马扎、杌凳、条凳、绣墩等。“承具”是指所有的案、几、桌、台，如书桌、画案、条几、供案等。“庋具”指一些有储藏功能的器具，如柜、橱、架、阁、箱、盒等。“杂具”则指的是与上述四类器具或有属性关系又具个性和特殊功能

图 1-4　清中期榆木剃头凳的展示
袁维娇女士 藏

之器具，主要以厅堂、文人书房等特定场所陈设的以赏为主附带功能性的器物和雅玩之器为主，如案头上的座屏、砚屏、帖架、笔架和佛堂里的龛、几等。然而就其现行门类划分原则下最后的“杂具”类别中所包含的座屏、砚屏等器具而言，笔者认为，首先它们自有其清晰的发展承传脉络和庞大的家族群系，它们可以以“屏具”统称，包括屏风、砚屏、枕屏、挂屏等。它们与现行门类划分下“杂具”门类中的有些器具有所不同，比如杂具门类中的剃头凳或是上马凳，它们皆是一个品种。

以剃头凳为例，如图 1-4 所示。此凳为清中期榆木制，其凳面呈长方形，且凳面四阔，两短边长头罩幅尺度较大，意在实用，主要是为了剃头时用来承坐或挑运行走时提绳系捆的便捷与牢靠，凳面下设多层抽屉以备储物，大幅度四腿八挓更是基于器具稳定性方面的考虑。综合考量，此凳从造型制式等方面皆符合庋具的标准，应归于庋具门类之中，但其具有一定储藏功能的同时又具备乘坐功能，亦在坐具范畴内，属于多功能双重属性的器具。身份的双重性难以作出独立的界定，故归于杂具类自然较为合理。

图 1-5 为五代南唐周文矩所绘《太真上马图》中上马凳的展示。上马凳顾名义意就是上马时垫脚用的凳子，名称虽然叫凳子也确实是凳体结构，但是此类凳子的高度与我们日常乘坐凳子的高度是有区别的，上马凳的高度通常要高于普通坐具。而且它只供人上马时踩立之用，不能作为日常所乘坐的器具，功能上和坐具没有关系，所以上马凳尽管形体结构雷同于凳，且名称为凳，但归于杂具门类更为合情合理。剃头凳既能储物又能承坐，上马凳虽为专用器具，但其造型制式以及结构又与坐具有许多相通之处。类似上述两器具所出现的这种现象及情况，普遍存在于许多其他杂具类的器物中，它

图 1-5　五代南唐 周文矩所绘《太真上马图》中上马凳的展示
清宫 旧藏

们虽结构制式、功能作用等或某一方面与坐、卧、承、庋四门类有关，但它们又确有其个别独特之处，具一定的双重性，如果强行将其对应划入坐、卧、承、庋四门类中，皆会有不完全合拍、不够严谨之嫌，确有不妥之处，所以此类器具归属于杂具门类之中是没有任何问题的。举例分析至此，我们或许会发现屏具确实与包括上述剃头凳、上马凳等其他大多数的杂具有所不同，且不说屏具的宗源根脉有多纯正，亦不论其时间的传承有多长，就屏具范畴下的体系之清晰、品种之齐全、数量之庞大，从地上到床上、到案上、再到墙上，在古人生活中无处不在，更加觉得屏具被混入杂具门类之中是有问题的。这确实是值得深思、有待进一步研究的大课题。

正是基于上述问题以及业界、收藏界、学术界的实际情况，笔者在有幸得益于明晚期黑大漆彩绘案上赏屏和明晚期楠木黑大漆素面枕屏，饱尝视觉冲击与享受之余，茅塞顿开，了解到了屏具文化乃至古代家具精神层面的博大精深，由此对屏具及古代家具的认知，从意识形态、人文思想方面有了大幅度的提升和质与境界的转变。正是源于这看似老天有意安排的“先亮眼，再醒脑”和几十年来对古代家具的喜爱情怀，以及对屏具研究方面的特别投入与执着，又恰逢经济发展和文化复兴的大好时代，可算天时、地利、人和齐备，方能在理论结合实际的原则下，更多地从实践经验和传世屏具的具体情况出发，做以下各章节相关屏具及屏具文化方面的探讨与研究，并就中国古代家具的门类划分和屏具门类增设等问题的必要性与观点，作为中国古代家具研究中的重要课题之一，予以郑重表明，正式提出。

第二章 屏具探研

第一节　屏具概述

“屏”字释义为遮挡，先秦时期与“坫”字有相近的释义。“坫”原为古代祭祀和宴会时放置礼器或漆具的土台子。《说文解字》里对“坫”的注解亦更为明确具体：“坫，屏也。”此外，在周进著《鸟度屏风里》一书中，也有“‘坫’便是屏风的‘始祖’”之说法。“屏”与“风”组合而成的“屏风”一词，其意则有些不同。“屏风”一词或称谓的出现，在表明或指明确有其品类存在的前提下，还表明和体现出了屏风器具挡风功能实用性的一面。《周礼注疏》中有“屏风之名，出于汉”一说，文震亨《长物志》认为“屏风之制最古”。在其他历史文献和古今多数学者、专家们的相关研究中，确有共鸣，已达共识。且多数业界人士和部分专家学者，把“屏风”称谓误作屏具的统称和“屏具门类”的代言词。“屏风”之器问世最早毋庸置疑，汉代及汉代以前“屏风”的应用应为主流也无可厚非，汉及汉代以后，在“屏风”器具的基础上逐渐发明创新，才有了我们现在所见到的用到的制式不一、功能不同、形形色色的各类屏具。所以，尽管“屏风”一词及称谓的认知与定义问题已是现实，但是否正确，有无错误，确实是一个有待深思并需要进一步研究的问题。另从《尔雅·释宫》中记载：“屏，谓之树。”（晋·郭璞注：小墙当门中。）《荀子·儒效》中记载：“周公屏成王而及武王，履天子之籍，负扆而坐，诸侯趋走堂下。”《礼记》中记载：“昔者周公朝诸侯于明堂之位：天子负斧依南乡而立。”《礼纬》则称：“天子外屏，诸侯内屏，大夫以帘，士以帷。”从众多相关记述古代“屏风”使用及规制的资料中不难发现：其一，相关记述或记载中的“屏”即指“屏风”；其二，“屏”或“屏风”的使用及处所空间，自古以来即分为固定于建筑中起遮挡作用和作为家具于室内外空间中灵活运用的两种方式。固定安置于建筑物中的称之为屏墙、萧墙、照壁等，作为家具使用于室内外的则称之为屏风。以下所涉包括屏风在内的“屏”或可称之为“屏具”方面的探讨与研究，仅限于作为室内外可活动的家具范围内。

在上述“屏风之制最古”“屏风之名，出于汉”等观点认知皆有共识，以及所涉“屏具”仅在活动家具范围内的前提和基础上，我们不妨以“屏风”之称得以正名的汉代为界，就其前后对屏风器具的发明、发展及相关应用情况加以简要浅显的梳理，以便对汉代以前的屏风发展及整个屏具门类的发展情况、脉络呈现和器具状况有一个较为清晰的体现。

以汉代为界，屏具的发展可以分为汉代以前的先秦时期（狭义）和汉代以后（包括汉代）至今两个情况不同、性质不一的时期，其主要差别与不同则在于，先秦至汉代应为屏具发明创造的基础阶段，主要体现在器具种类较少、发展较慢、不为大众所普及等方面。而汉代及汉代以后，屏具的发展速度较快，涉及面宽，种类较多，属于一个推陈出新的时代。

人类早期在半地穴茅草屋生活的时代，为防野兽用树枝捆扎而成，用来堵挡门户的“木排”，即“屏，谓之树”最好的体现。而后，先秦早期，作为长者身份、地位象征和具有一定挡风功效的人类文明史上第一种“屏具”或“屏风”首先被发明问世。这种屏具，可视为屏风器具的雏形，也可称作屏具器具的鼻祖，可称为屏具门类发展史上的萌芽阶段。这类屏具或许与我们现在见到的某些屏具，尤其是有底座大型落地屏风，有着某些方面的相似之处，但该类屏具的相关制作，特别是选材用料与后来的成熟之器定差之千里，甚至是无法想象，难以形容。先秦中后期，“屏风”器具的应用与发展已形成声势，趋于成熟，相关记载可证明，此时期在先秦早期“屏风”只是长者或身份地位较高者享用的基础上，出现了“黼扆”“斧依”“皇邸”等具有皇权象征的不同名称叫法，出现了诸侯、士大夫等不同社会地位论级分辈该有的屏、帘、帷帐等不同的“屏风”器具。此时期“屏风”器具的制作与应用除了有明显的规格等级之分外，还有健全规范的制度可言。更为深入具体的问题我们暂且不论，先秦中后期相较于先秦早期而言，虽然有了较大的发展和变化，但器具的品种仍较为单一，应用的人群有一定的局限性，应仅停留在社会上层。无论怎样，先秦早期“屏风”的问世埋下了屏具门类得以发展的种子，整个先秦时期“屏风”器具的制作与应用，奠定了屏具门类大家族繁荣兴旺的坚实基础。

自汉代开始，“屏风”器具在人类的意识形态层面首先有了较大的改观与转变，从应用方面亦有了更大的变化，屏风不再是皇家权贵们的特享之器，身份地位等方面的体现也不再像先秦时期那么重要与严格。某种意义上，屏风成了实实在在惠及百姓阶层的实用器，这便给汉代以及汉代以后的屏具发展提供了机遇，敞开了大门。具体讲，汉代屏具的制作与应用，除主流为座屏制式的屏风及相关器具外，逐渐出现了围屏、画屏、曲屏及有围屏的榻等相关屏具，打破了汉代以前屏具单一、屏风独立的形式，为日后的屏具发展、屏具文化的传承起了一个好头。隋唐时期，屏风发展出新的装裱形式“屏障”，以及唐宋时期出现的画屏、落地枕屏、床上枕屏和砚屏等小型屏具。特别是明清以来，在继承和延续上述屏具种类的基础上，还发明了灯屏、龛屏、炕屏、挂屏等集实用、欣赏、装饰等于一身的新门类、新品种，使屏具的种类更加齐备，应用更为普遍广泛。

民国至今，屏具的应用还是比较广泛的，且以古制出现的比较多。新中国成立以后，除部分出口创汇的工艺品和个别情况外，就很少制作各种古式屏具了，虽然古式古制少见，但屏具的应用却仍有延续，屏具文化并未断层，只不过是有的屏具，从表现形式上、功能作用上发生了转变。

上述古代相关屏具的传承、发展及应用，尤其是汉、唐、宋、辽、元、明、清，古制新创承传有序，古样新貌清晰可见，即便是到了经济飞速发展的今天，有的屏具虽容貌已改，但作用仍在，整个屏具体系的发展脉络依然存在，屏具所蕴含的文化与传承并没有减弱和改变。现实中，除上述看得见、摸得着的相关屏具及屏具文化的应用和传承外，有些高科技的产物也似乎与屏具文化不无关系。以每家每户的宽屏超薄电视机和户外的大型屏幕以及各种形式的广告设施为例，它们的展现形式、表达方式、设计初衷，皆与古人的画屏、文人案头的砚屏，尤其是那些被文人视为天赐神品的“石片儿”屏心所带来的影响力所起的作用完全一致，它们同为在满足视觉享受的基础上涉及精神层面，只不过是方式、方法及形式不同，所以从这些方面都可以肯定屏具文化永远不会消亡。

屏具，作为与人类生活及精神文明息息相关不可或缺的重要器具之一，从先秦到今朝，从“黼扆”到“屏风”，再由画屏、枕屏、砚屏到梳妆台，乃至于高科技产品等相关发明、创新、制作、应用以及诸多方面更为详尽的具体情况，非三五篇文章所能表述清楚，更非一己之力而能为之，是集众力和时间才能共同推进的事情。故在本节所表难称简述、难谈概略的情况下，意在为本章以下相关内容及问题的推出做铺垫，顺秩序，实为“引头”。

第二节　屏具的体系、类别探研

一、屏具类别划分原则探研

依据相关历史资料，参考学术界有关屏具方面的研究成果，根据传世屏具的具体情况，笔者结合几十年来对屏具门类及屏具文化方面的了解和认知，近年来一直有对屏具系列作出进一步梳理的想法，试图从屏具的各个方面，尤其是屏具的类别划分上，给出一个既明确又准确且具权威性的学术观点，然多年的思考与领悟，几经推敲与研究，时值着笔有些情况也未能予以充分肯定。其原因在于，依常规而论，家具的门类及类别划分，首先是在以功能为前提的原则下进行门类划分，如依据功能作用，分出了卧具、坐具、承具、庋具等各个门类。然后，再对各门类中所含器具，依据其组合形式、结构制式等进行类别划分，如卧具门类中的床或榻：不带围子的叫“凉床”或“凉榻”；带围子的叫“围子床”或“罗汉床”；有承尘的叫“架子床”。同样，在坐具门类中，有靠背的才能称之为“椅”，没靠背的例如“凳”。因制式的不同，同为凳类遇圆形的又会称之为“鼓凳”或“绣墩”。承具门类亦是如此，腿儿在角上的一般都会叫“桌”，腿子里置的通常皆会称之为“案”。这一原则和规律，在卧、坐、承、庋等各大门类的相关划分中皆有贯穿和体现。

就上述家具类别划分依据“结构制式”这一硬性条件而言，假如在屏具门类得以确立的情况下，针对屏具门类中的器具进行类别划分，如照搬恐难实行。问题在于屏具门类究其根脉，皆由先秦时期的“黼扆”或“邸”至汉代时期得以正名的“屏风”发展而来，在这一漫长的历史发展进程中，首先“屏风”一词被广泛应用，“屏风”一词自今以前，尤其是古代，既是那些专具挡风及屏障作用之器的称谓，现实中大众层面又是所有屏具的统称。更为关键的是“屏风”统称下的许多屏具因受时代的影响、条件的不同，以及应用空间、环境、氛围等因素所致，造成形制架构、外观样貌等方面的不同，更有个别种类或器具，似乎与屏风相距甚远，最为直接的证据如灯屏、龛屏、挂屏等，它们虽为同宗但各有特点、各具其性。故屏具门类下的类别划分，如像家具范畴下其他门类那样，单以结构制式进行类别区分，不是难以厘清的问题，而是根本做不到。这一问题和现象的存在，除更加说明家具门类下的类别划分原则不适合于屏具门类的进一步划分外，似乎又表现出了屏具门类与家具范畴下的卧、坐、承、庋等其他几大门类不为同级、不同情况的一面。这更是值得深思的问题。

再者，现实生活中，以及一些史书记载中有关屏具门类的某些器具，在名称叫法方面，存在着“一器多名”或“一名多用”的现象，再加上有些俗称土语的混入，造成混乱现象的同时确有错误及硬伤存在，这些问题的厘清，单靠“结构制式”这一常规类别划分指标，也是说不清道不明的。

类似情况和现象，在屏具的制作应用，以及屏具宗族发展传承过程中还有很多，且情况不一、错综复杂，此处不再一一列举。面对如此状况，就屏具门类中所含器具、器物的类别划分问题，要想做到准确合理、学术权威，那么，严谨正确、行之有效的划分标准和原则是关键，是保障。故以下将在参考相关资料和依据屏具宗族实际情况的前提下，就屏具门类范畴下的类别划分依据、原则、方法等相关方面进行探讨，并加以梳理归纳。

（一）按功能划分

探讨之前，我们不妨先就较为熟知最为常见的一些屏具及其相关名称等做一回顾。在常见的古代传世屏具中，尺寸体量较大的屏具有带底座的各种大型落地屏和以多种形式组合而成的无底座自立型屏风，尺寸体量较小的有几案之上所陈设的各类屏具，这些小型屏具多为有底座者，其余还有一部分特别之器。在这些常见的屏具中，自古至今无论其尺寸大小、形制如何、功能如何，现实中无论是寻常百姓还是业界人士，通常皆以“屏风”“地屏”“座屏”等概括称之，而且这些称谓也常见于学术论著之中。以“座屏”称谓为例，现实中对陈设于厅堂之中的大型有底座落地屏风和摆放在几案之上的有底座小型赏屏，都有称其为“座屏”的习惯，就相同称谓下的上述两种器具而言，除造型制式以外，首先有明显的体量大小、悬殊之分，再者还存在着功能作用及属性等多方面的区别与不同，这些问题和现象如果得不到及时相应的梳理和解决，会直接影响到屏具门类的相关研究工作，关系到学术成果的正确与否。再以“屏风”器具及名称而论，“屏风”自先秦至两汉再到明清，随着人类文明的不断进步与发展，虽然其功能作用、器物属性等多方面都会

图 2-1　清乾隆款杉木髹漆彩绘有座落地屏风
万乾堂　旧藏

随之而发生转变，但有两大特征却始终贯穿其中，一是形而上的“屏”之意识体现，一是形而下的“屏风”功能作用。作为“屏”之功效，仪式感之外，其体量感不容忽视，故屏风通常体量会较大，当然了也有个别情况存在。作为“屏风”之功能，屏蔽、遮挡、防风、御寒等应视为首要，此种情况和条件下，那些有座大型落地屏、无座组合屏，甚至枕屏、砚屏等，在不深究不细论的情况下，如以功能这一共性而论，亦都可称之在“屏风”的大范畴内。但是如果完全以功能作用对上述常见的屏具进行类别划分，又会存在着以下几种情况：

其一，无论是有底座大型落地屏风（其中包括单屏单体和多屏扇多种形式组合而成的大型有底座落地屏风），还是所有没有底座，靠自身形体变化而能够站立的多扇多片组合屏风，它们皆具“屏”之功效，“屏风”之作用，所以通通划为屏风的范畴之中是没有问题的。但是，现实中上述两种屏风确

图 2-2　清紫檀木边框雕黄杨山水人物图无底座组合屏风
故宫博物院 藏

实存在着结构制式方面的极大区别和反差，也就是：“功能作用虽然相同，但造型制式确实有别。”这一现象和问题的存在，不仅仅反映在此类较大型屏风器具的范围内，在其他类别中也有体现，如做不到更为具体有针对性的梳理和区分，对于屏具的整体研究和细化会造成一定的影响。因此，以功能进行划分，仅从这方面而论就不够严谨难言合理。图 2-1 和图 2-2 为两种不同结构制式的大型屏风代表。其中，图 2-1 有底座大型屏风高 183 厘米，宽 156 厘米；图 2-2 无底座组合屏风高 328 厘米，宽 408 厘米。

其二，在上述屏风基本概念及相关定义的范畴下，同有挡风功能，同为上屏下座，上下结构的有底座屏具中，以图 2-1 所示的大型落地屏风，和图 2-3、图 2-4 绘画中所示的枕屏与砚屏来看，三者之间，虽然都有相同的挡风功能及作用，且结构制式也无大的区别，但存在着尺寸、体量上的巨大差别和某些细节上的不同，更为重要的是它们所放置空间位置等有地上、床上、案上之区别，除了不同空间不同氛围下挡风功能外，还有满足各自的特别需求的各类座屏，是有针对性的设计与制作，是功能作用存同有异的三种不同屏具。落地大座屏其首要功能在于仪式感，重点是屏心内容的训教作用，然后才是它的装饰效果和挡风作用，挡风功能排至最后。床上枕屏，毫无疑问挡风御寒视为首要，位居第一不折不扣。而案头砚屏，挡风之余更具文人墨客附庸风雅的特点，某种意义上它的欣赏功能更远超于其挡风实用功能，这一点，与同样置于几案之上的不具任何挡风作用的其他各种赏屏并无两样，欣赏作用文化属性更为重要。也就是说，三种屏具虽然皆具挡风功能及作用，但挡风功能在三种屏具中的具体体现及所占份额等是不一样的，是有侧重的。类似情况在其他的屏具器物当中同样也有存在。更为关键的是，枕屏和砚屏虽然也具有一定的挡风实用功能，但它们却都不具备屏风功能范畴之内的“屏障”之特别功效，尤其是枕屏与有底座落地大屏风相比，虽皆有相同的遮挡之功能，但多数实用性枕屏缺乏形而上和仪式感方面的体现。更为直白地讲，落地大屏风置于明堂之上，是身份地位的象征，是权贵和实力的体现，而枕屏既可简易粗制，又可置于户外，随意性更大，更无贫富贵贱使用权限之分，

图 2-3　宋　佚名《荷亭儿戏图》中的枕屏
美国波士顿美术馆　藏

图 2-4　明　唐寅《陶谷弱兰图》场景中案上砚屏
大英博物馆　藏

这些实用功能之外的不同与差别，恰恰是器具属性的体现，属性不同当为根本问题。所以，针对上述分析概括而言，如果仅以功能作用对屏具进行划分，显然是不成立的。

其三，如上所表，屏风类别中的有底座落地大屏风之器具，通常有“地屏”“大座屏”甚至直接称之为“座屏”的叫法。与此同时，对那些几案之上所陈设的有底座赏屏，尤其是明清时期，对其称之为“座屏”的现象更为突出流行。如此一来都称“座屏”，叫法相同，但功能有异，属性不同，对着实物还可以理解，离开实物后，学术表达如何区分？这确实是摆在学术研究方面的现实问题。这种现象虽然属于历史遗留问题，缺乏严谨性或存在着误区，但在大众层面已是约定俗成，所以分不明、理不清会带来更大误导的同时还会造成更大的错误认知。似这样名同物异，功能不相干的问题及现象，在其他的屏具器物中也有存在，因此这方面不可忽略的同时，也反映出了单以功能进行划分的不恰当、不完美性。

（二）按结构制式划分

屏具门类中的各种器具，论其功能作用涉及各个方面，讲制式、论结构可谓形式多样，千变万化，且有的类别、有些器具之间，存在着结构制式、功能作用等多方面的相互关联、互相交织、难以界定的问题。与上节所述类似，如果单以结构制式进行划分，在屏具器物中便会普遍存在两种现象：一种是不同的结构制式下其功能反而相同问题；另一种是相同的结构制式下，却存在着功能、属性等方面的较大差异或不同。因此，如硬性教条地依据结构制式进行划分，无底座自立的各种组合屏风与有底座各种大型落地屏风，显然是分不到一块的。再者，又如上节所述，相同的结构制式下，置于地面之上的有底座落地大屏风和陈设在厅堂之中几案之上的带底座赏屏，二者除尺寸体量有大小差别外，其结构制式、体态样貌，甚至连局部造型所施工艺等有的都别无二样，但是它们的功能作用却截然不同，如果按照单一的结构制式划分法将其二者归为同类，那又该作何解释？图 2-5 为清中期剔红框嵌牙山水图案上赏屏，此屏，宽 65 厘米，高 64.5 厘米，从尺寸到工艺到装饰，显然是为摆设欣赏而做，与上述图 2-1 所示的清乾隆五十七年款，一面彩绘行孝图，一面楷书朱子家训的大地屏，功能明显有异。

更需指出的是，屏具范畴下的挂屏类，亦是一个不可忽视的种类，除样

图 2-5　清中期剔红框嵌牙山水图案上赏屏
故宫博物院 藏

貌形制多种多样外，有的挂屏其组合形式与无底座自立型组合屏风皆相通，多片组合而成的挂屏，通常情况下，除了片扇之间不做相互连接外，其余造型制式、所施工艺、组合形式等皆与无底座自立型组合屏风，尤其是那种无脚式组合屏风更为接近甚至相同，如图2-6所示。但是，它们却一套挂在墙上，一套置于地上，且二者的功能作用也差异甚远。如果按照结构制式将其二者同归一类，明显会有很大的问题，会直接影响到某种屏具正确的定性定位和相关文化方面的研究。所以，以上列举与讨论更加证明，单以结构制式对屏具进行类别划分，会存在着比单以功能进行划分所面临的更大问题，是更加行不通的。

综上所述，屏具门类划分，如单以功能进行区分，会存在着单一相同功能之外，还有其他多种不同功能的存在以及份额占比不同的问题，会存在结构制式完全不同的问题，同时也存在着称谓及叫法上的一器多名和一名泛指多器的混乱现象。如单以结构形制进行划分，则存在着相近相通甚至相同结构制式的器具，其功能作用、属性不同等更为严重的问题，此外还涉及包括灯屏、炕屏、龛屏、匾额、楹联等在内的其他小众屏具以及个性化屏具的划分归类问题，涉及一件器具在存有多重属性的情况下，难以确定其正确身份和准确定位类别归属问题。如另辟蹊径、另寻他法对屏具进行类别划分，假设以各类屏具发明应用的时间早晚而论，现实中源于屏具相关历史资料的匮乏，尤其是早期资料包括历史文献、出土器具和传世实物等，况且有些方面的缺失是根本没有希望找回的，似这样缺少理论依据的支撑，难寻相关物证的支持，没有足够的理由和充分证据的情况下，如果照此想法强行划分，同样会存在着更大的问题，会有更多难以说清、难以做到的问题出现，会有更大的硬伤存在，所以以时间早晚进行划分看来也是不行的。

（三）划分原则

参考古代家具门类划分原则和相关门类下各类别品种的具体划分标准，如卧具、坐具、承具、庋具等，皆是在以功能作用为主的前提下首先进行门类划分，然后再根据结构制式的不同进行种类细分的这一具体方法，正如同有承接功能的桌、案几等归为承具门类后，再根据结构制式的不同进行细分，如腿足置于面板内的结构制式之器通常会归于案类，而腿足设于面板四角的

图 2-6　清代黑漆框铁艺花卉梅兰竹菊四扇组合挂屏
故宫博物院 藏

器具则皆会称之为桌。鉴于上述有关屏具类别划分几种方法探讨中存在的问题，根据屏具门类中所属各种器具的各自特点，考虑到各种屏具的个性和共性问题，结合屏具门类中的各种因素及实际情况，笔者认为，在古代家具范围内，屏具门类下的类别划分，如果完全按照家具中其他几大门类下的类别划分原则和方法肯定是行不通的。屏具门类下的类别划分原则，应提升一格，遵循“以功能为主，兼顾结构形制”的门类划分原则与宗旨，针对各种屏具的具体情况，综合梳理后再进行具体的划分与归类或许更为严谨、合理、正确。如此划分：其一，能较为清晰全面地体现出屏具的功能性，能更好地反映出屏具门类中几大板块之间的相互关联和系统性，同时也规避了屏风范畴内不同结构制式屏具所存在的或以功能或以结构形制划分所产生的相互矛盾问题；其二，解决了同种结构制式下的不同功能屏具之间难以区分的问题，做到有依据、有理由；其三，针对某些具有个性、双重及多重属性叠加类的屏具，也能做到或依据结构形制，或依据功能作用使其归属或依附于相应类别之下。因此，在遵循这一划分原则的前提下，从屏具宗族的根源及实际情况出发，我们暂在家具的范畴内，将屏具门类中所有的器具划分为四大类，即屏风类、座屏类、挂屏类、炕屏类。

探讨至此，不难发现，屏具门类下各种器具的类别划分原则和方法，虽然有别于家具范畴下其他各门类中器具类别划分过程中所遵循的“结构制式”原则，但其和家具范畴下的门类划分原则以“功能作用”为主和各门类下所有器具的类别划分方法所依据的“结构制式”完全相同。这种原则及规律相同的情况下，似乎真的将屏具门类的位置提升了一级，有与中国古代家具“举案齐眉”的架势，或许真的有一天，屏具门类会从古代家具的范畴内剥离出来，自成体系，这也正是屏具门类研究工作和编写此书的最大意义所在。

屏具，在此四大类别划分的框架下，其中屏风类，又可分为无底座屏风和有底座屏风，分为直形屏和围屏，分为单扇屏和多扇组合屏等各式各样的屏具；座屏类，又可分为落地屏、枕屏、砚屏、灯屏、龛屏和几案之上的各种赏屏；挂屏广义上讲，则包括吊挂于室内外厅堂廊庭中所有的赏屏、装饰屏和匾额楹联等（匾额和楹联暂放入挂屏类别中）；炕屏类，则专指清宫及官商富贾等社会上层炕墙之上的所有屏具（应属小众）。有关此四大类别中各自旗下成员及具体情况，以及屏具宗族体系脉络等更为详细的介绍，可见图 2-7 屏具族谱及后面相关章节的具体论述。

屏具族谱

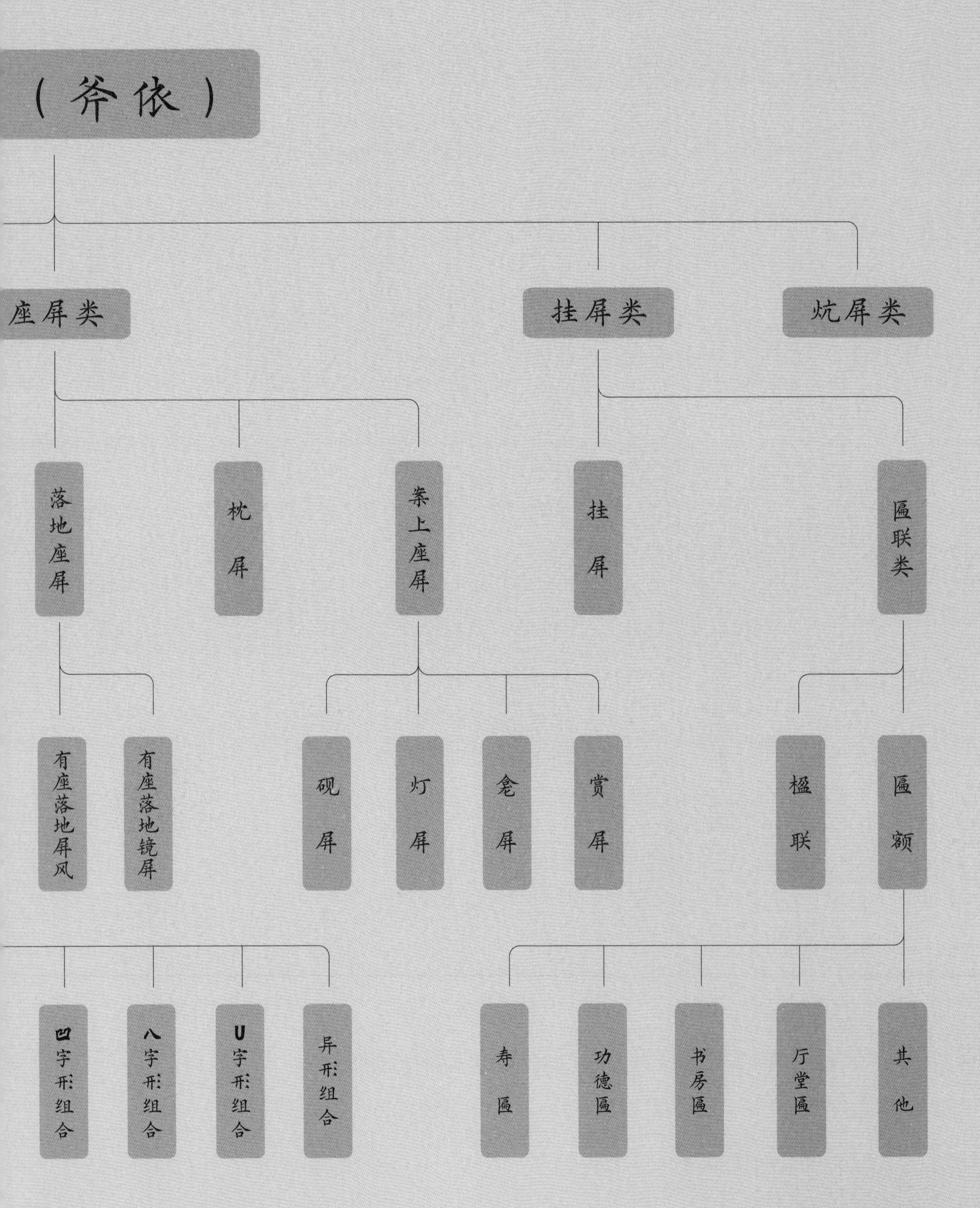

图 2-7　屏具族谱图
万乾堂　绘

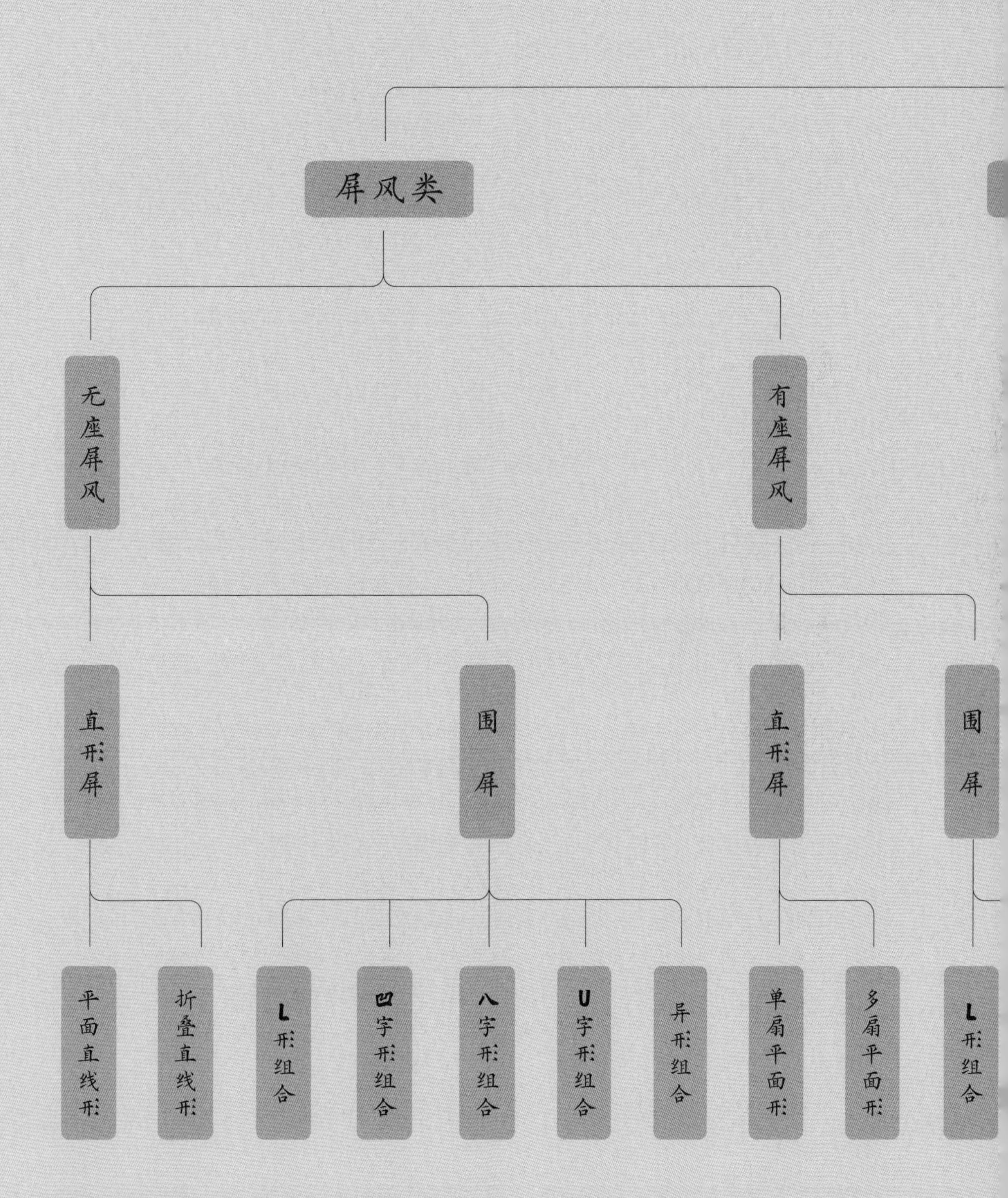

此图谱的排列展示仅限于古代家具范畴内的屏具
有座落地屏风既为有座屏风的一种，也属于落地座屏的范畴

为避免现实中部分屏具原有名称混乱问题所造成的误解与影响，更好地、有针对性地对屏具类别及其名称加以区分和便于研究，有必要在此对其进行纠正和明确，以便本书以下章节内容的展开。具体情况如下：

在家具的范围内，“屏具”一词，泛指所有具屏之功效、有屏之属性与屏相关的器具，“屏具”是一个门类的统称。“屏风”是指所有能起到遮挡、屏障作用的屏具中的部分器具，主要包括置于地面之上的那些大型器具和用于几案的部分小型屏障用器具，“屏风”是一个种类的总称。鉴于此类屏具中除挡风屏障功能作用以外，各种器具所具的特征特点、相关因素等不同情况，针对与落地无底座自立型组合大屏风造型制式皆相同，但功能作用却不一的几案之上被世人称之为“小屏风”或“案上屏风”的一类中小型屏具以及有着座屏样貌制式的枕屏、砚屏等，既有防风功能还具其他特殊使命、特别作用的屏具所存在的名称叫法，与“屏风”之称既有关联又似不妥、不贴切、不严谨问题，本书将以下相关章节中论述。“座屏”应作为地屏、床上枕屏和所有几案之上所陈设带有底座屏具类的统称。为做到更好地区别不同功能及作用下相同结构与形制的有底座屏具，凡有特别功能或指向清晰和某方面体现明显的有底座屏具，应以突出功能特点的原则保持原来的名称及叫法，如枕屏、灯屏、砚屏、龛屏等，这些叫法和类似称谓，皆属于一个品种的名称表达。针对其他没有特指功能、但具有欣赏和装饰作用的所有几案之上所陈设的中小型屏具，包括无底座自立型组合“小屏风”和有底座屏具，无论是连体结构还是分体结构，一律称之为“赏屏”。“插屏”可作为在上述座屏范畴内，底座与屏心为上下插装分体结构式座屏的别名和俗称。“挂屏”广义上包括挂于墙上具装饰效果和欣赏作用的各式各样专属性屏具和所有楹联、匾额等吊挂件。某种意义上讲，匾额及楹联等因其有庞大的体系脉络和文化属性，所以以后抑或可根据其具体情况，再予以细分，重新命名或另设门类。但此问题并非简单之课题，故暂不做进一步的深入讨论。此外，就家具范畴之外，所有与屏具有关的它类材质屏具，如以砖雕、石雕、琉璃等材质而为的影壁、挡火石、明器等，除在以下的相关研究中用以佐证外，皆不在本书屏具研究的范围之内，亦不做深入的探讨。

至此，为便于正确理解并加以运用，故需要特别强调和规范的屏具器物名称及叫法，主要包括“屏具、屏风、座屏、地屏、镜屏、枕屏、砚屏、灯屏、龛屏、赏屏、插屏、挂屏、炕屏”等。

二、种类细分及相关探研

（一）屏风类

“屏风”之称谓是出于屏具门类还未能得以全面发展，屏具的种类及品种还没有得以齐备的汉代时期，“屏风”之称虽在当时可谓符合现实，较为合理准确，可现在此称谓却有些时过境迁，所以，“屏风”器具的具体定义及范围，应指那些具有一定屏障功能、挡风作用的落地式较大型屏具以及部分以屏障挡风作用为主的中小型屏具。当然，这些中小型屏具能够归于屏风种类的同时，亦可根据其具体情况加以细化或另当别论，如枕屏、砚屏等。再次强调的是，“屏风”一词仅能代表屏具门类中的部分屏具。

汉刘熙《释名·释床帐》谓：“屏风，言可以屏障风也。” 顾名思义本为挡风之器。古人常因屏风的实用功能和形制来借物喻人，东汉李尤《屏风铭》写道：“舍则潜辟，用则设张。立必端直，处必廉方。雍阏风邪，雾露是抗。奉上蔽下，不失其常。”淮南王刘安《屏风赋》则曰：“维兹屏风，出自幽谷。根深枝茂，号为乔木。孤生陋弱，畏金强族。移根易土，委伏沟渎。飘飖殆危，靡安措足。思在蓬蒿，林有朴樕。然常无缘，悲愁酸毒。天启我心，遭遇征禄。中郎缮理，收拾捐朴。大匠攻之，刻雕削斲。表虽剥裂，心实贞悫。等化器类，庇荫尊屋。列在左右，近君头足。赖蒙成济，其恩弘笃。何恩施遇，分好沾渥。不逢仁人，永为枯木。”

综上所述，对于屏风定义的阐述在皆有挡风屏障之意以外，也体现了每个时期人类赋予屏风的使命和意义又有不同程度的转变。商周时期被称之为“黼扆”的屏风具有天子身份地位的象征。汉代“屏风”其名正式启用，随着应用的普及和应用人群及场所范围的扩大，屏风的意义发生了重大转变，它再也不是天子独享之器，“屏风”之名的诞生改变了原有的“黼扆”“皇邸”等不平等和政治性较强之称谓的一面。屏风之用途进入寻常百姓家，屏风的陈设涉及厅堂居室及各种场所，与人们的日常起居生活密切相关，在古人的文化活动及精神追求方面扮演着重要的角色。这一时期，人们会一改以前屏风专属固定斧形纹样的表达，屏风图案纹样开始呈现多样化，相关记载见于《后汉书》。其中卷二十六中就有关于汉光武帝使用屏风的故事描述。宋代屏风屏心的应用更加丰富多样，屏心成了文人墨客挥毫泼墨的首选载体，其应用范围更加广泛。《南宋馆阁录·省舍》中记载，秘书省在南宋初年经过数次迁址，绍兴十四年（1144年）六月最终迁到新秘书省。省址位于清河坊糯米仓巷西，怀庆坊北，通浙坊东，面积东西三十八步（约60米）南北二百步（约300米），在这个不足20000平方米的空间内，单记录在案的日常陈设屏风就达91面，这一惊人的数字足以说明当时屏风在日常工作及生活中的重要地位。明清以来屏风的作用与文化承载皆有不同程度的增加与改变，然纵观屏风应用的各历史阶段，其当初的挡风屏障功能越来越弱，相反屏风所承载的文化却越来越丰富。有一点值得肯定，屏风这个种类无论怎样转变与进化，其造型制式、体貌特征及内在属性仍清晰明确。由此我们不难得出：屏风多指屏具范围内，那些具有一定挡风御寒功能和礼仪屏障功能的专属性器具，除某种意义上有特指体量较大特征外，无关其造型制式如何，挡风、屏障作用是关键，装饰功能是其属性之一。

屏风，因其使用功能的多样化、角色的多重性，致使其使用的空间场所及环境氛围等较为广泛，所以表现形式也较为多样，千姿百态。除结构形制方面各有不同外，其选材用料、工艺实施等具体制作方面，也会随着时代的发展、文明的进步、审美取向的不同以及个人需求等多方面的原因而发生变化，有的屏风还会因特殊的使命、特殊的身份而成为专用器具，有一定的专属性。因此，仅屏风类别中的器具而言，它们在有一定共性的前提下，又各有特点，各具时代特征与风格。如何才能将屏风类别的来龙去脉搞清楚弄明白，使相关研究得以顺畅正确的深入进行，首先是要对屏风范畴内的各种屏具进行梳理，并加以定性和定位。参考屏风相关的历史资料，结合林林总总传世屏风器具的实际情况，在已经以功能划分成为同一类别的前提下，再从结构制式方面论又可分为两大类：一类是无底座屏风，一类是有底座屏风。

1．无底座屏风

无底座屏风，通常是指由两片或两片以上组合而成的没有底座且无须任何外界支撑而能自行站立的屏风，它的结构形式是由两扇或数片单扇连接在一起，又可称之为自立型组合屏风。此类组合屏风的最大特点有二：一是此种屏风的站立方式，皆是靠其自身形体的摆放形式变化过程中形成的相互作用力而能自行站稳；二是此种屏风的套内组合数量，无论是每套组合数量的多与少，其组合基数除两片、三片外，四片以上包括四片在内通常情况下皆为双数，以单数组合而成的无底座屏风较为少见。此种组合形式，常见有置于地上和陈设于桌案之上两种不同的尺度，除组合数量同样多为双数和造型制式亦相同外，通常两者的高度差别较大，故桌案之上的此类无底座组合从造型制式上堪称是此类屏风中的秀珍版。但应该强调的是，除类别划分一节中提到的，为便于区分，往往会在屏风前面加上“案上”两字外，现实中此类袖珍版屏风的称谓，通常还会在屏风的前面加一个“小”字，被冠以“案上小屏风”之名，其原因是在某种层面上它已失去了屏风的意义，而成为赏器。

图 2-8 为清中期紫檀框山水人物图屏风，此套屏风属常见常规制式及尺度，长 398 厘米，高 195 厘米，厚 3.6 厘米。图 2-9 为清中期紫檀框楠木心案上小屏风，长 160.5 厘米，高仅有 39.5 厘米，厚 2.5 厘米，尺寸较小。上述列举可视为代表，二者相较尺寸相差甚大，一种置于地上，一种陈设于案上。现实中，此类袖珍版小屏风的尺寸还有更小的。除此之外，常见高度还有一种在 70 至 150 厘米之间，高度在 1 米左右的此类屏风，业内有二户子的俗称，通常情况下多为案几之上陈设之器，实为赏屏。三者相较，这类

图 2-8　清中期紫檀框山水人物图无底座落地组合屏风
故宫博物院 藏

图 2-9　清中期紫檀框楠木心案上无底座组合小屏风
故宫博物院 藏

二户子的屏风其制作与应用及数量上皆相对较少。

无底座屏风之所以能够自行站立，其关键在于，靠自身的形体变化形成力的相互支撑与平衡，因此古人会根据空间的需求，将无底座的组合屏风进行各种形式的摆放以达所需。通常情况无底座组合屏风的摆放形式可大体分为两种，一种是无底座直线形组合屏风（此处所加“组合”两字，意在与下节相关内容中涉及有底座直形单扇屏风的区分），另一种是无底座围屏。

（1）无底座直线形组合屏风

无底座直线形组合屏风是指套内各扇片之间无论其摆放形式如何变化，

最后整套屏风所呈现的形状为“一”字形。因此其常见的摆放形式有两种：一种是平面“一”字形，一种是折叠“一”字形。

① 平面“一”字形

平面“一”字形无底座组合屏风，是指套内各扇边框相连后呈现出的平面状直线形“一”字样摆放形式。此种陈设形式及摆放方法在无底座组合屏风的站立形式上为个例，它不能依靠自身自行站立，而是要靠墙体或借助于其他外界条件才能站立，因此这种使用方法较为少见，皆因特殊的需要而出现。

② 折叠“一”字形

折叠“一”字形组合无底座屏风，其站立的方式为，利用连接在一起且能前后任意调节转动的扇片，以正反折叠的方式，通过来回多次折叠产生相互平衡的支撑力而使屏风自行站稳，进而形成一种曲折变换后的整体“一”字形呈现。此种陈设方式及摆放方法较为灵活、便捷、实用，因此在现实的应用中较为常见。折叠式“一”字形无底座组合屏风，其套内组合数量的大小不一，会因需而定，通常情况下皆以四片为基数，四片以上有六片、八片、十二片、十六片等更多数量的组合，无论其套内组合数量多少通常皆为双数，且套内各扇片等高等宽者应为最多。偶见有套内扇片高度不同者，如有出现，皆呈中间高，左右两厢对应扇片由高向低渐变之势。特殊情况下，也有套内扇片宽窄变化不一等情况的出现。

在折叠“一”字形组合的无底座屏风范畴内，每套屏风的总长度没有标准和规律而言，总体尺寸最终会取决于单扇屏风的宽度和套内扇片的组合数量，但常规制式下的折叠式组合屏风，每扇宽度多在50至60厘米之间，最宽应不会超过80厘米，如有再宽者应视为罕见。如有单扇尺寸特窄的情况出现时，定为特殊之需。除套内单扇的宽度和整体组合尺寸外，折叠“一”字形无底座组合屏风的高度也较为宽泛，书斋内室所用屏风高度一般会在200厘米左右，通常高的不会超过240厘米，低的不会低于170厘米，且套内组合扇片的数量及整套屏风的总长度也会相对适中。厅堂所陈设的此类组合屏风相对尺度较大，除套内扇片组合数量及整套屏风的总长度相对较多较大外，其屏风的高度多见于280至320厘米之间。超过这个尺寸的多为特制之器，属于小众。还需表明的是，正常情况下，凡高度在200至300厘米的此类组合式落地屏风，无论其套内扇片组合数量的多少，抑或是整套长度的大小，其扇片单体宽度皆相对规范标准的同时，边框主体用料的大小皆为看面宽度在35至55毫米之间，厚度在28至32毫米之间。这些数据及规律皆有一定的参考价值。

除上述尺寸及套内组合数量等方面存在的特点及规律外，折叠“一”字形无底座组合屏风的制式方面也有着一定的共性和各自的特色。通常情况下高度在200厘米以下的中小型折叠式“一”字形组合屏风，无论是因需而为或是为案头所设而制，都会有三种特点出现：第一种，套内组合扇片的数量多在十二片以下，且以四片、六片、八片数量的组合居多；第二种，套内组合数量较少的情况和形式下，少见边扇的出现，套内所有扇片

图 2-10　南宋大理国张胜温画卷中有关折叠式组合屏风示意图
万乾堂 绘

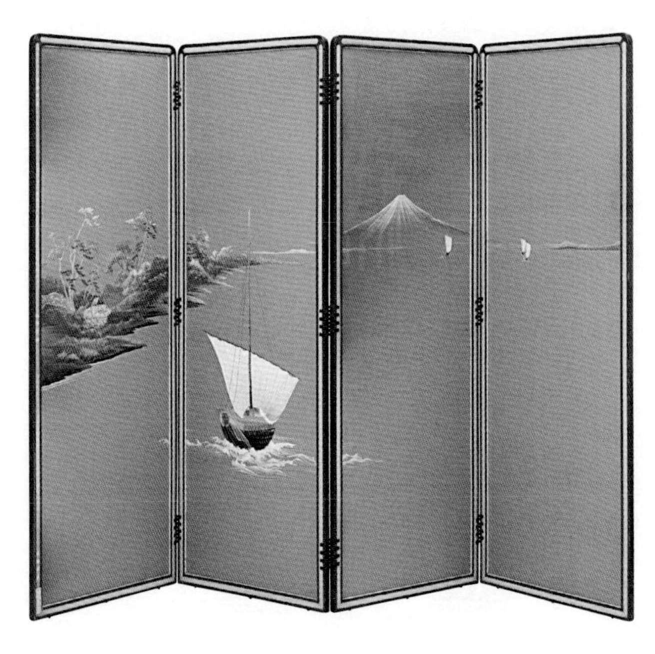

图 2-11　清晚期紫檀框绣山水图无底座无站脚组合屏风
故宫博物院 藏

造型制式等皆为相同；第三种，此高度以内套内组合数量较少的屏风，其形制多见屏风扇片的底部没有站脚，而是以平根横料收尾，与屏扇上端顶部的形制结构，并无制式之别但有上下之分，更需指出的是此类高度适中的中小型无底座组合屏风，无论以什么样的形式呈现，无脚制式者占绝大多数，如图 2-10、图 2-11 所示。其中图 2-11 清晚期紫檀框绣山水图无底座组合屏风的高度为 169.3 厘米。高度在 280 至 320 厘米之间的此类组合屏风中，除多见十二片组合及套内总体尺度庞大外，该种高度的折叠“一”字形组合屏风亦有两大特色：其一，套内组合的两头皆设有对称的边扇，边扇的表现形式通常有两种，一种是以与主体结构形式的不同进行体现，另一种是以装裱的不同加以区别；其二，套内所有扇片的下端皆多见站脚的设置（有关不同高度的此类组合屏风，其屏心部分的形制及相关制式亦有不同的区别及细节特征体现，在此暂不作详论）。图 2-12 为清中期款彩群仙贺寿图十二扇无底座有脚落地式组合屏风，其高度为 325.5 厘米，套内组合数量十二片和下设的站脚皆视为此类屏风的代表。

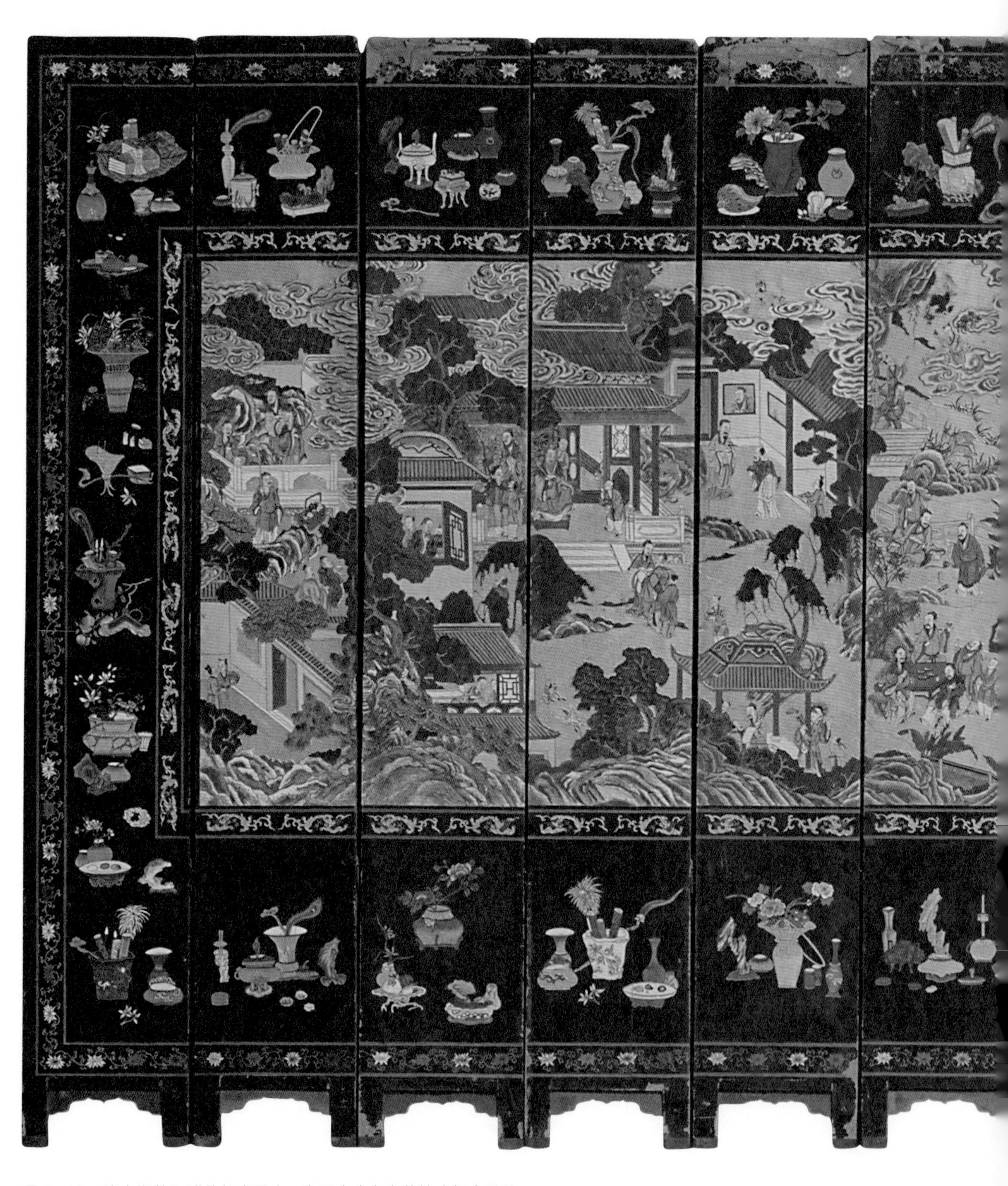

图 2-12 清中期款彩群仙贺寿图十二扇无底座有脚落地式组合屏风
故宫博物院 藏

（2）无底座围屏

围屏，即围合而成的屏风，皆由多片组成，起屏障作用。围屏亦有不同围合形式，分为无底座和有底座两种不同结构制式。以无底座围屏组合而论，其围合出的形状多以“L”形、“凹”字形、“八”字形、“U”形为主，亦有其他个别形状的少量出现。

①“L”形无底座围屏

“L”形无底座围屏是指由无底座屏风所组成的“L”形状，包括有脚和无脚两种不同形制的组合屏风。“L”形状的屏风组合多见于两片或两片以上不同数量的扇片组合，通常情况有大小面之分，其中的大面多为单扇宽面或组合宽面作为主屏，小面扇片则在兼具屏风功能的前提下，主要是起到屏风整体能够自行站稳的支撑作用。一般来讲，无论是以单扇围合还是多扇组合后围出的“L”形状，虽有大小面之分但高度多见相等。此外，此类形状的屏风亦有两扇尺寸尺度相等和多扇组合后形成相等对称的似“L”形状者，或为直角等腰三角形的两等边，或为大于 90 度的等腰三角形的两等边。实际使用过程中等于或大于 90 度直角的不等腰形组合居多。

有关“L”形无底座围屏，依据相关文献及历史资料可以窥见。首先，其形制的出现或许较早，除相关壁画有据为证外，或许是“黼扆”或“邸”的延展版，因其表现形制最为相近；其次，“L”形无底座围屏的使用范围及空间应有室内、室外之分，通常情况下设于室内尊为独享，故相关制作或相对考究，置于户外应为公共设施，大家共用，相关制作方面或相对简易，甚至会预先备好各种材料，如木棍、木桩和画好的帷帐等，使用时临时搭建。图 2-13 为古代“L”形无底座围屏应用的相关代表展示；再者，功能属性及相关制作外，“L”形无底座的结构形式还应与礼仪、礼数有着密切的关系。如图 2-14 所示，著名文物专家、考古学家孙机在《中国古代物质文化》一书中，就此画像石所示的“L”形无底座围屏的形制作出如下解释：“山东安丘汉墓的画像石中所见之床在后部设扆，左侧设屏，而右侧是空敞的。因为如《礼记·曲礼》所说，上堂时不仅要‘毋踖席’，还要‘抠衣趋隅’。郑玄注：‘升席必由下也。’又《礼仪·乡射礼》说：‘宾升席自西方。’郑玄注：‘宾升降由下也。’左侧代表东方，为上；右侧代表西方，为下。安丘画像石中的床空出右侧即西方，正是为‘抠衣趋隅’由下而升留出空位置。”（孙机著《中国古代物质文化》第 163 页，中华书局，2014）其中的右侧“空敞”以及“抠衣趋隅”，体现出古人遵从道法自然、天人合一理念的同时，更是

图 2-13　西汉墓壁画（上）与仇英《溪山消夏图》（下）中无底座“L”形围屏

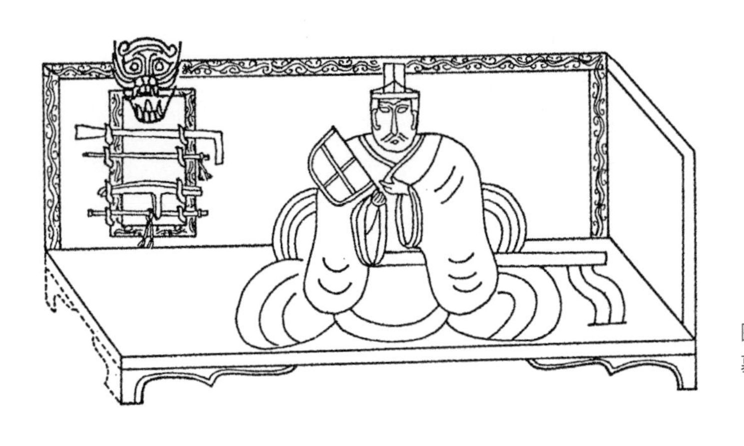

图 2-14　山东安丘汉墓画像石中“L”形围屏《中国古代物质文化》

图 2-15　东晋 顾恺之《烈女仁智图》中“凹”字形无底座围屏
故宫博物院 藏

古人为避免从正面升至榻床时，将后背留与宾客，是礼仪礼数文明的体现。由此不难看出，“L”形无底座围屏的出现不仅是行为外在的变化和功能的需要而已，形制的背后承载的是文化，这也正是我们有必要对各类型、各制式屏具以及相关使用过程中的具体呈现形式逐一列举展示的重要原因之一。

② “凹”字形无底座围屏

“凹”字形无底座围屏由无底座屏风组成“凹”字形状，“凹”字形状的屏风组合多以三片为主，通常呈中间主屏较为宽大，左右两侧的附屏相对小些。但左右两扇通常尺寸相同，兼具屏风功能的同时起到使屏风整体能够自行站稳的支撑作用。此类形状的屏风中，尺度较小的三片组合者，其出现时间应该较早，且多用于长者背后以示尊贵之位，图2-15为代表展示。亦有更多扇片的此类形式组合而成的尺度较大型“凹”字屏风，一般多应用于公共空间，其出现及应用的时间会相对晚些。

③ “八”字形无底座围屏

“八”字形与“凹”字形无底座围屏类似，不同之处在于左右两侧边扇的尺寸在相同对称的前提下，其高度有的与中间主扇相等，有的则要低矮一些。三扇组合是该类“八”字形组合的最基本形式，也是该种组合的主流，应用较为广泛。三扇以上的“八”字形组合围屏，还有五扇、七扇、九扇以及四扇、六扇、八扇等不同数量组合，其中八扇以下的小数量组合屏风，其组合数量多见单数，八扇以上的大数量组合，其数量多为双数。图 2-16 为清乾隆《历代贤后图》（局部），皇后榻床后面为无底座“八”字形多扇组合围屏局部的展示。

有意思的是，此画由清代宫廷画家焦秉贞所绘，题材内容为宋哲宗时期的高太后听政图，画面中所有人物的刻画表现，尤其是服饰装扮等皆和清代没有任何关系，但高太后所享用的三面理石心围合而成的榻床形制以及该榻牙板壶门造型的变化和其他相关局部细节的具体表现、处理手法等，皆具清中期家具的风格特征及气息，尤其是形意相通、方正硬朗且板足外卷的榻上

图 2-16　清乾隆《历代贤后图》中“八”字形屏风局部
故宫博物院 藏

矮几形制，更是清代常见常用之款式。整个画面的着彩用色、表现手法、画作风格皆清味十足，特色鲜明。也就是说，题材内容虽反映的是宋代高太后听政场景，而画中所绘家具应为作者参照当时本朝所用实物而来，如此一来，此画虽然有待推敲，但这一现象却间接表明了太后身后所置围屏制式、样貌的真实可信度和参考价值所在。

④ “U”形无底座围屏

“U”形无底座围屏由无底座屏风围成“U”形状，此类屏风组合，其套内扇片组合数量大小不一，通常以五扇为基数，五扇以上无绝对的单数、双数要求及区别，但常见双数组合为主，且套内组合的数量一般较大。此种形状的无底座屏风组合，就套内形制、尺寸等方面更为丰富多样，既有套内扇片的同高等宽组合，也有中间扇片的宽大独行者，亦有中间高两边低呈渐变规律或中间扇宽两厢扇片逐渐变低变窄，体现出规律性的形制变化关系，如图 2-17 至图 2-19 所示。

图 2-17 为清代紫檀绣花鸟图十二扇“U”形无底座组合屏风，其套内扇片的组合为双数，每扇的高度和宽度也完全相同，且有边扇的设置，为标准经典的“U”形无底座屏风代表，此种制式、表现形式以及如此数量的组合，应为无底座自立型组合屏风的主流，在古代，尤其是明清时期，其所用材质较为丰富，所施工艺更为齐全，用途更广，被广泛应用于社会的各个阶层以及日常生活的各个层面。

图 2-18 为清中期紫漆描金框绣《群仙贺寿图》九扇“U”形无底座组合屏风，其展现形式与前后所示的两套围屏并无两样，但就套内扇片的组合数量而言，有别于常规的双数组合规律，而是以九扇组合的数量出现，这种单数组合的无底座围屏不仅在此种形式的组合中较为少见，就是在其他任何一种结构制式及表现形式中也难以见到，这一现象的背后既是屏具文化的体现更是九五之尊皇权当道文化的充分体现，它是此种组合形式中组合数量的个例。此外，此套屏风的中间扇与左右两厢对应扇片亦有高低对称皆呈逐渐下降之规律，每扇屏风的顶部加做帽冠的形制与做法在无底座组合中也更为少见。这些现象也是屏风常规制式以外的体现。

图 2-19 为清晚期黑漆莳绘鹤鹿图十二扇“U”形无底座组合屏风，除套内扇片的高低有明显的差别外，其整套组合屏风顶部的波浪形表现，既是特色，亦是制作年代的体现。以上所列举不同形制的“U”形无底座组合围屏，其常规和超常规的不同展现形式及表现手法，说明了屏风器具的表现形式与

图 2-17　清代紫檀绣花鸟图十二扇“U”形无底座组合屏风
故宫博物院 藏

图 2-18　清中期紫漆描金框绣《群仙贺寿图》九扇“U”形无底座组合屏风
故宫博物院 藏

图 2-19　清晚期黑漆莳绘鹤鹿图十二扇“U”形无底座组合屏风
故宫博物院 藏

运用，会随着时代和具体需要而发生改变，反映出器具会服务于政治的一面，这些正是屏具文化的充分体现。

⑤ 异形无底座围屏

除上述几种无底座围屏的组合形式外，自古以来，在现实的生活及应用中，无底座组合围屏的形式还会因不同的环境氛围和特殊的需求而有其他超常规的形式出现。因这些异形形制的具体应用较少，实属小众，因此相关方面的资料、实物和应用案例也较为缺乏，目前情况下难以作出更为深入具体的探讨及阐述，故在此仅以图 2-20 中所呈现的异形围屏组合作为异形围屏代表加以展示，此图的列举，重在表明异形无底座围屏形式的存在。

⑥ 无底座屏风的相关情况

无底座屏风除上述范畴内的相关定义、各种展现形式、结构制式以及不同的套内配置等情况外，其制式、工艺、应用等方面也有着清晰的传承脉络和各个时代的特征及各种器具的专属性存在，具体情况如下：

首先是造型制式方面，在不同数量组合和不同高度的无底座组合屏风中，无底座屏风又可分为无脚和有脚两种不同的制式。所谓无脚，是指无底座自立型组合屏风中，扇片下端的最底部横料与两竖边立料相交接后采用 90 度直角收尾的做法及形制，常规做法多以 45 度角格肩相互交接，故屏扇的底部以直给的方式与地面、桌面等相接触。而有脚做法，是扇片下端的横料不是扇片的最底部，此帐并未落地，它与两竖边立料以直榫、八字角、实插肩等榫卯结构形式进行交接后，与两立边形成“H”状，故此横料位置以下，两立边留有站脚，整个扇片会呈现出仅以两脚落地的悬空状态。

这其中，尺寸较高、体量较大的无脚无底座屏风的制式极容易和隔扇混淆，这里所说的尺寸体量较大，是指高度皆在 3 米左右和组合数量皆为十二扇的屏风或隔扇。因为通常情况下二者扇片的高度上下相当，宽度几乎无差，且套内组合数量也都差不多，所以，如何区分、怎样掌握屏风与隔扇的主要差别和不同为首要。屏风与格扇除上述高度、宽度以及套内组合数量等许多相似之处以外，无论其尺寸大小，套内数量如何，通常情况下二者间最大的区别则在于：其一，屏风与隔扇的扇片厚度皆为屏风薄、隔扇厚，屏风厚度多为 3 厘米左右，而隔扇的相应部位用料都会更大一些。其二，屏风皆为双面工，而隔扇通常为单面工。其三，屏风虽在形制上有有脚和无脚之分，但有脚屏风的“脚站”通常较高，多在 15 厘米左右。无脚屏风除特殊之器顶

图 2-20　明 仇英《乞巧图》中所呈异形无底座围屏
台北故宫博物院 藏

部有造型装饰外，一般来讲上下皆为平面。而隔扇不然，隔扇无论其尺寸高低宽窄如何，通常其扇片上下两部位横抹头两端的上方或下方，皆有扇片两竖边立料垂直穿过上下横抹头后预留的榫头出现，且尺寸大小、所设位置皆相同一致有规律。此外，亦有一侧立边上下做成门轴状榫头的现象，皆为安装固定所备。其四，无底座组合屏风其套内每片扇之间的连接方式通常皆靠金属配件，而隔扇的固定是靠上下两端预留的出头榫，因此隔扇扇片的立边侧面通常是没有任何金属构件和机关设置的。如再细追隔扇与屏风的不同细节，这其中还包括扇片主体的榫卯结构、局部形制形状等细节方面的许多微异之处，相关方面因与本书主题相差甚远，故在此不作深究。如上论述意在点出现象、表明观点，以示提醒，因现实中确有不少人玩了几十年的家具，心中虽有隔扇与屏风概念之差别，但现实的口述及相互交流中，彼此不分，明知是屏风，但实际表述时却常口出隔扇等情况，好在大多老行家相互之间都能领悟。图 2-21 为常见有脚屏风扇片与标准隔扇扇片造型制式及不同细节之处的具体展示。

无底座组合屏风，或许是因受有底座屏风的影响，抑或受房屋建设中隔

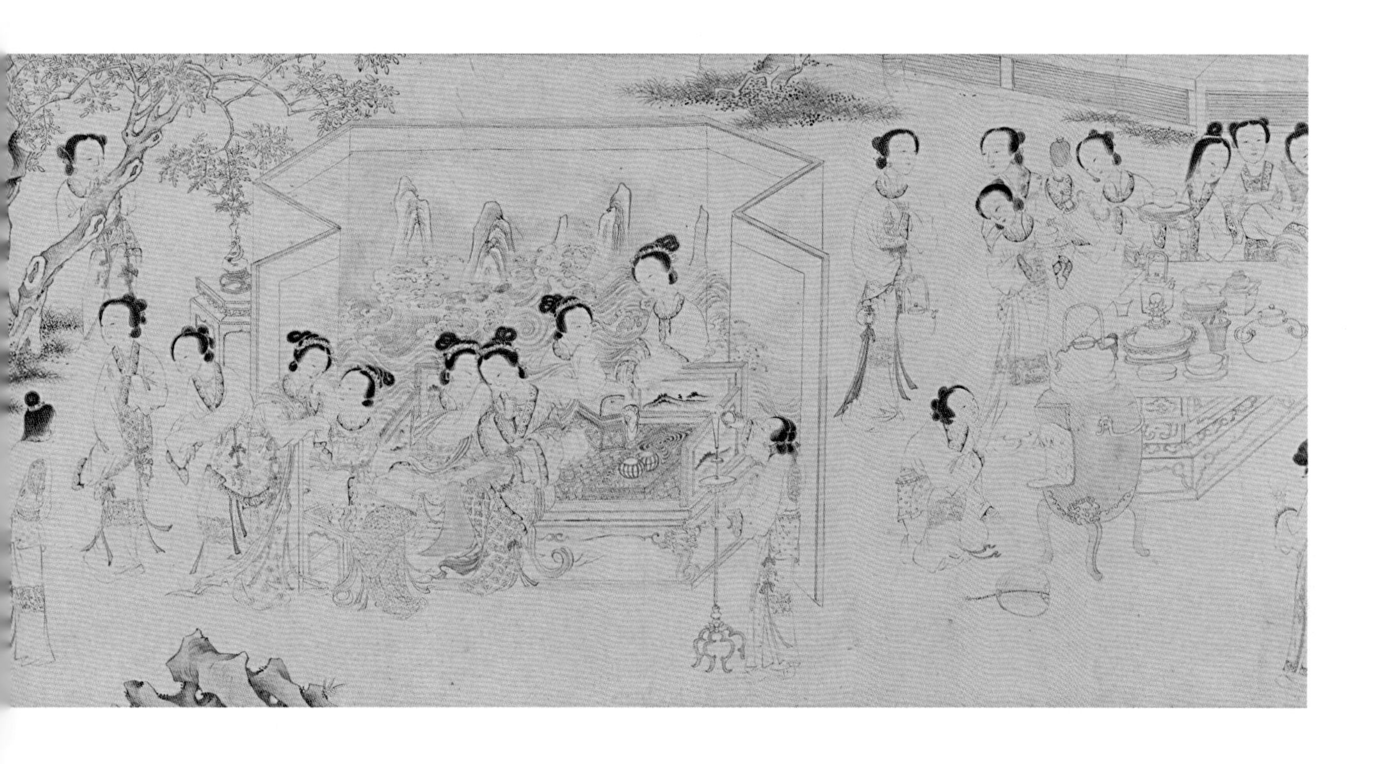

扇制作的借鉴发展而来，因此就无底座组合形式的常规制式屏风而言，存在着时间越早其套内组合的片数越少且体量相对较小，时间越晚其套内组合的片数越多、整套体量越大之规律。所以早期的相关资料显示，唐宋时期此类屏风多以高度适中、组合片数较少、无脚落地形制的为主，如图 2-22 所示。值得一提的是，图 2-22《宋人十八学士图轴》所呈现的无底座组合屏风，虽然屏风套内的其中之一，即右侧边扇前面的底部落于带有槽口的圆形石墩之中，但该扇片后面与主屏扇相连的底部是直接落于地面之上的，绘画中围屏的站立方式清晰可见，也就是说圆石墩的主要作用是用来掌控和固定其侧扇的左右移动，它不属于真正意义上的底座，真正使屏风整体能够站稳的原因为该屏所呈现的“八”字形状。因此，该围屏为标准的无底座“八”字形组合形式，其套内扇片的组合数量，或为三扇或为八扇，除中间主屏组合体量较大外，余左右两厢附屏高度、宽度皆对称相等。图 2-22 中标准的“八”字形状，围合出的形体空间与宾主四人围坐榻床所共同营造出的整体氛围等合情合理、恰如其分，可以推断此画中的无底座组合屏风展示应为当时此类屏风的真实写照，同时这些体貌特征及制式，也符合这一时期宋代人文

思想及屏风制作在家具发展史上的历史节点及特性，因为再早便会简单简陋，再晚则更加丰富多彩。

宋代及宋代以前，此类无底座组合屏风的屏障挡风实用功能与作用相比占份额较大，而到了明清时期，由于房屋建设有了进一步的改善，居住条件得以提高，屏风的实用功能逐渐减退，某种意义上，此阶段屏风作为一种新时尚、新文化走入了人类的精神生活。明至清早，自上而下，无论是皇家还是富贾、文人墨客乃至于一般富庶阶层，流行着一种制作、应用

图 2-21 常见有脚屏风与隔扇造型制式等方面的对比
（左）故宫博物院 藏，（右）万乾堂 藏

及崇尚寿屏的社会风尚，这种风尚和行为在某种意义上成为身份地位、权力以及财富等方面的代言与象征。为了彰显主人公的身份地位及功德业绩，寿事往往会大操大办，附庸风雅，因此作为重头戏之一的功德屏和寿屏制作便会绞尽脑汁不惜工本。

以寿屏为例，除尺寸及体量大小方面的尽量表现和选材用料、相关制作等追求奢华外，其屏心之内容方面的表现则更为讲究更有特色。制作形式和表现手法常见一面题字一面作画。字有整屏通文者，亦有各扇内容独立者，且多见邀约名流、文豪大家挥毫竞艺，多以意美词文形式歌功颂德，捧奉之余意在书法标榜。另一面的绘画题材同样有整屏构图者，亦有单屏独表者，其内容题材多以山水花鸟、亭台楼阁或刀马人物等寓意吉祥类的题材为主。内容及表现形式以外，相关版式、格调、装饰等细节方面的表达及相关制作也都相对规范标准。因此，这种寿屏的出现，在原有屏风功能作用的前提下，更具其文化方面的专属性，大大推动了无底座组合屏风的创新发展与文化传承，图 2-23、图 2-24 和图 2-25 分别为这一时期不同材质、不同工艺官造和民制此类屏风代表的展示。

图 2-22　宋 佚名《宋人十八学士图轴》中所呈无底座组合屏风
台北故宫博物院 藏

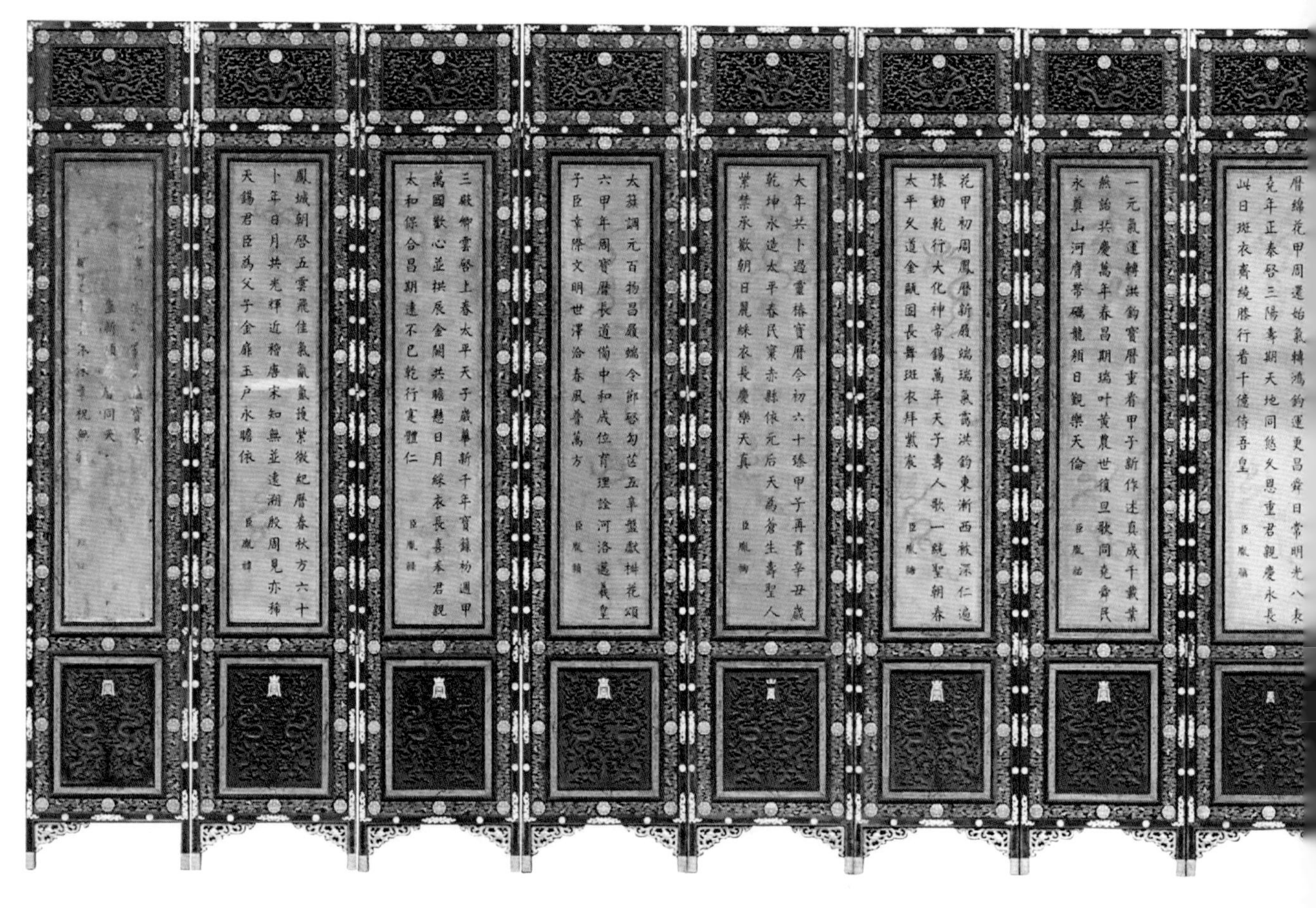

图 2-23　清康熙紫檀嵌螺钿框皇子祝寿诗大型无底座组合屏风
故宫博物院 藏

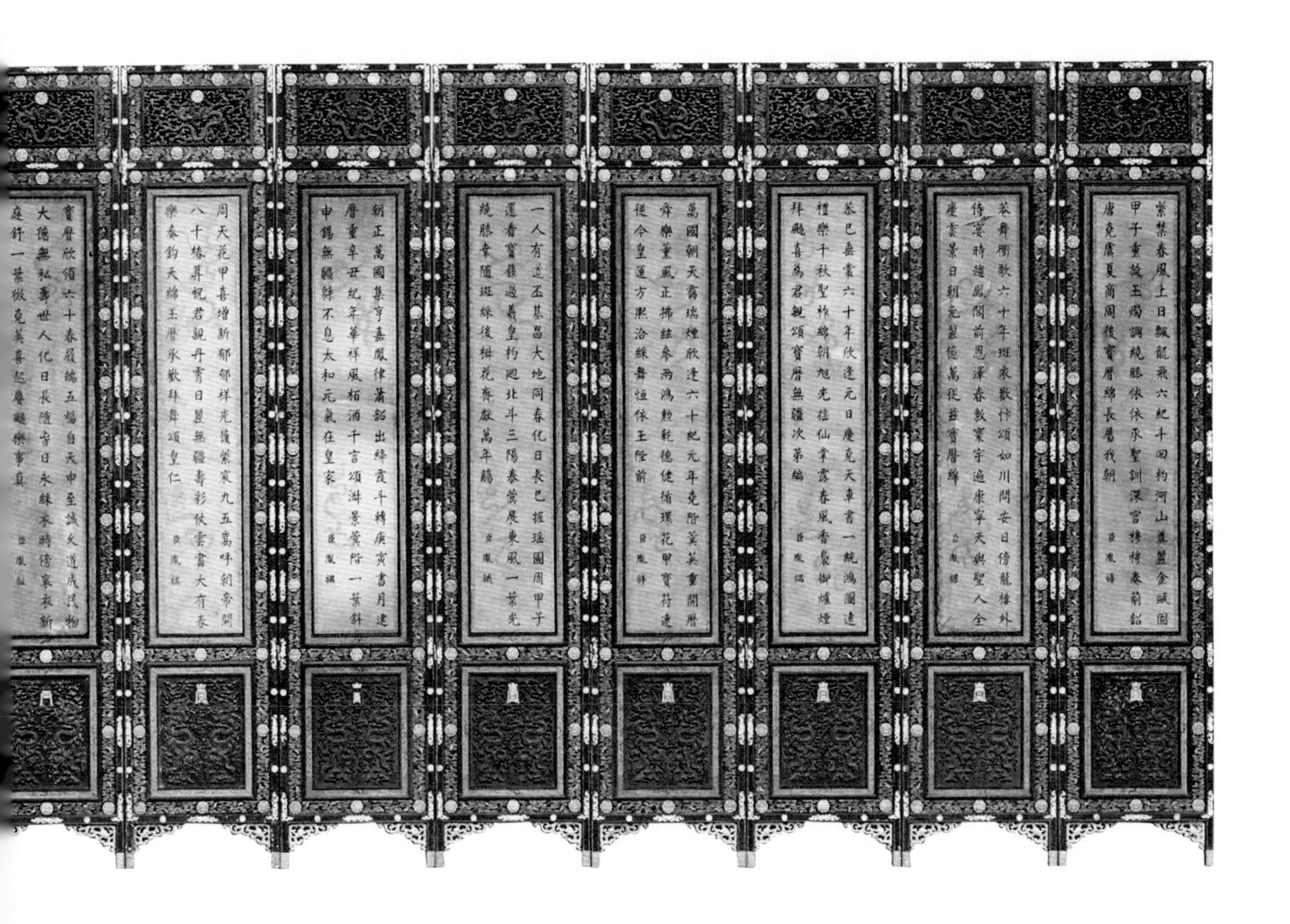

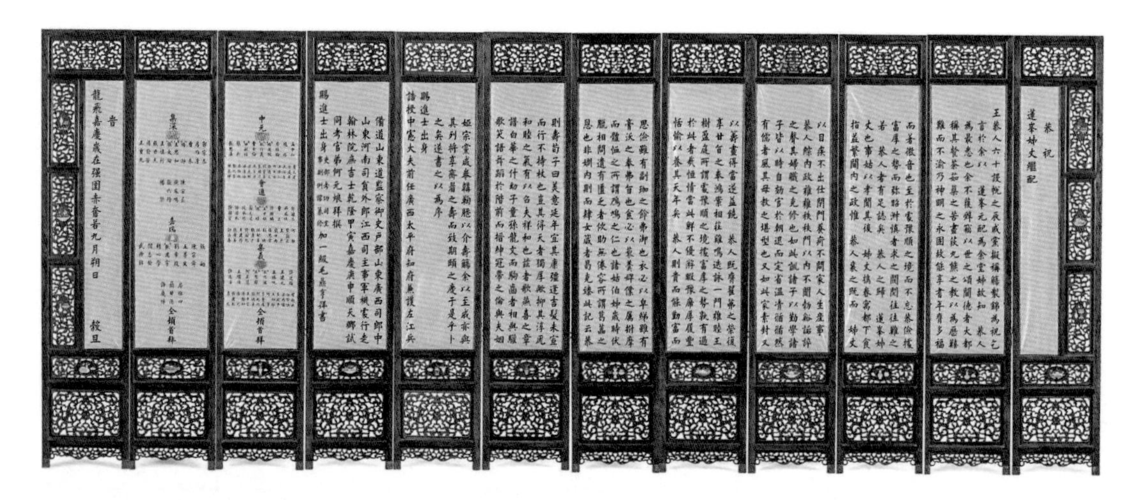

图 2-24　清中期黄花梨百宝嵌无底座十二扇寿屏及屏心内容的展示
2017 保利十二周年秋季拍卖会

其中，图 2-23 所示的清康熙紫檀嵌螺钿框皇子祝寿诗围屏，从此套围屏的结构制式及组合等多方面分析，首先套内扇片的组合为十六片，这个组合数量不仅远超宋代及宋代以前的常规数量组合，而且也超过了明清时期常见的十二片组合数量，整套屏风的总长度达 1120 厘米，高度达 356 厘米，这种庞大数量组合而成的大尺度无底座屏风，在屏风发展史上的中早期较为罕见，甚至是没有出现过的，这一现象更能体现出无底座组合屏风套内组合数量的大小与时间的关系。不仅如此，就传世的此类屏风实物来看，无论是明清宫廷旧藏还是民间遗存，十二片数量组合的屏风应为主流，占据该类屏风总数量的 80% 左右。究其原因，大概有二：首先，家具的制作自宋代完善了榫卯结构以来，从结构形式、力学的把握、造型制式等多方面有了很大的改观与进步，也就是说宋代以后，尤其是明清时期，古代工匠们有了驾驭制作较为大型组合屏风的能力，解决了大件器具其结构、力学及组合形式等方面问题，这在生产力较为低下，包括制作工具和技艺相对低下的唐宋以前是难以做到的；其次，就事物发展的客观规律而言，随着人类文明的不断推进，屏风及屏风文化的发展也是日新月异。

图 2-25 为晋作清中期黑漆款彩十二扇无底座自立型寿屏，通长 648 厘米，高为 299 厘米，为有脚自立型组合屏风，套内各扇片的上下两部分和左右两边扇的外边框部分，在黑漆披灰工艺的基础上，以款彩雕填的工艺手法

图 2-25　清中期晋作黑漆款彩十二扇无底座自立型寿屏整体及局部细节
刘海纯先生 藏

进行美化装饰，构思巧妙，布局合理，画面悦目，色泽漂亮，纹样图案富含美好吉祥之意，堪称考究之作。套内边框漆灰工艺之外的屏心两面皆为书法题作，一面为贯体通篇誉美吉言的寿文锦叙，一面是达官显贵们各表其智、各显其才的颂词妙挥，词句各有心意，书法各有所长。十二扇、十二人、十二款，这也是一绝，常人难以为之，虽有地域特征与特色，但不局限于地域文化，亦可视为民制此类屏风的代表。屏风文化的表现会随着社会的发展、时间的推移而不断转化。

明清以来，此类无底座组合屏风与其他制式的屏风器具一样，随着人类文明的进步，文化生活等方面的需求及应用方面的越来越广泛深入，其表现形式越发丰富多样，总体制作水平及质量等也越来越高。以选材用料而言，明代及明代以前此类屏风的主体框架用料多以各地所产的本地木材为主，常见榆木、槐木、核桃木、榉木、杉木等所谓的软木类，明代晚期则出现了黄花梨木，清代以来无论是官方还是民间，此类屏风的用料又出现了紫檀、红木等硬木类其他材质，甚至还出现了竹材制品和一些不常见用材的器具。依据传世屏风选材用料的现实情况，参考相关历史资料中对屏风制作用料方面的记载，足以证明，自古以来此类屏风制作的选材用料会随着时代的推进而变得越来越丰富多样。工艺方面，宋代及宋代以前此类屏风的制作多以木板或木框为骨架，表面糊纸、裱绢、髹漆等形式出现，更为讲究的做法或在漆面之上题诗作画，或有相对简易些的大漆工艺修饰，所施工艺基本上都以描金、彩绘、镶嵌等基础工艺及方法为主。而到了明清时期在上述工艺及做法的基础上，首先从屏风主体框架的制作方面有了较大的改观，无论是以表现木质本身还是体现漆灰工艺为主的器具，都出现了施以精湛的雕刻工艺和其他精彩丰富的表现手法及元素符号，尤其是漆灰工艺方面，又增加了雕填、戗金、剔红、细螺钿、堆漆、沥粉、款彩、莳绘等各种工艺。除以上所述屏风主体框架所施工艺外，其屏心的制作及所施工艺，在上述所列工艺种类的基础上则更加丰富多样，如刺绣、缂丝、铁艺画、竹丝工艺、玻璃工艺等皆有出现和应用，如图 2-26 所示的清早期大漆镶缂丝绢绘寿屏（左 1）、清中期紫檀镶珐琅画玻璃镜群仙贺寿图屏风（左 2）、清中期紫檀镶湘妃竹框缂丝花鸟图屏风（左 3）、清中期紫檀框蓝漆嵌象牙屏风（右 1），皆为此时期屏风制作工艺的代表作品，此例仅为此类屏风选材用料及所施工艺方面少数代表。

此类屏风的相关制作，除以上所述几个大的方面外，随着时间的推移和制作工艺及制作水平的不断提高，其相关制作过程中许多细节之处也会随之有了很大的进步。以屏风扇片之间作为连接件的金属挂件为例，早期的此类屏风由于缺乏相关实物证据，很难讲得清晰明白，但可以肯定的是无论那时采用什么方式进行连接，其连接方式和做法包括连接件的用材制作等绝大多数都应相对简陋单一。明清以来，正是因为屏风组合的整体体量加大，扇片组合数量的增加以及屏风制式、装饰效果等方面的要求越来越高，虽然连接的形式会视具体情况而定，但以传世实物而论，其连接方式及连接件的用材都显得更加丰富多样。

图 2-26　清中早期无底座组合屏风部分制作工艺代表
故宫博物院 藏、香港佳士得 2015 年秋拍

这其中，明至清早期的此类屏风连接件多以铁质挂鼻（钩）为主，且这些铁质挂件皆为人工锻造手工敲打而成，古朴典雅，经济实用，人文气息较浓。与此同时，亦有部分连接件以铜质为之，但相对较少。清代以来以铁制作的金属连接件仍有应用，但相对于明代的应用数量而言份额较小，呈铜质挂鼻（钩）的应用数量逐渐增加，且制式方面有所改良，呈进化的趋势，尤其是乾隆时期此类构件的形制及做法在原有的鼻（钩）变成挂销形式的同时还增加挂鼻（销）长度，增加了套内挂销的使用数量，如此的量变前提下，保障了大套屏风的力之所需问题。再者，由于铜本身的特点，故所制连接件，其精密度美感等方面都会更胜一筹。清晚民国时期作为连接扇片的“连接件”，在保留保持一些原有传统做法和形式的基础上，则会根据屏风自身特点等具体情况和屏风所应用的空间，出现了一些新时尚新风格的表现形式与做法。

图2-27、图2-28、图2-29分别为明清时期的铁制、铜制等屏风连接件、挂销和清晚期部分新材质以及连接方式的代表。其中图2-29中所展示的楠木紫漆描金屏风，扇片高358厘米，宽75.5厘米，如此宽大的尺寸及体量，加之上乘的金丝楠木选材以及经典的纹样、精美的彩绘描金工艺等多方面足以说明此屏风为皇家制器。作为皇家制器，其综合方面的考量及细节上的处理，更不会有纰漏，该套既高又体量较大的屏风，为牢固耐用起见，其扇片之间的金属连接件，首先由清早以前常见的挂鼻（钩）形制，将挂钩的尺寸加长形成了较长的挂销，再有将常见扇片高度范围内的两组连接件变成了三组，这些细微之处的变化虽藏于暗处，并不显眼，但它体现的是屏风制作工艺及屏风文化与时代的关系，是审美层面的转变，是力学考量方面的体现，是技术技艺的提高和进步的写照，是屏风研究不可或缺的真实记录资料，更是相关断代方面的重要参考依据。

有关无底座屏风的历史演变脉络和相关制作、应用以及传承与发展等方面的情况，并非一言一著就能阐明述清。上述所列所表意在梳理无底座屏风其形制结构、展现形式及高中低三个不同尺度同类屏具的异同点和各自的应用范围，对不同配置、不同制作工艺、不同内容表现的此类组合屏风在功能作用、时代关系、文化属性等方面做分析和展示。

图 2-27　明清较早时期屏风连接件铁质铜质挂鼻（钩）
（左上）万乾堂 藏，（左下）张文胜先生 藏，（右）李光宝先生 藏

图 2-28　清晚官作无底座组合屏风部分连接方式
故宫博物院 藏

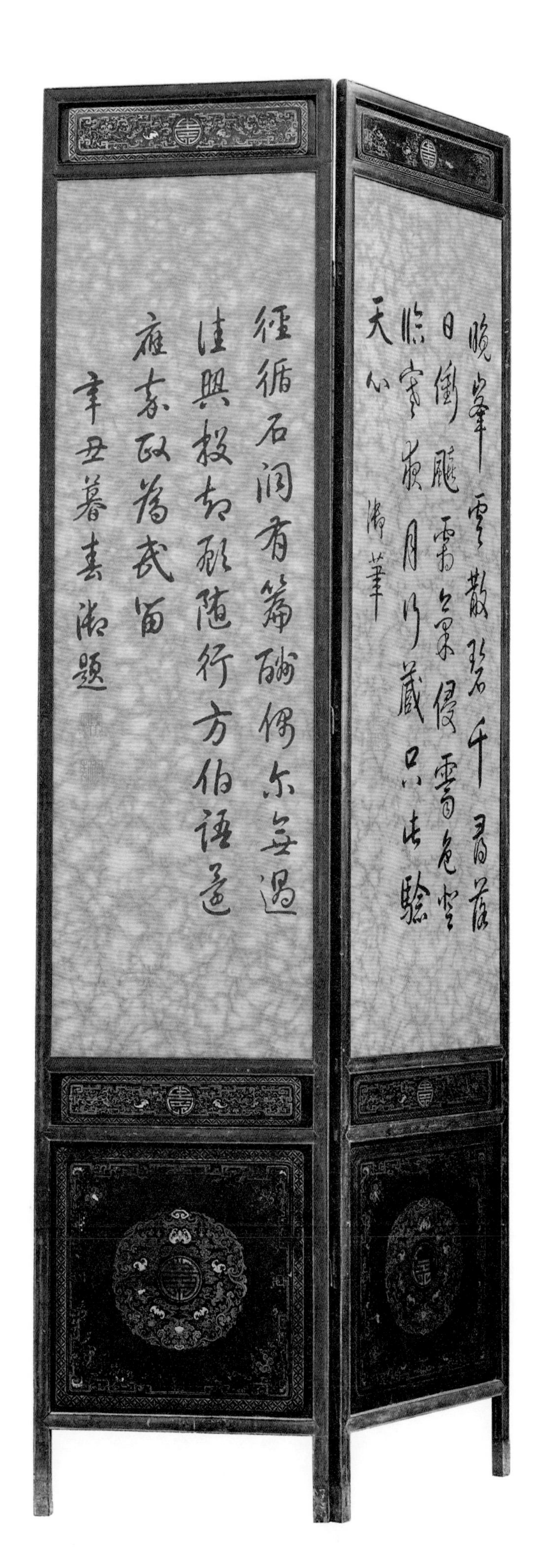

图2-29 清乾隆官作楠木紫漆描金大型无底座组合屏风
万乾堂 藏

2. 有底座屏风

有底座屏风，泛指所有能起到挡风屏障作用的带底座屏具，皆为上屏下座，是屏与座的结合体，其站立方式完全靠底座支撑。广义上讲，只限于功能作用而不论其体量大小及其他，其范畴包括陈设于地面之上的所有大型有底座屏具，置于床榻之上的中、小型枕屏和文房案头之上的小型砚屏等。需要再次表明的是，尽管它们有着一致的样貌制式，且同具挡风之功效，但由于其应用的空间、营造氛围等相关方面各有侧重，尤其是像砚屏之类的微小型屏具，无论是体量还是特征，都与置于地面之上的大型有底座屏风差别明显。再结合包括枕屏、砚屏以及各种案上座屏在内的有些有底座屏具，虽然它们有着相近的造型制式，但它们的功能作用却不完全一致，有的甚至截然不同；加之现实中无论是业界还是学术界，普遍存在着对最早出于汉代“屏风”一词的真正意义与初衷认知不清、理解不透，造成“屏风”称谓混淆，缺乏针对性、准确性，存在一词多用、一器多称的乱象，存有诸多问题甚至严重错误的现状。为使屏具研究工作能够沿着正确方向与轨道前进，更为准确深入，更是基于严谨方面的考虑，故而个人认为：有底座屏风之定义，还应有其狭义的一面，即专指那些置于地面之上，与无底座落地自立型组合屏风功能作用相同或相近的所有大型带底座屏具。本节以下涉及有底座屏风方面的内容，仅限于狭义的有底座屏风范畴内。

在陈设于地面之上较为大型的有底座屏风范围内，就其结构形制、表现形式又可分为两大类：一类为直形屏风，一类为围屏。直形屏风中又可分为单扇平面直形屏风和多扇组合而成的平面直形屏风两种。在有底座围屏类中根据不同空间氛围的具体需要又有“L”形、“凹”字形、“八”字形、“U”形等各种制式及表现形式的屏风出现。以下将就此类屏具作出相应的梳理及阐述。

（1）有底座平面直形屏风

有底座平面直形屏风是指由屏和底座共同组合而成的平面直线形屏具，其关键点在于：第一，应具备屏和底座两个部分；第二，屏风的表现形式一定要为平面直线形。在此结构制式的框架下，有底座平面直形屏风又有独立（即单扇）和多扇组合两种不同制式的区别，同时有底座平面直形屏风的屏与座，其结构方式也存在着连体做法和分体式两种。

① 有底座单扇平面直形屏风

有底座单扇平面直形屏风是指由单片或单扇形制出现的有底座“一”字形屏风。其根本在于，它的屏扇只有一片，且呈平面状，它的站立方式是靠

图 2-30 汉代五彩画“有座”单扇平面直形屏风
马王堆一号汉墓

图 2-31 宋人摹五代周文矩《重屏会棋图》中较大型有底座单扇平面直形屏风
故宫博物院 藏

屏下的底座固定支撑，该种制式的屏风，应为屏风种类乃至屏具门类的始祖。其发明创造及应用的时间最早，挡风屏障功能之余，起初更是长者、天子身份地位的象征，具有一定的政治色彩及文化属性。早期的有底座独立平面直形屏风，其屏虽然也是只有一片构成，但屏心的尺度相对较大，屏扇框架多为木质结构；在此前提下，有以织锦等细软类材质装束者，有木板骨胎之上精髹漆灰者，亦有素而不饰不绘者。其支撑屏风能够站立的“底座”也相对简易粗糙一些，底座的形制及做法与后来发展演变成熟的各类屏座相比差别较大，且这种有底座单扇平面直线形屏风的用途、寓意以及所摆放的空间陈设的位置等，都与后来置于厅堂卧房内的各种屏风有着一定的区别和意义上的不同。

以图 2-30 至图 2-33 为例，从汉代到元代这些不同历史时期的较大型有底座单扇平面直形落地屏风的相关资料来看，汉代及汉代以前此类屏风的底座相比之下确实较为简单，与其说是底座，不如说是垫块更为确切。唐宋以来底座的制作相比之下，从结构形制方面确实考究了许多，相对而言仍存有部分底座的制作较为粗制简单的同时，亦有相当部分此类屏风底座的制作已尤为考究、几近完美，呈现出承古创新、新旧并存、各为其主的态势。此时期这一情况的出现，其主要原因在于，这一阶段榫卯结构的完善，对屏风的制作产生了极大的推动作用。以榫卯结构为基础的有底座屏风的制作，不仅从结构上有了重大突破，更重要的是从形制样貌及一些局部辅助配置上都能得以更好地发挥。图 2-34、图 2-35 和图 2-36 分别为五代顾闳中《韩熙载夜宴图》、宋《宋人白描大士像轴》榻后屏风和《宋人十八学士图轴》，图中所示的有底座单扇平面直形屏风的底座上皆有体现。从这些绘画中可以看到，同为有底座单扇平面直形屏风，与上述所举同一时期的图 2-31、图 2-32 和图 2-33 同类屏风相比较，这几例中所展现的屏风底座其结构制式等方面明显有了很大的改观。尤其是通过图 2-37《宋人十八学士图轴》中屏风底座部位的放大展示，可以得见各部件界定清晰、各居其位、结构合理的同时，屏心立边框与底座基墩之上立柱的交接关系明晰可见，且屏心纵横四边框以蓝色描绘，暴露在外部位的色泽处理及其他细节更是一清二楚，合情合理，进而也证明此画及画中家具的写实性。再结合此绘画中的景观氛围和该屏与周围其他家具以及人物等多方面写实手法下的比例关系所反映出的相关细节等情况综合分析，此屏风的底座部分不仅体量宽大，具有真正意义上的底座之感，而且尺寸较高，形美工精，底座两侧的抱鼓墩、立柱、站牙、腰板、分水板等一应俱全，与我们所见到的明清传世同类屏风并无两样。另外通过画面当中对该屏风底座两侧的立柱上端与屏心立边框相连接部位的具体描绘和反映，从边线界点和色差等方面的细节表现及处理进行分析，该较大型有底座单扇平面直形屏风的屏与座，应为上下插

图 2-32　北宋晚期（2008 年出土）宋墓壁画中所展现的单扇平面直形屏风的展示
韩城盘乐村宋墓壁画

图 2-33　元 佚名《张雨题倪赞像》画中有底座较大型单扇平面直形屏风
台北故宫博物院 藏

图 2-34　五代顾闳中《韩熙载夜宴图》中有底座单扇平面直形屏风的展示
故宫博物院 藏

图 2-35　宋 佚名《宋人白描大士像轴》中榻后有底座单扇平面直形屏风
台北故宫博物院 藏

装式组合结构。这种结构制式：其一，符合宋代时期榫卯结构能得以完善这一首要和必备条件；其二，这种分体结构更适合较大型屏具的制作与应用方面的便捷，图 2-36 中十八学士相互围坐的户外场景也能证明这一观点；其三，绘画中这种活插活拿的结构制式出现，表明宋代已有有底座单扇平面直形屏风或有底座屏具分体结构制式的应用，其首创和发明的时间，有待进一步推敲与考证，但有一点可以肯定，“插屏”之称，因插装制式首创于清代而得其名的说法，显然是不成立的。以上所述和列举的两组相关有底座单扇平面直形屏风，除汉代时期的同类屏风底座较为简单简陋外，唐宋时期的此类屏风底座结构制式确有繁简之分，这一现象说明此阶段屏风底座的制作，应处于一个繁简共存的发展阶段，如同此时期家具的由低向高转变，高低并存的发展情况一样，是屏具底座乃至整个屏具门类提升进化的时期。了解和掌握这一情况，相信对屏具门类的研究和屏具文化的挖掘会起到一定的作用。

明清以来，有底座单扇平面直形屏风的发展情况又是如何呢？如图 2-38 至图 2-42 所示，其中图 2-39 和图 2-40 为明代黑红大漆有底座单扇平面直形屏风整体与漆灰工艺的展示，此屏风长约 120 厘米，高约 200 厘米。图 2-41 清中期紫檀镶珐琅西洋人物图，长 114.5 厘米，高 218.5 厘米，厚 70.5 厘米。图 2-42 为清中期黄花梨框蓝漆瀏鶒（xī chì）木象牙

图 2-36　宋 佚名《宋人十八学士图轴》中有底座单扇平面直形屏风
台北故宫博物院 藏

图 2-37 《宋人十八学士图轴》中屏风底座上立柱与屏心立边框相接部位的细节
台北故宫博物院 藏

图 2-38 明 杜堇《玩古图》中有底座单扇平面直形屏风的展示
台北故宫博物院 藏

图2-39　明代黑红大漆有底座单扇平面直形屏风
杭州藏家　提供

山水图有底座单扇平面直形屏风，此屏长234厘米，高209厘米，厚54厘米。以上列举的这一组有底座单扇平面直形屏风，无论是绘画中此类屏风的描绘表现，还是现实中传世实物的具体情况，都能表明其尺寸及体量皆相对较大，且同为置于地面之上的有底座单扇平面直形屏风，与上述所举所述唐宋时期或更早时期的大型地屏属性相同，但就这一时期此类屏风的底座结构制式而言，在传承、创新、发展的原则下，明显呈现出在唐宋时期基础上又有了很大程度的提升和改变。以图 2-38 绘画中屏风底座的展现形式和图 2-39 所示的平面直形屏风而言，其屏风底座的基座部分，皆为典型的平足落地式，且抱鼓墩、分水板、站牙等配饰件规范成熟，既有明代特征又有宋元遗风，进而更加证明了明代时期有些屏风底座部分的造型制式及制作，基本上以沿袭古制为主，且在结构合理的情况下，崇尚简约。而以图 2-41 和图 2-42 中屏风底座为特征的清代以来有底座单扇平面直形屏风为例，它们皆在通常底座应有的腰板、分水板、两侧墩座的常规制式或模式下，将平板落地的形式改变成了两头落地或多点儿落地的“脚心”形制和“拱桥”状。这样一来，增加稳定性的同时丰富了座墩的表现形式及美感，图 2-43 为相关代表的细节展示。足部形制变化以外，相对而置的须弥座造型及莲瓣纹饰雕刻皆有借鉴建筑、砖雕、石刻等其他领域之因素，亦为创新之举，类似现象在清代时期所制作的同类屏风底座中体现明显，且有普遍性。似上述底座明简清繁的表现形式及制作，现实中以传世实物而论皆不在少数，也确实有规律可循。

图2-40　明代黑红大漆有底座单扇平面直形屏风漆灰工艺

图 2-41　清中期紫檀镶珐琅西洋人物有底座单扇平面直形屏风
故宫博物院 藏

图 2-42　清中期黄花梨框蓝漆瀫鶒木象牙山水图有底座单扇平面直形屏风
故宫博物院 藏

图 2-43　清中期黄花梨框蓝漆瀫鶒木象牙山水图有底座单扇平面形屏风局部
故宫博物院 藏

因此，在有底座独立平面直形屏风范畴内，参考相关历史资料，依据此类传世屏风的实际情况，综合而论，有底座单扇独立较大型置于地面之上的平面直形屏风，就其底座的结构制式而言，其制作和整个发展过程具有早期较为简易简陋，随着时代的推移越来越精制考究之规律，整个发展过程中宋代应是一个非常重要的变革时期，明代为更加巩固的完善阶段，清代则是一个不折不扣的创新时代。再结合屏具门类中其他器具的具体发展情况，可以推断，宋代至明清时期应为屏具及屏具文化的最为重要和辉煌阶段。在这一漫长的历史阶段，屏具及屏具文化的具体发展情况、变革创新的原因和相关因素挖掘，正是需要进一步深入的课题。

② 有底座多扇组合平面直形屏风

有底座多扇组合平面直形屏风是指由多扇片组合而成的“一”字形有底座落地大型屏具，其底座和屏风皆呈直线平面状，最为明显的特征为通常体量会更大，是有底座独立直形屏风的延展或套装版。

有底座多扇组合平面直形屏风相对于有底座单扇平面直形屏风而言，特殊情况以外，无论是从尺度、结构形式，还是从制作到安装再到应用等多方面都难度更大、要求更高，因此无论是相关资料还是传世实物等方面的相关反映和具体体现皆相对更少，有据可查、有图可依的早期有底座组合平面直形屏风资料更是少之又少。图 2-44 可作为代表展示，从此绘画作品中可以看出，这是一组由五片（扇）组合而成的有底座平面直形屏风，虽然该屏风两侧的底座基墩、立柱等清晰可见，但底座部分和屏风主体的结构组合相对

图 2-44　宋 李公麟《孝经图》中有底座多扇组合平面直形屏风
辽宁博物馆 藏

图 2-45　清乾隆剔红山水人物图有底座平面直形三扇组合屏风
故宫博物院 藏

简单，再以蒙披布绢饰以流苏。这已是难得的早期有底座多扇组合平面直形屏风样貌的资料，为我们研究早期有底座多扇组合平面直形屏风提供了不可多得的重要依据。

除此之外，传世实物方面，从近几十年耳闻目睹、亲历亲为掌握的一线情况和其他相关方面的综合了解而论，明代以前的有底座多扇组合平面直形屏风存世者几乎难见，明代时期的此类屏风传世实物也为鲜见，清代皇家御用的此类屏风倒是给我们提供了大量真实可靠的依据，图 2-45 为清乾隆剔红山水人物图有底座平面直形三扇组合屏风，此屏长 247.3 厘米，高 192 厘米，厚 19.3 厘米，为较大型三扇片组合落地屏风。这样的体量及尺度，尤其是该屏风的长度，明显大于单扇平面形常规有底座屏风的尺寸。该屏的主体结构形制为上屏下座分体结构，屏由中间主屏和左右两侧附屏共三扇组合而成，座为通体整装，整体形制端庄稳重大气之余，其外表与屏心所施的剔红工艺及精美纹样，和凹凸有序、威严力度的彰显，皆能说明此屏风从设计到制作等多方面极为用心与考究，此屏堪称大型有底座多扇组合平面直形屏风的典范之作。

图 2-46 为清乾隆紫檀框黑漆嵌玉乾隆书《千字文》有底座九扇组合平面直形屏风，此屏风长 330 厘米，高 173 厘米，厚 20 厘米。此屏从尺寸和

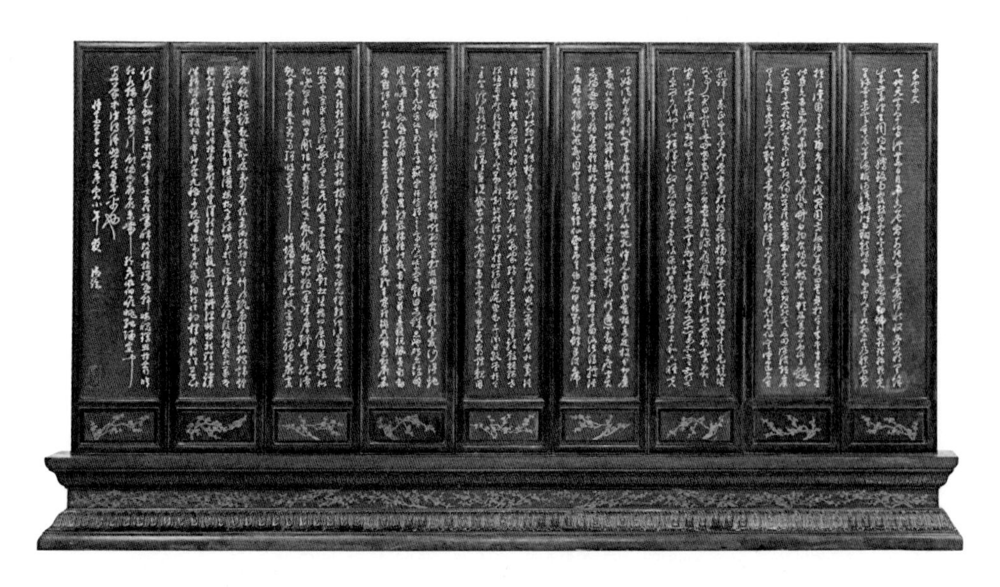

图 2-46　清乾隆紫檀框黑漆嵌玉乾隆书《千字文》有底座平面直形九扇组合屏风
故宫博物院 藏

形制等方面看也为体量较大型落地有座屏风，且屏座分明，工艺考究，其特别之处在于此屏套内扇片的组合数量为九扇单数，且没有宽窄、高矮、主屏附屏之分，形制庄重齐整的背后或许与此屏的设计初衷和屏心《千字文》的内容表达有关，这亦是屏具文化的又一具体体现。纵观整个有底座多扇组合平面直形屏风的相关资料和传世作品，追其发展应用情况不难发现，相较于其他制式的有底座组合屏风，该种制式及组合数量的屏风从古到今应为小众，其原因或许是其套内扇片组合的数字“九”，以及上述图 2-44 宋孝经图中扇（片）组合的数字“五”，与“九五之尊”有关联所致，抑或许还有其他原因，总之相关方面的问题研究与探讨还有很多。以上三、五、九不同组合数量的有底座多扇组合平面直形屏风，视为此类屏风的代表。

（2）有底座围屏

有底座围屏是指由上屏下座组合后共同围合出各种形状及制式的大型落地座屏，该种制式的屏风站立，会因其底座的设置以及围合出的各种形状，相对于有底座“一”字形屏风和无底座自立型围屏而言更加稳定且美观，具一定的装饰效果及欣赏性，因此从制作方面更为耗材费工、难度更高。其应用的空间位置，具体的作用和意义等也与无底座自立型围屏有一定的区别。除部分民用制器外，更多地应用于皇家殿堂用器以及官方公共场所，甚至有皇家贵胄的标签。在有底座围屏范畴内，围屏的结构形制通常有“L”形、

"凹"字形、"八"字形、"U"形及其他异类形状等，其结构方式多种多样，套内扇片的组合皆由两扇（片）及两扇（片）以上不同的数量构成。

① "L"形有底座围屏

"L"形有底座围屏由两扇（片）或两扇（片）以上组合而成。最基本的"L"形围屏有相同的两扇（片）垂直而置，犹如正三角形的两直角边，亦有等边或不等边形制下的多扇片组合形式。从相关资料的记载方面分析，此种制式的屏风除部分置于室内，通常应多用于户外，为临时搭建之便捷，因此底座的制式与制作相对而言较为简单，便于拆装，如图 2-47 所示。此画所表现的是宋代文人游乐宴欢的场景，图中"L"形围屏造型简洁典雅，结构制式明显，分为上屏下座两个部分，屏与座不连体。每侧似各设三个较为简易的独立座墩，如同垫座。屏身整体为上小下大两部分以边框组合形式构成，上部似直格窗棂式装置，下部做板装封闭状，且看面饰有开光纹样造型，从扇片立边和上、中、下横向贯通的三根横料的刻画及具体表现推断，该屏风的组合应由纵横垂直相接的等尺度两大扇（片）围合而成，呈直角等边形。依场景等实际情况再分析，由于扇片尺寸较大，故每扇屏风的中间部位又做立柱分割，形成了各侧扇面看似皆像两扇片组合实则是单片的样貌（画中所绘中间立柱用料被横梁断开的现象足能得以证明）。此例仅为代表，坚信在当时或古代，类似此种用途及制作工艺相近的同类"L"形有座围屏中，肯

图 2-47　宋徽宗《十八学士图》中"L"形有座屏风在公共场所应用
台北故宫博物院 藏

定还会有不等边及不同组合数量的形式出现和实际应用，更应该肯定的是这种有底座“L”形围屏在当时相较于无底座“L”形围屏而言，应为升级进化版，或有阶级之分，但此种制式的底座与明清时期围屏系列的底座比起来还是逊色得多。

② “凹”字形有底座围屏

“凹”字形有底座围屏由三扇（片）或三扇（片）以上共同组合而成。凹字形有底座围屏因相关资料和传世实物相对贫乏，因此相关方面的研究，诸如制式结构、相关制作、应用及此种形制下的特征、规律等难以归纳总结。目前最具权威性及学术性的实物资料，当属广州象岗山 1963 年出土的西汉南越王墓中大型“凹”字形有底座围屏，如图 2-48 所示。从该屏风金属底座、瑞兽及屏风铜钉等几种原配件的尺寸而复原的屏风展品来看，此屏应为标准经典制式的“凹”字形围屏，主屏由两小、两大共四扇组合而成，左右两厢附屏为单扇，套内组合数量共计六扇。其特色在于主屏中间两小扇（片）除宽度、高度与套内其他四扇皆有差别，为同高等宽对应对称的活动扇片组合形式，关闭为屏，敞开是门以外，余左右两大扇片和左右两厢附屏扇片同宽等高，这种组合形式的出现，抛开当时的社会背景、文化因素以及审美情趣等，就其具体制作而言，充分体现了汉代屏风制作技艺的水平和能力之高。屏风表面的髹黑漆底饰朱漆卷云纹图案，堪称精工艺高，美轮美奂，印证了汉代漆工艺的史上辉煌。除形体制式、选材用料及制作工艺外，其屏风附件上所饰的朱雀纹样、双面兽首纹样、铜顶饰和蟠龙纹样、蛇纹样以及戏蛇力士纹样托座等皆为独特别致，反映出地域文化。顶饰和底部托座完全以铜材精工铸造而成，而且每件（套）铜饰件的尺寸也相对较大，其中双面兽首纹铜顶饰的高度为 16.7 厘米，宽为 56.3 厘米，戏蛇力士铜托座的高度竟达 31.5 厘米，这在屏风底座的制作及饰件应用方面都是极为少见的。依照惯例，出土的陪葬品多为明器，而此套汉代“凹”字形有底座围屏，依据其较为考究铜质配饰件的尺寸推断，该屏风其整体尺寸也应该较大，加之整体制作工艺精湛及种种迹象皆能表明，此“凹”字形大型出土屏风或为墓主人生前实用器。如是，其研究意义，参考价值可想而知，因此该屏风的发现既是“凹”字形有底座围屏的珍贵资料，又是汉代岭南民俗民风及南越文化研究的一个切入点。

③ “八”字形有底座围屏

“八”字形有底座围屏由三扇（片）或三扇（片）以上共同组合而成。与无底座自立型组合屏风不同的是，此种制式的有底座围屏多见三、五、七、

图 2-48　西汉南越王墓中出土有底座“凹”字形围屏（复制品）
西汉南越王墓博物馆 藏

九等单数组合的出现，偶见双数组合。除组合数量有变化外，套内扇片的宽窄高低以及主附错落关系、表现形式等亦是丰富多样。常见的组合形式主要有三种：第一种是中间主屏和左右两厢附屏皆等高等宽者，为小众；第二种是中间主屏较为宽大，余左右两厢附屏与主屏等高但宽度变窄者；第三种是中间主屏高与宽度明显突出，左右两厢附屏或单扇片或多扇片组合呈依次有序对应变矮变窄者。应该指出的是，在后两者的表现形式中，包括主、附屏单扇和多扇片组合的两种不同情况，套内三片或三片以上多扇组合而成的有底座“八”字形围屏，多见附屏等高同宽者。

图 2-49 宋刘松年《罗汉图》中所绘的“八”字形有底座围屏，明显看出中间主屏较宽，两侧附屏的高度与主屏相同，但宽度明显变窄，图 2-50 明仇英绘《璇玑图》中，主人身后的较大型“八”字形有底座围屏亦属同种。结合其他相关资料分析，明代以前此类“八”字形有底座围屏应具备以下特征：其一，就结构形制而论，在屏与座连体及分体并存的情况下，主附屏及各扇片间，应以分体而制、用时相互连接为主，其底座的形制及制作工艺等方面应相对简单；其二，表现形式以三扇组合而成的正“八”字形居多，虽套内扇片的组合数量及形制为常规少变，但尺寸可谓大小都有；其三，其应用的空间范围应多为室外。而到了清代，此类形制围屏的制作与应用等都发

图 2-49　宋 刘松年《罗汉图》中所绘
“八”字形有底座围屏
台北故宫博物院 藏

图 2-50　明 仇英绘《璇玑图》中主人身后的较大型“八”字形有底座围屏
大都会博物馆 藏

生了较大的改观，尤其是清中期以来，套内扇片的组合数量、高低宽窄、尺寸尺度、展现形式以及匹配关系等方面变得丰富多样，底座也在原有固定支撑作用的前提下成为装点装饰、炫耀表现的部位，因此多数底座的制作浓抹重饰，雕琢华丽。此种形制的屏风，也由以户外应用为主而入主室内。更为详细的情况，我们可由以下列举的不同材质、不同工艺、不同结构和不同数量组合而成的“八”字形有底座屏风窥见一二。

图 2-51 所示的清乾隆紫檀嵌玉会昌九老图“八”字形有底座围屏，长 300 厘米，高 296 厘米，厚 25 厘米。此屏用料奢华，整器满工，尤其是乾隆盛世宫廷紫檀木家具不露地雕刻手法的实施，手法娴熟，技艺高超，可见该屏制作不惜工本。就形体结构而言，其上屏下座结构分明、界点清晰，且主屏宽大，左右两厢附屏高度略低，宽度明显变窄。底座也由中间大、两厢小、等高不同宽的对称形式，同上屏一样共三部分围合而成。这种主屏尺度明显宽大，两厢附屏明显见小且呈正“八”字形围合出的屏风，其表现形式正是最为标准、最为基础的有底座“八”字形围屏样貌，其底座的制作形式

图 2-51　清乾隆紫檀嵌玉会昌九老图“八”字形有底座围屏
故宫博物院 藏

及表现手法，更是清代以来此类屏风较为成熟的典范。

图 2-52 为清中期紫檀镶珐琅云福纹有底座“八”字形围屏，此屏长 360 厘米，高 310 厘米，厚 60 厘米，其结构制式同为上屏下座、呈“八”字形的构架，屏扇的组合为五扇，除主屏中间扇片的尺度较大、突出明显外，余附扇皆有对应的宽窄之分和高低之差，整个屏面错落有致，三攒拼凑式的底座亦是主副分明。此屏风除套内扇片的组合数量及结构形式有些变化外，其他与图 2-51 所示的“八”字形围屏没有根本上的区别，同属“八”字形有底座围屏。

图 2-52　清中期紫檀镶珐琅云福纹有底座“八”字形围屏
故宫博物院 藏

图 2-53 为故宫博物院第一大殿“太和殿”显赫位置陈设的有底座“八”字形围屏。这种中间主屏三扇，两厢附屏各两扇，中央一扇最高，其余两侧扇片逐渐呈下降之势的七扇正“八”字形组合形式，应为皇家殿堂屏风配置的最高规格。此类形制及数量组合的有底座“八”字形围屏，除在皇家殿堂内有所应用和出现外，其他诸如民间和官商富贾宅院及古刹庙宇中是见不到的。除此之外，虽然还有九扇数量组合的出现，但结构制式等方面是截然不同的。

图 2-54 为清乾隆紫檀嵌竹框山水图有底座“八”字形围屏。此屏长

图 2-53　故宫太和殿陈设的有底座“八”字形御用围屏

343 厘米，高 207 厘米，厚 17.6 厘米。从尺寸上讲，此屏虽然也为较大型落地屏风，而且套内组合由九扇构成，其主屏由等高同宽且与底座对应的五扇组合而成，余左右附屏皆由尺度相同、形制不一的两扇片及底座共同组合而成。此套组合，虽扇片组合的数量为九片，大于图 2-53 太和殿之中的有底座“八”字形御用围屏的数量，且组合形式同为正“八”字形，但其器之属性及应用的空间品第、等级等应定当别论。

图 2-55 为清乾隆紫檀框黄漆百宝嵌花卉图有底座“八”字形围屏。此屏长 385 厘米，高 238.5 厘米，厚 13 厘米。其套内屏扇也是由九片组合而成，除中央一扇宽度略有突出，两侧边扇制式明显有别外，其余各扇片逐级降低，同为正“八”字形有底座围屏配置的典范。有意思的是，此屏底座部分的组合虽然也分为三段，但中间较长的一段底座，仅承七扇组合主屏其中的五扇，余下主屏左右的两边扇，却与屏风两厢附扇同享连体

图 2-54　清乾隆紫檀嵌竹框山水图有底座“八”字形围屏
故宫博物院 藏

图 2-55　清乾隆紫檀框黄漆百宝嵌花卉图有底座“八”字形围屏
故宫博物院 藏

结构半“八”字形底座，也就是说同为九扇“八”字形有底座屏风，此套屏风的底座组合虽然也是由主屏座和左右两厢附屏座三个部分组合而成，但是该屏风两厢底座之上所承接的两扇屏风，其中一扇为主屏的边扇，另一扇为附屏扇，两厢底座其自身成为半“八”字形的情况极为少见。再有图 2-56 清中期紫檀云福纹“八”字形围屏式多宝阁，长 528 厘米，高 288 厘米，厚 37 厘米。该阁制式形状虽似大型围屏，但论其功能作用却又可装饰展陈，它既有内围屏的形制特征，又具庋具的功能作用，其文化蕴含丰实，属“八”字形有底座围屏制式的范畴，更是有底座围屏中异类代表的体现。

以上相关列举，抛开其选材用料、制作工艺等诸多方面暂且不论，意在表明有底座“八”字形围屏，其表现形式、结构制式的多样性，体现和证明了清代以来官造屏风的制作和相关应用情况以及其曲高和寡的一面。

图 2-57 为山西地区清至民国时期民间流行的一款折叠式有底座围屏，该屏为落地式较大型器具，首先座上屏体部分由中间主扇和两厢附扇共三扇组合而成，除中间主屏扇和两厢附屏扇宽度差别显著外，特别之处在于主屏扇下设有底座，而两厢附屏扇的上端却悬挂于主屏扇两侧的立边之上，

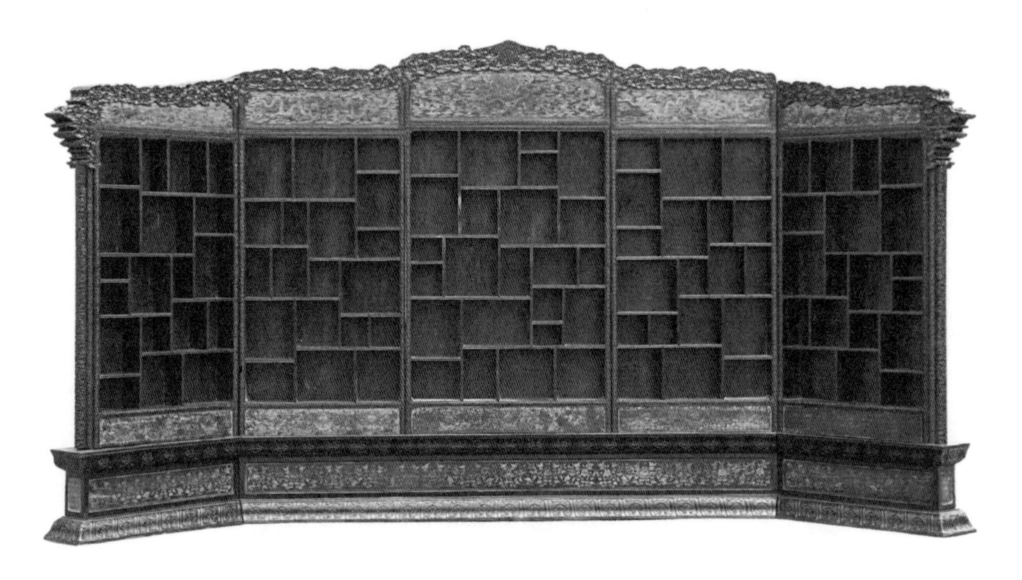

图 2-56　清中期紫檀云福纹“八”字形围屏式多宝阁
故宫博物院 藏

图 2-57　民国时期山西地区折叠式有底座组合寿屏
张文胜先生 藏

下端直接插入主屏底座之中，附扇下方不再单设底座，且可 180 度旋转，既能与主屏扇并为一体成为平面一字形座屏，亦可在 180 度内任意调节，使其成为不同角度及形式的“八”字形有底座围屏，这种似无底座屏风和有底座屏风的结合体，是有底座“八”字形围屏的一大特色，应为一种新生的“混血儿”。这种制式反而在宫廷屏风的制作中难以见到，这对我们研究官作与民制家具之间的相互借鉴影响等问题或许会有帮助。通常情况下此种制式的民间屏具，其屏心的表达与呈现，无论是绘画题材还是诗文内容皆以寿屏居多，这一现象或许与常见的无底座直立型组合寿屏有着一定的关联。此种制式的屏风或许仅存于山西等相邻地区，但它在正常的使用过程中，多以“八”字形状呈现，因此它也应属有底座“八”字形围屏的范畴。

以上，通过图 2-51 至图 2-57 几种相同制式、不同结构以及不同数量扇片组合而成的“八”字形有底座围屏代表的展现和分析，除充分证明“八”字形有底座围屏的结构制式、样貌表现多样外，还能明显看到，入清以来，尤其是以乾隆为代表的清代鼎盛时期，就此类屏风的相关制作、工艺实施等与明代及明代之前相比，可谓翻天覆地，变化较大，其中变化最大、最为突出的当属结构形制及底座部位。另外，值得肯定的是，在有底座“八”字形屏风的范畴内，无论其套内扇片的组合数量是多是少，结构形式如何变化，依据相关资料和传世实物的实际情况，参考清宫旧藏其他此类围屏的特征及综合情况可以推断出：有底座三扇组合而成的正“八”字形围屏有史以来最为常见，其应用也相对普遍。有底座七扇组合而成的“八”字形围屏或为有底座围屏制式中最高的规格与级别。

④ “U”形有底座围屏

“U”形有底座围屏由多扇片及底座组合后共同围合出类“U”形状屏具。其套内扇片的组合基数通常最少为五扇，五扇以上还有七扇、九扇等不同数量的组合。十扇以下多以单数组合为主，十扇及十扇以上数量组合则多见双数。此类制式及形状的屏风组合，就套内扇片的组合形制、扇片数量以及尺度等方面也更为多样，应有尽有，以下视为代表列举。

图 2-58 为清中期黑漆描金框牡丹图有底座“U”形围屏，长 262 厘米，高 198 厘米，厚 50 厘米。其套内扇片由五扇组合而成，且中间主屏扇突出，其余两厢扇片呈依次对应变窄变矮状，可视为有底座“U”形围屏基础样貌及形制的经典代表作。

图 2-58　清中期黑漆描金框牡丹图有底座“U”形围屏
故宫博物院 藏

图 2-59 清早期紫檀框绣云龙纹有底座“U”形围屏
故宫博物院 藏

图 2-60 清晚期十扇以上由双数组合而成的有底座“U”形围屏
故宫博物院 藏

七扇组合而成的有底座“U”形围屏无论是历史资料还是传世实物，目前都难寻其踪迹，所以暂只能空位搁置，期待着日后的探研。

图2-59所示的清早期紫檀框绣云龙纹有底座“U”形围屏，长375厘米，高173厘米，除该屏整体围合形式标准经典外，其套内组合扇片为九扇，排列形式也呈中间扇片既高又宽，其余两厢扇片呈依次下降对应变窄之状，尤为经典，可视为“U”形有底座九扇组合围屏的代表。

图2-60为清晚期十扇以上由双数组合而成的有底座“U”形围屏代表，长367.5厘米，高176.5厘米，厚14厘米。该套屏风特点在于：其一，套内组合的数量较大，为双数十二扇；其二，从屏座、护牙、帽冠等多部位所雕刻的各种纹式纹样以及诠释手法、所呈风格和屏心的点翠工艺等多方面综合判断，此屏制作年代应在清代晚期。如除去底座、上帽及四角锁口护牙，若单以屏扇而论又似十二扇有脚直立型组合屏风。此种制式的围屏问世说明两个问题：第一，较大数量组合的有底座“U”形围屏，其发明制作和应用的年代或应较晚一些，或为清代首创；第二，此种制式的围屏应为无底座直立形组合屏风与座屏的结合体，亦可视为是官造屏具的“混血儿”。

⑤ 异形有底座围屏

除上述所列举的几种常见有底座围屏制式外，现实中抑或还会有因特殊需求和特别要求而设计制作的其他形制有底座围屏。但是缘于此类制式的特殊性，以及应用范围较窄等相关情况，故传世实物更少，相关资料等也相对缺乏。图2-61为正反两面双“八”字形有底座似石质屏风，虽因其材质问题，不能完全代表家具范畴内的异形有底座围屏类，但作为异形有底座围屏形制代表的相关参考资料出现，也有其意义所在。且艺术无界限，常见同时期不同类别、不同领域所制之器，存在互有关联、相互借鉴规律的情况，可以推断在家具范畴内，其他异形有底座围屏，在古代尤其是在清代的帝王之家的屏具中不会缺席。

总体而言，有底座围屏在结构制式及摆放形式方面，与无底座直立形组合屏风相比，除少见“L”形有底座围屏，少见其他异形类有底座围屏，和“U”形的范畴内所呈现出的器具状况略显逊色外，可以肯定的是在现有几种制式形状的前提下，随着时间的推移，其“屏心”的结构制式、表现形式、制作工艺等却不乏别出心裁，更为考究。这亦是有底座围屏的亮点，又是清代此类屏具制作优势的真实体现。

图 2-61　异形有底座围屏

⑥ 其他与有底座围屏制式相关的屏具情况

除上述的这些较大型有底座围屏即落地屏风外，就造型制式而言，现实中，陈设于桌案之上同等样貌的中小型器具和常见置于桌案之上的袖珍版无底座组合案上小屏风一样也不在少数。这些中小型器具虽然其样貌及结构制式或与上述的较大型各种有底座围屏雷同相似，但其功能属性却存在差异，这些中小型有底座围屏已失去了屏风的实际作用，而属于案上赏屏和具有其他特殊功能的屏具范畴。图 2-62 至图 2-65 为几案之上中小型“有底座围屏”的代表，其中图 2-62 所展现的清中期朱红漆小佛床，上装“八”字形三扇组合而成的围屏，下置造型工艺皆较为考究的收腰台式底座，整器的结构制式等皆与大型落地有底座“八”字形围屏有许多相似之处，但是座高屏低的特征证明了此器的功能属性应为佛床。具有相同属性的图 2-63 所示有

图 2-62　清中期造像座“八”字形围屏
万乾堂 藏

图 2-63　清晚期山西地区有底座案上“八”字形小围屏
杜峰先生 藏

底座“八”字形案上小围屏，虽三屏扇中皆有玻璃材质，但依底座雕刻工艺与纹样，以及现实中就当时晋商与外界的贸易往来、物资流通优势等因素而言，此屏的制作时间应为民国以前。图 2-64 和图 2-65 所展现的有底座“八”字形小围屏，为清代中期北方地区的特殊产物，该屏尺寸较小，高度只有 55.5 厘米，为案上摆件。其结构形制与图 2-57 所示的民国时期山西地区流行的大型落地“八”字形折叠寿屏并无两样，但其实际功能及属性已不再是屏风的范畴，而成为龛屏，因为两厢附扇打开后，会露出主屏扇上刻有“天地三界十方万灵真宰”字样的神位牌，若再将两厢附扇关至与中间主屏扇平行状态时，两厢附扇会将主屏扇神位字样遮盖而呈现出两附扇背面刻有的“饮和食德荷天恩，凿井耕田蒙地利”诗句。从主屏扇和两附屏扇上所刻内容来看，此屏的实际功能及作用属性等确实发生了改变。以上所举两例仅为此类屏具的代表，现实中，类似情况在有底座围屏制式的范畴下还有许多，以后相关章节将会有更为具体的阐述，在此暂不深入。这些器具的出现与应用，体现了不同需求下的不同功能、不同属性的器具，其设计制作等方面与有底座围屏之间的相互借鉴及关系所在，亦是屏具文化不断发展进化的体现，更是有底座围屏具体演变的体现。

纵观有底座屏风的发展与应用，依据相关史料和传世实物等多方面，综合而论：其一，有底座单扇平面直形屏风既应是有底座屏风的主流，也应为屏具门类的始祖；其二，有底座单扇平面直形屏风的陈设和受众面应多为私人空间及个体，而有底座围屏的应用则以皇家、官场或公共场所为主；其三，或许是受到有底座屏风造型制式等方面的影响，抑或是有底座屏风的造型制式为被影响者，现实中确实有一类器具，看似有有底座屏风的样貌和元素，但实际和屏风属性无任何关系。相关方面的具体情况，待后面章节再具体地表述与探讨。

图 2-64　清中期榆木髹黑红漆案上折叠式龛屏（关闭）
万乾堂 藏

3. 屏风传世情况

屏风作为屏具门类中最早发明的器具之一，千百年来伴随着人类精神文明与物质生活的不断进步和改善，其结构制式、制作工艺、实施手法以及选材用料等方面都会随着时代的推移和变迁有着较大程度的变化和创新，屏风的应用除满足人类生活多方面的需要外，有的种类更是被文人墨客富贾乡绅等社会上层所宠爱，走进使用者的精神世界，有的甚至会被注入浓厚的政治色彩，总之屏风的制作及应用自先秦时期至清代以来，皆呈逐步进化提升，用途范围越来越广泛之态势。由于屏风制作所需材质多以木材为主的现实情况和原因，加之传承使用的过程中保护不当，一些人为的损伤及火灾战乱和自然损坏等多种原因的存在，目前为止，除墓中出土的明器包括部分墓主人生前的实用器外，宋元以前的传世屏风存世量较少，可谓稀缺罕见，造成了年代久远的屏风器具一器难求，

图 2-65　清中期榆木髹黑红漆案上折叠式龛屏（打开）
万乾堂 藏

甚至是几近绝世的现状。因此，我们现在所能见到的传世实物，大多为明清时期制作，而且是以明中晚期至民国这一时间段的屏风器具为主。

就全国范围内存世的屏风总体情况和数量而言，其中也包括宫廷御制屏风在内。其一，有底座屏风的存世量应普遍少于无底座自立型屏风的传世数量。其二，以漆木工艺（漆木工艺是普通髹漆工艺和较为考究大漆工艺的统称）而为之的屏风数量明显大于黄花梨木、紫檀木等硬木材质所制屏风的传世数量。漆木工艺的各类屏风，除个别情况外，应普遍应用于全国范围内的大部分地区，这不仅意味着漆木工艺的屏风在人类生活中的地位和重要性，更能表明漆木家具在家具发展史上的位置所在。其三，就上述各种较大型落地屏风范畴内器具的产出情况总体而论，呈现出遗留在民间的无底座自立型组合屏风较多，而有底座的较大型屏风清宫旧藏所占比例较高的现象。以民间传世的较大型屏风而言，现实分布情况全国当以福建地区、两广地区、江浙地区、晋陕豫冀等地区为主，相关具体情况如下。

（1）福建地区的屏风传世情况

福建地区所传世的屏风当以本地盛产的楠木、杉木、铁梨木①、鸂鶒木②等材质以及大漆描金工艺而为的无底座自立型组合屏风居多，此类形制、工艺及用材的屏风，尤其是漆灰工艺所制作的屏风，除福建地区外，相邻的潮汕地区也有一定数量存世。明清以来，寿屏的应用在华夏大地悄然兴起，寿屏文化在东南沿海一带的地区更是风靡盛兴，尤其是在福建、广东地区，寿屏的应用及表现，在某种意义上讲，它并不只是为了彰显个人的成就，它是一个家庭的骄傲，是一个家族的荣耀，是精神灵魂的寄托和宿慰，是人生动力的源泉。因此，寿屏的制作和应用等多方面都备受重视，某种情况下屏风制作所花费的工本费用要远胜于家具的制作，以这些地区清早中期大漆工艺制作的寿屏而论，通常情况下屏风制作其选材用料多为楠木和杉木，意在木性稳定不易变形，骨架备好后再按相应的工艺程序进行披麻披灰髹漆及描金、彩绘等各个环节的实施。多数此类大漆工艺的屏风在料优工精的前提下，还施以浮雕、透雕、镂空雕等各种雕刻工艺，以及其他各种漆工艺、各类表现手法的实施与呈现，致使有的屏风成为奢侈品，甚至是艺术品。可以这样讲，福建地区这一时期所制作的此类屏风，无论从选材用料，乃至于所施工艺等多方面，总体水平皆能与同时期的宫廷官造屏风相媲美，有的甚至会更胜一筹，如图 2-66 所示。需要指出的是，在这类拼材质、重工艺的“作品”中，由于受地域文化及其他多种因素的影响，亦有一些掌握不好、发挥过头，甚

① 古代家具中所用“铁梨木”，多指产于越南、广西的“格木”，俗称铁梨（木）、铁栗（木）等，此处多指俗称。

② 鸡翅木，多指产于非洲及缅甸的崖豆属树种，进入中国很晚，大约在清末民国。而历史上的所谓“鸡翅木”则多为产于中国的红豆属多个树种，即俗称“鸂鶒木”。

至落入俗套的奢靡华腻之器。因此，福建地区的部分屏风会因受其多方面问题的影响，造成了在当今审美取向下难为收藏界认可的现状，这种情况也同时反映在福建地区所制作的某些家具中。

福建地区的此类屏风其套内组合的数量皆会较多，一般不会低于十二片，而且多数此类屏风会因其使用的空间为大厅或为宗祠，故体量较大。扇片多、体量大更加难以保护保存，加之当地潮湿气候的长期影响，就造成了许多传世的大漆工艺屏风漆灰脱落情况较为严重，零星散扇和半套残件的现象更是常见。相反，这些地区的无底座自立型屏风中，以铁梨木、鸂鶒木等一些硬木而为之的屏风保存状况相对较好。如图 2-67 所示，此套屏风材质为鸂鶒木，由十二扇组合而成，腰板以下为透雕螭龙簇寿字纹饰双面工，上装屏心所表内容皆为颂奉溢美之词，为典型的寿屏。此屏的制式及相关制作特征有二：第一，通常情况下，用于题诗作画的屏心纸绢部位，与扇片的主体框架皆为连体装置，行话叫“死活儿”。而此屏心部件，则是在预先备好的木板之上，进行各种所需工艺的实施和相关修饰后再镶入预先留好的屏风

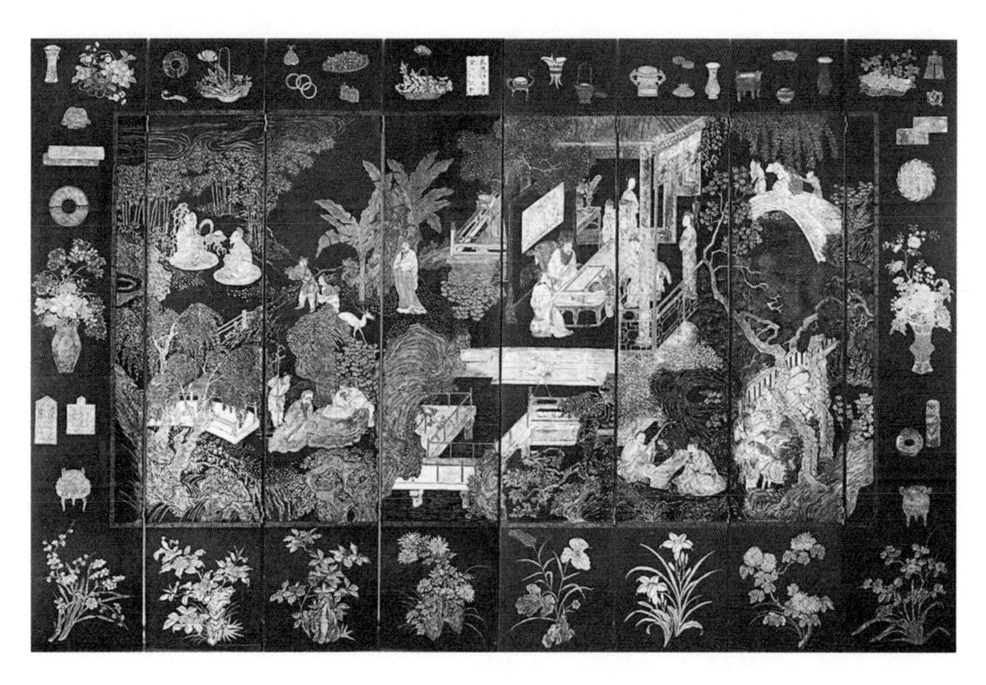

图 2-66　清中期潮汕地区紫漆彩绘亭台人物场景图无底座组合屏风
罗汉先生（法国）藏

图 2-67　清中晚期福建地区传世有“角座”自立型组合屏风
刘大维先生 藏

上部框架中，也就是说屏心部件可以拆装，其做法更为考究。第二，其特别之处还在于该套屏风两边扇底端所设置的“角座”，此角座的设置及结构制式，在其他地区的无底座自立型组合屏风中较为少见。综合分析该屏边扇两端的三爪形“角座”，无论是选材用料、所施工艺、制作手法、纹饰纹样乃至使用痕迹、包浆皮壳等多方面，都与整体状况一致，因此可以断定此“角座”应为原装原配。现实中，似这样有“角座”制式与做法的无底座自立型屏风，在福建地区的紫檀木、红木、铁梨木等材质所制作的同类寿屏中也有一定的数量传世。这既是该地区此类无底座自立型组合屏风的特点，也应属于无底座自立型组合屏风和有底座屏风结合的产物，更是闽作家具文化的体现，如同晋作有底座悬挂式三扇“八”字形围屏和清宫所制大型多扇“U”形围屏一样（即上述的图 2-57 和图 2-60 所示），既是地域特色的突出体现，又是一种新的屏风表现形式，是屏风制式不断创新及屏风文化不断发展的又一证明与体现。

除上述具有闽作家具优点及特色的大漆工艺屏风和以铁梨木等材质为主所制作的此类大型屏风器具传世外，该地区传世的此类黄花梨、紫檀等硬木而为的屏具也数量不少，且保存状况皆较为完好。另依据多年的民间收集，行内交流及其他相关发现情况综合而论，在此类材质及相关工艺所制作的所有较大型屏风中，其传世情况为无底座自立型组合寿屏居多，有底座屏风占比较少，且这些传世之器的制作年代多为清代中期以后，明晚清早者少见，明中至更早者一器难求。

（2）两广地区的屏风传世情况

两广地区的屏风传世情况和福建地区一样同呈有底座屏风少于无底座组合屏风的现象。两广之内，就数量而言，概括而论，广西地区的无底座组合屏风其传世数量应略胜于广东，且此类传世屏风的制作年代相对于广东地区而言也明显较早一些，屏风的制作材料多以铁梨木为主，其制作工艺水准等方面皆优于广东地区同款同材传世之器。广东地区的传世硬木屏风范畴内，除部分用材为铁梨木外，以红木材质所制作的屏风占比例不小，从数量上讲应胜过广西，且如单以数量而论，此类以红木而为之的屏风其存世量甚至在全国都名列前茅，这种情况和现象或许与广东特有的地理位置、气候条件、生活习俗以及南洋文化等有着一定的关系。

此外，就广东、广西地区常见的铁梨木无底座自立型屏风传世实物而言，广西地区的此类屏风，其造型制式、所施工艺、题材选择等，皆与全

图 2-68　清晚民国时期类中式洋味无底座自立型组合屏风
陈宝立先生 藏

国其他地区所出现的黄花梨同类屏风的风格雷同、做法相近，唯雕刻手法和纹样表现方面略带地域特征，相比之下用料也略显壮硕。广东地区传世的无底座组合屏风整体情况，相比于周边相邻地区同类制式屏风的传世情况而言，既有和广西地区一样同具与黄花梨屏风特征相同的铁梨木标准器，也有特色浓郁的地方之作，还有以潮汕地区为代表的闽作大漆工艺屏风传世，更有以红木等材质为主所制作更具地域特色及鲜明文化特征的广作硬木类屏风。除此以外，广东地区因受“满洲窗”和其地理位置以及与国际方面的文化、物资交流较多较早等历史原因，尤其是受东南亚一带的影响，南洋和西方文化也涉及屏风的制作，20 世纪 70 年代前后无论是市面上还是以广州西关一带以及中山、佛山、江门等地为代表的清晚至民国时期小洋楼里，经常能看到用玻璃等材质共同制作的中式洋味无底座组合屏风，此类屏风与当时其他同款同制式的屏风，除选材用料增加了水银镜、菠萝片、五彩光、磨砂玻璃以及绘制醒目的西洋图案纹样外，余形制结构、组合数量等方面别无大差。应当肯定的是此类中式洋味屏风虽有一定的地域性，抑或是前面加更字的“混血儿”，但它是中西文化碰撞融汇的产物，是中西文化的结合和屏具文化的发展见证物之一，在当时可算得上是时尚奢侈品。受其影响，这种制式的屏风除广州地区外，上海、青岛、天津、大连等为代表的一些沿海城市和地区也都有不同程度的制作与应用，图 2-68 为清晚民国时期此类中式洋味无底座自立型组合屏风的代表。

（3）江浙地区屏风的传世情况

以江苏、浙江为代表包括安徽、江西等部分地区在内的长三角地区及江南一带，虽然明清以来，无论是经济上还是文化方面皆居华夏前列，但现实中除有一定数量的黄花梨等硬木所制作的屏风传世外，却存在其他材质与工艺的屏风传世数量较少的现象。反而在上述地区范围内以东阳地区为代表的存世花窗、隔扇等建筑构件较多，以安徽屯溪、歙县、黟县等地为代表的字匾、对联等较为鲜明有量，这与位居全国隔扇之首，有“雕刻之都”之称的浙江东阳和与闽作、广作、晋作、京作等几大流派齐名的“苏作”家具所具有的优良表现和业界公认位置高度等难以匹配。因此江浙地区“少”屏风的现象亦是一个应当思考和有待进一步研究的问题。

江浙地区的传世屏风，以黄花梨、紫檀等硬木而制作的屏风而论，无论是无底座自立型组合屏风还是有底座大型落地屏风，无论从造型制式上，还是纹饰符号的展示表达方面，堪称是全国范围内同种类同款式屏风制式的范本，特别是以黄花梨材质制作的无底座直立型组合屏风，无论尺寸大小高低，套内组合的扇片数量多少，造型制式皆更为规范，且以十二扇组合形式位居第一。全国范围内，或许是基于此类黄花梨屏风制作的时间大多为明晚至清中这一时期，距今时间相对较短，且硬木耐腐耐用等原因，江浙地区传世的此类屏风数量在福建、海南、山西、陕西以及京津冀等盛产屏风的区域中，或排位在前。至于施大漆工艺而为之的各类大型屏风，江浙地区传世之品少见的原因应该有三：其一，或许是原本以大漆工艺而为的屏风数量本身就小。其二，通过对该地区部分传世大漆工艺而为屏风进行分析研究发现，江浙地区的大漆工艺屏风，就其漆灰工艺的选材用料以及工艺实施制作手法等方面综合而言，尤其是漆灰工艺实施方面，与同时期福建等其他地区所制作的同类屏风相较，皆逊色一筹。主要体现在灰质用材的成分、密度和漆质等多方面，普遍存在着灰松漆薄，强度不够，制作工精，质量不佳，不及福建等其他地区的漆灰工艺耐磨、耐潮、耐朽的问题，因此在日常的使用过程中损伤情况较为严重、不易保存。其三，或许是受气候方面的影响，同为漆灰工艺，质量相当的同时期大型屏风，总体来看，气候干燥的山西地区传世数量及保存状况明显胜过江浙地区，由此可见气候条件尤其是潮湿度所带来的影响极为重要。除此之外，或许还与江浙地区的房屋建筑、室内装饰、人文习俗以及政治情况、经济发展等历史原因有关。

江南一带的屏风传世情况，除以上这些共有的现象和状况外，江苏地区的硬木尤其是无底座自立型组合屏风存世分布情况，应以无锡、苏州、东山、西山等环太湖地区和南通、泰州、启东、高邮、淮安、淮北等苏北地区为主。浙江地区的同类屏风存世则主要集中在湖州、嘉兴、绍兴等与江苏较近的相邻地区。

（4）北方地区屏风的传世情况

以山西、陕西、河南、山东、河北等为代表的北方地区，其传世的屏风种类基本相同，且皆呈漆木屏风、硬木无底座屏风和有底座屏风并存的现状，但各类屏风的传世数量在上述地区却存在着传世数量不均和各地区传世屏风地域性表现突出的问题。就山西地区而言，可以说从晋南到晋北在皆有各类屏风传世的前提下，其传世数量较多的地区当以晋中、晋南及晋东南等地区为主，主要分布在晋中地区的汾阳、文水、太谷、祁县、平遥等地，以及分布在晋南地区的临汾、襄汾、曲沃、侯马、新绛、闻喜、万荣、临猗、永济、

图 2-69　清早期山西地区有底座屏风
河北省稍可轩博物馆 藏

图 2-70　清晚民国时期山西地区有底座寿屏
张文胜先生 藏

运城等地和晋东南地区的长治、高平、晋城、泌水、阳城等地区。在这些地区的传世实物中，就有底座范畴内的屏风传世情况，首先可以肯定的是，除太谷一带素有“哑子工”著称的部分少数大型有底座清晚期所制围屏外，余难见其他材质及工艺的有底座大型围屏传世。以黄花梨、紫檀木等硬木而为之的有底座单扇平面直行屏风，其存世量也相对较少，但是以其他材质所制作的有底座单扇直形屏风和上述所表的有底座中间主屏固定，两厢附屏扇片悬挂式且能 180 度旋转的三扇组合围屏，却占比例较大，成为明清以来晋中、晋南、晋东南地区有底座屏风制式的主流，这些形制与结构的有底座屏风，其器物属性，或为寿屏，或为中堂大落地屏，传世者明代少见，清代为主。尽管如此，山西地区所传世的此类屏风无论是从数量上，还是其制作年代方面，相对而言明显胜于全国其他省份，当然这一结论仅限于普通材质和常见漆灰工艺范畴内的有底座屏风。图 2-69 和图 2-70 为山西地区常见有底座屏风传世代表，这类屏风的屏心通常情况下，多为漆灰工艺制作，且以一面绘画一面书写诗文的表现形式出现。这其中也包括主扇固定两厢悬挂扇片活动式屏风的制作。

就山西地区的无底座自立型组合屏风的传世情况而言，其传世数量也是以晋中、晋南及晋东南地区为主，在这类传世的无底座自立型组合屏风中，其制作工艺的种类和用材除有少量的硬木制品外，以漆灰工艺为主，漆灰工艺的种类主要包括描金、彩绘、沥粉、堆漆、雕填、镶嵌等。上述工艺范畴下所制作的此类大漆工艺屏风，工艺种类及制作水准普遍优于本地区所制作有底座屏风的同时，更是优于江浙地区所制同类，有些较为考究之作，其漆灰工艺的具体实施与善操大漆工艺的闽作同类难分上下，工艺种类而论或更为丰富，审美层面、欣赏角度以及形韵气息、耐品性等方面应更胜一筹，相关方面代表如图 2-71 所示。除制作工艺外，山西地区所传世的此类屏风其属性多以十二扇组合的寿屏为主，屏心内容的表述、题材的选择以及表现形式等，皆为民间此类屏风制作中的优良之器与典范。

有关山西地区上述漆灰工艺以外的硬木类无底座自立型组合屏风传世情况，包括以黄花梨、紫檀等优质良材所制作的此类屏风，其传世数量应不输于盛产黄花梨材质的海南地区，与文风兴盛经济发达的江浙等长三角地区的出产量不相上下，或能成为全国之首。不仅如此，山西及相邻北方地区所出现的黄花梨屏风，包括有（无）底座的两种制式在内，还有两个特点：一是完整性强，保存状况良好；二是包浆皮壳厚重老道。保存状况良好及

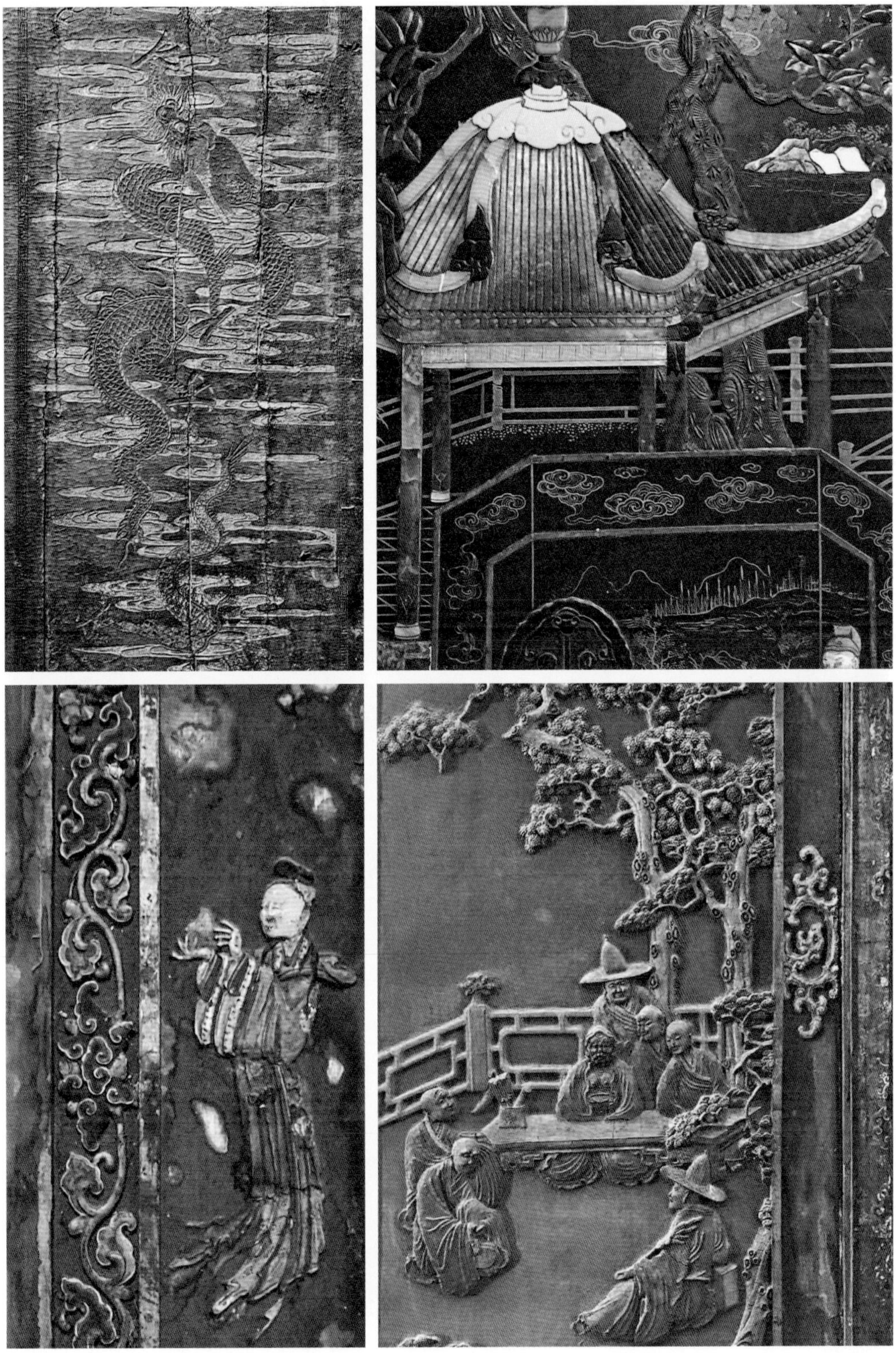

图 2-71　清代山西地区大漆工艺所制无底座自立型屏风部分工艺代表的组图
耿世彪（左上）、李光宝（左下）、心怡斋（右下）等众家私藏

图 2-72　清早期北方地区产黄花梨木十二扇屏风
元亨利 藏

存世数量较多的根源，应和明清以来晋籍官商的辈出与发迹有关，也与得以保存占全国 70% 以上的现存明清老宅院有关，同时更应与山西人勤俭持家等传统观念导致的家具更新较慢有关。皮壳好主要是仰赖于北方地区干燥的气候和使用者的精心呵护，图 2-72 为北方地区黄花梨自立型组合屏风保存状态。

山西以外的省份，如陕西、河南、河北以及山东等地，皆有一定数量的各类大型屏风传世，总体而言皆应略逊色于山西地区，但有的地区也有存世数量较大和异域风格及特色特点较为突出的现象存在，陕西地区传世的各类大型屏风在造型制式皆与晋作同类屏风大同的前提下，漆灰工艺者甚少，反而以当地盛产的核桃木所为，以浮雕博古纹、镶嵌黄杨木或百宝工艺所制者

成为主流，其镶嵌工艺，无论是同材而为还是异材所制，或是镶嵌百宝皆为常见的同时，其主要器具当以无底座自立型组合形式为主，可视为陕作屏风的特色所在，存世较为集中的地区应为与晋西南相邻的部分陕西辖区和西安周围。地处河南西部，位之豫陕晋三省交界，南依秦岭北靠黄河的河南灵宝地区，则以推光漆工艺为特色的屏风是亮点，保存状态相对完好，但传世之器大多年代较晚，多为清中晚期。余河南范围内屏风存世量较多的地区还有焦作、博爱、孟州、巩义、三门峡以及洛阳、新乡、安阳等地，其中焦作、博爱、孟州、巩义等地的无底座自立型漆灰工艺屏风，有的与晋作屏风难以区分。河北西南部的大名、邢台、邯郸、永年与山东西部的临清、冠县、聊城、济宁等地皆有不同数量的各类大型屏风出现，尤其是受响堂山文化影响较大的河北邯郸、永年、峰峰、武安、涉县一带，其传世屏风除工艺考究保存较好以外，大多沧桑古拙，韵味厚重，年份较早，与晋作同类难以分辨，因此在不知其真正出处的情况下，目前业界多数人只能笼统地将其称之为晋作，将其产地归属于山西。以上现象亦是北方地区传世屏风的真实情况概述，也是相邻区域文化相互影响，家具造型制式、制作工艺等相互借鉴的体现。这一现象及规律，不仅体现于屏具的制作及应用方面，全国范围内还体现在屏具门类以外的其他家具门类之中和不同的艺术领地及文化领域，是流派特征的体现，更是文化的影响。

（5）清宫旧藏屏具及相关情况

除福建、广东、广西、江浙及以山西为代表的北方地区外，较大型屏风传世数量较多，较为集中的地方还有故宫博物院。从现有院内各殿堂场馆内所陈设的各类大型屏风和库存情况以及最新出版的《故宫藏明清家具全集》一书等资料统计综合梳理后可以推断，故宫所藏无底座自立型组合屏风和有底座较大型屏风的数量应不相上下。两款屏风存世数量旗鼓相当的现象，是全国其他所有地区不具备的，且故宫所藏的这些较大型的落地屏风，无论从造型制式、样貌种类、选材用料、所施工艺以及工艺水准等多方面皆较为经典、规范、考究，总体水平保存状况皆位居古代此类传世屏风的首位，特别是那些紫檀木或大漆工艺的康乾盛世有底座屏风，堪称形美工精、材质优良、世间无双。需要指出的是，在上述两种制式和各种工艺制作的宫廷传世屏风中，大漆工艺和黄花梨木所制的无底座自立型屏风居多，图 2-73 为清宫大漆工艺所制无底座自立型组合屏风代表；在千工极尽的有底座屏风范畴内，除大漆工艺制作的部分优良之器外，以紫檀木制作的良材佳器占比较高，图 2-74

为清宫旧藏紫檀和大漆工艺所制有底座屏风代表的展示。

有关明清两代所制作的较大型官造无底座和有底座屏风的传世情况，除上所叙的故宫博物院藏品外，多年来通过对国外尤其是一些欧美国家的相关博物馆和私人收藏家等收藏界情况的了解，发现除现存于各大博物馆艺术馆的部分藏品外，以巴黎为代表的有些国外藏家及私人手中还有一定数量的官造屏风存世，这批官造的屏风中多以清代中早期大漆工艺制品为主，其中包括无底座和有底座屏风两大类，漆灰工艺皆较为考究。这些漂洋过海后的屏风，其流亡时间大多已超过百年，或几经易主，有的保存良好，有的却没那么幸运，其中有一部分损伤较为严重，笔者在巴黎亲眼目睹更为可惜、难以理解的一幕是，有相当一部分当年制作工艺考究、艺术水平较高，修饰有描金、彩绘、雕填、戗金等工艺的屏风画面，被人有意剥离后，有的被装裱于画框之中用以装饰，有的则粘贴在其他新做欧式家具的表面用以欣赏，这种“中为西用”的错误行为与举措，毁掉了许多较为完美且珍贵的好屏具。所以，在国外时常能见到，或是有底座三扇或为有底座五扇大漆工艺的屏风，中间面积较大的主屏已被另作他用，而剩下的底座和部分附扇成为“附赘悬疣”被弃之一方。此处提及意在唤醒国人，呼吁世人，对这些不可多得不能再生的人类共同财富提起更高重视及足够的认识，进而更好地保护这些精品。图 2-75 为流落于海外残件代表明代黑漆彩绘云龙纹有底座围屏残件，其图中所示的“八”字形扇片及相关构件，从屏风上部雕刻的卷云头纹样，三屏扇下部的壸门牙板形式及屏心内的云纹表现等都能反映出其制作年代应不低于明晚，且工艺精湛，艺术水准之高，官气十足，韵味不凡，是难得的明代宫廷造办臻品，但不幸的是此组屏扇下方较有规律的出头榫足以证明，该屏应为“八”字形三扇有底座组合围屏，当年它应是一完美之器，早年应是全须全尾声儿出去的，现在已沦为残件。类似情况及以上所举工艺水平较高、艺术性较强的屏风残件在国外其他一些地区也屡见不鲜，有的损伤程度更为严重。

古代屏风的传世情况，除上述各地区和宫廷屏风所存在的以上基本概况外，截至目前，经过近四十年对全国各地，以拉网式的“百万铲地皮大军”进行搜寻情况的概括了解和近几十年的一线出产情况以及各大博物馆、各个拍卖行、私人藏家手中藏品等相关资料方面的掌握和分析来看，还有以下几种现象存在。首先在硬木材质所制作的大型屏风范畴内，以紫檀木所制的屏风数量总体要小于黄花梨木所制作的屏风总量，且存在着紫檀木传世屏风以宫廷为主，黄花梨木制存世屏风以民间为主的“两头沉”现象。其次，以黄花梨木制作的传世屏风而言，有底座屏风与无底座自立型组合屏风相比较，有底座屏风的存世量较小，这一情况不仅在故宫旧藏的实物和相关资料中皆能得到证实，而且民间的真实情况亦是如此。就黄花梨有底座单扇平面直形大落地屏风的传世情况以民间而论，全国范围内盛产黄花梨家具的福建、海南、江苏、浙江、安徽、河南、山东、山西、陕西、河北、北京、天津等地均有出现，但皆为数量较少。应该一提的现象是，此类黄花梨大型屏风的传世，除大部分器具留存于上述地区的民间外，以北京、西安为代表的有些地

图 2-73　清康熙无底座自立型组合屏风代表的展示
故宫博物院 藏

区，还有相当一部分存于国家机关和企事业单位的扎堆现象，据了解，这种现象有的是源于历史收缴问题，有的则与新中国成立后国家调拨有关，也就是说有可能不属于“原地特产儿”。真正产自原地从未动过留存于民间的有底座单扇平面直形落地大屏风，无论是出产数量还是保存现状，总体而言全国范围内非福建地区莫属。

福建地区所产的这类黄花梨有底座较大型屏风，多见单件呈现，偶有成对者传世，福建地区传世的这些黄花梨屏风无论尺寸大小、工艺优劣，综合而言皆有三点共性：第一，用料较为壮硕，选材较为考究，多为一木一器，

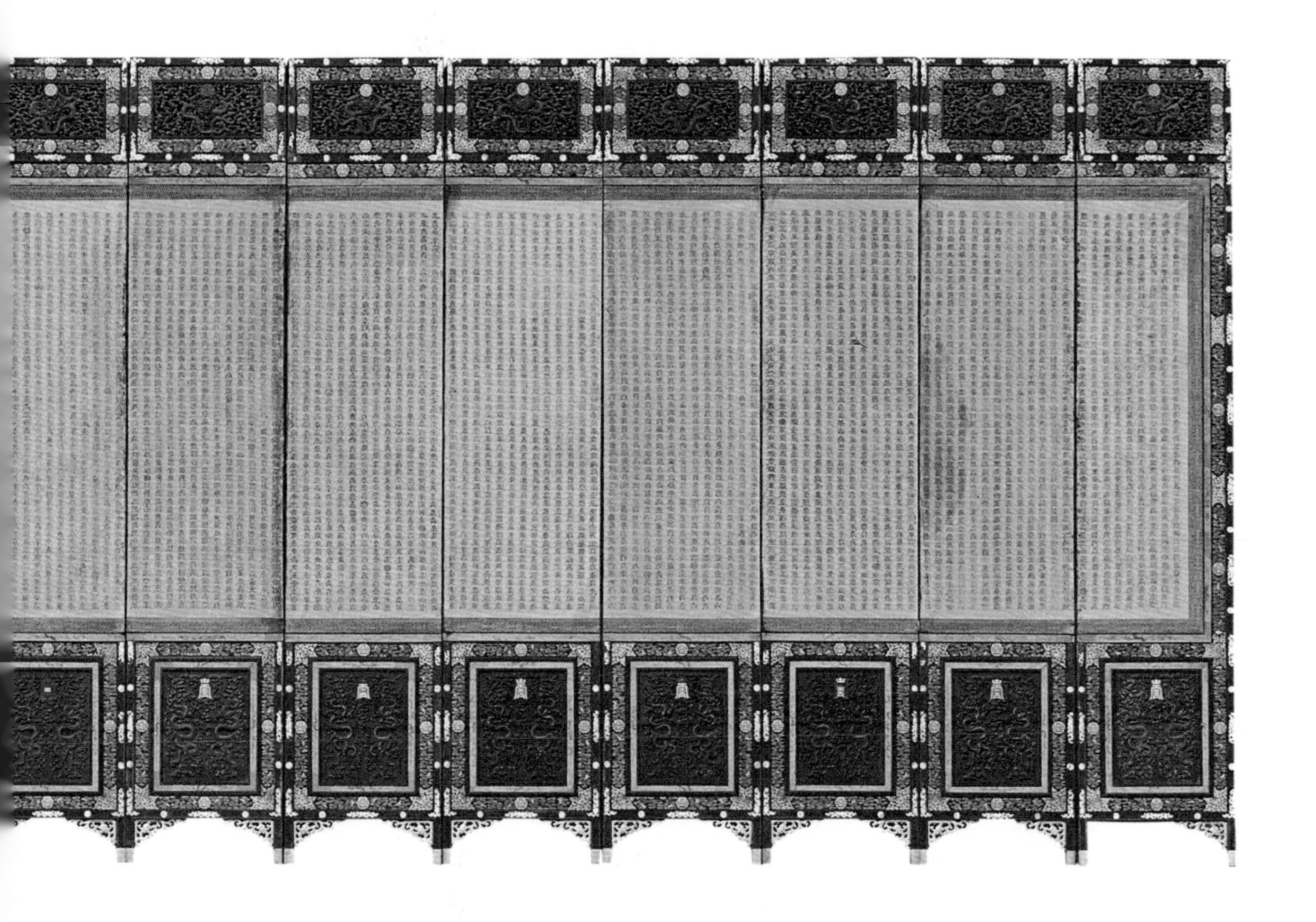

图 2-74　清宫旧藏有底座屏风
故宫博物院 藏

图 2-75　明代黑漆彩绘云龙纹有底座围屏残件
《欧洲旧藏中国家具实例》

因此，整器所呈现的纹理、色泽、质感等都相对协调统一；第二，此类有底座较大型屏风的屏心多以大理石进行装饰，虽也有以其他装饰手法及工艺形式实施者，但数量相对会少些；第三，此类制式的黄花梨有底座较大型屏风虽然其产出地和当年制作地都为福建，但除明显感到这些屏风不惜材料外，其造型制式、纹样装饰等方面皆与本地区以其他材质和工艺所制的许多屏风风格明显有别，反而与全国其他地方所产出的同款同类屏风一样，没有任何地域文化的特征，也就是说福建地区传世的黄花梨有底座较大型屏风与清宫旧藏以及全国其他各地所传世的同类屏风皆不分彼此。这一现象的出现，确实值得思考，这亦是屏具制作及屏具文化探寻方面的新课题。图 2-76 为 20 世纪 80 年代福建地区“铲出”黄花梨明晚期透雕螭龙纹大理石心有底座较大型屏风，此屏高 215 厘米，宽 180 厘米，是此类福建传世屏风的代表，现藏于美国明尼阿波利斯博物馆。

传世较大型黄花梨屏风的另外一种，即无底座自立型组合屏风，在黄花梨材质和明式做法的范畴内，从制作时间上看，难见明代中早期、少见清代

图 2-76 明晚期黄花梨透雕螭龙纹大理石心有底座较大型屏风
美国明尼阿波利斯艺术博物馆

晚期所制作品，多数此类屏风皆为明晚至清早这一时期制作，且以十二扇完整成套的组合存世居多，残套散片也有一定数量的存世，多见三片、五片、六片、十片、十一片等不完美的残缺现象，其中六片半套的存世数量占比例较高，其定有缘故，其中部分情况因古人分家造成。需要表明的是，现实中绝大多数的此类屏风其屏心内容已不存在。

另该类传世的屏风，就全国范围内，除个别情况外，其造型制式基本相同，装饰及表现形式也基本一致，尤其是套内十二片组合的数量及表现形式，皆没有地域之分，屏心上装皆为棂格框架外裱纸绢，或绘或画多以寿屏呈现。屏扇下装的腰板和裙板皆为双面工，或浮雕或透雕，其雕刻装饰纹样图案等皆为草龙、草花、博古图三大系列，鲜见几何图案及其他纹样的雕饰。各种纹样的应用与诠释及表现手法，虽然会因其所制作的时间早晚，呈现出时间或年代之区别，但是，有些纹饰纹样的应用与表现，皆能体现出清晰的传承关系及脉络，图 2-77 中的螭龙纹便是相关方面的代表。也就是说，全国各地所传世的黄花梨无底座自立型组合屏风，从里到外其“构制长相、装饰打扮”皆相通，有规律可言，有标准可依。

黄花梨无底座自立型组合屏风，正是源于制式的相对规范统一，组合数量等相对有规律且其成套体量较大，不如其他种类的家具便于搬运，所以从目前传世实际情况来看，此类屏风除少数史上有过搬迁移动外，其他大多数的该类屏风基本上都为当地遗存，且分布较为广泛，除个别省份及部分地区外，全国大部分地区或多或少都有存世之器，在过去几十年对此类黄花梨屏风产出地的实地考察和了解中发现，存世数量相对较多的地区有：福建的宁德、福州、莆田、泉州、漳州等，其中存世量最多的当以莆田地区的仙游、赖店等地为主。江西的新建、吉安、吉水，浙江的杭州、嘉兴、绍兴、金华以及上海的松江等地。江苏的无锡、荡口、东山及苏北一带，苏北一带主要是以淮安以南到泰州、南通一线所辖地域较为集中。安徽的屯溪、歙县、黟县。河南的安阳、濮阳、内黄、卫辉、新乡、焦作、博爱、三门峡等地。陕西的西安、三原、大荔、咸阳、榆林等。甘肃的武威。山西省的大同、忻州、太原、汾阳、平遥、文水、临汾、晋城、永济、运城等地。其中，根据亲身经历和更为详细的情况了解，在山西存世量最多的当以晋中地区的平遥、张兰、文水、太谷、祁县和晋南地区的临汾、曲沃、侯马、新绛、闻喜、万荣、永济以及晋东南地区的长治、晋城、泽州、高平、沁水等地为主。山东的济宁、嘉祥、单县、曲阜、济南、德州、

图 2-77　明晚至清中期黄花梨制无底座自立型组合屏风经典纹样
（左）孙建龙先生 藏，（右）北京保利国际拍卖有限公司

临清、临西以及胶东地区的寿光、昌邑、潍坊、青州等地，尤以济宁地区、曲阜地区和胶东一带为主。河北的邯郸、永年、邢台、宁晋、南宫、清河、沧州、南皮、石家庄、正定、玉田、乐亭等都是出产数量较大的地区。天津的此类屏风主要存世的地区是与河北接壤的宝坻崔黄口、津西杨柳青以及津南部分地区，城里很少。北京除故宫旧藏外，许多机关单位及个人手中也有一定的存世量，总之，北京黄花梨无底座自立型屏风存世皆在城里。东北三省和内蒙古赤峰一带的情况非常鲜明，过去凡有王爷的地方兴许会有硬木类屏风的传世，其他地方皆难寻踪迹，即使有首先是传世数量极少，再

者此类屏风的传世，多为紫檀木而制，这或许与清代王爷们的存在有关。除以上所列举的省份和地区外，其余全国其他各地尤其是边疆和少数民族地区更是少见此类黄花梨传世屏风的踪影。上述现象也是黄花梨木所制其他各类屏风传世情况的写照。

上述相关黄花梨无底座自立型组合屏风的传世概况外，就此类黄花梨木所制屏风的具体传世地区和有些地区的相应传世数量而言，还有几种特别现象应值得我们关注与探讨。

第一种现象，作为全国唯一盛产黄花梨原材料的海南地区及境内，当地百姓的家具、农耕器具及日常用器，甚至连烧火用的“挑火棍儿”都有黄花梨的，但是在屏风这个种类中，却少见与全国其他各地所产同类经典屏风器具的传世。

第二种现象，诸如内蒙古、云南、新疆、西藏等少数民族及边远地区，或许因过去的种种原因以及文化背景、生活习俗等方面的差异，而影响到屏风器具的制作和应用亦在常理之中，作为高山连绵的湖南、湖北、贵州以及两广地区，过去因大山阻隔交通不便，信息不畅，气候之差，风土人情之别以及外来文化等多方面的影响，造成黄花梨材质传世屏风的数量较少也是可以理解的，但是作为物华天宝、人杰地灵、素有天府之国美誉的蜀地四川及相邻地区，尽管也有其地理、信息、气候，甚至是竹制器具大众层面的广泛应用优势等原因，却罕见黄花梨木所制屏风的传世是难以解释的，此现象应为古代家具研究的课题之一。

第三种现象，以陕西地区为例，黄花梨屏风传世的总体情况，主要存世地区都集中在西安及其周围，其中包括西安、渭南、三原、大荔、咸阳等地，余往南向北至西在陕西省范围内很少再见到，但奇怪的是，在远离西安紧邻内蒙古和晋北地区相连的一座小山城佳县，却有数套经典制式的黄花梨自立型无底座大型组合屏风传世，这些传世的屏风，首先其为“原住民”的身份可以肯定，再者山城虽小，其存世量却不止一套的现象，让人费解的同时，或许对屏具及家具文化的研究都有一定的参考作用。

佳县，又名铁葭州，是一座屹立在黄河西岸山顶之上地势险要的千年古城，四周群山环抱，三面凌空绝壁，东与山西临县隔河相望，站在崖边悬空而砌的香炉寺围墙之上，俯身低头才能探到下面的黄河岸边，那是真险。古城南北长约 5 千米，东西最宽处约 1.3 千米，面积不大，呈东南低西北高走势，整个县城只有一条蜿蜒曲折的盘山公路出入，城内仅有一条主街。有史以来，佳县气候恶劣，十年九旱，物产贫瘠，经济状况不占优势。清晰记得三十多年前第一次到山城佳县的艰辛，因当时没有直达车，部分道路还是沙石路，坐火车到太原后改乘长途汽车途经汾阳、大武、临县、方山等沿线城镇，中途还需转车一次夜宿临县，总共花上两天一夜的时间才能到达位于陕北佳县对岸黄河岸边的山西北部边界小镇克虎，此时已是黄昏，开往对岸的摆渡已经停船，又需夜宿克虎镇一晚。投私店、住窑洞，吃着膻味浓重、屏住呼吸都难以下咽、当地老乡拉着风箱吹着煤火咕嘟熟的羊油炝锅儿“刀削面”，别无选择。第二天一大早赶头班摆渡过黄河轻装登山，山间的羊肠小道蜿蜒反转、陡峭艰难，尤其是对于生于平原、长于平原、从未走过山路的我们来说，更是步履艰难、寸步难行，行至半山腰抬头上望越发犯愁发怵，回头下看心生恐慌、后背发凉、两腿直打哆嗦。遇窄险之处只容一人通过，个别地方且需人如动物般双手抓地配合爬行，到达山顶县城总要花上近两个小时的工夫，说实话，那是真的让我体验到了“爬山”的艰难及真正的含义。可谁又能想到就是在这样的地理气候和生存环境下，弹丸之地的县城内，不到一天的时间我们竟发现了三套黄花梨自立形组合屏风。

第一套是摆在佳县国营第二食堂的大厅里，是一套还在使用的由十二扇组合而成的原汁原味老屏风，但遗憾的是此套屏风的选材用料虽然全部为黄花梨材质，但美中不足的是，每扇屏风两条立边的长料都是由上下两根料拼接而成的，这或许与当时原材料的稀缺有关，无论怎样，在当时就老家具收购而论，因有对黄花梨家具在家具种类、选材用料及完美度等方面的具体选择标准和要求，所以该套屏风因拼料做法不够考究，故不在考虑范围内，连价格都没有问就直接放弃。

第二套屏风是沿着县城唯一的一条中心大街由东南向西北继续上行，行至过半后，街道右手的交通巷内有一任姓本地人家，院内干净整洁，正房五间，外观青砖垒砌似中式建筑，实则室内为山陕窑洞形屋顶，进深较长。靠边的闲置房间中，规整结实的大木箱子被打开后，取出一片一片的黄花梨屏风扇片，片片完好无损，就连寿屏两面的字画内容都保存得完好如初，看着确实让人心动。东西虽好，但也未能如愿，原因有二：其一，屏风当时的主人（保管者）钟表修理师任先生开始先是不卖，后来有些松口了却又开出了每片五千元的天价，而且还要让我们等他和榆林城里的族人们商议结果。且不论商议结果如何，就是同意了卖给我们，首先当时这套屏风六万的价格可不是小数目，难以承受。其二，运输在当时可是个大问题，靠人工肩扛原

图 2-78　全国范围内黄花梨无底座自立型组合屏风传世情况分布示意图
万乾堂 绘制

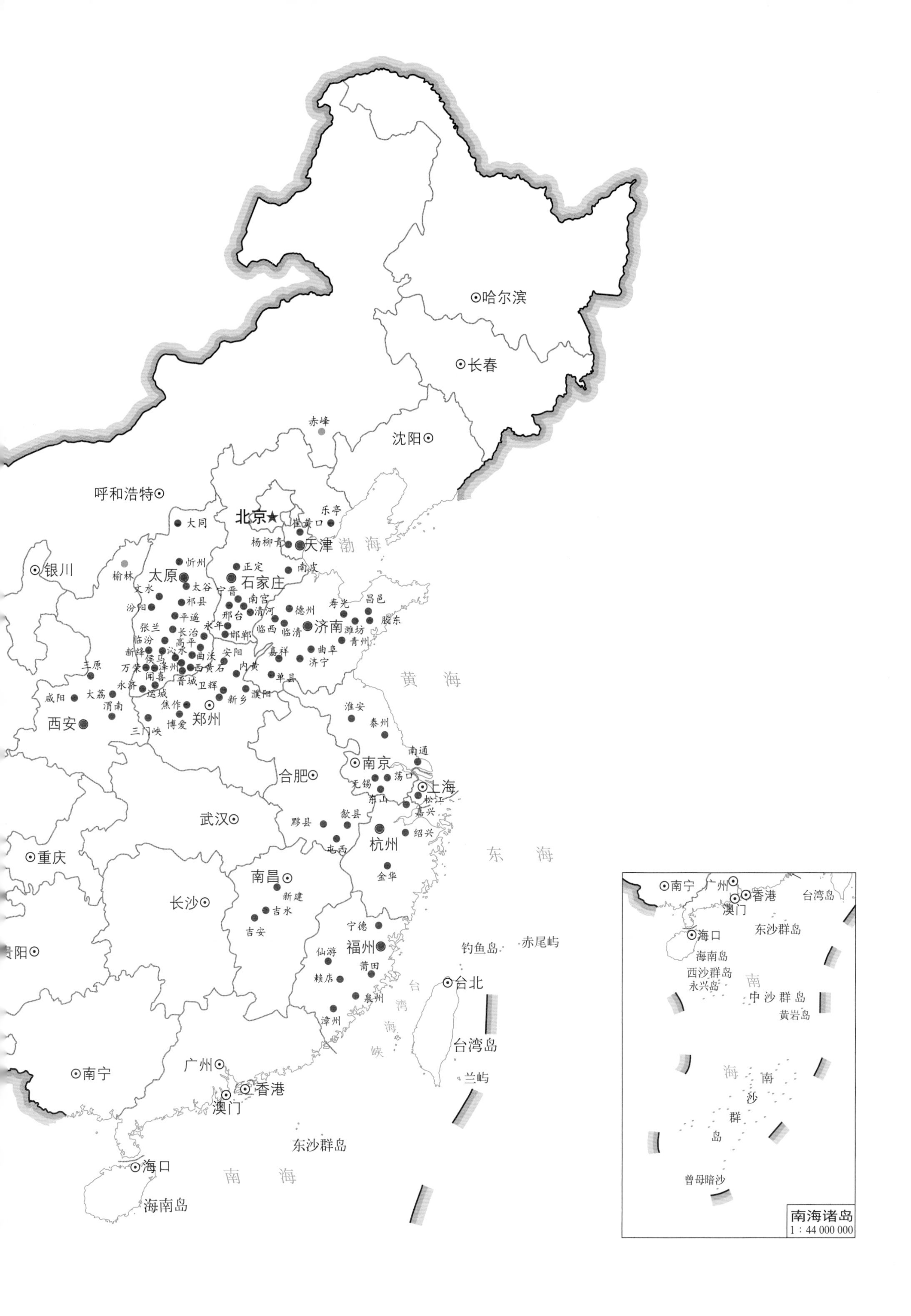

哈尔滨
长春
沈阳
赤峰
呼和浩特
北京
乐亭
崔黄口
杨柳青
天津
渤海
大同
银川
榆林
忻州
太原
正定
石家庄
南皮
太谷
文水
宁晋
南宫
祁县
汾阳
邢台
清河
德州
寿光
昌邑
平遥
胶东
张兰
永年
临西
临清
济南
潍坊
长治
邯郸
临汾
高平
青州
新绛
沁水
曲阜
侯马
安阳
嘉祥
曲沃
三原
万荣
泽州
西黄石
内黄
济宁
闻喜
晋城
单县
黄海
咸阳
大荔
永济
运城
卫辉
濮阳
渭南
新乡
焦作
西安
郑州
博爱
三门峡
淮安
泰州
南通
南京
合肥
无锡
荡口
上海
东山
松江
嘉兴
武汉
黟县
歙县
绍兴
屯溪
杭州
东海
重庆
南昌
金华
新建
长沙
吉水
吉安
宁德
钓鱼岛
赤尾屿
贵阳
仙游
福州
莆田
赖店
台北
泉州
台湾海峡
漳州
台湾岛
广州
兰屿
南宁
香港
澳门
东沙群岛
海口
南海
海南岛
南海诸岛
1：44 000 000
南宁
广州
香港
澳门
台湾岛
东沙群岛
海口
海南岛
西沙群岛
永兴岛
南海
中沙群岛
黄岩岛
南沙群岛
曾母暗沙

路带回，搬运体量如此大型的屏风下山，是根本不可能的。如选择当时唯一的一天只有一班公交车能够走出佳县再经柳林、吴堡抵达太原的另一线路，山高路远，中途还要转车几次，且还会因公共汽车的顶棚货架过小无法装载而难以为之。租车在当时几乎是不可能的事，别说没车，即便是有这么远的路程，路费恐怕都是一个难以承受的高价，因此再三思量最后不得不将其放弃。

接着继续寻找，下午在县城边上西北方向的半山腰处又发现了两扇用黄花梨屏风改制的羊圈门一对，左右对开，尺寸较小，雕刻纹样逸美漂亮格外抢眼，雕工表现技艺娴熟，力道十足，包浆皮壳因羊毛长期摩擦剐蹭透红油亮，经研判这肯定又是一套自立形屏风的残件，但再三询问，其他扇片皆无下落可查，无奈因残更得放弃。后又经三四天的苦苦寻找，除又发现了一尺寸较小的黄花梨笔筒，看不上眼未予理睬外，最后不得不两手空空，败兴而归。

佳县之行，虽一无所获，但一天之内能在这种地方发现三套黄花梨屏风，这在全国其他盛产黄花梨家具的地区也是难以遇到的。经后来查证，除上述所见到的黄花梨屏风外，余佳县任姓望族的其他黄花梨家具，皆在新中国成立初期随族人运到了榆林市中，现大多存于榆林地区某文化馆。类似这种情况这样的例子目前所知还有甘肃的武威，可以这样说，武威以外整个甘肃省境内都很难发现黄花梨家具的踪迹，而武威市传世的黄花梨家具却有成对的交椅，四出头官帽椅、圈椅、架子床、屏风等若干数量的黄花梨器具。上举两例仅为代表，似此类情况及现象在全国范围内或许还有。此例举意在通过真实具体的一些情况反映出黄花梨、紫檀为代表的硬木类传世情况和个别现象，提供一些黄花梨屏风在过去应用及流向方面的真实可靠一手资料，以便于今后对屏风及家具文化方面的研究。

第四种现象，以黄花梨、紫檀木、红木等为主的硬木类自立型组合屏风的传世数量而言，三者之间，首先可以肯定以黄花梨木所制作的该类屏风数量和以红木材质所制作的该类屏风数量，皆明显多于紫檀木所制作的数量。而黄花梨木所制该类屏风的传世数量与红木材质所制该类屏风的数量相比，或应红木制器较多一些。

第五种现象，上述全国范围内该类黄花梨木所制屏风传世较为集中的地区内，也存在着多少不一冷热不均的现象，以省份而论，传世数量较多的省份有福建、江苏、安徽、陕西、山西、山东、河南、河北等地。在这些省份中又以福建、江苏、山西三省位居前三。

第六种现象，以上各省及地区，就相关该类黄花梨传世屏风的一手资料而论，凡有此类屏风的出现与传世，大多数的传世之器并非产在大城市，以乡下村镇和县城为主，多数的屏风出产地为原有主人和屏风制作的隶属地及附近地域，这一现象既普遍又突出。图 2-78 为全国范围内黄花梨无底座自立型组合屏风传世情况分布示意图，该分布图中，红色标记代表存世量较多，绿色标记代表个别情况。

以上相关屏风传世情况的纪实略述，虽谈不上具体准确，但已分别对全国范围内的漆木工艺屏风传世情况、地域特点特色及相关风格等问题和黄花梨等硬木类屏风的传世及相应情况作了有针对性的梳理和表述，这确是笔者几十年来目睹耳闻、亲力亲为后的总结，具有一定真实可靠性的同时，更具一定的普遍认知和共识基础，会对今后的屏具门类及屏具文化研究提供一些有价值的参考。

（二）座屏类

座屏，广义上讲是对在造型制式上所有有底座屏具的通称，关键是要有“底座”的设置。在此条件及范畴下，所有有底座设置的屏具，存在以下几个方面的问题：其一，结构制式之分，在所有的有底座屏具中，就结构制式而言，可分为连体结构和分体结构两种不同的制式，连体结构是指上面的屏和下面的座连在一起不能分开，分体结构是指上面的屏和下面的座各为单体，屏以由上至下的方式插入底座之中而成为一体。前者因不能拆卸，故行业中有“死活儿”之说法。后者因其是可拆装的组合体，所以亦有“插屏”称谓，如图 2-79 和图 2-80 所示。其二，有功能属性等方面的差异之分，因为同为有底座且款式相通甚至相同的屏具，其功能作用方面，有的主要是作为屏障之用，有的主要是用来挡风，有的以装置欣赏为首选等多种不同情况。其三，尺寸体量上的差别，因为在座屏定义及范畴下的有底座屏具中，有的座屏无论是高度、宽度，其尺寸会达数米，壮硕宏雄，而有的屏具体量较小，其高、宽尺寸只有一二十厘米，玲珑娇小。落地有座大屏风和文人案头小砚屏即是很好的例证。其四，同款同样儿同有底座，功能作用既有相同相近者，亦有完全不同者，他们使用的空间、摆放的位置等也各不相同，有的陈设在地上，有的安置于床上，有的摆放在厅堂之中的几案上。以上论述除结构制式外，针对座屏定义及范畴下所存在的尺寸相差悬殊，应用空间与

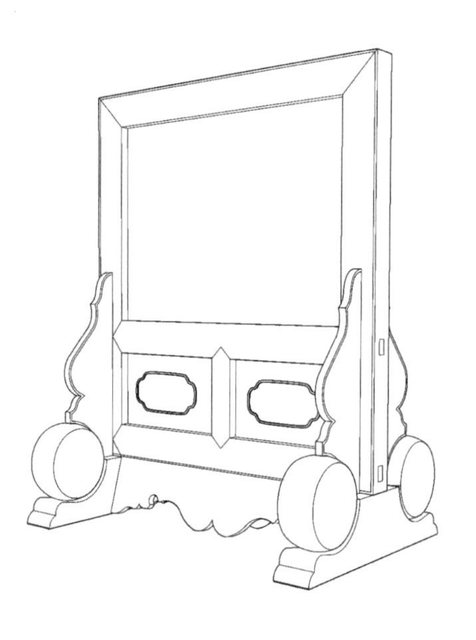

图 2-79　明晚清早期黄花梨砚屏及连体结构线图
可园主人 藏　郭宗平 绘

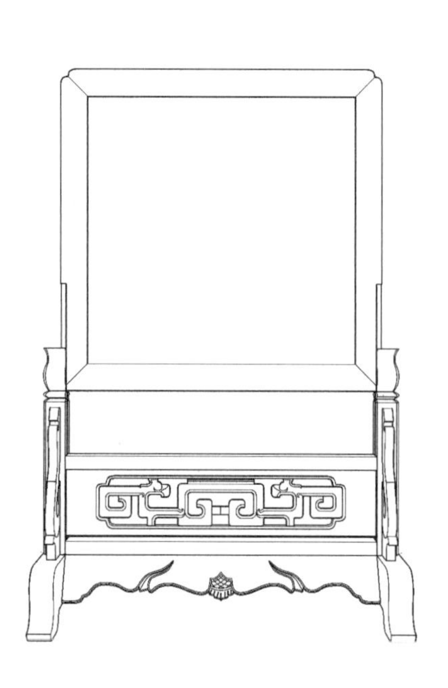

图 2-80　清中期胶胎屏心插屏及分体结构线图
孙建龙先生 藏　郭宗平先生 绘

摆放的位置不同以及功能属性差异等一系列的现实问题，特别是对那些具有专用功能、专属性强的器具，该如何体现、如何区分、如何命名，尽量做到“闻称晓其物、道名知其用”，这既是一个有助于屏具更为深入研究的基础问题，也是目前业界及学术界所面临的亟须明确和梳理的现实问题。因此，在相关研究之前，有必要先对座屏范畴下的所有屏具作出更为详尽的划分及名称确认。

结合座屏定义范畴内各类屏具的具体情况，依据屏风器具的特殊情况，首先，应先将座屏范畴内尺寸较大、以挡风屏障为主要功能且置于地面之上的大型及较大型有底座屏具划分出来，归为屏风类。其中包括各种有底座“一”字形大地屏、各种有底座围屏以及唐宋及唐宋以前，各种施以简单底座的户外围屏等。其次，将造型制式雷同，尺寸变小离开地面，置于床榻之上仍以挡风御寒为主要功能的枕屏提出来。再次，将余下所有陈设在几案之上的“案上座屏”，根据其各自的特征、功能属性等进行剥离归纳，即可分列出砚屏、灯屏、龛瓶和以装饰欣赏为主要功能的赏屏，共计四类。如此一来，座屏范畴内，在以功能作用、所置场所、空间氛围以及器具属性等多方面为依据的划分原则和条件下，可具体分为：落地座屏（屏风类），枕屏（床上座屏），砚屏、灯屏、龛屏、赏屏（案上座屏）。除广义范畴内的落地大座屏因有其特殊情况和原因已在“（一）屏风类”中做过详尽的论述，本节不再做更多更细的复述外，余狭义范畴下的所有中小型有底座相关屏具，下文将重点对其逐一进行相关方面的探讨和论述。

（1）落地座屏

落地座屏，其定义是指座屏制式下的所有大型落地屏具，这其中就包括上述“屏风类”一节所涉及所有有底座一字形屏风和有底座各式围屏。

现实中，在许多人的认知和理解上，就“落地座屏”一词或称谓，有等同于有底座大型落地屏风的模糊概念与错误认知，人们对于陈设在厅堂进门处的常见有座落地大屏风，就其称谓而论，通常情况下“屏风”表述及称谓较为少见，反而诸如大地屏、大座屏、大插屏等俗称倒是习以为常，且叫者顺口儿，听者明白。那事实上在学术层面，这些称谓是否正确或准确呢？“落地座屏”和有底座大型落地屏风以及与一些大型落地屏具能划等号吗？它们之间有什么关联？异同之处在哪里？器之属性、相关类别、定位等问题又该如何理解怎样认定？这些皆是本节需要解释的问题及重点。

在落地座屏的范畴下，就各类有底座大型落地屏具而言，它们之间从结构制式等相关方面，确实没有明显的差异和不同，而且从尺寸体量上也没有什么明显的差别和具体的标准，同属大体量又都为置于地上之器具。但是，除此相同相近之处以外，在这些有底座大型落地屏具当中，确实还存在着结构相同、制式相通、样貌相似，但功能作用、器之属性等不同的情况与现象。主要表现及代表，如以故宫所藏的部分貌似有底座大型落地屏风的屏具为例，它们虽然有着与经典制式有底座大型落地屏风难以区分的外观，甚至或多或少也存有有底座大型落地屏风的屏障功效或某些相关因素，但它们的实际功能与作用却另有侧重，其实质与屏风功能及属性相差甚远。所以如概念理不清、实质道不明，大众层面的认知混乱现象亦在情理之中。

图 2-81　清晚期硬木水银镜面大型落地镜屏

另外，在落地座屏的范畴下，无论是单扇平面形，多扇组合平面形，还是以不同数量各种形式组合而成的有底座围屏，或是屏风功能作用以外的那些有底座大型落地屏具，以时间而论，清代中期以前所制作的上述落地座屏，除造型制式外，功能作用皆以屏障、装饰、欣赏为主，其选材用料、相关制作工艺方面也相对“传统”，尤其是屏心的制作与相关用材，多以石材或与漆灰工艺相关的材质材料为主。而到了清代中晚期至民国这一时期，随着国际贸易的逐渐拓展，舶来物资的不断丰富，大块水银镜面得以进口，亦称“玻璃砖”。所以此时期制作的，特别是以红木、花梨木为材质的部分有底座大型落地屏具，其屏心的装饰及用材，就出现了一反常态打破传统的情况。其中，以玻璃水银镜面而为之的屏心不在少数，笔者当年过手过目的此类屏具也有一定的数量。这种水银镜，皆成像清晰真实、质地优良，甚至是如图 2-81 所示特制的四边抹八字比利时进口“玻璃砖”。这种有底座大型落地屏具，虽然与经典结构制式下的有底座大型落地屏风没有什么形制上的区别，同属落地座屏的范畴，但是，首先它已不具备挡风屏障之功效，再者其与装饰作用也关联甚微，定性为屏风不成立，称其赏屏不够格，其真正的功能作用是用来映照显像，所以称之为“镜屏”或“落地大镜屏”更恰如其分，民间也有“大地镜”“穿衣镜”的俗称。类似情况及器具，清沈初《西清笔记·纪庶品》中就有“懋勤殿向设一大镜屏……”等相关的表述与记载。顺便讲一句，现实中此类镜屏的制作与应用，还有以此种镜屏制式纵向体量二分之一形制出现后，再与墙体组合形成靠墙落地镜屏等不同的形制，亦有同材同工同制式的中小型案上镜屏的传世。

似上述这类个头又大，且落地的“不伦不类”之器，在明确其功能作用、身份属性的前提下，只有将其划为“座屏类”才算合理，抑或将其看作是有底座大型落地屏风中的另类。

以上简述和相关列举不难看出，第一，首先有底座大型落地屏风等与落地座屏两者之间不能划等号，有底座大型落地屏风不能代表落地座屏之概念和称谓；其次，有底座大型落地屏风，从结构制式上讲可算作落地座屏的范畴，是其中的一部分，一个品种。虽然其结构制式符合座屏的标准与条件，但其因具更为主要的屏障遮挡作用，故将其划至“屏风类”更加确切。第二，作为落地座屏范畴及制式下的落地大镜屏等相关器具，因其与屏风功能关系甚微，且与纯赏屏以及案上同材同工同制式的中小型镜屏等，在本质、体量、功能作用等方面有着一定的区别，故将其划至“座屏类”并单独体现更加合理。如此一来，“落地座屏”及相关问题得以体现，“座屏类”“落地座屏”“有底座大型落地屏风”三者之间的关系及相关问题研究，便可条理清晰，有章可依。

（2）枕屏

枕屏，顾名思义即为设于床榻之上置于枕边的屏风，其结构制式为上屏下座，主要功能是用来挡风御寒。唐以后，随着家具的制式由低矮型向高装制式的逐渐转变以及榫卯结构的不断完善，至宋代，床和当作小憩的榻以及置于庭院之中的凉床等高形床榻类器具得以齐备。正是源于这些与人类生息密切相关高装器具的出现和人们力求提高睡眠质量以及提升空间环境氛围等方面的需要，为防止睡觉时头及颈部受凉，枕屏才应运而生，且枕屏的应用在宋代达到了鼎盛。故自宋以来有关枕屏方面的资料记载较为丰富，与枕屏相关的人物、故事等也多有体现。

宋代文学家欧阳修一生中与枕屏相伴，视枕屏如知己，可谓人在屏在，屏不离身。《书素屏》云：“我行三千里，何物与我亲？念此尺素屏，曾不离我身。旷野多黄沙，当午白日昏。风力若牛弩，飞沙还射人。暮投山椒馆，休此车马勤。开屏置床头，辗转夜向晨。卧听穹庐外，北风驱雪云。勿愁明日雪，且拥狐貂温。君命固有严，羁旅诚苦辛。但苟一夕安，其余非所云。”诗中所表的素屏即是枕屏应用及枕屏文化的体现。宋代著名词人蔡伸的《浣溪沙·漠漠新田绿未齐》词中有“云敛屏山横枕畔，夜阑璧月转林西”的描述，以及宋代诗人陈著的《沁园春·小枕屏儿》词中也有“小枕屏儿，面儿素净，吾自爱之”之描述。此外，大诗人苏东坡等也有许多与枕屏相关的诗句，诗句中对枕屏的寄语及描述，抒发出枕屏在文人眼里及精神世界中超出实用功能之外的境界感知及愉悦感悟，体现出“用”和“赏”层面之上的精神支撑，是屏中有乾坤，屏中得安然自我、超越灵魂的享受。类似的诗词歌赋及相关典故在宋代及宋代以后更是层出不穷，数不胜数，可见枕屏器具的应用及枕屏文化在宋代的影响力之大，在此不再一一详表。

明清以来，随着人类生活方式及居住条件的不断改善，相关枕屏的应用在人类的日常起居生活中或呈逐渐退出之势，在文人阶层的影响力抑或有所减弱，因此枕屏文化的传承与发展亦会受到一些影响。总体讲，明代虽有变化，但不是太大，而清代相关方面的历史记载与人文趣事典故等确随之减少，虽少但未曾断绝。清代陈元龙《格致镜原》称“床屏施之于床，枕屏施之于枕”，这里所说的枕屏，即床榻之上所设枕屏，同样反映的是枕屏器具及枕屏文化的传承。

枕屏的兴起或为宋代。其制作及应用的鼎盛时期应为宋代，但是枕屏器具的雏形期应该更早，或为唐至五代时期，萌芽期或许更早。其原因应该有二：其一，唐至五代时期已经有了高装家具，而且高装家具的转变是先由床榻开始的，枕屏应是继床榻升高之后随床榻应运而生的产物，所以唐至五代有“枕屏”诞生顺理成章；

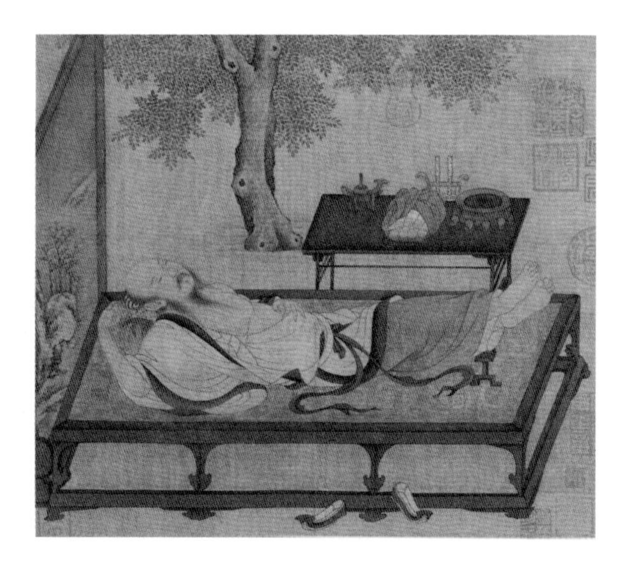

图 2-82　宋 佚名《槐荫消夏图》中的落地枕屏
故宫博物院 藏

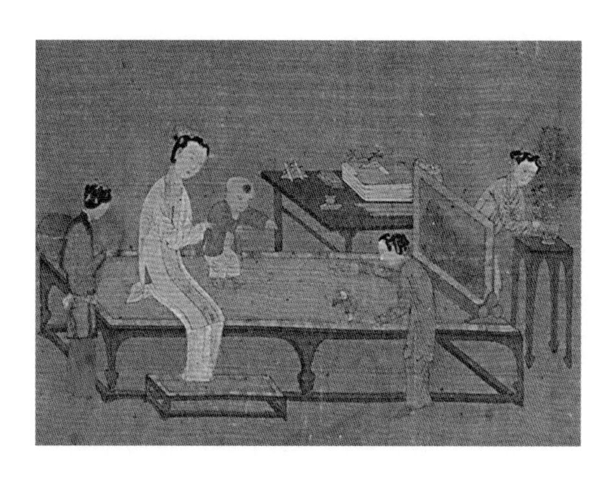

图 2-83　宋 佚名《戏婴图》中枕屏

其二，枕屏的出现应与床前屏风有一定的关系，唐至五代时期的绘画及相关记载中多有体现，最初床头用于挡风作用的屏具应是置于床头及左右的落地屏风，也就是相关记载中的“床屏”。床屏，还有另外一种说法，即泛指罗汉床中所设的围子。因此围子床和枕屏或许都是落地床屏的升级进化版，当然，这些问题和观点还有待于做进一步的研究及探讨，但可以肯定的是，落地床屏应为床上枕屏的前身，落地床屏与床上枕屏的应用和制作在一段时期内应是共同存在的，唐至五代时期落地床屏的应用应较为普遍，床上枕屏或为初始阶段，到了宋代落地床屏的应用依旧流行于民间百姓之中，而床上枕屏的应用则影响到了社会上层。唐代僧人无闷《寒林石屏》诗曰：“草堂无物伴身闲，惟有屏风枕簟间。本向他山求得石，却于石上看他山。”诗中的屏风寓意表达和白居易《闲卧寄刘同州》“软褥短屏风，昏昏醉卧翁”中“短屏风”的描述，亦不论二者，一个置于地上，一个放在床上，抑或同为落地之器，其功能作用皆为屏障挡风，其意义皆为实用之外，赏心悦目之余，观铭自省，是使精神遨游物外的体现，是古代文人雅士们所追求的拥屏卧游之写照。更如苏颂所作《咏丘秘校山水枕屏》中“古人铭枕戒思邪，高士看屏助幽况”等许多与枕屏相关的词句出现，对于研究枕屏在唐宋时期文人阶层的影响和作用也可窥见一二。

从众多的诗词歌赋及相关记载中不难发现，床上枕屏可以说是继屏风范畴内具有专属性置于床头落地屏风的替代品。因此，枕屏的定义，从广义上讲也可以理解为两种：一种是置于床下专门用来挡风的专属性落地屏风；一种则是置于床头之上的不落地枕屏。随着床上枕屏越来越受文人雅士的喜爱和枕屏文化的不断升级进化，床上枕屏渐渐成为枕屏的代言者，所以一提到枕屏，自然就会直指床上枕屏。当然，两者之间的关联等具体情况，还有许多不为人知、有待进一步探讨的东西。图 2-82 宋佚名《槐荫消夏图》中置于床头前面的较宽大屏风应为落地枕屏（床屏）的真实写照，此屏明眼可见其屏心有绘画图案装点，这与山西等北方地区的单扇独片带底座寿屏及大多数落地屏风在装饰风格和造型制式上并无大差，唯有所派用场、所起作用不同，可见有底座屏风功能作用的宽泛性及属性的多重身份所在。图 2-83 绘画中的枕屏，清晰可见是置于凉床之上的，与图 2-82 中所示的“枕屏”形成鲜明的对比，同为挡风器具，一个置于床上，一个设于地上。再有，画面景观显示，其中凉床的一端是正在嬉戏的母婴，而另一端的枕屏安然不动，这一现象及情况除与陈设的方式和使用的方法有关外，或许与枕屏的自身条件及因素有一定关系。细看古人笔下的枕屏描绘与呈现，横屏阔面，底座下沉，屏心画面的表现应为人工描绘，看似没有腰板装置的结构形制及两端较为低矮的立柱、站牙等具体表现，都能说明此枕屏的屏心与底座应为连体结构。这些表现、这些特点在同时期以及后来的相关资料和绘画中，都能找到相似之处及共同点。这些特征和共同点或许正是枕屏应有的制式和结构特点所在，是置于床榻之上达到稳定的必要因素和条件。

参考相关资料，结合传世枕屏实物体貌特征的真实情况，归纳总结后笔者认为，真正用于床榻之上的枕屏起码应具备以下条件：其一，枕屏的造型制式应为横屏卧式，因横屏卧式的稳定性相对较好；其二，枕屏的结构形式，屏心与底座应为连体结构做法，因连体结构会更加结实牢固；其三，通常情况下，枕屏的底座重心应尽量压低靠下，且在底座的四角部位作出体量较大、质量较重、对应对称的配重体（抱鼓墩或圆球状），其目的是在保障不失美感的前提下增加底座的重量，增强枕屏的稳定性；其四，屏心的设置与装点其安全可靠方面亦是不可忽视的因素之一，所以枕屏屏心制作的选材用料不宜选择石材，应以纸、绢、木等较为轻软材质为主。总之，作为枕屏，其自身的牢固性及应用方面的稳定性和安全性是最为重要的。

在传世的实物之中，偶尔也能见到与上述枕屏条件及画中枕屏特征相近之器，但为数较少，堪称罕见。本书第四章中所表的黑大漆素面枕屏即为具体的体现，余所见传世的疑似“枕屏”中，或因其制式有背，或因其稳定性不足，抑或因其尺寸尺度不能对应等相关问题，而证据不足，条件不具，故皆难以定性。图 2-84 为明晚黑大漆理石心有底座屏具，此屏笔者亲眼见过且不止一次，其宽度在 100 ~ 110 厘米，体量较大，年份较早，形美品优，保存状态良好，整器架座等披麻披灰，髹黑大漆，制作考究，漆断优雅，尤其是屏心两面动静相映的天然画面表现为同类石材及同款屏具中少见。此屏

图 2-84　明晚期黑大漆绿端石心赏屏
蒋念慈先生 藏

的横屏卧式连体结构等，虽皆符合枕屏的相关条件，但该屏：其一，底座两端的抱鼓墩及托泥组合过于单薄，其稳定性安全感方面似乎有些欠缺；其二，依屏心石材而论，虽重量重力皆在，但石片儿整体上悬，重心偏上，在稳定性欠佳，没有可靠足够保障的情况下，如此之重的若大石片儿，置于床上立于头前，是存有极大安全隐患的；其三，正如以上所述殊为难得的此石片儿画面，无论是一面静淌无声的细水长流，还是另外一面汹涌澎湃的激情场景，境情之下共为出的画面美感与表现，应更具欣赏性，更应为几案之上、厅堂之中显位赏屏。因此，鉴于以上所列两种情况和其他因素的存在，该屏枕屏属性问题确实有些依据不足。无论其结果如何，可以肯定的是，此屏应为明晚时期文豪大家、大隐之士、士大夫阶层的赏玩重器。图 2–85 所示的明代晚期黑大漆四周开光透雕花卉如意纹中间素心屏，虽然也具横屏卧式、连体结构、漆灰屏心等枕屏应有的相关条件，但其仅有 60 余厘米的宽度和屏体下方通透漏风的高腰板装置，皆与枕屏的尺度及功能需求明显不符，所以此屏看上去虽好似枕屏，在细论深究后也应与枕屏无关。在此顺便表明，此屏

图 2-85 明晚期黑大漆卧式座屏
孙建龙先生 藏

虽屏心光素无饰，或有素屏元素及特征，但光素屏心四周的开光内，镂透雕刻手法的实施及雕刻纹样呈现是否能达到素屏应具的标准与状态，是否能属素屏的范畴？还应有待进一步的考证。

现实中，类似于上述所举相似的屏具及相同情况抑或还有存在，但是绝大多数的此类座屏，皆存在与枕屏相关标准及条件不符的因素。所以，枕屏实物的少见，枕屏器具的稀有度及珍稀性是可以肯定的。这其中的原因，除与枕屏应用兴盛的年代较早以及明代传世屏具尤其是明中早期以前所制作的屏具传世数量较少有关以外，还应和宋代以后随着人类居室条件的不断改善和生活习俗的变化，枕屏的应用逐渐减退，制作数量减少以及枕屏文化越来越弱有着一定的关联。正是因为明清时期枕屏的制作与使用较以前而言明显低下，无论是这一时期的相关枕屏资料还是传世之器的存世情况都属于匮乏状况。所以，有关枕屏这一品类的相关研究难以深入进行，暂只能就枕屏相关问题作浅显的表述，作为服务于屏具门类设立理由和依据以及其在屏具体系脉络中的具体体现。相关枕屏方面更为深入具体的研究工作，还需广大同仁和有关专家学者们的共同参与。

① 砚屏

砚屏，是指陈设于文人书房之中案头之上的小型座屏。砚屏具有挡风作用，主要用来延缓砚池中墨汁风干的速度，同时亦能起到装点空间、满足视觉欣赏和精神享受等作用。北宋文人欧阳修、苏舜钦、梅尧臣品评吟咏月石砚屏的故事在当时文人圈中广为流传。另有宋赵希鹄《洞天清录》称："古无砚屏，或铭研，多镌于研之底与侧。自东坡、山谷始作砚屏，既勒铭于研，又刻于屏，以表而出之。"（宋·赵希鹄等《洞天清录》第 34 页，浙江人民美术出版社，2016）他认为自苏轼、山谷（黄庭坚）始作砚屏，其形制始于何时，并无确切记载。砚屏应该为座屏类别中继落地座屏、床上枕屏之后的又一新发明创造，它除与其他常见的案上座屏在尺寸尺度上有着一定的差距，功能作用也具有一定的专属独特性外，其他方面皆有相同相通之处，尤其是造型制式、制作手法工艺实施等基本一致，但就砚屏和案上赏屏而论，其二者的应用及问世时间早晚问题、渊源问题以及关联，皆是屏具文化研究中的又一重要课题，更有待进一步考证与研究。

a. 砚屏赏析

砚屏的制式结构与其他大多数座屏一样可分为连体式和分体式两种，唯有尺寸较为小巧而已。其制作工艺总体而言也是多种多样，尤其以清代为代表的砚屏在结构定式的基本框架下，造型多变、用材较广，工艺种类及创新之举更加丰富。但无论怎样，其砚屏应有的功能及属性皆没有改变。参考相关历史资料，结合传世砚屏的具体情况可以发现，砚屏除具备小巧清秀的姿态和文雅气息外，似乎连体结构做法的砚屏其总体数量综合而论要胜于分体式，且有制作时间越早连体结构越多，时间越晚分体结构越多之规律。其制式体量由早至晚呈现出"早卧体矮，晚立体高，早雅晚俗"等体貌特征。也就是说，年代较早的砚屏多为方屏或横屏卧式，体量也相对较小，文风扑面，品味清雅，时间晚之则相反。图 2-86 和图 2-87 分别为明代绘画作品中相关较早时期砚屏。从这些画面中可以看出，这些屏都是置于书桌画案之上，皆为小巧秀雅，且以横片卧式为主，屏心或为天然石片或有绘画等人为工艺的显现，与笔墨纸砚等文房器具同案而置，与古代文人密切相关。

砚屏的发明与问世至今尚未找到具体的时间和确切的年代，目前只有通

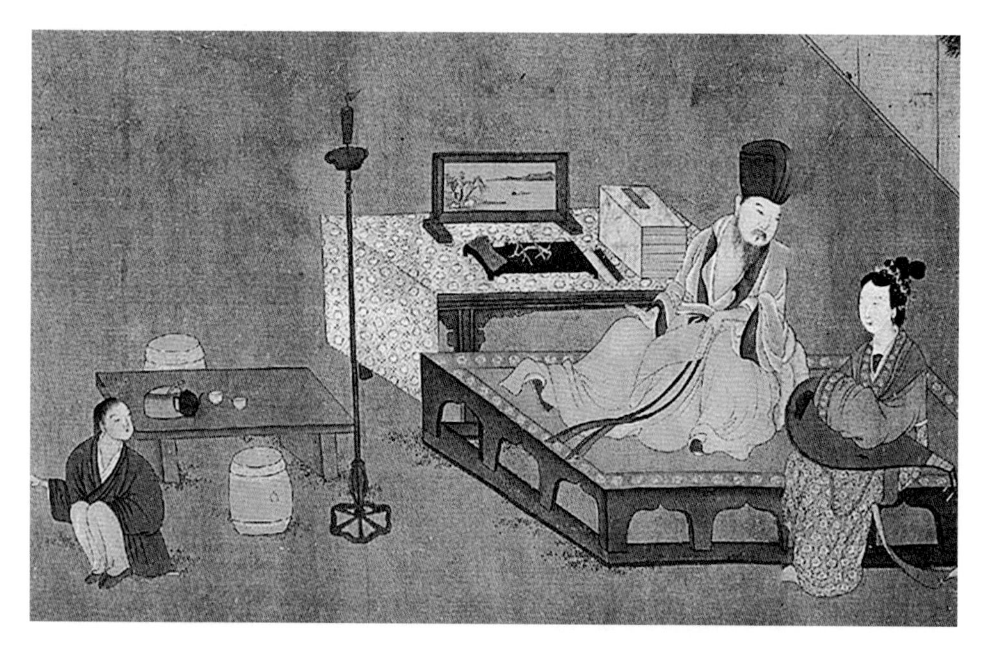

图 2-86　仇英（款）（约 1482—1559）《东坡寒夜赋诗图》画中的砚屏
西泠印社 2009 春拍

过相关的历史记载间接地推断暂定为宋代。因时间的久远，宋代制作的传世砚屏极为难寻，元代砚屏也是凤毛麟角，我们现在所能见到的传世砚屏大多数为明清时期所制，而且以清代制品为主。明代时期所制作的砚屏，如上所述，除造型制式方面的特征以及相对简约、花样较少外，所施工艺也相对单一。以下两例的列举，一为大漆工艺而为，一为硬木良材所制，视为明代所制砚屏选材用料及工艺相对单一性的代表。图 2-88 为明代黑大漆浮雕人物故事图砚屏，宽 40 厘米，高 47 厘米，其连体结构的形制与做法，屏心及整体的方正表现，垂直而设的单层"分水板"，以及光素无饰的站牙等，加之此屏考究的大漆工艺以及厚重老道的皮壳状态，方方面面皆体现出文人用器的同时更能说明此砚屏的制作年代应为明代。就其年份具体而论，虽不敢妄断此屏的制作年代一定会在明中期以前，但此屏屏心的题材选择与所施工艺，无论是寓意的表达还是雕刻手法、表现形式、艺术体现等方面，都与明晚及清早时期的同类器具呈现出截然不同的风格、特征和效果。图 2-89 为明代明晚期云石心黄花梨砚屏，此屏高 41 厘米，方正平阔，宽边矮座，不设腰板，屏与座通体相连，整体造型素雅简约，平和斯文之余，透着纯朴，彰显正气，是这一时期硬木所制砚屏的典范代表，是昔日文人的心头之宠，更是今人拍

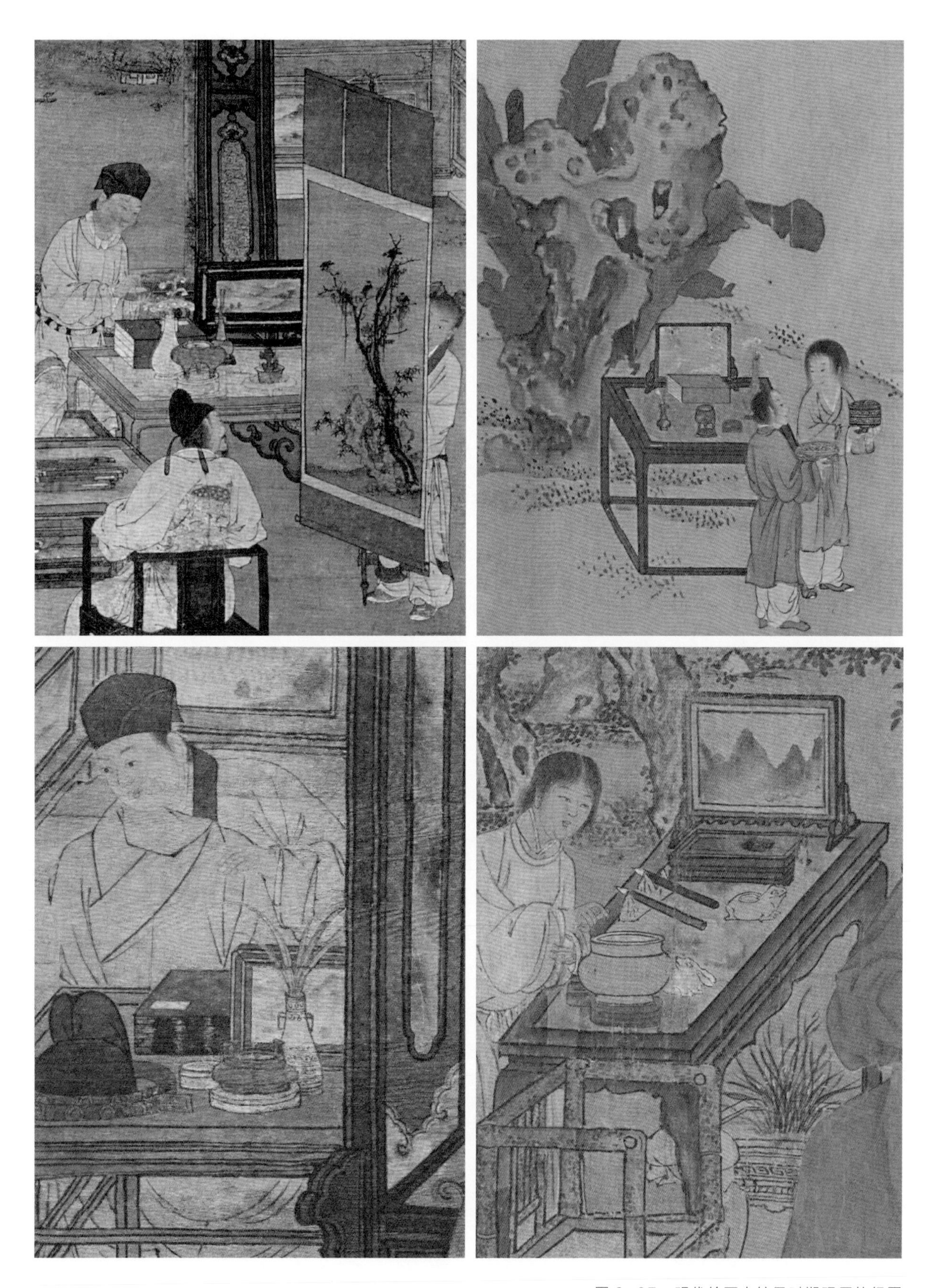

图 2-87　明代绘画中较早时期砚屏的组图

卖场之上的抢手硬货。这些明代传世砚屏自身所具有的身姿、韵味和气质，让我们对明代书斋的装饰、陈设及环境氛围等方面有所了解的同时，还是对古代文人情怀思想境界等方面的倾诉与表达有所窥见和领略的窗口，正是宋代砚屏风格特征及文化内涵所在。

图 2-88　明代黑大漆浮雕人物故事图砚屏
靳汇川先生 藏

清代时期所制作的砚屏，相比起明代及明代以前的砚屏，首先可以肯定的是其结构制式总体而言有一定传承和沿袭性，但有清以来，砚屏的体态形制，随着时间的推移却发生了规律性的转变，形成了清早至清中时期的形制由明代及明代以前的横屏卧式为主，变成了横屏卧式越来越少，而方屏、竖屏制式呈逐渐上升之势。清中晚时期，横屏方屏制式虽然也有应用，仍在传承，但竖屏制式已明显成为主流，而且砚屏的尺寸越来越高，体量越来越大。特别是在外观样貌、工艺实施、表达形式等多方面更是体现出了有突破、善创新、再创造的一面。清代砚屏的应用及砚屏文化的传承弘扬与明代及明代以前相比较，综合评定下有无高低上下之分虽有待进一步探讨，但是清代砚屏的制作出新之举及再发明再创造应为砚屏发展史上的争鸣阶段。正是因为更加注重了外观方面的展现，清代时期所制作的砚屏虽然大多仍延续古制，屏心的一面为画，一面为字，恰为天人合一之作。但就民制和官造的传世砚屏具体情况来看，普遍存在着因拼工艺、拼材料不惜工本而带来的过于

图 2-89　明晚期云石心黄花梨砚屏
可园主人 藏

图 2-90　清早期黄花梨螭龙纹玻璃心砚屏
可园主人 藏

图 2-91　清中早期铁梨木镶石板画砚屏
孙二培先生 藏

浓艳华丽而失去了砚屏应具的文雅之气和该有的特征，尤其是一些康乾盛世时期宫廷所制砚屏，其外表样貌、装点修饰等方面的表现更明显强烈，直至落入俗套。

图 2-90 为清代早期黄花梨螭龙纹玻璃画砚屏，此屏高 26.3 厘米，就尺寸体量及屏心题材而言，其属砚屏无疑。就造型工艺而言，形体标准、制式端庄，尤其是底座之上各配饰件的形体变化及雕刻装饰，凡有雕刻，皆呈技艺娴熟刀工自如，线条流畅，兜转有力，形美韵足之功力与境界，特别是站牙、腰板、分水板等饰件的具体刻画与草龙、草花和“喜上眉梢”纹样的选择及寓意的借用等方面，皆符合文人器具的特征及特性。加之此屏心的独特性，综合而论其确为这一时期黄花梨砚屏中的经典之作，但作为砚屏与明代同类相比，其立式高装正是年代的体现。这种情况及现象在明清之际的砚屏制作与应用中表现得较为突出和明显。

图 2-91 为清中早期铁梨木镶石板画砚屏，此屏宽 53 厘米，高 52 厘米，为经典的方屏制式，简约素雅的形体特征，宽边、素牙等部位的制作手法及相关表现，乍看似与清中晚时期所制作的同款砚屏不分彼此，但此屏细节上的把握，微妙之处的拿捏，以至形神气韵等方面确存高低上下之别，且屏心画面的表现，包括题材、风格、用色以及皮壳状态等皆有年代较早之韵味（有关制作年代方面的更为详尽探讨，可见书第四节相关内容）。此屏虽为民间用屏，其设计理念、审美取向等多方面皆能折射出此时期此阶段的砚屏特征及相关文化体现。

除上述列举的民用砚屏代表外，在传世的砚屏实物中，清乾隆时期的官造御制砚屏不但数量较多，而且拼料耗工现象更为突出。此时期制作的多数官造砚屏中，其砚屏的基本样貌和应用功能尚存，仍然坚守着视觉欣赏和精神享受的制器理念，秉承着传统的一面为字一面为“画面”的原则及做法，但是此时期制作的许多御用砚屏，所表现出的外观状态及气韵感受等，如从砚屏本身应具的真正意义及内涵等方面来讲，似乎失去了很多的东西，许多砚屏如果没有尺度这一硬性指标存在的话，一切会难以说清、无法理解，以下列举和剖析权作相关方面的探讨及印证。

图 2-92 为清乾隆紫檀嵌铜镜玉雕双龙纹砚屏，此屏宽 30.5 厘米，高 35.8 厘米，厚 17 厘米，其主体结构及相关配饰件全部为紫檀木雕刻云纹、螭龙等纹样，用料规整肥厚，雕工娴熟老道，一派官造气势。屏心正面外层为岫岩玉整块大料而为的精工螭龙纹精美物件，然后将古制青铜镜以背面朝前，镜面向后的方式镶于玉雕件的后面。如此装置，青铜镜背面包括镜钮在内的纹饰图样等皆隐现于玉雕件的镂空缝隙之中，形成了不同层次具有递进关系的不同材质及不同工艺的艺术展现形式，增加了神秘感和趣味性。屏心另一面作为托衬的第三层后背板，其朝前的一面垫衬着青铜镜和玉雕件，而朝后的一面则阴刻隶书乾隆御题诗并施以描金工艺。此屏设计实现了古为今用、古今结合的理念与初衷，可谓用心巧妙，其制作不惜工本，追求奢华，也确实达到了预期的效果，尤其是选材用料以及各种工艺的实施乃至技艺的精湛表现等，皆无可厚非，是任何个人和民间力量所不能及的。但是优良可见的同时，此屏作为砚屏，总会让人感到实用功能不显，文风失尽，欣赏装饰以外，更有拼材、炫技之疑，有其与砚屏属性及砚屏意义背弃而造成夹生的一面。

图 2-93 为清乾隆黄花梨镶青金石饰兰草纹小砚屏正反面，此屏宽 19.6 厘米，高 17.6 厘米，厚仅 8 厘米，就尺度而论此屏应为名副其实的小砚屏。其屏身主体用材为黄花梨，青金石屏心的一面为临王羲之帖，另一面为兰草纹样。依此尺度、选材用料以及屏心题材的表达而论，此砚屏的基本条件堪称优秀上乘，照常理讲砚屏应为屏之上品，因为兰草纹是代表文人君子之风的不二选择，黄花梨材质既能体现文人的思想品德，又是文房家具制作的最佳选材，再加上临名人名帖，可谓“先天条件占尽”。但是，此屏作为砚屏其应表现出的整体状态和风格却有些欠缺。就外观整体状态而言，此屏尺寸虽小，却未见玲珑小巧之态，缺少文雅逸美之感，有失砚屏应具之韵。究其

图 2-92 清乾隆紫檀嵌铜镜玉雕双龙纹砚屏反、正两面
故宫博物院 藏

图 2-93 清乾隆黄花梨镶青金石饰兰草纹小砚屏正、反两面
故宫博物院 藏

原因，笔者认为问题的关键出在此屏通身遍布的博古纹饰装点和深蓝色青金石色泽的选用两个方面。因为，在家具的制作中，每种材质的自身情况和外在表现以及特点等皆有不同，不同的材质与不同的工艺相结合会呈现出不同的效果与视觉感受，同一种材质的不同实施工艺其效果也是有差别的，所以古人对制器、选材用料、所施工艺等多方面有严格的审美及科学考量在其中。此屏黄花梨用料的选择，纹理优雅细腻、色泽柔和统一、质感温润，为黄花梨材质之上乘，但是从图片中我们能看到，如此优良上乘的名贵之材，不但没有得以充分的表达和体现，反而受崇尚华丽、注重炫耀的乾隆盛世之风潮影响，将乾隆时期所流行的“乾隆工”及表现手法硬生生地滥施于黄花梨材质之上，如此之举既没有收到所施工艺的理想效果，又影响了良材的自身发光，所以此屏周身满布的雕刻纹样不仅不符合黄花梨材质的呈现规律，更是违背了顺应木性、顺其自然有效驾驭的造物原则，违背了砚屏素雅简约的宗旨及制作要领。况此屏因是皇家而为，不缺材料，造成了因底座部位用料过大而带来的憨态与呆板，毫不夸张地讲这是有悖自然规律、有失设计初衷的败笔之作。再者，青金石的选用，首先从颜色上讲，或许更符合清代统治者的审美眼光，是满族文化中重色现象及情有独钟的体现。有清朝以来各领域及各类器具的制作中，石青、石绿、石蓝等深重颜色的应用以及艳青花、硬五彩、重款彩等用色方面的表现手法皆是最佳的证明。但是，浓重色彩选择和应用的背后，反映出设计者或受限于某种要求和压力，或出于设计者、使用者的炫耀初衷和想通过鲜艳浓重的色彩与木质黄色形成反衬，但是这些极力的表现，这种过分的追求得以满足的同时，也就失去了砚屏最应具备的灵魂与本真，这正是乾隆盛世砚屏的特点所在。这一规律不仅体现在以紫檀、黄花梨为材质的皇家砚屏器具中，其他以漆灰及各种工艺所制作的砚屏亦是如此。

以上两例的列举与诠释，意在表明许多乾隆时期的官作砚屏，因其为官作又逢乾隆盛世，故出现了因把握不当，有得有失的现象，进而证明了器具自身确有其“性格”和文化属性。当然了，不可否认的是，作为皇家造办之器，其自身所具的优良特长以及相关价值还是应该予以肯定的。

清晚至民国时期，砚屏的应用及砚屏文化的传承力度和影响力，与以前相较总体而言并未减弱，其重要依据之一从这一时期传世的砚屏实物数量方面可以得到充分证明，但是此阶段的砚屏制作及各方面表现都不同程度地从内至外与明代砚屏、康乾盛世时期的砚屏拉开了距离。主要体现在，与明代

图 2-94　清晚民国红木大理石屏心砚屏
私人收藏

图 2-95　清晚期红木祝寿图瓷板心砚屏
孙二培先生 藏

砚屏造型制式、所具气韵以及内在文化等实质性方面，与康乾盛世时期的御制砚屏比较，存在着材质和工艺上的较大差别。晚清至民国时期所制作的砚屏普遍存在着样貌花哨多变，形似神离，过于注重外表，却又不到位、不适度、不恰当，带来浮躁、虚荣、俗不可耐之感，与砚屏外在应有的表现及内在应具“修养”等背道而驰。因此，部分此时期所制作的民间砚屏，主旨意义上有较大的背离不说，其形体较为高大和多为立式之特点，造成了与此时期所制砚屏与案上赏屏难以区分的现状。同样，官造之器在材料、材质、技艺、财力等各方条件严重不足的情况下，还想效仿康乾盛世的奢华，因此偷梁换柱、以假乱真、强弩之末的举动及现象泛滥，造成了多数砚屏皆外强中干、华而不实，甚至失去了官造砚屏应有的躯体和灵魂而成为躯壳。这其中以骨代牙、施以染色等众多以次充优、偷工减料的工艺实施及表现手法都是这一时期的产物。更具时代特征、更有代表性的此时期所制的红木、花梨木等硬木材质砚屏，无论是材质本身表现还是所施工艺等多方面的表现，与清中期及以前的同类相比，更是一目了然。如图 2-94 和图 2-95 分别为清晚民国时期红木、花梨类大理石屏心和瓷板面屏心砚屏代表。图中清晰可见二者皆为立式，其图 2-94 中的砚屏，由于体量过大，雕琢过于花哨且透风性强，有与砚屏无关的感觉。图 2-95 中砚屏的高度为 54.5 厘米，远超于宽度，此屏总体而言，虽不像前者俗不可耐，却也有失砚屏秀巧文雅之风。以上两例砚屏所呈现出的高度皆大于宽度且同为立式现象，既能代表和证明清晚民国时期砚屏的形制与以前相比明显发生了由宽矮型向窄高型转变的同时，也是清晚民国时期砚屏的重要特征。

相关明清等时期砚屏传世实物的列举与阐述至

此，就砚屏的核心精神所在和初衷意义而言，其“灵魂”就在于“秀雅与气韵”，“秀雅”即玲珑小巧、简约素雅，“气韵”则是指淳朴正直、温文儒雅、品德高尚的君子之风和文人精气神，耐品耐看，更耐人寻味。砚屏虽然尺寸小巧，但其器具的相关制作与呈现水准皆要求较高，形美、工精、味儿足、劲儿在、文风尽现，应为特征，因此器形的表达尤为重要，工艺的实施、题材的选用、寓意的蕴含、意象的呈现、艺术的体现等方面皆更为重要，皆应视为关键所在。砚屏，只有做到了如此份儿上，才能与几案书桌等其他相关器具营造出文房书斋应有的闲适氛围，才能体现出文人清高淡然的圣贤风范。当然，诸如上述相关问题的存在皆与时代及个别因素有关，我们应抱海纳百川之心态，视情而论，综合看待，重在了解。

b. 砚屏屏心探讨

参考相关历史资料，尤其是自宋以来众多文豪大家与砚屏的不解之缘和奇闻趣事，再结合传世砚屏的实际情况不难发现，砚屏的制作，其结构制式方面与其他功能属性的座屏并无两样，与屏座及框架的选材用料、工艺实施等方面也基本相同。但就砚屏的屏心来讲，和其他座屏或赏屏屏心的制作与处理相比就显得更为考究，这或许与砚屏自身的文房器具属性和文人参与两大因素有着直接的关系。纵观砚屏屏心的历史发展状况，除清代宫廷砚屏的制作选材比较丰富，工艺较为复杂多样外，自宋代至明清砚屏屏心的选材及表达表现方式，皆有三大特征：第一，自宋至清晚民国这一时期，大量的相关记载和叙述表明，屏心的选材用料多以“石片儿”或“石板画儿”为主；第二，自有砚屏应用及制作以来，屏心漆灰工艺的实施贯穿古今且较为普遍；第三，清乾隆时期的宫廷制器，其屏心的制作尤为重视稀世珍宝、名贵材质的选择以及繁杂难为工艺工种的实施。相关发展和应用情况概述如下：

“石片儿”为业界俗称，泛指纯天然石质板面之上，有天然形成、人与自然共为而成和完全靠人工而为所形成的有纹样或图案的石质板材，主要材质有虢石、阶石、奉化石、零陵石、绿端石、祁阳石、鱼籽石、云石、大理石等。明代以前的屏心选材多以纯天然石片为主，石片儿题材及内容的选择多以天然形成的山水景观图样和利用材质自身内部结构的不同等内在因素，经人为加工后形成似像非像的各类诸如人物、花鸟、瑞兽、奇观等写意性纹样图案居多，即使选择的石片儿中有的有些人为因素的存在，大多都属顺势而为，皆会根据石材自身不同层面的质地差异及色泽之差，稍作加工和处理，即人们常说的“巧作”。如图 2-96 和图 2-97 所示，其中图 2-96 中

图 2-96　砚屏屏心（常见天然石片儿）
可园主人 藏

图 2-97　天人合一砚屏屏心（石片儿）
张涵予先生 藏

的石片图案为天然形成，而图 2-97 中的人物象形图样，是利用绿端石不同层面的内在变化和色泽差别，有设计、有针对性地人为加工而来。通常情况下，此类石片儿的表面会存凹凸不平，手感极为明显，这也正是此类石片儿的特征之一。这种天人合一的做法虽史上皆有应用，但明代及明代以前，人为的成分和痕迹皆相对较少，有度可言，会遵循七分天然三分人为的制器理念和原则。尽管如此，在当时，崇尚自然，将应用纯天然石片儿视为首选应为主流。

而到了清代，特别是清中早这一时期，在继续秉承天然为尚的前提下，加大了人为创作成分的份额及力度，因此出现了各种材质石片的大范围、大规模人工化，其中最有代表性的石材为祁阳石、绿端石、大理石等，其表现手法多为雕、磨、刻、绘等，图 2-98 和图 2-99 可视为代表。其中图 2-98 中所展示的石片儿为祁阳石纯人工而为，其雕刻手法及表现形式为铲地浮雕。需要指出的是，在传世的清代同类石质屏心雕刻中，此种做法以外，还有阴刻、高浮雕、镂空雕等多种形式。不仅如此，现实中同样常见以上做法在其他材质的砚屏石片儿中也有应用。图 2-99 为清乾隆时期的红木框玻璃刻画砚屏，高 22 厘米，宽 24 厘米，厚 10 厘米，边框底座等用材虽为红木，但此屏宽边低座，平阔气正，其造型制式既有明式简约利落之风，又具清中早期众多铁梨木所为砚屏的体态与形韵，屏心中间所饰的阴刻玻璃画，既是亮点又是特色。赏其清雅品其逸妙，此器乃砚屏中的翘楚俊彦不论，单以屏心的装置材料玻璃而言，其奢侈程度在当时是一片儿难求，因为玻璃的稀罕程度在当年就连皇帝的寝宫窗户上也只能安“猫眼儿”大的一块。平民百姓大多见所未见，有的甚至是闻所未闻。此外，该屏心其玻璃面上的阴刻绘画艺术水准及构图布局意境等，更能说明制造者在当时对其作品的用心以及对玻璃材质的重视程度。此种工艺与材质的结合及表现形式，可视为少见或为首现的同时，类似这样选材新奇、工艺创新的屏心制作案例，恰恰体现了入清以来，砚屏屏心在选材用料及相关制作、工艺实施等方面的丰富多彩性。图 2-100 所示为这一时期砚屏用材及屏心少见做法代表的相关列举。图 2-101 所示的图片组合为清代以来常见屏心

图 2-98　祁阳石材质屏心及雕刻纹样
耿寿杰先生 藏

图 2-99　清中期红木边框刻玻璃画砚屏
张涵予先生 藏

漆灰工艺及创新做法代表的集中展示。

以上代表的列举，足以证明清代以来，作为砚屏屏心的选材用料及制作工艺等，在明代及明代以前以石片儿特别是以天然石片儿应用为主的基础上，发生了巨大的变化，变得更为宽泛多元，丰富多彩。因此，清代以来，砚屏屏心的选材与制作以及表现形式等多方面，可谓“百花齐放，竞相斗艳”。

需要表明的是，清晚民国这一时期，砚屏屏心的选用及制作，在原有“石片儿”、漆灰等传统工艺为主的基础上，又兴起了“瓷片儿”热。因此，这一时期所制作的砚屏屏心多以瓷板绘画为主，尤其是民国时期，“瓷板儿画”“瓷片儿心”成为主流，随之而出的还有刺绣、铁艺、珐琅等各种不同材质及工艺的屏心板面儿，甚至还出现了水银玻璃，等等。此外，这一时期即便是有延续以往“石片儿”和石片画的风尚和做法，也会因天然“石片儿”一片难求而降低门槛，屏心的制作与选择增加了人为的成分，出现了在平素无迹的空净石面上，以涂色、上漆、彩绘等各种方式进行题诗作画。题材多以刀马人物、戏剧场景等为主的新做法及表现形式。此种效仿天然无踪迹、推陈出新乱涂鸦的现象，在当时还占据了主流。总之，清晚民国这一时期砚屏屏心的选材更为宽泛，工艺制作更为多样丰富，但总体感觉，平庸俗气，或瞬间悦目，但久不养心，缺少清中期以前的材艺双全，失去了明代及以前的圣贤之品文人之风，如图 2-102 所示。

c. 传世砚屏的相关情况

砚屏，与其他各类屏具一样，由于受自然损伤、人为损坏和时间等多方因素的影响，除

图 2-100　清代以来部分砚屏用材及屏心少见做法的代表
心怡斋 藏

图 2-101　清代以来常见砚屏屏心用材工艺及部分创新做法的代表
（中心图）心怡斋 藏，（余图）众家私藏

部分出土器具和馆藏实物外，其制作时间在明代以前的传世器具较为罕见，目前所能见到的传世砚屏多以明代中晚期至清代以及民国时期制作的器具为主，其总体数量应大于同种结构制式的枕屏存世量，小于案上赏屏的总数量。就传世砚屏的总体情况而论，在所有传世的砚屏实物中，存在着造型制式、风格特征、选材用料、制作工艺、传世数量等相关方面，与明中晚期至清早期，清中期，清晚期至民国三个不同时间段互有关联的三种现象。

现象一，从时间上讲，是指清早期至更早一段时间内所制作的传世砚屏。此时期所制作的砚屏，首先就结构制式、样貌特征方面而论，多呈屏身整体尺度较小，或方形或近似方形，宽度明显大于高度的横片卧式为主的现象。通常情况下其高度多在 40 厘米左右，超过 45 厘米者少见，另 20 余厘米的小巧文秀者也不在少数。理论上讲，此两种制式及相关尺度皆符合明代或明代以前砚屏制式的特点，这传世之器中的一部分，应为清早期所制。除传世砚屏外，这些特征在明至宋代时期的相关绘画中也能得以印证。再者，从工艺实施方面以髹漆颜色而论，这一时期制作的传世砚屏，外表多以红黑单色或双色配用的基础色调和漆灰工艺为主，亦有紫色、褐色出现，其他色少见。屏心的制作，大漆工艺之上，或饰以彩绘或施以镶嵌皆为适度得当，文风雅气皆具，即使屏心的选用为石材，其图纹影像表现等，也都以“静、淡、素、简、雅、适、妙、趣”为尚为美。除此之外，这一时期所制作的传世砚屏还有以黄花梨、铁梨木、鸡翅木等材质和各类石片儿为屏心的砚屏出现。无论是漆灰类还是硬木类的清早期以前的传世砚屏，其传世数量加起来估计占传世砚屏总量的 20% 都不到，而且在这些传世的砚屏中，有的零部件残损，有的配饰件丢失，更有半数以上的屏心石片被打烂或画面被损坏，

图 2-102　清晚民国时期“石片儿诗画”和“瓷片儿”屏心砚屏
（上）李光宝先生 藏，（下）私人收藏

因此清代早期以前的传世砚屏，既是较为珍贵，一屏难求，又是亟待提高保护意识及有待进一步深入研究的重点对象。

图 2-103 和图 2-104 分别为明晚或清早期黄花梨大理石心砚屏和清早期黑大漆嵌百宝砚屏的展示。其中图 2-103 所示的黄花梨小砚屏，高 32 厘米，宽 23 厘米，虽然高度略胜于宽度，但此屏仍属方屏制式的范畴。上屏下座的连体结构，干净利落，典雅古拙。从结构到制式、从整体到局部、从外在到气韵皆体现出明代制器的特征。加之该屏心所选石片儿的大片留白与得体舒适的画面，这样的呈现及表现风格，再结合所选材质、所呈质感、所就包浆皮壳等方面的具体情况，皆更能说明该砚屏的制作年代为明晚期的可能性更大。图 2-104 所示的黑大漆嵌百宝砚屏，虽几近正方，但仍有横屏之态，且体量较小。整器漆灰考究，漆稠灰厚，色泽纯正。一面诗句、一面图画的表现形式、镶嵌手法及美妙构图，既似“名媛”之容，又符合明晚清早这一时期砚屏应具的形制样貌及相关工艺制作手法。此二者尽管从选材用料、所施工艺等方面有所不同，但是两屏整体表现方正、边框厚硕、屏心凝聚的特点与风格，以及所有气息、韵味皆相同一致的情况与现象，既能说明二者的制作时间应为相同相近的同时，又能体现明代及清早期所制文人砚屏“简、素、朴、拙、雅”特征及设计理念和审美境界。

现象二，从时间上讲是指以乾隆时期为主的清代中期。这一时期的传世砚屏从结构制式等方面，较上一时间段的传世砚屏而言，横屏卧式减少，方屏见多，立式高装的砚屏已经出现，且砚屏高度呈明显的增高上升趋势。其工艺实施种类和工艺水准等方面皆明显有所提升，因此，这一时间段内的传世砚屏无论是民间还是官造皆多显华贵富丽之风，其传世数量估计能占到传世砚屏总量的 30% 左右，此数量的范围内以紫檀、红木等硬木类而为的砚屏占有一定的比例，这种现象普遍存在于民间和官造的砚屏中。

图 2-105 为清乾隆御题诗紫檀嵌象牙《梧桐消夏图》砚屏正、反两面，此屏宽 20 厘米，高 29 厘米，厚 11.5 厘米，其高装立式的形制表现，边框、底座所选用的优质紫檀，以及整器相关工艺的具体实施，尤其是象牙屏心《梧桐消夏图》的精工细作和追求秾华艳丽的审美取向体现，皆能证明和代表这一时期官作砚屏的风格特征与相关流行制式。图 2-106 为清中期铁梨木绘画白石心民间砚屏的代表，此屏宽为 53 厘米，高为 52 厘米，其形制表现整体感觉呈“方屏”之势，且屏之边框、底座及相关配饰件等皆为简素，但是活插活拿的分体式结构和拱桥状四足落地的座墩制式，尤其是座墩外上顶端

图 2-103　明晚清早期黄花梨理石心砚屏
张涵予先生 藏

图 2-104　清早期黑大漆嵌百宝砚屏
张达明先生 提供

弧形抹大角的做法和腰板中间矮扁窄长的“一”字形开光，以及分水板形制的处理，乃至四角站牙小看面指甲圆形状弧度大小的拿捏，还有屏心边框看面内圈阴线的设置等众多细节表现，加之石片儿八仙题材的选择，大红大绿浓艳色彩的运用及绘画风格等，都能证明此屏的制作年代应在清中期。此屏的列举，意在让大家对这一时期民制砚屏的主要特点及风格特征有更为深刻的领略。

现象三，从时间上讲是指清晚民国这一时期，清晚民国时期的传世砚屏，从结构制式方面看，与清代中期及以前的砚屏相比较，首先是整体尺度上的明显增大，再者就是高度大于宽度的立式竖屏数量突出明显。其选材用料和工艺实施等方面，除民间制器的地域性、选材用料、特色体现外，包括皇家在内的部分砚屏，以红木、花梨木、铁梨木等硬木材质而为的屏具不在少数。屏心的制作、选材用料及装饰手法等，已少见各种漆灰工艺的实施与制作，多见以石片儿和瓷片儿而为的现象，此时的石片儿其材质选择多以大理石为主，所选石片儿，绝大多数皆缺少了清早或明代以前的形逸片儿美及趣味惬意，其石材石质普遍存在着硬度较强，结晶明显，让人感觉清凉漂浮，缺乏厚重，失去了清早及以前时期所用石材所具有的温润、柔和、朦胧与神秘意境，其色泽方面更是以青白地儿伴灰黑色彩为主。此外以白色大理石为媒介人为或半人为题诗作画屏心也屡见不鲜。除石片儿外，这一时期的瓷片儿屏心选择也多见水彩、粉彩、五彩等山水人物画面，其中粉彩工艺为主流。总之，民国时期的砚屏屏心选择应用中，大理石和瓷板粉彩的用量皆相对较大，这既是一大特色，一时间也成了主流，也是现在

图2-105　清乾隆御题诗紫檀嵌象牙《梧桐消夏图》砚屏
元亨利 藏

图 2-106　清中期铁梨木绘画理石心砚屏
孙建龙先生 藏

国内外此类砚屏传世较多较为普遍的原因之一，图 2-107 为代表展示。除这些主流砚屏屏心的选材用料及相应工艺实施外，此时期还有部分其他材质及做法的砚屏屏心出现，如水银镜面、玻璃画等一些洋物件。这些材质及工艺下的砚屏，较清代中早期的砚屏皆逊色了许多。从气息、韵味等方面与明代及明代以前的砚屏相比更是差距较大。但可以肯定的是其砚屏的属性没变，这正是器具风格与时代的关系所在。

上述此时期的各类砚屏，由于当时的制作数量理论上讲应为较大，加之其制作及使用的时间又距今较近，所以就传世数量总体而言应占传世砚屏总数量的 50% 左右。除传世数量较大外，这一时期所制作的传世砚屏，其保存状态、整体状况也相对完好。

以上传世砚屏三种现象的存在与总结，亦可作为物证依据对本节上述砚屏研究中的相关观点及某些对应性问题作出再次证明。

②灯屏

灯屏，老北京人称之为“灯屏儿”，名称有些陌生。最早知道灯屏器具的存在和准确名称，是源于早年与之结缘的一件紫檀器具。在似懂非懂的情况下，拿出照片请教故宫修缮部的老师傅时，他一眼就认准并随口操着地道的京腔叫出“灯屏儿”之称谓。说实话，在此之前对灯屏的认知概念不是几乎，是肯定为零。这种认知上的盲区别说在当时，就是现在也并非个别情况，百姓大众除外，就连业内人士也有许多不知晓者。据老师傅讲：“宫里现存灯屏无论是摆在明面上作为展陈的，还是沉睡于库房的连残件都算上，总共加起来也就三五个，非常少！”后来了解到，以前流失海外的灯屏，虽然前些年在国外的拍卖会上出现过，但数量有限，而且当时的信息不畅，因此扩散宣传力度有限，在业内也就没有引起什么大的动静，影响力甚微。加之除宫内及国际拍卖的偶尔出现外，国内的行业及市场中很难见到，因此造成了当时业内绝大多数的行家、从业者，甚至是有的专家学者都不清楚在屏具范畴内还有灯屏这一品种。

a. 灯屏定义及相关探讨

依“灯屏”称谓或一词中“灯”和“屏”各自含义与组合而论，“灯”原本是指一种实用性器具，“屏”或有实用功能的同时又体现出其应作为赏器的一面。二者组合后，这种又“灯”又“屏”，既有实用性又有装饰性的器具，是何种形制，有什么特征，又该如何定义等相关问题，我们只有在“灯屏”概念的范畴下，通过对传世相关器具的具体情况进行分析，加以探讨，梳理归纳，寻求答案。以下相关方

图 2-107　清晚民国时期传世砚屏
（上）邓波先生　提供，
（下）A.H.Wilkens 拍卖公司　提供

图 2-108　清乾隆御制紫檀雕缠枝莲纹座屏式灯屏
香港佳士得拍卖公司

面的阐述、分析与实物的列举，意在完成相关探讨的同时，权作一手资料的记录呈献。

传世的“灯屏”虽实物较少，但现实中，依笔者几十年的耳闻目睹亲历亲为和相关方面的了解，可以负责任地讲，在传世的“灯屏”器具中，就其分布情况可谓国内国际皆有，国内主要藏于故宫博物院，国外主要为民间所藏。论其身份品位及相关制作，有宫廷官造御用和民间百姓用具之分别，从选材用料、相关制作等方面，也确实存在着材质的优良之差和制作工艺上的简易与考究的天壤之别。在确认确有“灯屏”类器具存在和实物传世的基础上，通过对此类器具相关情况的初步了解和认知可以得出：“灯屏”其结构制式应为上箱下座立体组合，亦有分体和连体两种不同的结构形式，灯箱多以木质结构和透明玻璃共同组合而成。在其结构制式及体态样貌下，“灯屏”又有真、假灯屏之分。真灯屏，即确具照明功能及作用的实用器具。假灯屏，则是指有着与真灯屏相同结构制式及样貌，但不具照明功能的一类器具。相关方面的具体问题及详细情况，或许通过以下相关“灯屏”的列举、阐述与探讨，便可让我们更加有领略、有体会。

图 2-108 为香港佳士得拍卖公司早年间所拍卖过的清代乾隆年间官造灯屏，图片显示此灯屏为对装，高和宽皆在 70 厘米左右，厚度应在

图 2-109　清乾隆御制紫檀雕缠枝莲纹座屏式灯屏灯箱顶部透气孔
香港佳士得拍卖公司

20 ~ 30 厘米。此灯屏的结构制式与其他各种有底座可拆装式座屏一样，整体由上面的“屏”和下面的座共同组合而成，属于座屏结构制式下的屏与座上下插装式分体结构，不同点则在于，绝大多数的座屏，其上面的屏多以平装板面制式出现，即片儿状，而此屏不然，它的屏实际是一个箱儿。依图片看，该灯屏的底座及灯箱的主材用料皆为紫檀木，且底座之上皆施以雕刻，灯箱前面四边框的前看面镶嵌铜、玉饰件，为典型的乾隆工艺及风格。灯箱构成，前面及左右两侧原装应为透明玻璃，后背为平素板材作封闭状，灯箱的顶部装置具体情况虽然不详，但从图片的光影反映中明显能看出有两个尺寸相同，位置对应的通透方孔，这应该是灯箱顶部预留的换气孔，如图 2-109 所示。因此，该灯屏尽管用材昂贵，雕工精美，其功能作用还应该是用来照明的实用器，属于座屏式灯屏。

图 2-110 同为清乾隆时期另外一件曾经在中华世纪坛展览过的官造紫檀灯屏，此灯屏的结构制式、选材用料、所施工艺等皆与图 2-108 中所展示的灯屏基本相同。不同之处在于，此屏灯箱前、后、左、右四个面，全部为透明玻璃装置，顶部具体装置情况不详。虽然不详，但从这两件官造灯屏的部分相同情况和该屏箱体四面通透似活动玻璃的装置表现，依常理而论，此灯屏的功能作用应属于实用性器具的一类也就不言而喻了。以上两例皇家灯屏的列举及灯屏实物的出现，皆能证明清代宫廷确有玻璃装置实用灯屏器具存在及应用的同时，似乎也为我们探索灯屏的问世时间问题提供了一些研

图 2-110　清乾隆紫檀灯屏
私人收藏

图 2-111　清中晚期北方地区黑漆灯屏
陈增弼先生 旧藏

究依据，其中玻璃材质的出现便是重要的参考因素之一。

图 2-111 为清中晚期黑漆灯屏的展示。此灯屏为已故原清华大学美术学院教授、著名古典家具研究学者陈增弼旧藏。此灯屏与图 2-108 和图 2-110 中所示两例清乾隆紫檀木所制官造灯屏的相同之处在于，同为上屏下座，屏呈箱式，且灯箱的前、后、左、右四面皆为玻璃装置，不同之处为此灯屏的灯箱与底座为连体结构。图片显示，该屏灯箱两侧面的上部均设有提手，提手下面留有空间，灯箱顶部现似整体通透，抑或原为带有玻璃装置且能左右推拉的“顶盖”部分现已丢失。这些细节上的表现及处理都符合蜡烛的燃烧和烟尘排放条件。此外，从该灯屏灯箱上的现有彩绘玻璃及相关装置等方面进行分析，所有架构及玻璃装置皆为原装原配，玻璃表面的纹样图案也为旧绘老作，即使传承使用过程中或有过损伤甚至在后期更换，其玻璃及绘画的时间底线也不会晚于清末民国时期。彩绘玻璃的选用，既能达到透光照明的目的又能起到装饰作用，可见古人对灯屏设计、制作等方面的用心。尽管此灯屏与官造实用灯屏相较，有着某些制式上的不同，但其实用功能健全，从设计角度讲，似乎更注重了一些装饰欣赏方面的处理，此屏可定性座屏式灯屏的同时，更能让我们窥见民制灯屏制式的宽泛与风采。此灯屏因为民间用器，除玻璃材质的应用外，虽其他用材及工艺实施等方面皆难以与官造同类器具相提并论，但应该肯定的是，在当时能用得起此灯屏者也绝非寻常百姓阶层。

图 2-112 和图 2-113 为另外两件清代中晚期灯屏代表的展示。这两件灯屏的结构制式与上述所列举的所有灯屏结构制式基本相同，同为上“屏”下座，“屏”为箱式结构，且与图 2-111 中所展

示的灯屏一样，同为“屏”座连体结构，同有玻璃装置。其区别之处则在于，图 2-112 中所示灯屏的灯箱玻璃装置，从图片效果分析，应为前后左右四面皆置，顶部情况虽不明显，但应为通透或活动装置，因箱座连体，故一切燃烛操作皆应从顶部进行。图 2-113 所示灯屏的灯箱玻璃装置亦是如此，前后左右四面玻璃清晰可见，从图中所显示的顶部结构可以推断，顶盖或为左右移动或为上下活动装置，且顶盖之上应有预留透气孔，如此一来，顶盖可随时抽出或掀开便于操作的同时，也有利于蜡烛的燃烧和废气的排放。更有图片显示，此二灯屏灯箱内皆有蜡烛的摆放及燃烧痕迹，这就更加证明了其实用性的一面，因此，此二屏也皆为座屏式灯屏，属实用器。

民间灯屏的传世与列举，更加证明灯屏这一实用器具及品种存在的同时，为我们研究古代民间灯屏的制作与应用及同时期社会背景人文生活等方面的相关问题，提供了完美真实而又弥足珍贵的一手资料和实物证据。

这些器具的制作时间大多都在清中晚时期，目前无论是传世实物还是相关资料的记载难以寻找更早的物证及相关迹象，也就是说上述所列举有玻璃装置的灯屏，其确切的应用时间皆与清代关联紧密，结合平面玻璃在清代以来的相关应用情况，综合分析考量后认为，带有玻璃装置的灯屏这一品种，其问世时间或许就在清代。当然，清代之前或也有“灯屏”的制作与使用，但制式、用材等方面应与这些带玻璃装置的灯屏有所不同，这也是屏具文化研究方面的新课题之一。

图 2-114 为清乾隆紫檀木座屏式灯屏样鱼

图 2-112　清中晚期民间灯屏
私人收藏

图 2-113　清中晚期民间灯屏
私人收藏

缸赏屏，此屏，其底座的结构制式与上述所列“真灯屏”，尤其是同时期同材质所为之的官造器具相关部位并无大差，不同之处在于其上装“灯箱”的相关制作与装饰。该屏上箱除只有前面装置密封的透明玻璃外，余所剩各面皆为木质作封闭状，且整个空间及背板之上做人物亭台山水立体景观，并能注水养鱼以供观赏。也就是说，此器虽具座屏式灯屏样，但其实际功能却不为照明，而是有养鱼功能同时兼具欣赏性，是另一功能作用下的赏器。图 2-115 为故宫太极殿西次间南窗炕上物品及场景，其中置于长方形炕几之上，由底座、正身、帽罩以及玻璃装置共同组成的立体摆件，虽正身为箱体结构，且三面装置玻璃，亦呈座屏式灯屏样，但其箱体之内所呈现的立体装置与装饰显然不符合蜡烛燃烧的条件，况罩沿下方箱体上部四周所饰的丝绢质地流苏等易燃品，更加充分地证明了此屏的主要用途与属性，应是以装饰欣赏为主，虽然其也具座屏式，有灯屏样，但既不能照明，又不具其他实用功能，它应是地道的纯赏屏。以上两例的列举不难看出，在“假灯屏”的范畴下，既有与“真灯屏”制式相同、样貌相似，兼具其

图 2-114　清乾隆紫檀木座屏式灯屏样鱼缸赏屏
张达明先生 提供

图 2-115　故宫太极殿西次间南窗炕上箱式赏屏及场景

他实用功能及装饰作用的一类屏具，又有与“真灯屏”制式相同、样貌相似，但无任何实用功能的纯赏屏。由此可见，灯屏类别实至名归的同时，更能感受到赏屏，尤其是几案之上赏屏制式的多样性与精彩纷呈。

通过以上对所列举真、假灯屏传世实物的相关研究与分析，参考传世类似屏具的相关情况，就灯屏器具的有关定义问题，综合而论应分为广义和狭义两种，广义范畴下的灯屏应包括三种屏具：座屏制式，既有照明功能又兼具装饰作用；座屏式灯屏样，既有其他实用功能又兼装饰作用；座屏式灯屏样，只具欣赏功效。狭义层面的灯屏定义，则是专指座屏制式下，以照明实用功能为主的一类器具。以下有关灯屏及相关问题的探讨与研究，皆在广义的范畴下进行。

b. 灯屏的传世情况

有关灯屏器具的传世情况，本节开头已有所涉及，概括而论其传世数量可以用一个字“少”来形容。包括上述范围内所列举的各种传世“灯屏”在内，虽然它们的制作时间相对较晚，但是此类器具确因其制作中受到玻璃材质的限制，普通百姓难以为之，所以制作数量从根源上讲就相对较少，又因传承使用过程中的自然损伤和人为损坏等因素，现实中包括官造民制灯屏在内，市面上所有能见到的灯屏总共加起来，其数量估计以百件作统计单位应绰绰有余，这确是现状。至此，更应指出的是民间灯屏除外，以官造灯屏而论，在灯屏样貌范畴下的器具中，各种灯屏样赏屏（假灯屏）的传世数量明显少于真灯屏实用器的现象也是事实。

从传世真灯屏的现状以及目前有据可依的相关记载来看，主要有两种现象及情况存在：第一，为宫廷官造，需强调和表明的是，这些官造宫廷灯屏皆为紫檀木所制，制作时间多为清代乾隆时期，其中也有清嘉道年间甚至再晚些时间制作的，实物证明嘉道年间以后，尤其是清晚期所制此类灯屏，虽然同为紫檀等其他相关木料并施以繁复的雕刻工艺等，但其材质自身质量及相关工艺等多方面，较乾隆时期的灯屏皆逊色了许多。但可以肯定的是，官造宫廷灯屏的存世量虽然屈指可数，但就目前所发现的所有实物总体而言，其完美度及保存状况还是相当不错的，究其原因可能与其“出宫”时间较短以及皇家臻品之器的自身魅力和好东西人人爱之、惜之、珍之等多方面有关。这些官造灯屏的存世及分布情况主要为故宫旧藏、国内民间所藏和国外所藏三个主要部分，其收藏数量及比例关系而言，呈国内民间所藏和国外所藏数量之和胜于故宫所藏数量的现象，尤其是国外馆藏和民间旧藏数量的表现更为明显，其中定有缘故。第二，为民间制器，民间灯屏除少见假灯屏外，其有意思的是，首先传世灯屏从做工流派、风格特征、制作手法等相关方面皆与北方家具关联密切，其次在以国内民间收藏为主的前提下，其分布情况以山西、山东、河南、河北等北方地区为主，其他地区目前应为鲜见，尤其是南方地区。

③ 龛屏

a. 龛屏探究

在传世的古代座屏中，有一种较为另类的屏具，这类屏具的结构制式皆与常见的座屏其体貌特征一致，同为上屏下座连体结构。唯有不同之处在于此类屏具的屏心皆为龛状箱式，其主旨功能并非再具挡风避寒之功效，也不是主要用来欣赏和装饰，而是用于精神层面的诉求与寄托，其样貌似屏，实质为龛，这便是龛屏。

“龛”原指掘凿岩崖为空。佛教文化自印度传入我国历经近两千年的传播发展，得以弘扬的同时，一些与佛教文化相关的器具便应运而生，龛便是其中之一。在家具范畴内龛是指供奉佛像与神像或神位的木阁子，所以龛又有佛龛和神龛之分。以木制佛龛和神龛而论，无论是设置在庙宇殿堂之上，还是名门望族宗祠场所的体量较大型龛阁，抑或是摆放在居家百姓佛堂、祠堂之中的中等尺度龛阁，虽然会因它们的属性不同、用途不一、场所有别、氛围之差乃至于个别情况下的人文影响等，存在着某些细节之差，但是就上述范畴内的佛龛与神龛，其整体形制、外观样貌方面，通常情况下并没有什么明显的区别，没有相关方面的硬性规定和特别要求。个别情况外，总体而言，呈制式相通、样貌雷同或大同小异之现象。唯有不同之处在于因多数佛龛供奉的是造像，所以通常龛阁内的空间皆会空阔宽敞，且阁内地板皆为平装无饰。而神龛则有些不同，神龛除有部分供养太上老君、八仙、福禄寿、关公等各路神仙造像外，余大部分神龛皆为供奉自家祖先牌位的龛阁，此类神龛正是源于要满足祖先牌位辈分的有序排列与展现，除小型龛阁外，多数的龛阁内皆设有高低有别、错落有序的阶梯状台基，尤其是那些尺寸体量皆较大型的神龛。图 2-116 和图 2-117 分别为清代中期制式相通，但属性各不相同，佛龛与神龛代表的对比展示。其中图 2-117 所示的清中期神龛，其龛阁内用以供奉祖先牌位的三层阶梯状台基设置及廊柱前所装挂的楹联内容表达等相关方面的表现与处理，都足以证明其与佛龛某些细节上的不同及神龛的属性。此外，神龛从属性上讲又可分为两种，一种是供奉自家祖先牌位的龛阁；一种是用来供奉各路神仙牌位的龛阁，在这类供养各路神仙的表达，除有一部分以造

图 2-116　清中期朱漆沥粉螭龙纹佛龛
万乾堂 藏

图 2-117　清中期榆木神龛
唐人居博物馆 藏

像形式出现外，还有相当数量以牌位形式出现。以牌位形式出现的此类神龛和供奉自家祖先牌位所使用的小型无台基神龛，就其造型制式、体貌特征等方面而言，通常情况下少有区别、难分彼此，甚至是完全一样，这便是龛屏形成及样貌形制所在的主要因素之一。

现实中，随着人类精神生活诉求等方面的需要和不断提高，佛龛和神龛的需求范围和层面也不断扩展，所以以家庭应用为主的较小型龛具便应运而生。对于小型龛具的制作而言，首先是小器大作较有难度，如果完全以大龛的标准制式而造也不现实，因此刚性需求下自有变数，特别是神龛范畴内，一种新型的结构形制下相对简易的供奉器具就出现了，这种器具即是龛屏。龛屏的制式结构及样貌是佛龛、神龛及座屏的综合体，其虽有上述三种器具不同的元素存在和显露，但最终造型制式所呈现出的风格特征则更多地是传承了佛龛和座屏的“血脉”，而其功能作用则多以神龛为主，它是器具服务于人类精神文明的特别产物，是屏具文化博大精深的又一体现。龛屏的制式结构相较于寺观祠堂之内的较大型龛具，虽然有着一定的区别，或许也相对简单，但形制样貌丰富多样，其制作工艺方面大多并未削减。

图 2-118 为一组常见制式龛屏代表的集中展示，图中左上所示的核桃木箱式龛屏，实为神龛。其宽 39 厘米，高 36 厘米，厚 12 厘米，此龛底座之上所置的前面透雕龙凤、祥云、如意、寿字等纹样，由五面板装式组合而成的箱体外罩，下为开口，中留空间，能与龛座之上（箱体空间内）所设置的与底座相连接的三面围合式凹形固定屏风上下扣合，处于扣合情况下，只能看到箱体前面的“福、禄、寿”

等雕刻纹样，三星之神位被隐藏于龛内，此龛便用作陈设成为赏器，与案上赏屏似有同种功效。如遇祭祀活动，取下外罩，露出神位，便于祭拜，起到龛阁之功效。图中右下所示的黑大漆彩绘龛屏，宽55厘米，高70厘米，厚36厘米，制作年代应为清代中期，此龛屏从正面方位以正视角度看上去，乃为一标准经典的案上座屏制式，实际上它的座上“屏”为一立体箱式结构，且箱体的后面设上下抽插背板，箱中空间供奉牌位，与上述图左上所示的龛屏，虽形制工艺方面有所不同，但其座上的箱体结构、功能作用方面皆一致，况此龛屏箱体前面的五彩“众仙拜月图”除与神龛的属性寓意贴切有加外，更具一定的装饰欣赏效果，为平日里朝前摆放的一面。图中左下和右上所展示的两件龛屏，虽然形制方面与图中左上和右下两龛有明显的区别，但从座上“八”字形屏风的设置和两“屏心”中所表内容来看，具功能属性也皆为龛屏，其形制表现皆在龛屏范畴之内。以上所举四例，仅为龛屏代表，它们虽然有着结构制式方面的差异和表现形式上的区别，但皆具有底座之共性，皆为座屏式神龛或佛龛，现实中绝大多数的传世龛屏，情况亦是如此。结合传世龛屏的实际情况进行分析总结后，可更加证明：龛屏是佛龛、神龛和座屏的综合体，是居家厅堂桌案之上的小型龛具，其功能作用是以供奉神位或供养佛像为主同时兼具装饰效果的一类专用性器具，是案上座屏范畴下的一种表现形式，因此自立门户，称其“龛屏”亦在情理之中。通常情况下龛屏的尺寸、体量等皆会稍小些，其表现形式更为多样。

除此之外，纵观传世的古代龛屏实物，在“并存不悖，存同有异”的造物理念和原则下，形形色色精彩纷呈，但无论怎样变换进化，其龛的属性始终未变，屏的形影尚存，龛屏仍有着座屏的体貌特征，况龛屏的应用普遍广泛，存世量又大，因此龛屏理应属于屏具门类之中。龛屏在屏具范畴下的历史记载和相关研究较少，或许是它的问世时间较晚，属屏具门类的“新生儿”，抑或许是它的孕育期较长，没有得到足够的认知和理解，乃至于应有的重视。这一系列问题都摆在了我们的面前，都是值得深入研究的学术课题。

b. 龛屏的相关传世情况

龛屏，尺度体量等相对较小，虽然龛屏之称谓对于大多数人而言较为陌生，但或因其造型制式上相对于佛龛和座屏而言灵活可变，且与人类精神生活等方面密切关系，又或因其物种问世时间较晚，应用量较大等多种原因，

图 2-118　常见制式龛屏
（右上）唐人居 藏，（余）万乾堂 藏

现实中传世龛屏的数量并不算少，依据笔者几十年在行业中所见所闻，综合而论，其传世数量肯定胜过枕屏、多于砚屏，与案上赏屏相较或难分上下，皆为传世屏具种类的重头。从传世龛屏的现状及具体分布情况发现，在全国范围内传世数量较多的地区，当属山西、陕西、河南、河北、山东等部分北方地区，其中以山西及与山西省接壤省份的相邻地区最多，这些地区传世的各类龛屏造型制式，制作工艺、体貌特征及风格等多方面近似雷同，普遍存有“晋作”流派特征及体系关系。需着重提及的是，宗教信仰浓郁厚重，且在神龛、佛龛等宗教家具制作上不惜工本的福建、广东一带，其经典龛屏的存世量却相对较少，但该地区所制与北方地区龛屏尺寸体量等皆相近的小型另样龛具存世数量却有不少。此类龛具，尺寸较小，进深较浅，有的用来供奉小型造像，有的也是供奉牌位，或许是因地域文化的差异造成了形体结构及外表方面的不同，但功能作用应等同于北方地区的龛屏。体量虽小，但福建地区此类龛具的工、料及制作等不输本埠大型龛具，总体水平应普遍优于北方龛屏，更具高度的装饰效果及欣赏性，如此重视与精制更加说明，此类龛具在这一地区应用及宗教信仰方面的地位所在，它们与北方地区的龛屏一样在人类的精神文明中扮演着同样的重要角色。图 2-119 为福建、潮汕地区常见微小型龛具与北方地区龛屏代表的对

图 2-119　福建、潮汕地区微小型龛具与北方地区龛屏的对比
（上）万乾堂 藏，（下）可园主人 藏

比。除此之外，其他家具流派风格特征鲜明及家具应用、制作与工艺较为发达的一些地区，如风格流派举足轻重的苏作家具盛产地江浙地区等，龛屏的传世量明显减少。再者，龛屏这一器具虽在屏具旧藏重地的故宫也有应用，但其传世数量甚少，无法与民间相比。

④ 赏屏

赏屏泛指所有具备装饰、欣赏作用的屏具。案上赏屏有广义、狭义之分，广义上包括无底座、有底座袖珍版自立型组合小屏风等所有置于几案之上起到装饰、欣赏作用的中小型屏具。狭义则专指几案之上用于装饰、欣赏而陈设的“案上赏屏”或“几案赏屏”。此类赏屏从体量上有别于通常置于地面之上的同款大型座屏，从属性上不具遮挡屏障之功效，某种意义上其为最具代表性、名副其实的纯赏屏。为便于研究及与其他既有专属功能、又具欣赏性，但不为纯赏屏者，如落地座屏、榻上枕屏、案上砚屏等某些屏具的区分。特别是针对目前无论是业界还是学术界，就此类赏屏名称上所存在诸如“座屏、插屏、镜屏、屏风”等不具体、不准确的混乱现象，有必要加以规范。故以下相关章节中，此类“案上赏屏”或“几案赏屏”的涉及与探讨，其称谓暂以“赏屏”代之。“赏屏”称谓的应用与定性，或尚需进一步探讨与推敲，但“赏屏”一词概念的广义、狭义层面的专属性及定义，很有必要进一步明确、研究。

a. 溯源

赏屏，是一种案上座屏，同时赏屏更是座屏类别中极为重要的组成部分。明代以前的传世赏屏实物较为少见，宋代以前的更是难寻踪迹。座屏，自先秦时代的“黼依”之称到汉代的“屏风”一词出现，虽经历了漫长的岁月，但汉代以前的屏风制式、屏具种类等方面皆变化较小、发展较慢。在座屏范畴内就实物而言，目前为止其制作时间最早者，当属 1965 年湖北江陵望山 1 号墓出土现藏于湖北省博物馆的楚国彩漆木雕小座屏，此屏长 51 厘米，座宽 12 厘米，屏厚 3 厘米，高仅为 15 厘米，如图 2-120 所示。此屏或许为赏屏，但在那个席地而坐的时代，座屏的意义及实用价值等，与后来的“案上赏屏”有着哪些异同之处，我们不得而知，因这一时期的其他实物证据和相关佐证资料较为缺乏，仅凭个例独案难以定论。但是，此屏的制式确存屏与座两个部分且界定分明，加之其不凡的制作工艺，为座屏的研究工作起到了一定的作用。此外长沙马王堆 1 号西汉墓中所出土的彩漆屏，则体量较大，屏宽 72 厘米，高 58 厘米，横屏卧式，设有简易底座，且形整面平彩绘飞龙

图 2-120　湖北省江陵望山 1 号墓出土楚国彩漆屏
湖北省博物馆 藏

祥云，其纹洒脱飘逸，其韵唯美古雅，其工艺堪称考究，尺寸、工艺、做法等皆与传世赏屏相近类似，但经考证此屏应为明器，故只能作为参考不能用作实物凭证。另有墓中出土的遗策，第 217 片上墨书“木五菜（彩）画并（屏）风一，长五尺，高三尺”等字样。此记载中的相关屏具，按汉代一尺约等同于 33.3 厘米进行换算，其长度约为 170 厘米，高度为 100 厘米左右，这些数据虽然与常见传世明清赏屏的尺寸接近，但不是相近，而且通过此屏的长度 170 厘米分析，首先不符合案上赏屏的常规尺度规律，再者 170 厘米长的“并（屏）风”是独扇一片还是组合而成尚不确定，因此记述也只能作为参考。上述无论是出土实物还是相关资料，论其时间归结于汉代或汉代以前的座屏，在那个还没有高形家具应用的年代，即便是略有一二的赏屏特征，也不足以证明它们是专属性的赏屏，亦不能定论为赏屏的始出时间。可以肯定的是，类似上述实物，包括明器和文献所记载的相关屏具，应与后来的赏屏有着一定的关系。因此汉代及汉代以前的座屏发展及应用情况，更是有待于进一步研究。

唐宋时期是人类生活起居方式转变的重要阶段，高形家具的应用及逐渐转换，出现了桌、案、椅、架等，尤其是几案类高形承具的出现，理论上讲奠定了案上赏屏制作与应用的基础。不过这一时期传世实物极为少见，纵观相关记载，古代绘画以及古人口述中所描绘的“屏风、画屏、铭屏”等屏具，其指向并非都为案上赏屏。在当时这些称谓和指向下的屏具应为两种：一种是指多扇片组合而成的自立形各式屏风；另一种是指带有底座的高形地屏，高形地屏中包括单扇独片的，也包括多扇片组合而成的多种制式，但可以肯定的是，高形独片应为主流。这些屏具虽然在唐宋时期被文人和社会上层贯以各种属性功能外还皆存装饰欣赏的作用，但与今天我们所见到的明清案上赏屏还是有一定区别的，因此本节所要探讨的有底座案上赏屏在唐宋时期是否已有应用，此种赏屏与唐宋时期屏具的发展制作有何关联等问题，都有待进一步的考证。

b. 明代赏屏

明代是一个政治、经济等各方面相对稳定和发达的时期，又是一个文化复兴昌盛的阶段。屏具，作为人类文化生活的一个重要组成部分，至明以来更是备受文人雅士及社会上层权贵们的宠爱，素有元宵版“清明上河图”美誉的明人所绘《上元灯彩图》，反映的是明万历至天启年间金陵（今南京）秦淮河一带居民于上元节欢腾游乐之景。此画为绢本设色长卷，全长 200 厘米，宽 26 厘米，画中民生民济民俗风情应有尽有，其中古玩摊铺就有近十处，家具、字画、珍瓷、青铜器、赏石等奇珍异宝一应俱全，与屏具有关的摊位店铺就多达五六处，大型屏风、高低座屏屡屡出现，尤其是案上赏屏，无论是陈设于店铺之中的摆设用器描绘，还是各摊位之上有待出售的商品赏屏，从画面表现来看不仅数量最多，而且形制多样。从某些座屏的局部特征及细节等方面推断，屏心的做法有选用天然大理石的，有以彩绘形式出现的，屏身整体多以披灰大漆工艺制作为主。图 2-121 为此画卷中赏屏画作代表的展示，此类以记录形式的绘画作品。通常而言，无论是写作背景还是其内容题材皆较为真实可信。此画在仅有半平方米之余的篇幅内，对案上赏屏如此浓墨重彩，足以见得赏屏在明代已是常见常用之器的同时，更能说明案上赏屏在明代人生活中的重要性。

现实中，明代文人墨客及富贾权贵们在赏屏的制作与应用方面更是注重形制，讲究工艺，特别是对屏心的选材用料制作等方面皆要求更高。在屏心的制作及选材方面，明代人更加注重石材的选择。文震亨《长物志·卷六》道：“屏，屏风之制最古，以大理石镶下座，精细者为贵。次则祁阳石，又次则花蕊石。不得旧者，亦须仿旧式为之，若纸糊及围屏、木屏，俱不入品。”（明·文震亨著，李瑞豪编著《长物志》第 155 页，中华书局，2012）此记载中的某些观点，或因著者为区分当时粗制简易的普通纯实用性器，抑或因个人的理解和观念问题，以今朝的审美观而论或许有待推敲，但其文反映的是当时实情。无论是将各种石材分成三六九等，还是将一些工艺简陋粗糙和体量较大

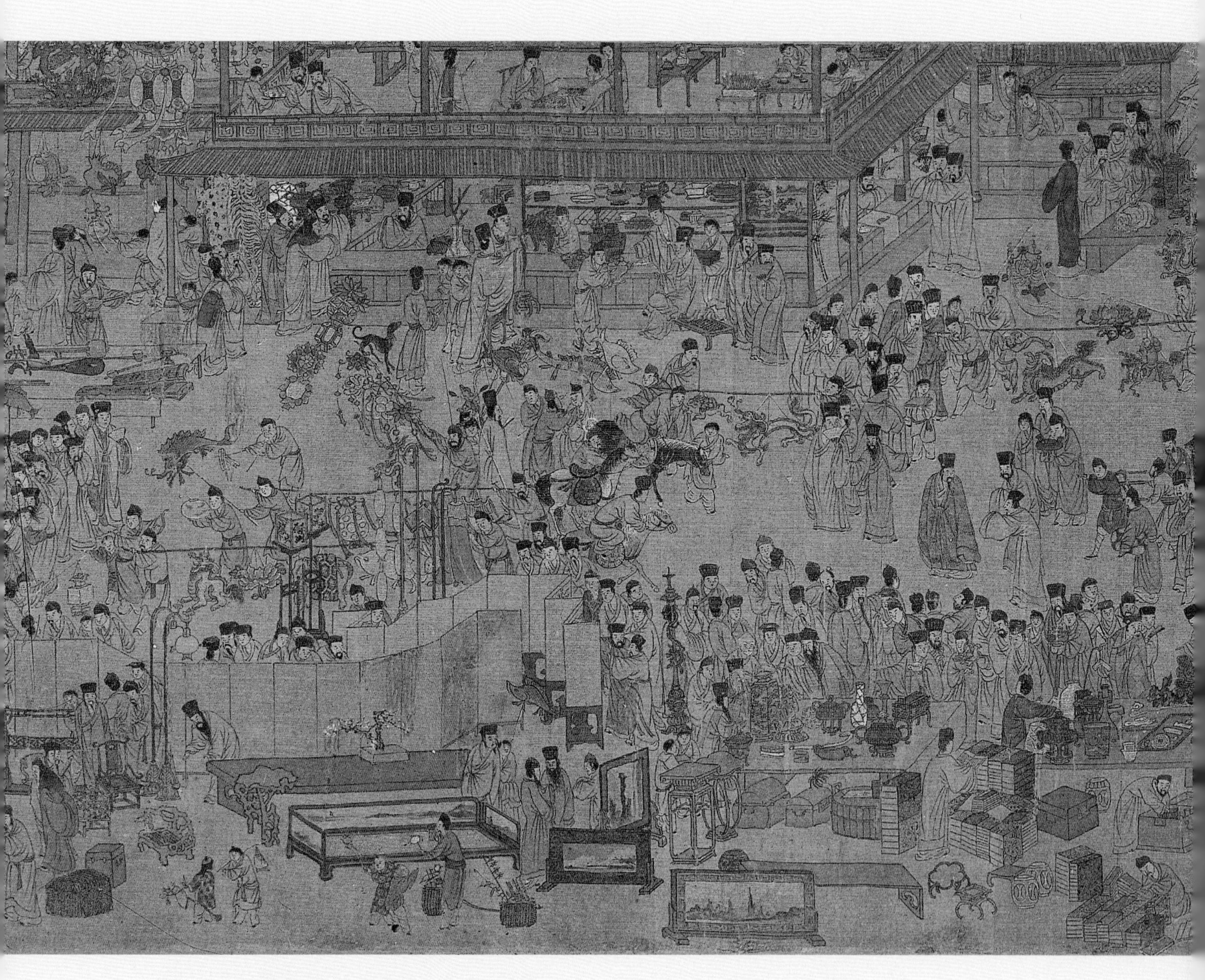

图 2-121　明 佚名《上元灯彩图》中的相关屏具
徐政夫先生（中国台湾） 藏

上元灯彩图

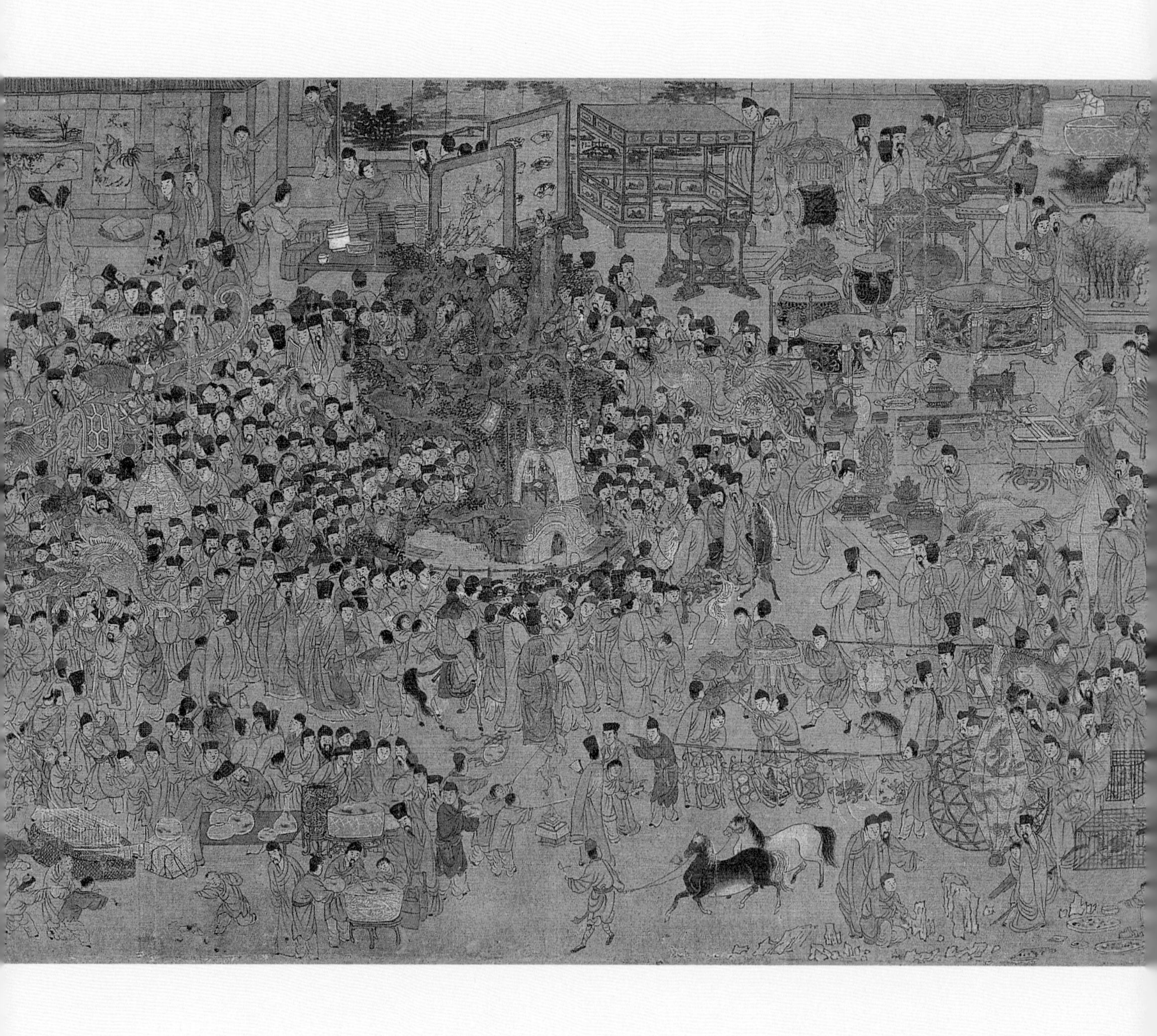

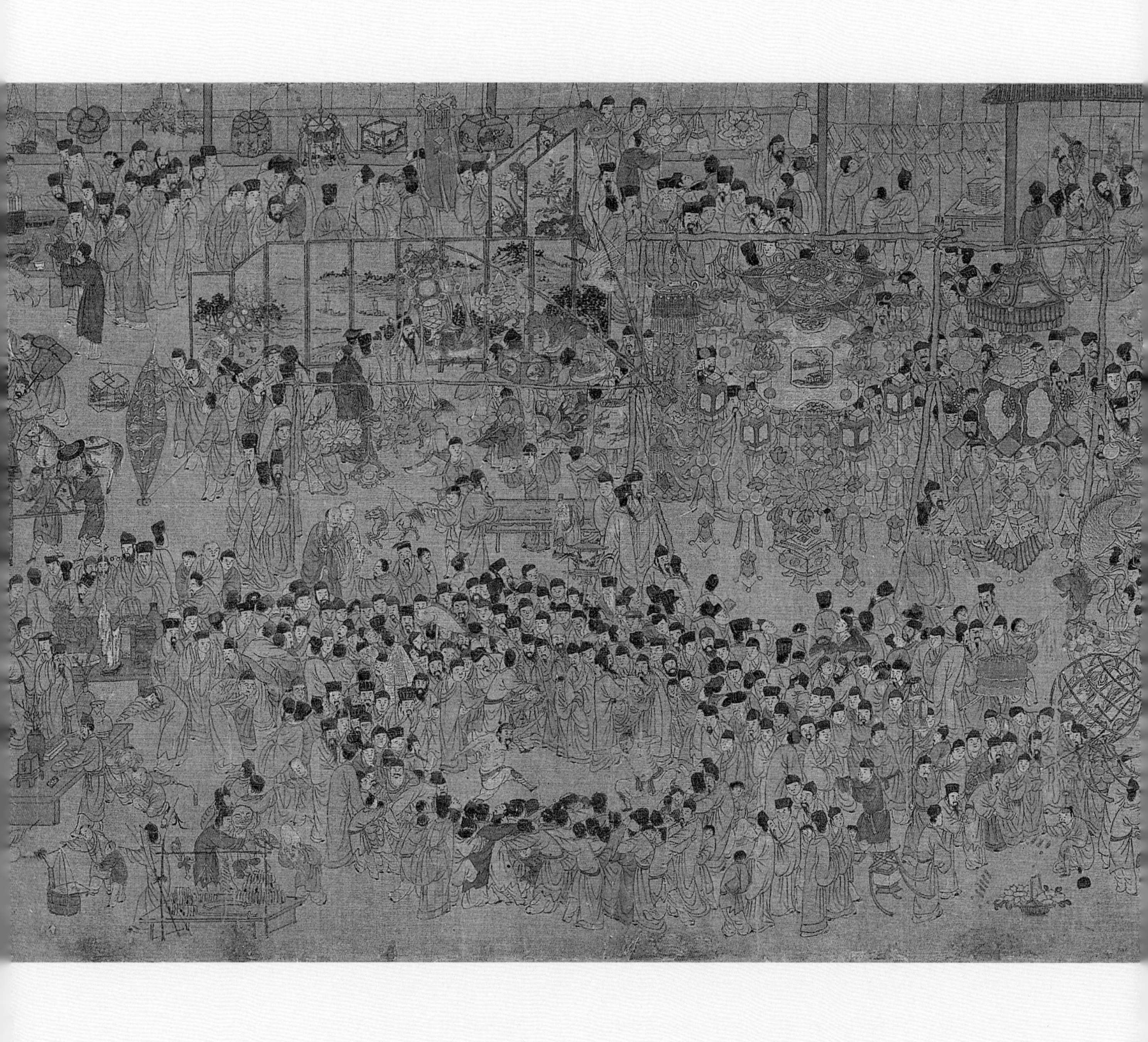

的不施工艺的木制围屏（这里包含大型落地座屏）归于不入品之列，都间接表明了赏屏，尤其是以“石片儿”屏心进行装置的赏屏，在当时的社会认知地位之高。类似上述反映赏屏器具的绘画作品和有关明代文人对于屏心用材探讨方面的相关记载不在少数，这些记载及史料亦是明代赏屏相关方面更为有力的理论依据和证明。

依据明代赏屏的传世数量，参考明代赏屏的造型制式，工艺实施及相关制作等多方面，结合自先秦至汉代到唐宋，这一历史时期的屏具发展情况，尤其是赏屏的制作与应用情况，再针对明代是否为案上赏屏的成熟期，甚至是鼎盛时期，这一有待进一步研究讨论的新课题，以下我们将在以实物为基础为证据的原则下，对结构形式、造型制式、选材用料、制作工艺等多方面进行逐一探讨，进而了解明代案上赏屏的更多情况，以及其在历史长河中的位置所在。

结构形式：依据明代传世赏屏的具体情况，结合相关历史资料进行分析总结后发现，明代赏屏常见的结构形式可分为两种：一种是屏与底座连体结构，另一种是屏与底座为上下插装式分体结构。其中连体结构的赏屏大多体现在明中早或以前时期所制作的大漆工艺类赏屏中，当然明晚清早这一时期，此种结构形式的赏屏也占比例不小，且直到清晚民国时期都有在应用的情况。但总体而言连体结构与制作年代之间呈现出时间越早，连体制式越多的清晰脉络。图 2-122 为明中早期大漆镂空高浮雕人物、瑞兽纹连体结构赏屏的展示，此屏宽 49.6 厘米，高 56.5 厘米，厚 27.1 厘米。因年代久远，屏心中央最为重要的部分现已丢失，原本或为石片儿，抑或为高浮雕暂且不论，就屏心四周开光造型内所饰不同图案的样貌特征、表现形式、雕刻手法等，皆豪放拙朴、大气浑然直指高古，加之此屏边框、委角等造型的呈现及细节处理和方正连体的结构形制表现，都能说明此屏的制作年代应在明中以前，甚至会更早。图 2-123 为明早期朱红漆彩绘镂空雕麒麟纹连体结构赏屏的展示，此屏宽 47 厘米，高 55 厘米，厚 28 厘米，该屏同上所举图 2-122 中的赏屏一样，其立边框与座上立柱同料而出、一木而为，为连体结构，整器体态同为方形，同具明代赏屏结构制式等特征，更为相近的是，二屏心皆为四周开光环抱。此屏心四周以有规则的似绦环板开光呈现出的格子内，饰有人物、瑞兽、草花等不同图案与寓意的镂空高浮雕纹样外，四方共为下正中宽大方正部位所饰的麒麟，屈腿半蹲，拱背回望，目所及处，一狼潜行，二羊惊散，除题材罕见外，更是游牧民族文化的体现。余所有雕饰纹样，包括中央所饰

图 2-122　明中早期大漆镂空高浮雕人物、瑞兽纹连体结构赏屏
私人收藏

图 2-123　明早期朱红漆彩绘镂空雕麒麟纹连体结构赏屏
万乾堂 旧藏

卧姿麒麟，边框绦环板内所饰童子和瑞兽姿势等皆生动形象、栩栩如生，其表现形式、雕刻手法皆呈元韵元风，元味十足。更有，屏心下方开光内的草花纹样呈现，枝叶拥莲自在随意，一派悠然，与同时期砖雕、石刻等其他领域的同种纹样呈现毫无差别。因此，该屏的制作年代应为明代早期无疑，甚至会更早。上述两例的题材表达、纹样展现、雕刻手法等具体情况皆能证明其制作年代和具有一定代表性，二者之间最大的共同点在于：两侧边框立柱做法都为一料直通至底座之上，形成了屏与底座的真连体。这一现象除又是早期座屏做法及相关制作方面的传承体现外，更是明代中早及以前时期赏屏结构制式的特点所在。

有关分体结构，在明晚清早这一时期所制作的传世赏屏中会经常见到。这一时期此种做法的赏屏占比较大，其原因应有三点：其一，是榫卯结构更加完善和技术技艺不断提高有效驾驭的结果；其二，是处于节省用材方面的考虑；其三，是使用便捷方面的考虑。无论如何，应该指出的是虽然这一时期出现了分体结构做法，但此时期仍是连体、分体并施并用阶段，只不过是呈现出了连体结构做法越来越少，分体制式做法越来越多的现象和趋势。更应指出的是，这些分体结构的屏具大多出现在此时期所制作的部分大漆工艺赏屏和黄花梨、铁梨木、鸡翅木等材质所制作的硬木屏具中，尤其硬木类制器表现突出。这种结构制式的赏屏，在屏与座的组合方式皆为上下插装的前提下，其插装方法及形式皆以立柱包镶边框做法为主，但其具体的组合形式亦有各自的区别与不同，图 2-124 为明晚期分体结构赏屏，图片中明显看到，底座两侧饰有抱鼓墩基座的中间“生出了”立柱，立柱呈正方形且四角起委角线，上饰桃状造型收尾，立柱的内侧自上而下至腰板上枨的一段区间内做挖缺打槽处理，以备屏心立边框外下方所做榫销（俗称“舌头儿”）部位的对应插入。需特别指出的是，此种“舌头儿”榫销的出现及做法皆与屏心边框立料一木整出，行业内有“一木整挖”的说法。这种插装方式：其一，从正面看屏心立边框外边缘与立柱的外边缘不在同一条直线上，视觉上体现出底座稳定性及安全感的同时，也保障了立柱的独立性与完美度；其二，榫销部位的制作因其与外框为一木整挖，故相对结实耐用。除此之外，同一时期相同部位的做法还有多种，其中之一，其插装方式为：屏心两立边框的下方与立柱相交接的对应部位，作出前后对应的挖缺后中间再留有“舌头儿”，即屏心两立边框的下部及外边缘呈现出前后不透，中间表现明显的倒“凸”字形榫销。此榫销与立柱内侧预先留好的槽口结合后，屏心立边框的外边缘与底座之上的立柱外边缘形成一条直线，虽保障不了屏心边框的看面完整性，但屏体外观却显得干净利落，更符合明代的简约之风，如图 2-125 所示。以上两种做法皆极为考究外，没有上下高低之分，多见于清早期至明代晚期所制作的传世屏具中，木制行业老手艺人中，对此类形制的榫销有“含舌头儿”说法。

图 2-124　明晚期大漆彩绘案上赏屏（分体结构榫销插装方式）
万乾堂 藏

相关部位的做法还有第三种表现形式，可以称之为外挂销，业内也有“露舌头儿”之说法，它的做法及具体表现是，屏心两立边框下端所设与立柱槽口对应的榫销，是设于屏心两立边整个边框形体之外的，为正“凸”字形。其中有与边框用料一木而为者，亦有另料拼接的做法，这种榫销及做法的屏具应与年代有关，或晚于上述两种“含舌头儿”的做法。除以上做法外，传世的此类座屏中还能见到内外皆不作“舌头儿”，而是将屏心立边框整个纳

图2-125　明晚黄花梨大理石心案上赏屏（分体结构倒“凸”字形插装方式）
张涵予先生 藏

入立柱之中，这种做法对于体量较大、用料壮硕的落地座屏而言，可谓合理合情，但对于那些几案之上小型座屏或赏屏而言，不仅影响美感，而且还会因结合部位对应槽口过大，不够精密而导致强度减弱，带来容易晃动造成立柱损坏的隐患，尤其以软木而为之的屏具。此种做法的屏具，除数量相对较少，普遍年代较晚，主要体现在清中晚期所制作的不同工艺及某些硬木材质的有底座屏具之中，如清晚民国时期以红木、草花梨而为的大型落地座屏及同类材质而为的各种几案座屏。

图 2-126　明中晚期黑大漆方形案上赏屏
耿瑞胜先生 藏

造型制式：从传世明代时期所制作的赏屏来看，无论其昔日的主人或为官或为民还是属于文人，亦无论施以何种工艺至何等水平，其赏屏的整体外观形体大概可分为三种：其一，是方形屏，方形屏除泛指座屏整体外观上的宽度和高度相等或相近外，通常还多指屏心的正方形；其二，是横屏，横屏是指整体的宽度大于高度，呈卧式，尤其是屏心的宽度一定要大于高度；其三，是竖屏，即竖立的意思，与横屏相反，其屏的外观尺寸或屏心的高度皆应大于宽度。以上三种形体，是明代赏屏的基本定式和主要形制，除此以外其他形制的应用在明代虽然也有，但传世器具较为少见。从时间上看，明代，座屏范围内方形和横屏卧式两种制式的赏屏多出现在明中早期，竖屏制式则多出现于明中晚期。因此，在我们今天所能见到的传世赏屏中，简约大气、方正平素、宽边阔面者相对较少，横屏卧式者更少，相对而言反而高装竖屏较多，其中许多高形竖屏虽具明式明型，但有

图 2-127　明中期黑大漆嵌云石心赏屏
耿瑞起先生 藏

的屏具其实际制作时间应为清早期。

图 2-126 至图 2-129 分别为明代方形屏和横屏代表的展示，其中图 2-126 所示的黑大漆赏屏，虽为分体结构，但屏心边框外边缘的倒“凸”字形“含舌头儿”做法，即为考究之作，又在明代榫销做法的范畴之内，况该屏整体的方正平阔，简约大气，屏心边框宽边大面的形制，平足的托泥，平和舒展的分水板造型等，皆能证明此屏其制作年代最晚也会至明代无疑。图 2-127 所示的黑大漆嵌云石心赏屏，首先抢眼夺目的屏心石片儿，就足以证明其赏屏身份的确定无疑；再者，此屏整体的横屏卧式与连体结构，以及屏心边框两外上委角的处理，上下左对应的扩放状开光造型呈现和分水板形制、平足托泥等许多细节之处的表现状态、处理手法，加之坚硬厚实的漆灰工艺实施所呈质感等，无一不散发着明代的气息及韵味，其制作时间至晚也应到明。图 2-128 为明晚期黑漆薄螺钿人兽花鸟图赏屏，此屏无须多论，除题材表达、工艺呈现皆有明代特征外，除屏心上部拱形的做法和下设单层牙板及下边缘形制的呈现等，皆也尽显宋元之风，况该屏背面所书的“万历壬辰年孟秋季月恩波陈孝宅置造”题款，可见图 2-129（背面绘图尚需考证），更能说明此屏其制作与置办的具体时间。此屏的特征及款识表明，作为标尺，足以印证上述相关明代中晚期赏屏代表形体制式的特征。三屏同为明代，突显横方制式，这一现象绝非偶然。三屏同为明代，连体分体并存，这就更加说明了明代赏屏的制作与应用，在赏屏史上的重要地位。

工艺及用材：工艺方面，明代中早期以前制作的赏屏，其制作工艺及工艺种类相对会简单一些，这一时期所制作的赏屏以传世实物来看，主要以石片儿和普通修饰工艺以及大漆披灰工艺为主，如饰雕刻工艺之后再施以大漆工艺的做法，及髹饰大漆之后再进行绘画的表现手法等。无论施以何种工艺，运用何等手法，此时期所制作的赏屏，其色泽大多皆以黑、红、褐三色为主，且多以单色呈现，即使有多种色彩并用，也会有主次之分、搭配适度，少见重彩浓绘的艳俗之作。石片儿、大漆、雕刻、彩绘工艺以外，也有部分其他更为考究工艺种类的出现与实施，但这些做法及工艺皆不是此时期赏屏制作的主流。所以，这类非主流工艺所制作的明代中早期赏屏，就数量而言也相对较少，如屏心为绞胎、螺钿、镶嵌等工艺制作的赏屏等。用材方面，此时期所制作的赏屏，其主体框架用材多以各地所产木材为主，主要有榆木、槐木、榉木、楠木、柏木、杉木、杨木、楸木等。屏心制作的选材除部分漆灰工艺或雕饰外则多以石材为主，主要有云石、紫石、绿端石、花蕊石等，偶见其他材质制作的屏心。且各种石材的应用，皆会遵循“取其天然，选其自然”的造物理念。因明代中早期以前的赏屏传世实物非常难寻，加之相关方面的记述、记载资料亦相对较少，故论述只能概括之，且难以提供较为翔实准确的实物参考图片。明代晚期所制作的赏屏，从工艺的实施种类等方面较明中早期而言，可谓更加多样，单以大漆披灰工艺方面而论，在原有漆灰工艺种类的基础上，就又增加了戗金、雕填、雕漆、堆漆、沥粉、镶嵌、薄螺钿等更为复杂考究的工艺。这些工艺的实施与制作，常见于清宫旧藏的明代此时期制赏屏和部分民间藏品中，其表现最为突出及重点的部位当属屏心部分。材料及工艺的丰富多样性以外，多种颜色的实施及共用，打破了明中早期以前单一色调的素穆沉稳而华彰于外，与明中早期所制作的赏屏，在外观形韵方面形成了鲜明对比。除此以外，此时期屏心石材的应用，也在明中早期原有以云石、紫石、绿端石、花蕊石等石材为主的基础上，又出现了柳叶石、祁阳石等许多新石质、新种类，以及结晶明显、硬度较强大理石材质的普遍应用与量化现象。其石材纹饰纹样等图案方面的表现表达，也随之变得更加宽泛，在崇尚天然图样的基础上，更多地接纳了人工而为的一面，形成了此时期屏心制作及用材的丰富性和多样化。

图 2-128　明晚期黑漆薄螺钿人兽花鸟图竖式赏屏（正面）
中贸圣佳国际拍卖有限公司

图 2-130 中所示的四个赏屏，皆为方屏连体结构，且屏心边框上部外角同作委角处理，屏心四周同设开光，同为髹饰大漆工艺，有着一定的时代特征及年份关联。就工艺、材质而言，则各有其长，以石片儿而论，有取之天然者，有天人合一共为者，其中图右上所示寿山石材质屏心的选用与制作，除较为少见外，其题材的选择、工艺的考究及雕刻手法等，连同其他屏心材质及工艺的例举，正是明中晚这一时期赏屏制作，尤其是屏心选材用料、工艺实施等方面的代表体现。图 2-131 和图 2-132 为明代中晚期赏屏屏心选

图 2-129　明晚期黑漆薄螺钿人兽花鸟图竖式赏屏（背面及款识）
中贸圣佳国际拍卖有限公司

图 2-130　明中晚时期案上赏屏部（分材质及工艺）
（左上）万乾堂 旧藏，（左下）万乾堂 旧藏，（右上）张旭先生 藏，（右下）私人收藏

图 2-131　明中晚期沉香木高浮雕麒麟纹赏屏
赵军、张爱红夫妇 藏

图 2-132 明中晚期沉香木高浮雕麒麟纹赏屏（另一面屏心）
赵军、张爱红夫妇 藏

材用料及工艺实施方面又一少见现象的列举，此屏其整体的造型制式，尤其是屏心边框上面两委角的表现形式及处理手法，和图 2-130 中所列举的四屏皆相同一致，况还有诸如开光、底座等其他细节局部处理上的异曲同工。上述共性外，该屏屏心两面的雕刻手法、题材选择、布局构图以及人物表现、麒麟卧姿等具体刻画，乃至屏心以外通体所髹考究朱漆所呈现出的包浆皮壳状态等，都足以说明此屏的制作年代应不低于明晚期，或为明中期。难能可贵之处则更在于，双面施以雕刻工艺的屏心用材为较为珍稀贵重的沉香木。屏心表现除保存状态良好、极具艺术魅力外，此屏的列举及屏心材质的选择，更能证明明中期以来赏屏的制作在选材用料方面的丰富性。

上述用材及制作工艺以外，这一时期随着贸易往来的发展及物资流通的便捷，赏屏的主体框架用材，也在原来较为普遍的就地取材原则上，出现了以黄花梨材质为主的一些硬木材质，此时以黄花梨木而为的赏屏，主要有两种诠释手法与表现形式：其一，是根据黄花梨材质自身纹理、色泽以及温润舒适的表面质感等优良特征，适材而论，顺应而为，少施人工，充分发挥和展现其材质的优长特点，以求所制赏屏人为以外的自身纯然之美；其二，是在此优良材质的基础上，通过人为雕饰、展现工艺、体现艺术、抒发人文思想，增添文人情趣、提升观感及欣赏性。其中，要做到人为成分的把握和艺术水准，体现合理适度，达到高度，作出水平是关键。这些关键点，正是此时期所制黄花梨屏具独具的特色。

图 2-133 为两种不同风格与制式的黄花梨明晚清早时期赏屏代表，其中图左上所示的大理石心赏屏，虽然其整体风格以简约平素为主，更多地体现了赏屏器具较为早期的某些元素及气息，但该屏整体立式的呈现和拱桥式的基座表现，以及屏心石片的质感、色调、韵味等皆能说明，该屏的制作年代应在明晚清早这一时期。年份概论的同时，更想表明的是，明晚这一时期确有少施人工，重在表现其黄花梨材质之优长的一类屏具制作。图中右下所示的黄花梨绿端石心赏屏，虽然乍看感觉似方形，且屏座的四角也设有抱鼓墩，但实为竖屏立式的整体呈现，屏与底座上下插装式的分体结构，绿端石屏心的选材，一些配饰件的形制及细节处理，特别是屏心边框内口的线角做法、边框外边缘的倒圆形状，边框与立柱相关插入部位的具体做法等，皆符合明晚清早时期黄花梨赏屏制作的手法及风格。再有，该屏其站牙、腰板、分水板等部位所雕刻的草龙、博古等纹饰纹样，虽遒劲有力、浑厚拙然、形工皆具，但与明代同类相较，无论其诠释手法。所呈状态以及应有气韵等方面皆略逊一筹，稍显拘谨，略欠洒脱，不够“圆满”，未至平和。所以，综上而论此屏的具体制作年代上限明晚期，或为清早期更为准确。该屏的列举意在让大家体会和感受，明末清初这一时期黄花梨所制赏屏，除有少施工艺、重表材质的一类屏具外，还有重雕饰、好表现的一类赏器存在，意在说明明代晚期案上赏屏其选材用料与制作工艺等方面的丰富性及相关问题。

以上通过对明代中早期和明中晚期传世赏屏结构形式、造型制式、制作工艺及选材用料等方面的浅显梳理和分析可以得见，明代中早期所制作的赏屏，其结构形式应以连体为主。在造型制式简约素雅的前提下，以方横形状为主。其制作工艺、选材用料等皆相对单一，但简朴纯正，品质考究。这一时期所制作的大多赏屏所具有的古雅之美、平和之韵蕴含于道与器两个层面。而明代中晚期所制作的赏屏，其结构形式连体与分体并存，或呈分体结构数

图 2-133　明晚清早期黄花梨案上座屏
（左）嘉德拍卖有限公司，（右）私人收藏

量大于连体结构的趋势。其造型制式虽横屏卧式有减，方屏立式见长，但总体变化不大，其变化主要体现在局部细节上，多反映在局部造型的处理及元素符号、纹饰纹样的变化和塑造方面，更加重视体貌外观等外在方面的修饰与表现。工艺用材方面在更为多样丰富的基础上，此时期所制赏屏相较于明中早期所制作的赏屏总体而言，是由简约、平素、古雅逐渐走向奢华多样，走向更为“圆满”的过程。这种变化是由内而外的典雅古拙向华彩外露的转变，这种转变虽然会造成某些方面的消减与退化，但这种转变应是审美取向的转变和技术技艺及制作工艺拓宽与进步的体现，是屏具文化得以发展普及的体现。同时也证明了，赏屏的制作与应用，自明早至明晚是一个逐步向前走向成熟的阶段，这也意味着，明朝时期所制赏屏的综合价值。

c. 清代赏屏

自明至清由于受到朝代更迭的影响，各方面的变化相对会大些，家具的制作也不例外，清代家具的制作除造型制式样貌丰富多变外，明清家具的风格特征及内在气韵等方面皆呈“明圆清方”之感，这种状态与感觉除部分情况体现在器具的形体及外观表现以外，主要还体现在明代器具内外皆具的古拙、厚重、磅礴、饱满、圆润、圆滑、柔和、流畅、优雅等方面，体现在清代器具方正刚锐、壮硕威猛、势足劲挺、霸气外露等方面。“明圆”是明代家具从内至外圆满平和的体现，“清方”则是指清代家具淋漓尽致的一切外在表现与感受。

相关制作方面，清代以来所制作的赏屏，首先可以肯定的是，结构制式方面大多还是延续了明代时期的基本做法，即连体结构和上下插装分体式组合两种基本形式，其有所不同的是，明代尤其是明代早中期所制作的赏屏，连体结构应为主流，而有清以来，连体结构仍在应用的同时，上下插装分体式结构的应用越来越多，且渐渐成为了主流，因此形成了我们所见到的清代赏屏分体式多于连体结构的现状，这种结构及制式的转变与技艺的不断提高和基于材料的节省以及应用更加便捷等多种因素皆密切相关。

除此种结构作为主流之外，造型制式方面，清代时期尤其是清中期以后所制作的赏屏，无论是外观整体还是赏屏的屏心，在保留了原有常见方形屏、横屏、竖屏三大基本定式及有所偏移立装竖式渐成主流的前提下，还出现了部分奇异形状之器具，最为明显之处，其一，从原有三大形体表现形式的基础上更是打破常规，别出心裁，尤其是屏心的表现形式，至清中晚期可谓应有尽有，除部分成为常态常见的圆形、扇形、海棠形、菱形外，还有个别情况下的异类形制出现，且上述形制在传世实物中的占比不小；其二，屏座的形制更是远超旧制，最大的区别与不同则在于赏屏底座下方四角抱鼓墩的形制变化与处理方面，具体细节多表现为，在原有常见圆球状、抱鼓形和皆为平足式托泥的基础上，首先其球体以外的相接相邻部位及部件或形制有变，或元素增加；再者，有的圆球或抱鼓形状亦会受其影响而发生实质性的改变，变化较大的地方可见清代中后期赏屏底座的相关制作，其具体表现为将明代常见的圆球状或抱鼓形状变成了呈正方体的大头儿状，免去了抱鼓墩底部的平足托泥设置，而变成了脚心式，将明代圆球状或抱鼓墩常见形制，改变成了或圆或方等不同形制的点状落地式拱桥状形制。图 2-134 如图 2-135 为对比展示。这类或由整木或拼攒而成的脚心式拱桥状底座，形制多变，结构复杂，其外表往往会以各种花草、祥云、瑞兽等吉祥图案进行装饰，而且越多越满在当时觉得越好。不仅如此，上述情况外，年份稍晚的屏具亦有宝瓶、钱币、罗马柱、双牙甚至多牙多足等其他异型怪状的底座形制出现。这种形制多样，只作加法、注重外观具象的表现形式及手法，除与审美取向、时代风格有关外，亦有力学方面的考量。制式的较大变化，元素符号的不断增加，纹饰纹样的过分装点共同为之下，此时期所制作的赏屏底座难以找到明代赏屏底座的形影与风韵。

清代赏屏表现变化更为突出之处即为屏心的制作工艺以及选材用料两个方面：首先从工艺种类而言，清代赏屏的制作在明晚期具有的制作工艺之上，又增加了雕漆、剔红、陶瓷、掐丝、珐琅、烫画、刺绣、缂丝、款彩、竹刻、点翠、染色、铁艺画、铜版画、玻璃画乃至莳绘工艺等。工艺种类的不断丰富和创新说明，有些工艺的制作技艺因在明代尚未得以成熟和完善，而在清代这个可谓工艺大爆发、大创造的时代，得以弘扬和发挥。因此清代可视为屏具制作工艺种类最多最全、最佳得以施展、且水准相对较高的时代，尤其是乾隆时代的清中期有些工艺实施，可视为史上赏屏或屏具制作工艺应用、实施、发挥的鼎盛时期。正是源于这一时期屏具制作中的各种不同产生与影响，才使得此时期所制的屏具，尤其是赏屏屏心的制作，包括题材及内容的宽泛选择，所施工艺以及选材用料等多方面都呈现出更富有创新、丰富多彩的现象。图 2-136 和图 2-137 为清代中晚期所制作赏屏造型制式、工艺实施及选材制作等方面部分代表，其中图 2-136 所展示的清晚期花梨木料丝“镜面”山水人物赏屏，方正端庄，做工考究之余透着文气溢映华贵。站牙、腰板、分水板间的镂空状如意团花簇拥纹，疏密适度遒劲舒朗，包括

图 2-134　明代经典抱鼓墩形制底座
万乾堂 藏

图 2-135　清宫廷御制赏屏常见“脚心”式“拱桥”状基座
（左上、右上）张涵予先生 藏，（左下、右下）可园主人 藏

屏心四边框内口边缘所饰的万字不到头纹饰效果，平直顺畅井然有序，形式感极强，形韵洋溢皆与整屏风格气息相得益彰。上述纹饰纹样的应用与表现，是制器者或使用者用心设计体现的同时，更为特别之处在于此屏屏心的创作与选材，此屏，其屏心内容题材的表现形式及具体实施手法为，先是将似水墨淡彩小青绿风格的《携琴访友图》绘画作品，按序有备地置于屏心背板之上，然后再用细如发丝的人工料丝，以斜向密布分上下两层交叉而置排出的“玻璃面”状将其封于其内。明·郎瑛《七修类稿》记载：“料丝灯出于滇南，以金齿卫者胜也。用玛瑙、紫石英诸药捣为屑，煮腐如粉，然必市北方天花菜点之方凝，而后缫之为丝，织如绢状，上绘人物山水，极晶宝可爱。价亦珍贵。盖以煮料成丝，故谓之料丝。”（明·郎瑛撰《七修类稿》第 462 页，上海书店出版社，2009）因此，在古代，人们会利用料丝透明度好、强度高、不变形等特性，用于装饰装潢等方面，相关方面的器具制作明代已有记载，除料丝灯相关方面的记载外，明人薛蕙所写《咏料丝灯》一诗也有体现。清代以来料丝的抽制及相关应用一直有传承，但大多数的料丝制器都为宫廷御制。此屏料丝的应用，除能说明其身份不同寻常以外，更需表明的是，设计者、制造者利用料丝的透明性和相互交叉排列后所形成的特殊镜面，在光合作用下所共为出的不同方位、不同视角下所感受到截然不同的画面动、静效果与状态，正可谓：正视，清雅平和，意境深邃；侧观，立体生动，如临其境。这看似在玩和别出心裁的背后，体现的是审美高度，折射的是学识、修养与境界，代表的是这一时期屏心制作工艺及选材用料方面的丰富性及特色。图 2-137 所展示的四件赏屏，造型制式各不相同，有圆、有方、有立式；屏心的装置与结构，有固定、有活拆，还有 360° 任意旋转的制式；其选材用料、制作工艺方面也各有特色，具一定的代表性。图 2-136 和图 2-137 所举代表屏具的存世，是清代屏具制作工艺水准水平之高的铁证，除此之外，传世中的其他同时期同类屏具相关具体情况的反映，更加肯定了清代制屏工艺总体的巅峰时期。

综上所述，明代赏屏，式简形美，工艺相对单一，用材不求奢华，但追求艺术水准、文化承载，更加注重和体现的是内涵，品质韵味；而清代时期所制作的赏屏，优长之处在于样貌制式的多变，选材用料的丰富和工艺种类的多样以及所施工艺的考究，更注重外观的装饰及华丽效果。需要指出的是，此时期的赏屏制作，虽其选材用料较为丰富，工艺种类亦较为多样，但艺术水准、品质品位、总体水平等方面真到位者，应为少数。明清赏屏，各

图 2-136 清中晚期花梨木料丝“镜面”山水人物画赏屏
李增先生 藏

图 2-137　清中期案上赏屏（形制、用材、工艺等）
（左上、左下）王媛女士 藏，（右上）故宫博物院 藏，（右下）黑健鹏先生 藏

具特色，各有千秋，其背后体现的是时代审美取向和人文意识等多方面的转变。

d. 赏屏的相关传世情况

赏屏，作为厅堂之中、几案之上的陈设之器，首先在人类的文化生活和精神层面占有较为重要的一席之地，以民间厅堂而论，厅堂是古人居家生活的中心，赏屏又皆设于厅堂之中的重要之位，所以对人类的认知及意识形态等方面的影响较大，理应得到重视予以厚爱。再者赏屏的制作及应用，可谓明清时期最为兴旺普遍，这又占据了赏屏制作及应用数量基数较大的先机，加之明清时期尤其是清代晚期距今时间相对较近，且虽然其间也经历了战乱、人为损坏、自然损伤和时代的变迁等各种不利因素，但传世赏屏的数量相较之下可谓乐观，在这些大多为明清时期所制作的传世赏屏中，明代及明代以前的传世之作明显少于清代时期所制作的赏屏，这种现象或许与当年制作的数量有关外，抑或是与距今时间相对久远及保护传承等多种因素更有关联。

根据传世赏屏的总体情况和市场调研情况，明代赏屏的传世多见留存于民间，存世量当以陕西、山西、河南、河北、山东及京津地区为代表的北方地区居多，这或许与北方地区的气候干燥，经济发展较慢以及古代的交通信息闭塞，一切更新滞后等方面有关。即使这样，北方地区所传世明代赏屏的现状中，也存在着传世赏屏的年代大多为明代晚期，明代中期的相对较少，明代早期或时间更早的赏屏可谓一器难求现象。作为家具流派风格较有特色且较有影响力的苏作家具盛产地的江浙地区，其明代赏屏的传世数量总体而言相对较少，明显不如北方地区，这一现象除与江浙地区潮湿的气候条件有关外，或许还与其他条件及因素有关，这亦是一个有待进一步探讨的问题。余全国其他各地，除有个别少数地区偶有发现外，明代赏屏的传世数量皆为稀少。而从造型多样、工艺种类、选材用材等方面较为丰富的清代时期所制作的赏屏来看，其存世量相对较大，尤其是清中晚期所制作的赏屏存世量应为最大，这一现象与明代传世赏屏的情况有些不同，其传世实物的分布情况就南北而言，较为均匀，以广东、广西、福建等地为代表的南方地区，除有部分漆灰工艺而为的赏屏外，多见红木、铁梨木等硬木和石材而为的赏屏。以江浙、安徽等地为主的长三角地区，则多见黄花梨、鸂鶒木、铁梨木、红木等硬木材质和以石材为心所制作的赏屏居多，其中传世数量较大的地区应以安徽屯溪及周边相邻地区为最。以山西、陕西为代表包括山东、河南、河

图 2-138　故宫博物院明清家具馆相关屏具场景
张达明先生 提供

北及京、津两地在内的北方大多省（市），除有部分黄花梨、紫檀、红木等硬木和石材或瓷片儿而为的清代赏屏外，大漆工艺所制作的清代赏屏数量明显胜于长江以南地区。保存状况相对完好者，当以山西、河南两省为先。除上述的部分清代赏屏器具留存在民间外，故宫博物院应是清代传世赏屏的重要之地，宫中所藏赏屏多以清中晚期制器为主，主要存于后宫各院和仓库之中。2018 年新对外开放的故宫明清家具馆所展出的部分屏具，如图 2-138 所示，以及 2015 年出版的《故宫博物院藏明清家具全集》中所收录的屏具，其赏屏数量所占据的比例之大等相关情况，都是真实的体现和充分的证明。有关明清赏屏的传世情况及特征特点等可一言概知，即明代赏屏传世佳品多在北方，以民间制器为主，这类器具中，当以年代较早、质朴古雅、文人用器为尚品，但一屏难求；清代赏屏之臻品，当属清宫旧藏造办之器，虽年份晚些，但真材实料，工艺考究，且不计工本，又因其为官造出身豪门而贵，故备受宠爱。

（三）挂屏类

1. 挂屏的定义

挂屏，顾名思义是指被悬挂起来的屏具。相关资料记载，挂屏最早始于宋代，学术界有河南洛阳邙山宋墓壁画上的挂屏以及同时期的河北、山西等地出土的墓中壁画资料为证之说，且确有部分学者对于古代壁画和绘画领域中所绘挂画的方式称之为“挂屏”的说法及观点予以认同，但笔者认为古代绘画与相关资料中所体现的“挂屏”及表现形式，从某种意义上讲，此举看似与挂屏属性有些关联，而细究起来这种“挂屏”应为古人展现画作的一种方式。首先，其屏心内容的相关表现，以当时情况而论，应仅限于字迹或画作的层面和范畴，说白了它就是字画；再者，就材质材料、相关制作以及制作工艺等方面而言，此类“挂屏”所选材质多为纸绢类“软片儿”，并无边框等装裱形式，也就是说其因为“软件”，与后来问世的有边框、有屏心，以各种工艺而为之的“硬件”挂屏，从表达形式、表现手法、选材用料、制作工艺等方面截然不同。所以，古人所说的纸绢类“软片儿”挂屏，与严格定义下的挂屏差别较大，它更应属于字画文化的范畴或领域。如果硬要将二

图 2-139　河南洛阳邙山宋墓壁画上相关“挂屏”的资料
《洛阳邙山宋代壁画墓》

者找出点关系，这种纸绢类“软片儿”挂屏，与后来乃至当今仍在应用的、以装裱字画为目的的有边框，或玻璃装置，或以其他材质及表现形式出现的对联、四条屏、画屏等挂件确实有相通相近之处。尽管如此，虽有关联与共性，但出于学术严谨性方面的考虑，还是需要理性对待，深入探讨。因为，目前无论是业界还是学术界确实有一种观点认为，挂屏的定义是专指那些挂于墙上用于装饰及欣赏作用的有边框、有屏心、有工艺实施的屏具，尤以明清时期的人为工艺制器为主。与此同时，相关楹联、条屏等仅以文字表现形式出现或少施工艺的挂件类，也应归为挂屏门类的观点也不在少数。也就是说，挂屏的定义及范畴本身就存在着狭、广层面之分歧。所以，这亦是一个有待进一步研究与深思的课题。图 2-139 为河南洛阳邙山宋墓壁画上相关“挂屏”的资料展示，图 2-140 为皖南地区清代富裕之家厅堂之内有关挂屏场景布置的展示，场景中既有装饰石片儿或瓷板儿的对装挂屏，又有最为古制的中堂软片儿挂屏等。

挂屏，可谓表现形式多样，展现内容丰富，制作工艺种类繁多，艺术表达表现水准较高，文化承载亦更为厚重且应用较为广泛。抛开上述相关挂屏

图 2-140　皖南地区清代厅堂之内有关挂屏场景布置

的起源及所谓软片儿挂屏定性等问题暂不细论，就现在我们能见到的实物和相关器具而论，其广义范畴内应为所有挂于厅堂、书斋、廊沿、梁柱等室内外的硬装类挂件；在这个范畴内，常见以装饰和欣赏作用为主要功能及目的的有边框、有屏心、有工艺实施的挂件归属挂屏之列，无论从哪个方面讲皆理由充分，这类挂屏可视为狭义范畴内的正宗纯挂屏。可同样以各种材质、各种工艺制成的楹联、匾额等，抛开它们相关制作与那些所谓的软片儿挂屏有明显的差异不说，与狭义范畴内的纯挂屏相较，它们同样以悬挂的方式出现，同样具有一定的装饰欣赏功效，而且它们还有其独到的文化属性所在，某种意义上讲，它们亦可算作文化传播的传统媒介或最为直接的载体，并有其自成一派的庞大体系脉络。仅以字匾为例，单就其以文字形式的表达者，就可分为：功德匾、寿匾、书房匾、堂号匾以及室内外悬挂的各种商业性和非商业性匾额等。况且这些以文字形式表达施以各种工艺的挂件，包括诸如上文所提到的楹联、条屏等，现实中，除了传世数量较大外，其历史久远、普遍广泛也是实际，因此鉴于这类器具的真实存在和相关方面的具体情况，挂屏确实应有其广义范畴的一面。当然，广义与狭义的挂屏定义，该不该界定，如何界定更为准确，更是一个有待进一步研究和梳理后，再作定论的学术课题。本节相关方面的观点提出及论述，意在对某些相关挂屏实物及种类的列举和展现，有些暂不能作出最终定性定论"挂屏"在本节中的出现，意在起到"挂号"或"报到"不丢项之目的，只当为日后相关屏具方面的研究提供一些实物素材和资料线索。本节以下有关"挂屏"方面的论述暂基于广义的范畴之内。

2. 挂屏的相关问题讨论

挂屏，因其与人类的精神生活关联密切，既具文化属性又纯属赏器，可悬挂在不同的空间及所需环境中，所以其表现形式及表现手法等亦有多种多样，归纳总结后在广义的挂屏内，以屏心素材内容的表现形式及相关诠释手法综合而论，亦可分为两种：一种是以各种文字形式出现的楹联、匾额类挂件，主要体现在或直接以书法真迹进行展现，或真迹展现形式以外借助各种漆灰工艺等进行诠释的展现形式；另一种则是文字表现形式以外，以各种形制及各种工艺制作而成，常见挂于厅堂之中，有图案纹样能起到一定装饰欣赏作用的挂件，即狭义的挂屏类。正是源于这些挂屏中的有些器具，其应用的空间、营造的气氛等方面各有不同，所以在造型制式制作工艺乃至组合方式等方面也都有一定的特征及规律可循。

以狭义挂屏的组合数量而论，最为常见的是独扇独片呈现，其次为对装组合的表现形式（这类对装组合挂屏，是指楹联属性以外各种形制的对装挂屏），此外，还有三扇、四扇数量组合而成的中堂屏，另外还有六扇、八扇等更大数量组合而成的大套件。通常情况下单屏（独扇）多称之为挂屏，两扇以上的组合挂件，则会根据其套内的具体扇片数量称之为几扇屏或几条屏。现实中，单扇独立挂屏的制作及应用数量占比例最高，对装挂屏的应用及数量相对较小，三扇及三扇以上的组合挂屏应不在少数。各类挂屏的应用，虽然有品级优劣之差，但没有地域性，常见于皇宫内宅、百官府邸和文人雅士的厅堂书斋之中。

单扇挂屏就造型制式而言有正方形、长方形、圆形、椭圆形、扇形、葫芦形等各种异形出现，如图 2-141 所示。单扇挂屏虽形制多样应有尽有，但常见形状当以长方形、方形、圆形等为主。对装挂屏的形制，除常见的正方形、长方形、圆形外，亦有各种异形样貌的情况出现，但这类异形的挂屏并不常见应为少数。三扇以上数量组合的挂屏（屏扇）则多以长方形呈现。有关对装和三扇、四扇组合而成的挂屏，因其或为对装，或为套装，又因其应用较为普遍，所以通常情况下大多数的此类挂屏，其表现形制、制作工艺乃至尺度等方面的具体表现皆有规而循，有据可依，相对标准规范。以中堂挂屏而言，常见的组合形式以三扇出现居多，且通常中间一扇较为宽大，左右两厢皆等同配置。以四扇及四扇以上组合挂屏而言，其套内屏扇有尺寸造型乃至工艺皆为相同者，亦有套内扇片之间的尺度有别和表述内容不同之作，但无论怎样，其内容的表达，皆与寓意美好相关。这方面大家较为熟知，故对此不作更为翔实的论述。而在多扇组合而成的挂屏范畴内，情况就有所不同了，在多扇组合挂屏范畴内，就其套内屏扇的尺度以及相关情况而言，又分套内每扇的尺寸大小相等、工艺相同、题材相关和尺寸、工艺、题材等皆有不同者两种，亦有套内上述各方面既相同相近又有不相同者。图 2-142 为清中晚期紫漆镶竹黄竹叶纹诗句六件套书房挂屏，此挂屏通高 174 厘米，两侧边扇宽 33 厘米，中间四扇各宽 37.8 厘米，共计六片，分中心主屏扇和边扇两个部分，属等高宽度有异之例。其制作工艺六片皆为木胎髹紫漆，屏扇四周施以紫竹围边装饰，中间字画呈现均为粘贴竹黄工艺。套内中间四片的题材与纹样图案等表现皆为郑板桥《石竹》咏竹诗，其“咬定青山不放松，立根原在破岩中。千磨万击还坚劲，任尔东西南北风”等名句和劲竹图样等，

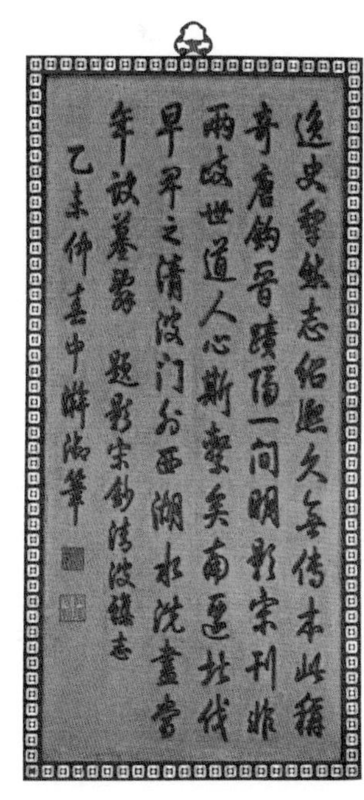

图 2-141　清代常见独立挂屏
故宫博物院 藏

画面构图布局巧妙舒适，劲竹傲骨，诗句励人。余两厢边扇以同样材质及工艺施以落款为“子贞”，出自清代道光年间诗人、画家、书法家何绍基之手的陆游诗句“绕庭数竹饶新笋，解带量松长旧围”字样呈现，亦是同等的赋能与考究。整套挂屏，从题材到内容，再到形制表现、所施工艺、所呈风格既有相关文化体现，又具考究的形制工艺，为文人厅堂书斋之佳器，且挂屏特征明显，其挂屏属性无疑。更有意思的是，此六件套挂屏，虽然两厢边扇的表现只见“竹”字不见竹影，但其与中间尺寸相同体量相等的四扇“主屏”内容表现，还是有着一定的关联与呼应，况套内各扇片的形制表现、选材用料、制作工艺、实施手法乃至漆面断纹情况、风化程度、包浆皮壳等方面皆相同，也确为一套，但其中确又存在着中间四片尺寸相同，两侧边扇与中间四扇同高不同宽的现象。那何种原因、什么情况使六扇用材及工艺皆相同，表达题材与内容相近的一套挂屏中，出现了尺寸体量上的微差现象呢？研究分析后笔者认为，这或许正是文人挂屏的设计理念及特色所在。此举意在，六扇同堂，统一和谐，气场壮观，不失左右边扇与主屏心（中间四扇）之间主、附分明，界定清晰之规章。如另有它需，亦可根据空间环境和不同氛围的需求，将六扇拆分成两扇和四扇不同数量的两套组合，分置而挂，体现创意、彰显不同效果的同时，灵活多变更遂心愿，可见古人的用心及挂屏文化所在。

类似上述合分而置、因情而定、视需而为的挂屏制作与应用情况，现实当中在广义挂屏的范畴下也不在少数。图 2-143 所示的对联，一面为大漆雕填工艺隶书“钟鼎山林各天性，风流儒雅亦吾师”诗句，一面为大漆贴金捻砂工艺楷书“古训是式威像是力，履和而至谦尊而光”铭文。该联如此而为意在变换悬挂。欣赏领会此联考究的制作工艺和铭句妙笔以及设计理念的同时，需要指出的是，类似做法、此种表现形式的文房对联，现实应用中其数量应不在少数，它们虽为对联，但与挂屏一样，不但都属于挂件，且文字呈现文化承载与表达以外，同有相关考究工艺的实施，既能装饰空间装点环境又能得以欣赏，更具挂屏属性。类似现象较为普遍的前提下，这一情况也是此类对联难以从挂屏范畴中厘清的原因。再有，清代以来，在继承传统工艺及制作手法的基础上，除大部分对联仍以传统的文字形式表现外，有些对联其联心内容及题材的表现形式有了更为直观可见的改变，许多联心内容的表现并非完全以传统的文字形式直接出现，而是增添了以花鸟人兽等各种象形文字纹样，以及紫砂、陶瓷、珐琅等各种材质及工艺间接表达呈现的

六件套挂屏

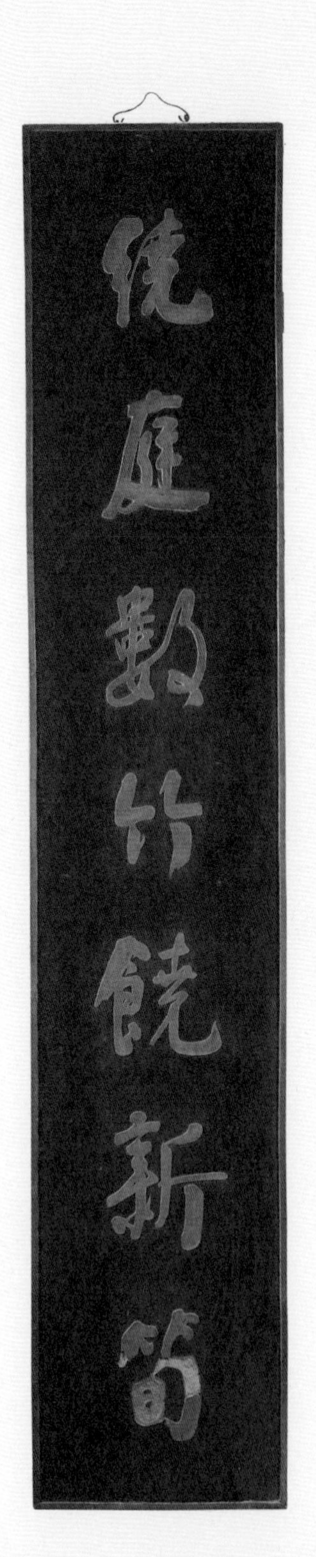

图 2-142　清中晚期紫漆镶竹黄竹纹诗句六件套挂屏
万乾堂 藏

解帶量松長舊圃

履和而重謙尊而光

古訓是式威儀是力

图2-143　明晚期大漆贴金雕填捻砂工艺楹联（正、反两面）
万乾堂　藏

新形式、新做法，如常见的瓷质花鸟、瑞兽、八宝、暗八仙等。图 2-144 所示的清中晚期朱红漆嵌青花瓷工艺诗句对联视为上述制作工艺代表。此对联的制作，先是将预先烧制好的青花瓷词文字样定位于对联木胎的相关位置，然后再以披灰手法将其包镶固定，最后再以披布、披灰、髹朱红漆等各道工序逐步完成，就工艺环节而言，无论是此对联青花瓷字样的烧制，还是漆灰工艺的实施，都与同时期以同种工艺所制作的常见经典挂屏，别无两样。更有传世对联实物中，尽管对联内容表达及表现也是以文字为主，但包括文字表现形式在内，仍有许多对联的工艺实施及制作手法，与其他工艺考究类挂屏的相关制作相同一致难分上下，如堆漆、沥粉、陶瓷、紫砂、刺绣等工艺应有尽有。这些工艺，在以文字形式或象形文字展现楹联制作中的具体实施与应用，更加充分体现了此类工艺下的楹联等挂件与经典挂屏难以区分。

以上所涉内容的阐述及列举，意在表明：在广义的挂屏范畴内，有以普通材质而为，施以简单工艺和文字直接表现形式的楹联“挂屏”；有为更好的表现词句寓意增强装饰效果，以不同的表现形式及工艺手法而制成的与经典挂屏难以区分的楹联“挂屏”类；还有上述两种同等情况及条件下的各类匾额“挂屏”，这三种加引号的挂屏，除第一种楹联“挂屏”当中的部分器具外，包括匾额在内都与常规情况及制式下的经典挂屏所具特征相同。这就更加说明了以文字直接呈现和以象形纹样及图案等各种形式及工艺而为之的与文字相关的楹联匾额等挂件，是可以和常见经典

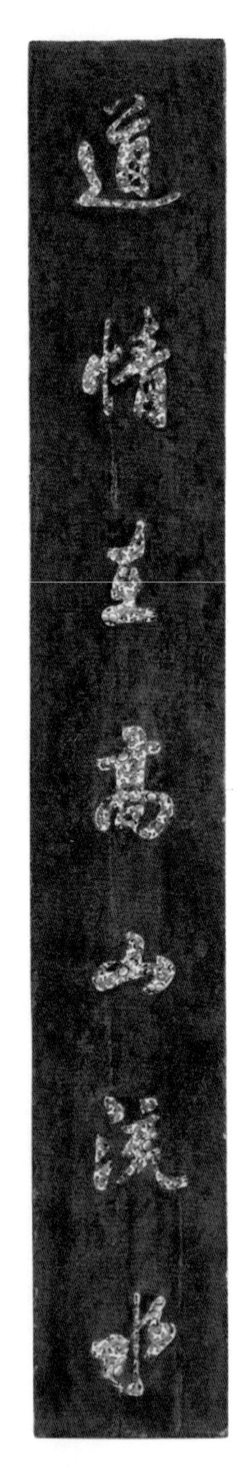

图 2-144　清中晚期朱红漆嵌青花瓷诗句对联
万乾堂 旧藏

挂屏相提并论的。故以下有关章节会有部分相关内容的涉及。

上述列举挂屏对其表现方式、制作方法、属性探讨的同时，也涉及了漆灰、镶嵌、烧瓷等工艺方面，这些工艺的制作与实施，仅为挂屏制作中部分工艺代表的提及与体现，现实中有关挂屏的制作工艺与实施，由于其应用的层面涉及的领域在屏具门类中较为广泛，加之挂屏在人类历史上的应用及制作鼎盛时期应为明清两朝，且应以清代为主，因此挂屏的制作，特别是工艺种类及工艺的具体实施等方面，与同时期其他屏具的制作工艺相较，既完全相同又应有尽有，且工艺水平水准较高，故相关方面不再作过多重复。

3. 挂屏的传世情况

挂屏，由于其制作及应用的鼎盛时期应为距我们较近的明清时代，尤其是自清以来，挂屏在传承先前造型工艺及文化等方面的基础上，更加发扬光大和不断开发创新，挂屏在清代的应用可谓遍及社会上下深入各个阶层，其范围更是涉及人类生活的方方面面，所以挂屏在清代的制作数量及应用率极高，如果再将所有的楹联、匾额等相关挂件纳入其内的话，那数量就更大了。如此之说，应与楹联、匾额在古代尤其是书香门第、官商富贾的宅第中应用率极高有关，以明清时期的常规宅院或标准府邸为例，一个宅院或府邸由院门至前院再到内宅，不同的地方，不同的空间，皆有不同造型、不同尺度、不同寓意的各种挂件配置，因为这些挂件都是经过精心设计后而制作的特定之器。它们当中有的等同于宅院中的建筑构件，与整个宅院及建筑群融为一体，也就是说楹联与匾额等挂件在古代建筑中，占有非常重要的一席之地。以较具代表性的安徽和山西地区老房屋内拆下来的各种中堂匾、门楣匾额为例，其传世数量就格外惊人，仅笔者前些年精挑细选的入藏者就有好几百块，过眼数量可谓数目较大。

正是源于上述情况以及挂屏的制作与应用，明清以来应超越史上各个时期，再加之制作及应用的兴旺时期距今相对时间较短，又得益于那些老房子的保存相对较好，所以，至今我们得以见到广义范畴内的挂屏类器具数量之多，在所有传世屏具中名列前茅，是不争的事实亦在情理之中。

传世挂屏的品种、数量及分布情况，根据多年来的深入一线和综合市场情况了解后，分析归纳如下：第一，挂屏边框用料为硬木者，如黄花梨、紫檀、红木等，以及屏心用材与制作较为考究者，如金、银、百宝、雕填、剔红、螺钿等这类良材精工之器，多为清代时期所制作的皇家御制品，如图

2-145 所示。这类挂屏除有少量的散落于民间外，其余大部分都为故宫博物院、承德避暑山庄以及各大明清皇家殿堂和王爷府邸中陈设，亦有一部分封存于故宫和承德避暑山庄的仓库中。第二，民间所藏挂屏，首先就民间传世的挂屏数量而言，包括楹联、匾额在内其数量之多，应在所有传世屏具种类中排名第一。其次，依据传世挂屏的现状进行分析，不难发现民间所流传的挂屏，虽数量较大，品类之多，但其制作工艺及水准等各方面参差不齐，悬殊较大。就狭义范畴内的挂屏而论，无论其制作的年代早晚，堆金拜物追求奢华者甚少，多以大漆工艺、雕刻绘画、瓷板画、大理石片儿等表现形式为尚，其中亦有少量精工细琢集文化、玩味于一体的上乘之品。更为普遍的挂屏，即就地取材并施以简单漆灰工艺的常见表现手法所制之器，虽传世数量相对较大，但其总体质量及水准皆逊色了许多。第三，传世挂屏的重头戏，楹联和匾额部分，其制作工艺及工艺水准更是高低不等、差别较大，虽各种漆灰工艺、镶嵌工艺、竹簧工艺、紫砂工艺等皆有运用，但总体基数下普通做法的庸俗之器占比例最大。各种工艺下楹联、匾额之佼佼者，传世之器当以清早至明代这一时期所制器具和名人名款者为尚，因为这类器具除皆精工细作有一定的年代外，文人气息较浓，文化含量较高，有的还会有一定的个性呈现。

狭义范畴下经典挂屏的分布情况，因其数量较小又过于零散，故难以细数。全国范围内，除故宫博物院等部分馆藏外，广东地区的存世情况其表现较为突出，数量也相对较多，但其所制作的时间皆相对较晚，主要以红木、铁梨木、鸡翅木等硬木材料和大理石制作而成，其表现形式多见于清晚民国时期对装和四扇及四扇以上数量的组合条屏以及各种形状的单体挂件。楹联、匾额等广义范畴内的传世挂屏分布，较多较为集中的省份和地区，应为福建、广东、广西、江西、浙江、江苏、安徽、四川、陕西、山西、山东、河南、北京、天津、河北等地，其中福建地区所制作的楹联及所有匾额不但数量较大，且保存完美度较好，尤其是选材用料优良和制作工艺地道考究方面，皆为同类器具之翘楚、业界之榜魁，远超全国其他地区的同时代制屏。唯惋惜之处在于，因其制作工艺的过于追求华丽而失去了文雅、缺少了贵气，加之地域文化浓重突显造成部分挂屏难耐品鉴，有的甚至落入俗套，导致今人认知与收藏及研究等方面的冷落淡化。江西省的新建及周边地区则以传世曹秀先题写的木制楹联及匾额而闻名，最大特点是题材宽泛，字体多变，且款式多样，制作工艺种类繁多，整体水准及制作水平应为同类上品。四川地区楹

图 2-145　清代皇家御制挂屏材质及工艺
故宫博物院 藏

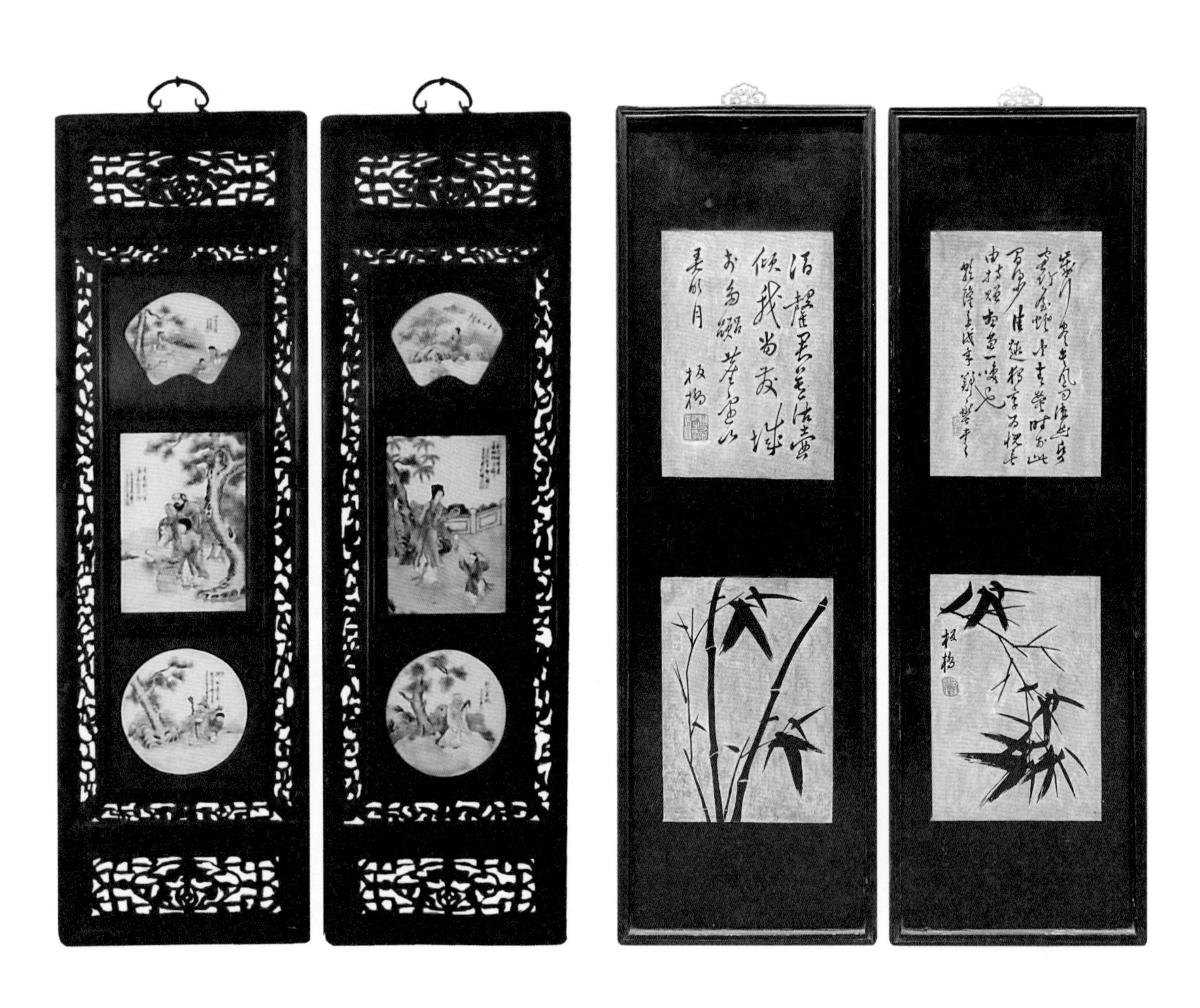

图 2-146　全国各地不同时期不同做法的厅堂挂屏
（左 2 扇）山西平遥协同庆博物馆 藏，（中 2 扇）曾重庆先生 藏，（右 4 扇）王国华先生 藏

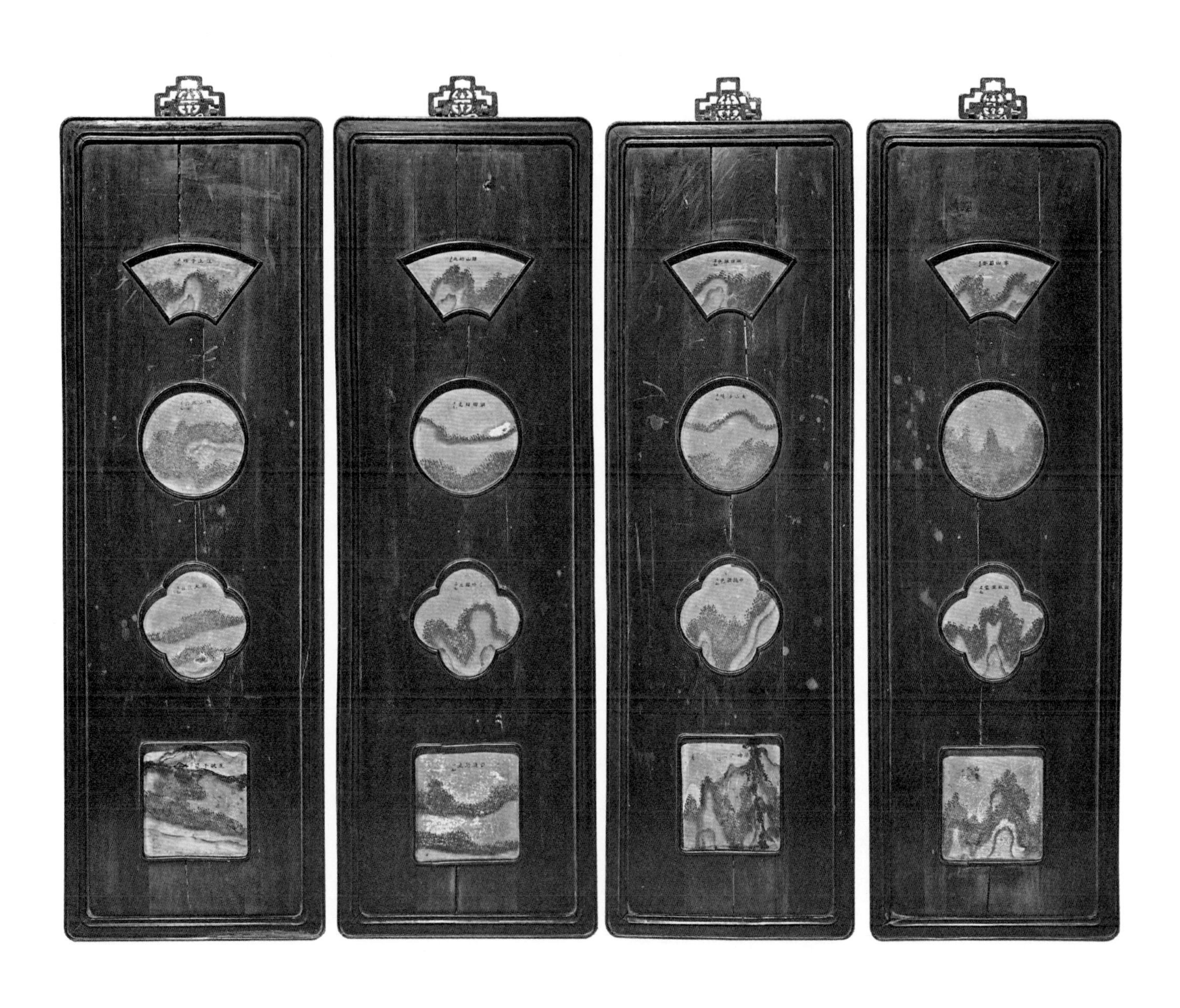

联及匾额的存世数量同蜀作家具一样，其数量庞大，可喜之处在于四川地区所制作的楹联和匾额，无论从工艺、品位、文化的承载总体感觉等方面皆明显优于蜀作家具，这一现象，亦是一个有待进一步挖掘和研究的学术问题。河南、山东、河北、山西、陕西皆有不同数量的楹联和匾额传世。这其中传世数量之多，与福建地区传世楹联、匾额数量难分上下的三晋大地，厅堂匾、功德匾、寿匾等数量明显突出，且年份较早者不在少数。但从晋南到晋北，就其楹联及匾额的工艺水准、品位质量等综合而论，皆与同时期晋作家具的总体制作水平不相匹配，尤其是那些富贾乡绅的功德匾寿匾等，世俗土豪之气更加明显。多数楹联、匾额的选材用料、制作工艺等不及闽作之华丽、不抵苏作徽派之儒雅。江浙地区明清两代更是文人辈出，富贾云集，所以此类挂件更不缺乏，且品级工艺水准等方面皆较为考究。值得一提的是，以安徽、江苏、浙江为代表的江南一带，在古典家具范畴内，虽徽派家具的总体情况与江浙地区难分上下，或略显弱势，但徽派家具的相关制作中却占有“两绝”：第一绝，是雕刻工艺，徽派家具的雕刻，其综合晋作雕刻古拙大气的写意手法和东阳木雕细致入微的写实风格于一体所形成的独到优长，应位居华夏乃至于东方雕刻艺术领域之榜首，这是有目共睹的事实；第二绝，便是徽派家具范畴内的楹联和匾额制作，以黄山老街、黟县、歙县等地为代表的老徽州地区传世楹联、抱柱匾、书房匾等，无论从制作工艺上、韵味品质上、文化层面上综合而言，皆到位考究，视为同类上乘。单以安徽地区的对联漆灰工艺中的漆灰色泽而言，除有见清乾隆时期官造屏具及家具制作中用过绿色、黄色、白色等不常用颜色外（亦有称之为瓷漆的叫法），全国范围内，唯安徽地区清中早时期甚至有些明代晚期所制作的匾额类挂屏有在应用。以这类材质及工艺制作的徽派传世的明晚至清早期书房匾和楹联而论，皆版面构思巧妙、布局合理，字体舒适漂亮，字意深远含蓄且耐人寻味，体现出大家风范与气度。赏心悦目之余其文化品位是其他地区同类所不及的，全国之最优当之无愧。除上述所列举的传世挂屏重点省份及地区情况外，全国其他省份及地区相关挂屏的传世情况或多或少都有存世，只不过是数量及信息等方面相对较弱。因早年条件及相应设备的缺乏，造成上述相关地区优良作品的资料信息等没能得以保存，故不能完美做到附之理想的对应图片辅助理解，是为憾事。图 2-146 至图 2-148 分别为全国各地不同时期不同工艺各流派及部分做法楹联和匾额代表。

图 2-147　书房匾、功德匾、寿匾以及殿堂匾额部分传世代表
（上一）万乾堂　藏，（上二）梁国宇先生　藏，（余）袁维娇女士　藏

图 2-148　古代大型殿堂内外悬挂的匾额
（上）大觉寺，（下）乾清宫

（四）炕屏类

1. 问题的提出

炕屏，依词释义是指置于炕上的一种屏具，为炕上用品。《红楼梦》第六回："上回老舅太太给婶子的那架玻璃炕屏，明儿请个要紧的客，借了略摆一摆就送来。"清・沈初《西清笔记・纪庶品》："袭文达尚书尝以西清古鉴铜器百余件，肖其形式并青绿款识，一切模仿，付景德镇造瓷器既成，择十余件以进。又摹御笔制瓷炕屏，亦甚佳。云：造炕屏最难，入窑百十才得一二，成者盖火所炎热。长则难平，又有虽平而微有损者亦无用也。"不论《红楼梦》原著中的相关描述源于何因，可以肯定的是其与炕屏确实有关，但就相关剧情剧照中有关"炕屏"的出现与陈设方式，如图 2-149 所示，合不合理，是否正确，这确实是一个值得思考有待进一步探讨的问题（此种形制及体量的屏具，虽其具有屏风的样貌，但并非炕屏，应属桌案等器具之上的摆件）。况《西清笔记・纪庶品》中所表"造炕屏最难"，是指烧制炕屏所需较长尺度的瓷质屏心，绝非易事。

图 2-149 影视场景中的"炕屏"

图 2-150　故宫重华宫东梢间和恭王府相关空间炕屏

已故著名古典家具研究学者、故宫博物院研究员朱家溍先生曾在《明清室内陈设》一书中做过相关方面的研究与提及，并有“紫檀嵌象牙花映玻璃炕屏一架，计十二扇”等具体记述。图 2-150 为故宫重华宫东梢间等场所相关炕屏应用及陈设方面的代表，余相关炕屏方面的记述及研究资料相对较少。

虽然相关炕屏方面的资料和研究成果尚属鲜见，且相关影视剧中有关炕屏的陈设及展现，其器物择选、摆放方式、呈现形式等有待推敲，但相关资料和现存于故宫博物院中的炕屏实物以及部分有炕屏装饰空间的场景真实体现，皆能充分证明：其一，炕屏确有其器，但发明及最早应用的具体时间不详；其二，炕屏的应用范围，应仅限于睡火炕的北方地区。儿时的记忆历历在目，因生长在北方，所以对北方的火炕印象深刻，二十世纪六七十年代，常见农村火炕与墙体相连的部分墙面会有些装饰出现，俗称“炕围子”或“墙围子”，炕围子或墙围子的做法和表现形式，大概可分为两种：一种是纸制，一种是灰制。通常情况下，纸制又分两种，一种为有条件的人家会买些图案美观且有一定厚度的耐用型“蜡花纸”，在年前扫完房子后贴上，一用便是一年；另一种为没有条件买不起“蜡花纸”的，则找些旧报纸废画报等同施而为。更为讲究的做法是灰质而为，一般会用白灰、水泥、麻刀等合成混合灰抹于墙上，形成乳白色或牙黄色固体墙围，这种材料及做法而为的墙围子，干净、温和、舒适之余也相对结实耐用，但时间久了容易大片脱落。亦有用水泥砂子而为的质地更硬更加美观耐用的墙围子，这种墙围子在当时可算是凤毛麟角的稀罕物，因在那个物资匮乏、计划经济的年代，作为北方平原地区的农村来讲，沙子、水泥那是奢侈品，能这样做，几百户的村子里最多也就三五家，如有见到足以让人驻足欣赏羡慕不已。以上几种情况的炕围子，无论其怎样为之，其目的作用皆如上所述，一来是为实用而做，二来能起到装饰美化的作用。

2. 炕屏的定义与属性

下到民间百姓阶层土墙土炕上最为简易的贴纸“墙围子”，上至帝王权贵社会上层寝宫府宅所置良材精工，同具“墙围”作用专属性规范屏扇的应用，虽然二者之间有着简陋和考究程度上的天壤之别，但其功能作用完全一致，相关属性完全相同。一个可视作“民造”，一个应确为“官造”，二者之间有何渊源、孰早孰晚、谁影响了谁等一系列相关问题，虽皆有待进一步的研究探讨与考证，但无论怎样，炕的定义及相关属性可以肯定：“炕屏，主要是指北方地区置于炕上，贴于墙面装饰欣赏之余，还能具备一定实用功能的炕上用器，与床榻无关，是屏具的一种，有屏具的属性”。虽然其相关制作及应用的空间范围、地域等有一定局限性，但现实中确有其器，确具其类，为屏具家族的一分子，屏具门类中该有其一席之地，炕屏文化也是屏具文化的重要组成部分之一。

第三节　屏具文化浅析

一、屏具文化概述

屏具文化，早在几千年前屏具鼻祖“扆”的出现及应用之时就已根植其中了，当时“扆”不止仅为一防寒器具，它还是长者享有的特权与受尊重的体现，“邸”或“黼扆”更是天子身份地位的象征，是文明、文化进步的体现。本章在上述范畴内的各类别、各品种的屏具器物中，皆有文化的承载及各自相关领域文化属性所在方面的涉及，有的塑于外表，有的裹藏其内，亦有内外皆备的不同凡响之器。因此屏具的文化属性亦有形而上和形而下的双重体现。

在古代制作的屏具中，所有的屏具自有制作意向开始，皆需通过设计、制作等多个环节直到应用，其中的设计环节涉及美学、力学以及风水学和对各种材料材质性能了解等多个方面，既要科学准确地测算和安排好结构的合理性，还要兼顾整体器形的美感以及装饰装点等局部配饰件细节方面的合理和谐与适度。上述问题，如何做到，怎样做好，关键在人，在于人的思想和追求，这就体现出了设计者的重要性。屏具的整体质量与水准，更能体现和考验出设计者的文化修养及综合能力，也就是说，屏具的设计与考量，本身就是一个文化融入的过程。制作方面，就屏具的制作所需，以木材及各种辅助材料而言，只有全面了解和掌握木材及其他各种材料的性能特点等，做到胸有成竹后，才能顺应而为有效驾驭。上述因素及条件皆具备的前提下，还要具备足够的专业知识和较高的技术技能，才能完成巧妙复杂的榫卯结构实施与制作，才能完成技术难度更高且具有一定科学性的工艺及工种实施。如，漆质漆色的精准度把握和正确调配及相关应用，炸螺工艺的原理了解及火候掌控，各种珠宝贵金属等相关辅助材料的性能了解及制作，这些工艺工种的制作与实施，绝非仅为力气活、技术活那么简单，更为重要和应具备的是制造者的各种知识储备和文化底蕴，是综合能力的体现。此外，屏具某种意义上与其他的古代家具相较，现实中除有实用功能作用的一面外，更有其他诸多方面的考量和需求，因此屏具范畴内的各种器具，在物有其用、器有所属的制器理念与原则下，不同种类的屏具择其功能作用，所置位置，要表达什么、代表什么、呈现出什么样的

图 2-151 清乾隆紫檀嵌百宝博古图案上赏屏
故宫博物院 藏

效果等问题。这在传统封建的古代社会是非常有讲究的，这种讲究本身即文化的蕴含与体现。综上所述，有关屏具设计、制作、应用三个大环节，以及所涉及各种因素各个方面，都充分说明和体现出屏具文化的宽广深厚。三个环节中，除屏具设计与制作两个环节的相关文化承载外，其应用方面的文化承载和体现，亦是我们感受更为深刻、尤为直观的部分。结合众多传世屏具的具体情况，参考古人对屏具应用及相关文化方面的认知理解，结合屏具自身属性及相关情况，就屏具应用范围内所具有的文化承载和影响而言，自古至今现实中，其具体体现主要可分为，文化直接传播和文化间接传播两种形式。

屏具文化的直接传播，是指屏具的外在表象表达对人类所带来的影响，即屏具的形制及外表样貌和细节上的文化表达表现等，这其中最为主要的部分，包括屏心内容题材的选择、装饰部件的造型符号以及所表纹饰纹样等。以图 2-151 所示的紫檀嵌百宝博古图案上赏屏为例，其奇异的样貌、陌生的面孔就足以博人眼目。通体所施流行于乾隆时期不留白不漏地儿寓意主题皆为“平安美满吉祥如意”的紫檀工，以及所雕饰缠枝纹、万字纹、如意纹、莲瓣纹样等赏心悦目的同时，连同屏心所嵌的百宝纹样及图案等更是文化的承载与体现。其中屏心右下角部位所嵌紫檀框架剔红装饰工艺的六边形笔筒，筒内文玩清赏等一应俱全，其中作为权利象征的戟，其头部自上而下依次吊系着雕漆工艺的“磬”、象牙染色的“蝠”和“寿”以及髹漆描金工艺的双鱼“图案”，这些纹样图案的展现，都寓意和表达出吉庆有余、福寿连连之美好愿望。其他以不同材质、不同工艺及手法而为的图案纹样，如“宝瓶”“大象”“书卷”“佛手”等则分别代表着“太平有象”，象征着勇气，寓意着智慧和力量的源泉。总之，整屏之上所雕、所刻、所嵌的纹饰纹样及符号，其表象及寓意存在，正是屏具文化的直接输出和外在文化表现所在。类似的例子数不胜数，这种以外表直观形式的文化表达方式，是屏具文化表达的一种基本手法和普遍现象，这种手法及现象，在屏具的制作过程中从古至今一脉相承，且未曾改变并体现在各时期各类屏具之中，以这种直接直观的传播方式所带来的文化影响及效果，实践证明意义非凡。

屏具文化的间接传播，是指屏具在其使用的过程中，抛开屏具自身外表所具有的表象信息文化传播外，特指蕴藏于相应功能、用场、环境氛围等共同作用下，对人的思想或事物所带来潜移默化的哲学影响，是更为深层的文化体现，讲得更直白些，这种文化的形成，一部分源于屏具的内在因素，一部分则是器物、道场及人文思想的共为而生。屏具间接文化体现的例子，在日常起居生活以及政治文化方面皆有不同程度的体现，如传统的中堂屏风摆放，定式的宫廷屏风摆法及特殊场所和需求下的屏风陈设，都会不同程度间接地传递出礼仪、礼数、礼制、章法等屏具自身文化以外的大量相关信息和人文思想，人在其中会受影响有感受，这便是屏具间接文化的作用与体现，类似屏具间接文化体现的例子，在屏具的实际应用中涉及面广，影响力大，更为深入广泛的内容，在此不作具体的论述，待后文相关章节再一并论之探讨。

屏具文化的承载及体现，在以上述两种传播形式和影响的基础上，可谓面广深厚、无处不在。纵观各类屏具自身条件及具体情况，结合屏具文化承载内涵以及与人类和社会之间的关系，观其表象究其内在，归纳梳理后，屏具文化的具体体现主要在于以下三个阶层、两个层面。三个阶层：文人阶层、百姓阶层、统治阶层；两个层面：即形而上、形而下两个层面。

二、屏具展现的阶层文化

（一）文人阶层

屏具之上斧形纹的出现，应算得上是最早以屏具为载体的文化表达表象之一，亦是屏具外在文化的最早体现。由于人类文明的不断进步，屏具种类及品种的逐步创新与完善，屏具的应用与发展也变得越来越丰富多样。与此同时，随着屏具进入到社会各个阶层，以文人墨客为代表的时代先锋们，便是名副其实的践行者引领者，自汉代开始出现的画屏，到唐宋时期诗人画家们所风靡一时的屏风之上题诗作画，屏风已经成为绘画的重要媒介和文化载体之一。唐宋以来的文豪大家们都有与屏风画相关的故事及记载，如唐宋时期的张旭、张璪、边鸾、巨然、燕肃、郭熙、苏轼等，他们的绘画作品以及与屏风画相关的趣闻轶事等，皆有一定数量的传世、传颂和记载。如图 2-152 和图 2-153 视为代表展示，其中图 2-152 唐韩干《牧马图》，虽有相关学者定性其为屏风画有待进一步考证，但此画作的纵 27.5 厘米，横 34.1 厘米，这些相关数据及尺度与画屏之间却似乎有些关联。图 2-153 郭熙绘《早春图》，高 158.3 厘米，宽 108.1 厘米，从尺度上看更符合落地大画屏的条件，且在神宗年间，确有关于郭熙给宫中画了许多他所擅长的格调清新的山水寒

图 2-152　唐 韩干《牧马图》屏风画（局部）
台北故宫博物院 藏

林屏风画和壁画方面的相关记载。以上列举虽非定论，但此处的呈现，意在证明和体现唐宋时期屏风画在文人阶层的影响和真实性所在。同时，以上所列举的代表性人物、故事及现象等，皆能代表历朝历代文人思想、价值观等方面以绘画形式进行倾诉，并以此向社会进行传播与民众交流的现象，这是最直观的一种传播形式和渠道，正是屏具文化在古代文人阶层的体现之一。更具说服力、更能加以印证的是，在传世的古代各类屏具中，多见屏具屏心一面为绘画作品、另一面则以诗文词句的表现形式出现。以图 2-154 和图 2-155 所示的明黑大漆嵌螺钿工艺赏屏为例，此屏横屏卧式，连体结构，形制简练，上下收分较大。其形，逸美舒展，平阔大气；其姿，丽质端庄、宋味四溢；其韵，雍然儒雅，高洁脱俗，为赏屏制式和同类屏具中的少见。再者，整体与局部细节之间的匹配关系和谐统一，边、角、线等方面的处理与把握，比例适中，张弛有度。屏心一面以孔子观欹器论道图为题材，其出处应为《荀子·宥坐》：

孔子观于鲁桓公之庙，有欹器焉。孔子问于守庙者曰："此为何器？"守庙者曰："此盖为宥坐之器。"孔子曰："吾闻宥坐之器者，虚则欹，中则正，满则覆。"孔子顾谓弟子曰："注水焉！"弟子挹水而注之，中而正，满而覆，虚而欹。孔子

图 2-153　宋 郭熙《早春图》屏风画
台北故宫博物院 藏

图 2-154　明中晚期黑大漆嵌螺钿工艺案上赏屏（正面）
李世辉先生 藏

图 2-155 明中晚期黑大漆嵌螺钿工艺案上赏屏（背面）
李世辉先生 藏

喟然而叹曰："吁！恶有满而不覆者哉！"子路曰："敢问持满有道乎？"孔子曰："聪明圣知，守之以愚；功被天下，守之以让；勇力抚世，守之以怯；富有四海，守之以谦。此所谓挹而损之之道也。"（清·王先谦撰，沈啸寰、王星贤点校《荀子集解》第520页，中华书局，1988）

依文释义应为，孔子带着学生到鲁桓公庙里来朝拜，见到这种器皿，觉得很奇怪，于是就向守庙人打听。守庙人告诉他，此器为"宥坐之器"。孔子说道："我听闻欹器空着的时候就倾斜，把酒或水倒进去，至一半的时候就直立起来，欹器装满了就又会倾斜。"说完，他就让学生取来水倒进欹器，结果也确实如此。当孔子有感于此，发出"恶有满而不倾覆"的感叹时，弟子子路请教他有无保持"满"的状态的办法，孔子告诫他的学生说："只有做到智高不露锋芒，居功而不自傲，勇武而示怯懦，富有而不夸显，谦虚谨慎，戒骄戒躁，才能保持长久而不致衰败。"欹器，古代倾斜易覆的盛水器，在春秋战国时期被鲁国君王放于庙堂其座位的右侧，专门用来警醒修身之用，警诫自己绝不可以骄傲自满，自满就会像欹器里装满了水，必然要倾斜倒覆，因此视其之"座右铭"之意。该屏的主人和制作者，将此典故施于屏心显要部位，这种直观的表现手法，其用心用意便可想而知。同样该屏心另一面以螺钿工艺镶嵌出的司马光家训相关铭文，时刻警示该屏主人自身行为规范的同时也起到对子孙后代以及他人的教育目的。此屏心两面的绘画与诗句，视觉美感以外的深刻含义更为突出。这正是屏具文化载道于器直接和间接输出的充分体现，是古代文人用屏和用心设计的典范代表。诸如此类的绘画题材与词句，类似此种表现形式的屏具，在古代，不仅在文人阶层有一定的共鸣与共识，就其文化方面也对历代文人产生了极大的影响，体现出了屏具文化价值的所在。

此外，现实中在屏具发展及广泛应用的历史进程中，与屏具相关的故事和人文轶事等更是数不胜数，尤其是在那些自命清高、极具洞察力，勇于探索革新，追求真善美，既有理想抱负又时刻向往居士生活的文人阶层，体现得更为鲜明、深刻。相关资料记载，出自汉代刘安之手的《屏风赋》以木喻人，以屏风的摆放处所及服务的主人不同，所产生的不同价值观来喻人论道，将屏风的文化价值提高至哲学思想层面，体现出屏风物尽其用以外的间接文化所在。同样南宋时期著名的理学家朱熹及好友张敬夫等，皆以格物论的视角看待屏风作为箴铭以外的物象文化。李溪著《内外之间：屏风意义的唐宋转型》第四章《“文人屏”之树立》有这样一段文字道：

“格物之中，物是格的对象。对于理学家而言，枕屏也是物，也即人‘格’之对象，或可称之为一个现象。他们试图通过思虑这一现象通达其中的义理。朱子的一位好友、理学家张敬夫曾经写过一首《枕屏铭》，曰：

勿欺暗，毋思邪，席上枕前且自省，莫言屈曲为君遮。

他认为，一位君子无论是坐于席上还是卧于枕前，身后的屏风都告诫他要时时自省，不可思邪。‘莫言屈曲为君遮’，当屏风作为箴铭的对象时，它营造的私人空间内承载的已并非隐私，一个君子的生活中不应该存在一个不可为外人所知的空间。如果说屏风可以遮蔽外人的目光，那么在理学家眼中，它却不能遮掩‘圣人’和‘天理’永不眠休的审视目光。

当然，儒者的修为并非因为有这种外在目光的监督，而是一种自发的内在领悟，也就是向内而观。这一领悟的发生，与空间上的内外并无关联，甚至在某种程度上，私人空间中的自观需要更为谨慎和严格。因此，即便面对枕屏的所在是一个绝对的私人空间，对理学家而言，‘观看’也是履践公理的一种行为。虽然在表面上，这一‘观’的对象仍然是枕屏之‘外物’，然而这一外物只是以现象的方式呈现出来，观者的目的在反诸己身，以观其内，以致其理。故而程颐言：‘致知在格物，非由外铄我也，我固有之也。因物有迁迷而不知，则天理灭矣。故圣人欲格之。’又言：‘随事观理，而天下之理得矣。天下之理得，然后可以至于圣人君子之学，将以反躬而已矣。反躬在致知，致知在格物。学贵于自得，得非外也，故曰自得。’这一‘观理’之道，非由外物所得：‘物我一理，才明彼即晓此，合内外之道也。’‘求之性情固是切于身，然一草一木皆有理，须察观物理以察己。’故理学家也将在外之物视为内在之我，只不过他们是在万物之理的基础上有此体认。”（李溪著《内外之间：屏风意义的唐宋转型》第 185 页，北京大学出版社，2014）

此论述更加证明了屏具文化的精髓和在文人心目中的位置与分量。另外魏晋南北朝时期的《稚子倚屏俑诗》《赠竹屏赞清廉》，唐代的白居易与素屏，宋代的欧阳修、王安石，苏轼以及明代的文震亨等众多儒学家、理学家都有着与屏具相关的故事及屏具文化相关联的不解情怀，也正是由于历代文人阶层对屏具及屏具文化的率先认可，才使得屏具的发展与应用得以辉煌，屏具文化得以光大。由此可见，屏具文化在文人阶层的普遍认知和广泛应用，奠定了屏具制作与应用的坚实基础，起到了屏具文化宣扬推广的引擎作用。

（二）百姓阶层

屏具文化，在文人墨客等社会上层人士的影响下，历朝历代也都涉及百姓阶层。各种屏具在民间的应用，不但深入现实生活的方方面面，还涉及个人、家庭乃至于家族的门风德行等精神层面，因此屏具文化在民间的影响力不可低估。体现较为突出的时代应为唐宋时期和明清，以史为据、有物为证、说服力最强的应为明清时期。上述所举《上元灯彩图》中集市之上所见屏具售卖摊点之密集和现实中传世实物的数量之大、品种之多，以及明清寿屏突显等现象都是有力的证明。再者，就民间厅堂所陈设的落地大座屏和案上赏屏而论，便可领略到屏具文化在百姓阶层生活中相关体现及根深厚重。纵观全国各地，今天所能保存下来的古代宅第，尤其是明清时期的官商富贾以及文人乡绅宅院，结合相关参考资料等不难看出，古代院落无论地处南北西东，风格流派如何，其宅院正房主宅中央皆设有一厅，亦可称之为中堂，中堂之内皆有一高堂位置。此高堂部位的空间布置，通常情况下，不分大江南北，也不论明清各朝，其家具的摆放格局皆有定式，即紧靠厅堂北墙正对门的中央位置，皆摆放着一张尺寸较长、体量较大的案形器具，有翘头的也有平头的，还有架几案，亦有尺度较大的长条桌摆放。以福建为代表的南方地区也有摆放两头高、中间低形如“凹”字的案子等地域性家具出现。无论款式怎样，这些桌案器具都尺度较大，其摆放方式皆紧贴厅堂后墙顺向而置，所以也有叫“条几”或“条山几”的俗称。案子的前面中央位置紧靠着案子往往会再摆放一张方桌，方桌左右两侧分别摆放着不同造型与制式的对装椅子，这种摆放形式是最基本的“高堂”家具配置及格局，可算经典。在这种标配下，其紧靠后墙的大长条案上，明清两代多为案子中间摆放有底座赏屏一架，赏屏两侧各摆对装瓷瓶一只，“屏”“瓶”相见，寓意“平平安安”。清代因有西洋钟表的舶来，所以也有少数的权贵们将案子中间的赏屏换成了西洋钟表，寓意“终生平安”，在当时可算是超前时髦之举，是一种显摆，更是身份地位的象征，如图 2-156 所示。

高堂部位的陈设装置外，厅堂之中与家庭成员家风品德息息相关的另一重要屏具，即为摆放在距厅堂进门后较近位置的大型落地屏风，此类屏风的设置：其一，在古代厅堂内的应用较为常见，可视为定式，其应用数量相对占比例较高较大；其二，此类屏风的应用，在此空间氛围内的文化体现与输出应大于实用功能和装饰作用，图 2-157 所示清乾隆五十七年款大漆彩绘

图 2-156　清代常见中堂及堂内布置

书朱子家训落地屏风，视为此类屏具代表。此屏，宽 156 厘米，高 183 厘米，厚 79 厘米，屏心与底座为上下插装式分体结构，其尺寸、尺度、造型制式等为标准的厅堂落地屏风。屏心的一面彩绘宋代题材与风格的孝经图画作，其画面构图合理、布局舒适，二高堂在上尊分左右，众子孙跪堂下辈分分明，整个画面井然有序，充分体现出传统的伦理关系及尊老爱幼的道德观念。详情可见本章第二节中图 2-1 的具体展示。屏心的另一面，落款乾隆五十七年的满屏楷书朱子家训，字字千金，至理名言，如图 2-157 显示。试想，似这样图文并茂并写有忠、孝、仁、义、信等修身治家之道的大屏风置于堂中，除能起到一定的屏障装饰效果外，更为重要的因素恐怕是为起到对后世子孙行为的规范和教育作用。理由则在于，古代名门望族的中堂是一家人日常聚集活动的中心，是晚辈给长辈早晚请安的地方，落地座屏所在的位置是出入厅堂的必经之地，若大屏风置于此，孝经图生动场面的时常入目，家规家训励志铭句的心田沁润，时间久了耳濡目染自然就潜移默化地起到了教育目的和警示作用。因此，我们可以这样理解，古代厅堂的布置，以屏具为例，虽然从视觉上看仅是多了两架屏具，事实上有屏和无屏的厅堂，并非有与无那么简单，这种有无之差，是一个家庭乃至于一个家族的文化之差，教养之

图 2-157　清乾隆五十七年款大漆彩绘书朱子家训落地屏风
万乾堂 旧藏

差，是天壤之别。古人在同一厅堂内不同的位置摆放不同的屏具，在体现装饰效果、表现外在文化的前提下，更有其重大目的和深远意义，可见屏具文化的重要性和在民间普通百姓阶层的具体体现。类似上述例子及屏具的文化体现，现实中在寻常百姓的日常起居生活中随处可见。

（三）统治阶层

屏风，自成为皇权皇位及天子身份地位象征而被冠以“黼扆”“皇邸”之称及特殊使命后，便被打上了政治烙印和强权属性，因此屏具文化千百年以来更是被统治阶级发挥使用的得心应手，有模有样有生命。屏具文化服务于政治，忠于统治者的现象，在历朝历代任何统治阶层及统治者们身上皆已成惯例，除本书中有所提及和尚未提到的有关历朝历代统治阶层或皇帝诸如曹操赐毛玠屏具、唐太宗赏魏征屏具的相关故事及真正意义等正、反两面的趣闻轶事不论，仅以某些屏具的相关设计、具体制作以及应用等方面而论，有的就已成定式、已贯权贵身份、已具政治属性。我们不妨先从明清两代作为皇权象征代表的皇家宫殿，就其宫殿、皇位、皇权三个历朝历代至高无上的国家最高权力与机构布置情况，对屏具在其中所起的作用及文化体现加以探讨。以故宫太和殿为例，它是皇家殿堂中形制与级别最高的代表，对于级别如此之高极具特殊属性的建筑而言，宏伟气势威严庄重的外观应是首先考虑的问题，亦是体现皇权皇威的关键所在，因此太和殿建在了近 10 米高的台基上，它面阔十一间，进深五间，建筑面积 2377 平方米，高达 26.92 米，通高 35 米。如此高大空阔的宫殿内，怎样划分？怎样布置？怎样才能把握好器具与空间、人与器具与空间各自的关系？怎样才能做到皇权皇威充分体现？才能保证皇帝临朝即位，命将出征，封赏大臣，以及接受文武百官朝贺时天子至高无上的形象，这一系列的问题不仅涉及了建筑、装饰、装修、风水、美学、玄学、人文思想以及政治因素等多方面的考量，更体现着厚重的屏具文化。图 2-158 为故宫太和殿内宝座之位及立体空间的展示，众所周知，太和殿内的空间布置及环境氛围，无论是从图像效果的展现，还是从身临其境的感受，总是给人一种气势宏伟和从内到外的得体舒适之感，仰望大殿，惊叹不已，人在其中又未感渺小，反而觉得悠然贴切，且所有殿内陈设之器亦是如此。这是为什么不呢？对此我们不妨从大殿的空间分割和殿内宝座、屏风等具体器物间的关系作以粗浅分析：首先，大殿为了彰显皇权皇威，体现皇帝的气势与尊严，一定要宏伟高大，而宝座为了达到同样的感觉和效果，就应置于大殿的中央，居于显位，居中而设不是问题，可定量限值受约于多种因素的宝座体量相对于大殿的面积和体量而言，差距极为悬殊，怎样处理才能做到恪守其位，各负其命且和谐统一就成了大问题。作为宝座，其尺寸尺度应与三个方面有关：其一，应和人有关，因为宝座的形制、尺度会直接涉及人乘坐时的得体性、舒适度及共为出的仪式感；其二，宝座的尺度更应与其自身的规格、制式和相关属性等方面有关，具体而言，宝座在供人承坐服务于政治的前提下，其尺度一定要小于床榻而大于常见椅具的尺寸，在这个范畴内，有的宝座看面宽度在 100 厘米左右，稍大一些的宝座宽度在 130 厘米左右，特殊情况下的宝座尺寸会更大一些，但无论如何都不会超过 200 厘米，这就意味着最大尺寸的宝座，其体量不会大于罗汉床；其三，是宝座与空间的关系，鉴于以上实用功能、政治需要、体量受限等多种因素，如将宝座孤独置于如此空旷的殿堂中央，会产生什么样的效果，我们皆可想而知。再者，即便是体阔硕壮威武、气质再足、气场再强且有真本事的皇帝坐上去，恐怕也难显君王之威，体现皇权的至高无上。所以为了解决这个问题，充分彰显皇权皇威，更好地塑造和服务于统治者，聪明智慧的古代匠师们，先是用数根直径一米有余的巨型圆柱，将整个大殿从空间上进行立体分割后，再将宝座置于大殿中央七层台阶之上的高台中央，然后再在宝座的后方设置云龙纹高浮雕髹金漆七扇组合大屏风。那为什么此处要有屏风的设置，它的出现其初衷及意义又是如何，除源于古人对殿内平面及立体空间的合理规划与分割，以及美学、装饰、环境、氛围等各方面多种因素的综合考量外，这还需从屏风自身和相关空间氛围等方面加以论证。就屏风自身的结构制式、组合形式以及高浮雕的装饰手法和内容展现而言：其一，与宝座一起彰显皇权皇威的同时，更是营造出了庄重的空间氛围，增强了皇权及统治者的神秘性与神话色彩；其二，屏风的设置与应用，是建筑领域室内设计专业方面的充分发挥与体现，试想，空旷如野的大殿，如果没有屏风的陪衬，置于台上中央的宝座会显得孤独无助，只有屏风的出现才能削弱空旷之感，增强宝座之势，凸显主人之威。更有，宝座后面的屏风在相同制式同等体量的情况下，其装点修饰的繁简也会带来不同的效果，平素会显清净寡淡，难致威严庄重气氛，故屏风才施以重工极尽表现。同理，宝座与屏风的正上方，采用同样的方法与手段，将结构复杂、错落有序、分布合理的密集斗拱，纵横梁枋和分三层组合而成的龙凤角蝉云龙随瓣枋套方八角浑金蟠龙藻井及所有部件几

图 2-158　故宫太和殿内宝座之位及立体空间

大板块完美结合起来，形成一种有序的“繁”。这样一“热闹”，大大拉近了宝座与周边器物及整个空间的距离感，相互照应，使得宝座不再孤独，不再渺小。更应肯定的是，虽然这种空间布局中的各类器具及装饰皆为重要，各具使命，缺一不可。但其中，宝座和其后方的七扇组合大屏风是整个大殿装置中的核心。宝座，是天子之位，其重要性毋庸置疑。但作为辅助作用的屏风也不容忽视，只有宝座不设屏风，会显得位在氛散没有气势；只有宝座与屏风共为，才能烘托出宝座之位的至高无上，彰显出君王皇帝的威风与尊贵，才能与庄重威严气势雄伟的太和殿相得益彰。因此，凡皇家殿堂只要有宝座在，后方定有屏风陪衬，图 2-159 为故宫太和殿内宝座、屏风及藻井等相关场景。同样，包括沈阳故宫在内的其他明清皇家宫殿，其结构、立体空间分割以及平面布置等皆与故宫太和殿同出一辙，相同的摆放形式，同有屏风器具的出现，其目的同样是在于共为出宝座雄伟光环，标榜着皇权皇位的至高无上与神圣。这便是屏风器具在国家最高统治机关最为神圣殿堂之上的作用和屏具文化在统治阶层应用体现的代表之一。

图 2-159　故宫太和殿内宝座、屏风及藻井等相关场景

以史为鉴，历朝历代的皇帝们，他们的一生尤其是在他们的执政生涯中，无一人不与屏风及屏风文化有关联，除自先秦时代留下的惯例，屏风作为天子身份地位的象征不离君位以外，各朝各代皆有皇帝借屏风，屏风恃皇帝的施政治国行为以及正反是非故事发生。其中，有许多明君以屏风作箴铭成为帝王楷模，亦有不理朝纲终日迷恋酒色于屏风下的昏君之例，有以屏风记事载册便于朝政的使用者，更有皇帝用屏风赏赐有功之臣以示奖励之举，还有屏风背后暗藏杀机以图谋篡取权位等凶险之实例，除这些屏风被统治者披上政治色彩的外衣，打上特殊的烙印，成为国家机器的一部分，服务于统治阶层的政治需求外，屏具在统治阶层的私下及日常生活中同样也受到一定程度的青睐，在特定的情况下，它们会以不同的身份及面目出现，扮演着相应的角色，因此屏具与皇帝个人之间也有着讲不完的逸闻趣事，理不清的格物情怀。

以乾隆皇帝为例，他既是一位还算勤奋的君主，又是一位风流儒雅、五行八作皆好的资深玩家，但他玩不丧志，玩得认真、玩得讲究，他一生所收藏的各类稀世珍宝当属史上皇帝之最，可称得上真正的大收藏家。他不但收藏数量大、品种多、品位高，关键是他在收藏过程中有研究、有体会且有实践。相关方面在乾隆帝所玩过的许多奇珍异宝和收藏痕迹中皆能找到相应的答案和证明，本书第三章，素屏探研中就有相关方面的体现，届时会作详尽的阐述。除此之外，相关方面与乾隆帝有关的故事和趣闻也不在少数，此暂举一例作为代表，以示印证。图 2-160、图 2-161 所示为清乾隆紫檀镶铜镜案上赏屏。此屏，长 74 厘米，高 91.5 厘米，宽 26.3 厘米。通体紫檀满雕螭龙、如意等博古纹样，尺寸尺度在案上赏屏中应算得上较大号，级别品第、特殊性等综合而论堪称上乘，屏心中间所镶铜镜其直径应超过一尺即 30 多厘米，这一数据该赏屏正面乾隆御题诗句中交代清楚。不但如此，就连该铜镜的年代、制式、纹样、用途现状等都作了具体的描述，曰：“纯素大鼻汉镜式，规圆其径逾一尺。吉金背弗事雕几，海马蒲萄祛藻饰。千年出土青绿湛，香奁谁用未可识。抑为班乎伴纨扇，辞辇深宫耀芳则。抑为燕乎啄王孙，争艳椒涂妬合德。由来一例照峨眉，贤否天渊彼自隔。镜乎镜乎付不知，岂待妍媸对颜色。”从诗文内容中不难看出，此赏屏是在原有汉代铜镜的前提下，宫廷造办处的匠师们受命于乾隆旨意而进行的古为今用再创作，也就是说铜镜是汉代的，而紫檀框架是乾隆朝所制。有意思的是，爱玩儿的乾隆为了体现他“会玩儿”，于是他号召群

图 2-160　清乾隆紫檀镶铜镜案上赏屏（正面）
故宫博物院 藏

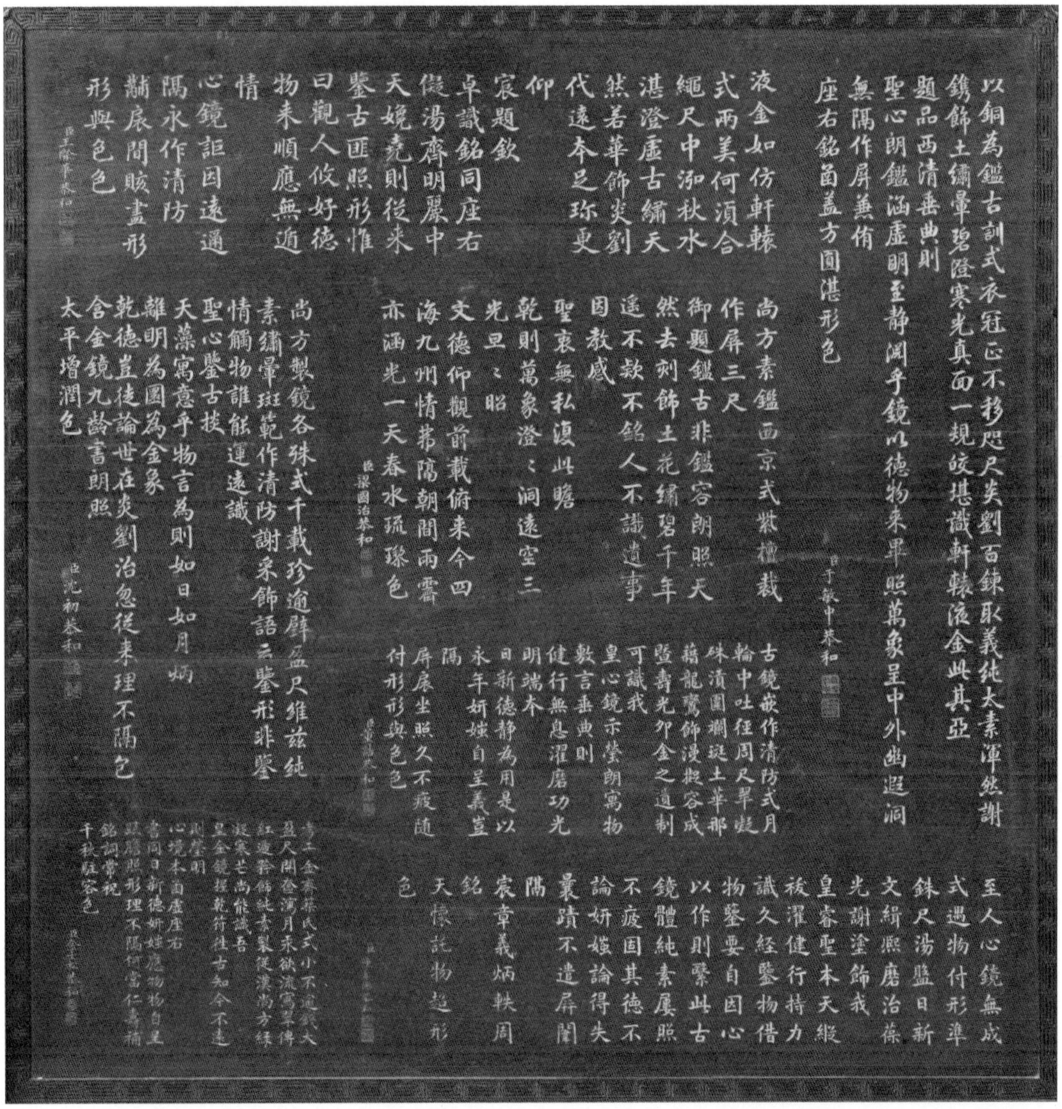

以銅為鑑古訓式衣冠正不移咫尺美劉百鍊取義純太素渾然謝
鐫飾土繡暈碧瑩寒光真面一規皎堪識軒轅液金此真亞
題品西清垂曲則
聖心朗鑑涵虛明至静闕乎鏡以德物來畢照萬象呈中外幽遐洞
無隔作屏兼備
座右銘畄蓋方圓湛形色

臣于敏中恭和

液金如仿軒轅
式兩美何須合
繩尺中泖秋水
湛澄虛古繡天
然若華飾炎劉
代遠本足珍更
仰
宸題欽
卓識銘同座右
儆湯齊明槩中
天娩堯則從來
鑒古匪照形惟
曰觀人攸好德
物來順應無適
情
心鏡詎因遠通
隔永作清防
黼扆間賅畫形
形與色

尚方素鑑西京式紫檀栽
作屏三尺
御題鑑古非鑑容朗照天
然去刻飾土花繡碧千年
遙不款不銘人不識遺事
因教感
聖衷無私復此瞻
乾則萬象澄澄洞遠空三
光旦旦昭
文德仰覩前載俯來今四
海九州情帯隔朝間兩霽
亦涵光一天春水琉璨色

臣梁國治恭和

尚方製鏡各殊式千載珍逾璧盈尺維茲純
素繡暈斑乾作清防謝采飾語云鑒形非鑒
情觸物誰能運遠識
聖心鑒古技
天藻寓意乎物言為則如日如月炳
離明為圜為金象
乾德豈徒論世在炎劉治忽從來理不隔包
含金鏡九齡書朗照
太平增潤色

古鏡嵌作清防式月
輪中吐徑周尺畢能
蛛漬圖瀾斑土華那
藉龍鸞飾復擬容成
鑑壽光卯金之遺制
可識我
皇心鏡示鑒朗寓物
敷言垂典則
健行無息濯磨功光
明端本
日新德静為用是以
永年妍媸自呈義豈
隔
屏扆坐照久不疲随
付形形與色

至人心鏡無成
式遇物付形準
銖尺湯盤日新
文緝熙磨治薛
光謝塗飾我
皇睿聖本天縱
祓濯健行持力
識久经鑒物借
物鑒要自囙心
以作則鑒此古
鏡體純素屢照
不疲囙其德不
論妍媸論得失
蕞蹟不遺屏闈
隔
宸章義炳軼周
銘天懷託物追形
色

图 2-161 清乾隆紫檀镶铜镜案上赏屏（背面）
故宫博物院 藏

臣积极参与，才有了此赏屏背面这密密麻麻众位臣工附和恭维奉承的赞誉刻文。抛开此屏背面诗文内容的取悦君心之嫌外，如此举动，不难看出乾隆不仅是自己在玩，而且还要得到群臣的响应与认可，想和大家一起玩，这众乐乐的背后，即文化的体现。这种情况，虽然在乾隆皇帝身上较为突出，但类似这样与屏具相关的故事以及传世实物还有很多，透过现象看本质，我们领略乾隆等历代天子及臣子们与屏具相关的趣闻轶事背后，体现的是屏具文化在统治阶层的相关影响情况，折射出的是屏具文化的重要性。

有关屏具文化在文人、百姓、统治者中的体现与承载，以上论述和相关实物及故事等方面的列举呈现，不足以用点滴来形容，因为屏具文化几千年来除涉及上述三个方面外，还涉及了美学、力学、玄学、风水、心理学及自然科学等多学科多领域多方面，涉及人类社会的各个阶层甚至犄角旮旯，可以说屏具文化与政治、人类思想以及日常生活等息息相关无处不在。因此，相关屏具文化方面的探讨与研究是一个大课题，其面宽广深，内容丰富。此节的点滴列举与探讨权作叩门之举的同时，意在为屏具门类的增设提供重要的充分的实质性理论依据和支撑。

三、屏具文化的两个层面

屏具的发明及应用，历经几千年的传承与发展，已涉及人类社会的各个阶层和生活的方方面面，因此屏具文化也随其发展而遍及于不同的社会阶层及各个领域，可谓屏具文化厚重博大无处不在。纵观屏具几千年的应用情况及屏具文化的承载与体现，结合屏具门类中各类别各品种以及具体到每件器具的自身情况，虽然不同的屏具其造型制式各有差别，选材用料制作工艺等亦有不同，功能属性等也各有所属，但无论如何，作为屏具它们皆具文化载体的一面，这也是大多数屏具的共性所在。屏具文化的滋生与由来，一切的一切都应与设计者、制造者、使用者有关，总之，皆与人有关。因此，屏具文化皆有赖于人类的植入和赋予，是人类造物理念的体现，是人类审美追求的表现，是人类思想与精神以及人文情怀的表达与诉求，是人类文明及智慧的结晶展现。虽然其表现形式多种多样，表达方式各有不同，但谈及文化承载归根结底，亦可分为形而上与形而下两个层面。

（一）形而下称之为器层面

屏具，虽然在某种情况下，确有一定的实用功能及作用，但自古以来就有别于卧具、坐具、承具、庋具等以实用功能为主的其他类器具。绝大多数的屏具，无论归为何类，造型如何，其具备各自相应实用功能的同时，皆具备一定的装饰效果，起到美化空间、营造氛围和供人欣赏作用，也就是说，某种意义上屏具的装饰作用要远大于实用功能，而成为赏器。因此，在保障功能作用的前提下，屏具的制作会更加注意或重视其形制的得当、尺寸的适度、比例的协调、外观的漂亮等一些外在物象方面。要想做到这一点，其涉及最为直接最为相关的条件及因素，便是体态样貌的美丑，选材用料的优劣以及所施工艺种类的优良和工艺高下之差，因为这些因素会直接影响到一件器具的外在质量和美感。当然了，这些因素和质量之间的关系应综合而论，不是绝对的，因为同款、同材、同工艺下的不同人所制作的东西是不一样的，但无论其质量好坏，水平高低，应该肯定的是，这些外在的有模有样的东西会第一时间进入我们的视觉，这些物象的美与丑、好与坏只会给我们带来视觉上的感观与享受。这些外在表象方面的东西都属于屏具文化的器之层面。

此外，就上述所表屏具的形体、选材用料、所施工艺以及所有呈现出的物象表现总体情况而言，可以肯定的是无论上述条件和情况如何，任何一件屏具在其形而下谓之器的层面，都有其自身外在文化的承载。因为任何一件屏具，自有想法开始，到选材用料，再到相关制作，其整个过程无不与人相关，这个过程本身就是诸多人文思想及相关因素对器具文化植入的过程。也就是说，任何一件屏具的问世，其自身就具有属于“器”之层面的文化承载，只不过是其文化的承载与表现形式各有不同。在此前提下，更可以肯定的是，在这个众生芸芸、五彩缤纷的屏具世界里，庸俗之器较为普遍，精绝之品较为少见，这种现象的存在不可否定地讲，某种意义和程度上与每件屏具的造型制式、选材用料、所施工艺及技术水平等皆有一定的关系。虽有关联，但更需表明的是，这些相关因素及条件，与屏具外在文化的承载含量及高下并非正比关系。以上述所举图 2-160 的赏屏而论，其设计理念鲜明可见，宗旨在于“古为今用，古今结合”，属于再创作的范畴及成功案例。虽选材用料名贵优良，其中包括质地上乘的牛毛纹金星紫檀和贵为稀世珍宝的汉代青铜镜，并施以通体遍及的“不漏地儿”雕刻及表现手法，且精雕细琢、出自名门，但整器形制、美感度等皆略显欠佳，更无艺术之感受文化之体现，如此情况下就造成了此屏总体看来，第一眼感觉不错，第二眼还是不错，再看……再看，除了体现君呼臣从，用现在的话说“晒”和彰显皇家实力以外，再也看不到更深一层的东西。想来也对，此屏其设计理念及初衷无非是“好玩儿”的乾隆想借古人之力，古为今用表现自我，是他想与群臣互动得其美誉，陶醉其中获其享乐的行为。如此理念秉承下，又逢乾隆盛世这一特殊时期大背景的影响，此屏极尽的外观展现与表达理应成为重头戏，造成了此屏华而不实、徒有其表，位于形而下的器之层面的属性所在。也就是说，此屏“好”可以肯定的同时，更应该体味到，其好的成分及范畴是有层面和局限性的，这种情况及现象的存在，既是此屏外在文化形而下一面的具体反映，亦是多数屏具外在文化形而下层面的代表体现。

（二）形而上谓之道的层面

屏风，自先秦时期成为长者及天子身份地位象征的那一刻，便披上了政治色彩的外衣。在其影响下，以屏具之上的纹饰纹样、图案画面、诗句内容等各种元素符号及形式所表现出的相关信息而论，无论其是以雕刻、绘画、镶嵌、螺钿、堆漆、雕漆、剔犀等各种漆灰工艺及人为或天然各种形式与状态出现，视觉盛宴享受的同时，其工艺之上的艺术感染力以及画面题材、故事寓意、表达表现等相关信息都会影响到人的精神层面，这种能与人之思想灵魂产生共鸣的信息及能量，是屏具外在表象文化以外，更为深层的厚重的一种文化力量，这种力量便是屏具文化形而上谓之“道”层面的体现。屏具文化形而上的体香，是一个涉及因素较多，表达方式多样，甚至无形无声，难以用非常语言或文字表述清楚的问题。正如老子道德经开篇所言：“道可道，非常道。名可名，非常名。”。因此，以下有关似屏具文化形而上“道”之层面的肤浅认识，仅为个人感悟。

还以古代厅堂中陈设的有底座落地大屏风为例，置于进门显要位置，起到挡风、屏障、装饰作用以外，其更为重要的作用和设计初衷是，借助屏心上面的字画内容所具有的文化含量，影响人，教化人，不仅醒目沁心，还得使人有所感受、付诸行动，这正是基于形而上文化层面的考虑。再有自唐宋以来，枕屏是文人士大夫阶层的最爱之一，尤其是那些得道高人及大隐之士，枕屏能让他们酣然入梦、云游四海，能使他们的精神灵魂得以抚慰。特别是本书第三、四章中所要论及的以黑大漆枕屏为代表的素屏类，在不求浓华、不贪繁多、不追名贵、不施重金的情况下，做到了大音希声、大象无形、大道至简的至高境界，面对此屏万物得以通明，天地更为相容，修身养性能获智重生，其中的感受与感悟难以形容无法言表，即形而上谓之“道”的体现。

正是源于素屏所具有的形而上谓于“道”之层面的文化承载和力量所影响，才招来这古代先贤与圣君们的情有独钟，特别是以唐代大诗人白居易，宋代政治家、文学家欧阳修为代表的历朝历代与素屏有着不解之缘的文人墨客们，他们之中不乏文学家、思想家、哲学家、政治家、理学家及教育家，他们是社会的上层，是人类的精英，是时代的先锋，是各个历史时期人类文明与社会进步的引领者、推动者，他们之中虽不乏狂妄，但并不疯癫，虽性情秉直却不痴不呆，那他们却为什么会发自肺腑地宠爱和喜好素屏呢？尤其是像白居易这样的大诗人，他们不会追求豪门明堂之上的奢华俗艳，不会在意材质的普通和工本的廉价。相反，简约的形制、简单的工艺、简朴的风格、单一的色调、屏心的空白等，在他们眼中，是另外的一种空素之美，在他们的心中，反而觉得万象具备洪荒玄黄，在他们的精神世界里，空屏素心这方清净的天地间，万物得以容许，真性得以褒养，人的一切贪欲念都会随之消解。素屏，对于白居易、欧阳修等境界超凡、思想脱俗的隐者居士而言，是一种精神上的诉求和生活状态的隐喻，他们理清了物我之间的关系，悟透了名与利的价值，寻求到了一种化解物我之别名利之外的“适”，这种“适”会使他们在其中达到身体的安康、心灵的安宁、心境的适然。素屏，是他们的“心斋”，空素清净的素屏，恰恰能与文人内心的那份本真相映，产生共鸣。所以，素屏虽素，却是找回本真抚慰心灵的“有色”媒介，是通往精神世界的“云梯”，这正是素屏文化至高无上的最佳体现，即形而上。至此，顺便讲一句，古今而论，素屏的制作与应用相对于其他重装饰装点的屏具数量而言，相对较少，但素屏应为文人屏中的文人屏，居“屏圣”之位更应当之无愧。素屏虽有些曲高和寡，实则文化厚重，影响力较大，这正是屏具文化形而上谓于“道”之层面的最佳诠释和体现之一。这种文化的体现和表达，正是多数屏具谓于“道”之层面的共性所在。

以上相关列举及阐述，皆体现出屏具的文化承载确实有形而上、下两个不同的层面，这一现象及规律在屏具门类中的各种器具中皆有存在，只不过是不同器物的器与道各自文化层面所占的份额和表现形式有所不同。现实中，在屏具世界的大家族里，属于“器”之层面形而下文化占比较大较重的屏具占绝大多数，谓于“道”之层面形而上范畴的文化占比较大的屏具应为少数，但无论份额大小占比多少，屏具文化的两个层面在上述的相关梳理和浅显诠释中，足以让我们可窥见一斑。更应该肯定的是，只具视觉享受层面的形体、材质、工艺等外在表象及相关方面再美、再优、再好，也只能称之为“器”。在此基础上，能有较高的艺术水准呈现，能够注入一定的人文思想在其中，使屏具有灵魂有生命，才能上升到形而上“道”之层面，这正是古人“载道于器”的制器理念所在。

第四节　屏具门类增设的依据与理由

本章至此，上述通过对屏具及屏具称谓的相关阐述，和在屏具范畴内对屏具族群的成员构成、体系脉络、类别划分方面的探讨，以及各类别下相关品种与具体器物的定义、属性、范畴、制作、应用、文化承载等多方面所作出的梳理、归纳，相关论述、浅显解释等，是基于多年来在长期的一线实践过程中，对大量传世实物所具真实情况的了解认知与感悟，并结合相关方面的资料，综合分析研究后总结而来。虽有些问题的论述论证未能得以深入，抑或许有的观点也有待进一步探讨和推敲，但作为真实可靠且具一定参考价值的学术资料之余，其初衷则在于，本着“以实物实践为基础，理论学术作支撑”的宗旨，将屏具门类的起源、发展情况、体系脉络、属性范畴、相关制作与应用、艺术体现、文化承载等方面，有略述、有重表的交代清楚全面展现；将屏具门类中大量有待探讨研究的问题代表性地提及出来；将屏具文化传承的重要性、必要性显露出来。使其直观可见，一目了然，意在得以重视的同时，权作屏具门类增设的重要依据和充分理由。相关方面特归纳总结如下。

一、时间久远

依据历史资料，参考相关研究，结合实际情况，屏具这一物种自其他多种古代家具还处于萌芽阶段的夏、商、周时期，就已经作为“黼扆”或“邸”出现了，其在古代家具的范畴内，以发明和应用时间而论，自先秦至今朝历经几千年的传承与发展，仍被广泛地应用于人类日常生活、文化生活及精神世界的方方面面，且影响力极大，可算是“年岁”最大、生命力最强难言有可比性的家具物种之一了。

二、宗源纯正

屏具，是最早出现的古代家具之一。它的问世及发明，是古代先民们在漫长的求生存于文明演变进程中，逐步发现发明创造而来。无论是自汉代得以正名且沿用至今的“屏风”及各类屏具，还是先秦时期及以前主要服务于天子，象征皇权的“黼依”“斧依”“皇邸”等各种叫法的礼仪之器，其归根结底皆源于我们的先民在半地穴茅草屋居住时代，为防野兽伤害以树枝捆扎而成，用来堵挡门户的“木排子”和古代用于祭祀、宴会时放置礼器和酒器的土台子影响，有所启发借鉴并发明创造得以发展。也就是说，它是地道的华夏原发家具，本土“特产”，是不折不扣的华夏文明及文化，宗源纯正，根深蒂固。

三、脉络清晰体系庞大

通过本章上述有关屏具宗源、体系脉络、族群成员以及各成员的类别属性认定与划分，清晰地呈现出屏具门类中可分为屏风、座屏、挂屏三个大的分支和炕屏较小支系。且在此框架下又将不同结构形式、不同造型制式、不同功能用途的各类屏具、各种器具、个别品种的相关属性以及有些器具相互之间的“血缘”关系、演变关系、异同点等多方面逐一展现，进而让我们更加清楚直观地看到屏具门类的清晰脉络和庞大体系，感受到屏具宗族其门类下的“人丁兴旺、子孙满堂”。认识到，屏具有别于杂具门类中诸如剃头凳、上马凳等一些仅具种类或品种属性的某些器具，屏具是一个门类，一个很大的门类，具备体系，自成一脉。

四、文化承载及属性

家具的文化承载无器不有，家具文化的影响与体现无处不在。屏具在满足实用功能的前提下，更具备装饰效果和欣赏性，甚至有的屏具纯为赏器，体现艺术价值满足视觉享受以外，更具形而上的一面，是精神、思想与灵魂的载体，与同为家具范畴下卧具、坐具、承具、庋具等其他类别中的众多实用器相比，有着根本上的区别和属性之差，也就是说屏具的文化承载更为深厚，文化属性更为纯粹。

五、研究现状

屏具，除经历了几千年的制作应用与传承外，历朝历代皆有大量与屏具相关的奇闻趣事和记载，但是相关专业性方面的涉及与研究却相对较少，尤其是有关屏具的具体发展情况，以及屏具体系、脉络、种类和相关制作等方面的学术性研究，可谓史上更少，且无系统与专业性可言。如前所述，时至今日虽业界有认知、有收藏，然在经济发展、科技发达、文明更加进步的当下，屏具文化的传承和屏具门类的研究却双双落伍，整个业界和学术界普遍存在着收藏认知上的不足以及相关研究方面的薄弱现象，呈现出研究成果支离片面、脱离实际，缺少真观点以及重理论难深入的纸上谈兵现状。出现了“屏风”二字皆能全权代表所有屏具，“屏风”一词皆能代表“屏具门类”以及一词多用、一器多称的名称滥用及叫法混乱现象。此外，诸如不知屏具门类、不晓屏具概况、不解屏具文化的更多问题屡见不鲜，在此不再一一列举，总之屏具及屏具文化方面的研究是个短板，亟待引导与助力。

正是源于以上诸如屏具门类的问世时间较早，宗源纯正、脉络清晰、体系庞大以及文化厚重等方面的具备和业界、学术界等相关问题的真实存在，适逢其时进而才郑重提出“屏具门类”应“自立门户”的重要性和必要性。只有这样，才能做到将屏具从现有古代家具门类划分成卧具、坐具、承具、庋具、杂具五大类别中的“杂具”里剥离出来，使几近数典忘祖下的“屏具门类”得以呈现，还“屏具门类”应有的身份和地位。从此，构成古代家具范畴下“卧具、坐具、承具、庋具、屏具、杂具”六大门类划分并驾齐驱的新格局。只有这样，才能使远远落后于其他门类研究的屏具研究工作得以推进，才能使屏具文化得以传承、弘扬、光大。

不仅如此，鉴于本章开头部分所阐述的有关屏具门类范畴下，相关屏具类别的划分原则与方法，恰与家具范畴下的门类划分及相关门类下器具类别划分的原则与方法相同，进一步讲，屏具门类下的相关类别划分，与家具范畴下的相关门类划分，其原则一致方法一样，呈现出性质相同、级别相当的关系。再结合综上所述屏具宗族的根脉纯正、时间久远、脉络清晰、体系庞大等特征与具体情况，随着研究工作的不断深入，或许不远的将来，屏具宗族的定性、定位及相关问题，会跳出家具范畴下的六大格局体系，形成独立的与古典家具领域不相上下、各有其所的单独版块或另一领域。由此，更能体现出“屏具门类”亟待明确与增设的重要性及意义。

第三章 素屏探研

第一节　古代素屏概述

素屏，由于其传世实物的罕见，素屏文化的传承及研究，时至当下几乎断层，所以，素屏的概念，素屏应用与制作方面的了解皆源于素屏器具的得见，一切与素屏文化、素屏知识等相关问题更为深入的了解与认知，更是与传世的素屏实物有关。

图 3-1 所示为清中期紫檀镶白铜心传世素屏小砚屏，此屏高 24 厘米，宽 20.5 厘米，虽整体上高略胜于宽，但屏心高度仅有 16.5 厘米，属于方形屏范畴，通体而为的连体结构做法，简约素雅的形制表现，方刚正气的形韵溢映，“腰板”部位似“螭龙”变体纹样的特色所在，规整利落的考究工艺，加之色呈暗红，包浆皮壳厚重老道的紫檀表面所呈质感，与绿秀莹润、柔和舒适的铜板面屏心浑然一体，相得益彰，完美表现出该屏作为砚屏应有的姿态，其品味更是年份的折射、年代的体现。故，此屏的年代不会低于清中期，就其清雅风格而言，或为康雍。除上述结构制式、选材用料等皆直观可见外，更耐人寻味的是，此铜板屏心“别有用心”。其具体做法为，屏心的上边框是由两头皆设榫头儿，同长等高且各占边框厚度三分之一，位居前后的两根料共同组合而成。也就是说，屏心上边框的中间自上而下留有一道缝，板平厚实的白铜屏心可由此自上而下垂直插入，且插入后，再以有榫卯结构的横向推拉式木条进行封闭，常态下规整完美，用时方便灵活。

此屏，上述特征特点的呈现，尤其是屏心材质的选用、素面的表现以及特色装置的用意和妙趣等，这一系列让人难以瞬间解读清楚这件器具，但让我们体会到了古人在设计、制作及应用等方面的用心所在，感受到了此屏虽素雅娇小，但素中有学问，小中见乾坤的一面。为什么古人会在这尺许之内、方寸之间倾如此心智、下如此功夫等相关问题，我们还需在借鉴和参考相关历史资料的前提下，对古代素屏的制作应用，以及其发明问世等相关情况，作一浅显的梳理分析及探讨。

图 3-1　清中期紫檀镶白铜心小砚屏
万乾堂 藏

据相关方面的资料及信息可以窥见，在“黼扆”“皇邸”“树”“罘罳”等相关“屏风”类器具诞生及应用之际，特别是先秦时代早期，设于长者身后的“屏风”器具，其问世和应用的时间，首先应早于“黼扆”“皇邸”等较为规范正统的考究之作。再者，就其问世和相关发明而言，皆与先民们的半地穴居住条件和起居生活密切相关。相关记载中，当时用来遮挡门户起到防寒防御作用的“木排子”和用以放置礼器或酒器的“坫”，在古人的认知中与屏风之概念几乎完全一致。再者，《说文解字》中“坫，屏也”和周进著《鸟度屏风里》一书中“坫，便是屏风的‘始祖’”之说等，亦有相关观点相同的表达。因此，再结合其他相关方面的论述和记载，综合考量后，我们可以理解为：在屏风器具还没有真正出现或问世之前，古人眼中的“木排子”“土台子”等与屏风器具概念相似的一类器具或器物，对屏风器具的诞生与发展起到了一定的启发作用。不仅如此，此时期所出现与应用的这类屏风器具：首先，从时间上应定性为屏具门类发展的雏形阶段；再者，此屏风器具的诞生，无论其为何材、何工都应视为屏具鼻祖，理论上讲应视其为素屏。这一推论若成立，那就素屏器具的物质层面而言，整个先秦时期就已经历了由雏型到成型的演变过程及两个不同的发展阶段。也就是说，先秦时期早期的雏形“素屏”，与发展、制作、应用等皆较为成熟的商周时期素屏器具相较，虽功能作用相同，属性没变，但论其质量、究其品位及制作等方面，应截然不同，相距甚远。所以，在此前提下，有关素屏器具的材料材质、品质等级等物质层面而论，整个先秦时期便存在着第一种、第二种和第一代、第二代的不同情况及辈分关系。

汉代，是屏风制作与应用史上的成熟阶段和第一个鼎盛时期，在当时但凡有需求、有能力所及者，上至官方下到百姓都会有屏风器具的使用，屏风的应用已得以普及，所以屏风器具的制作迅速发展，市井之中、集市之上屏风器具的售卖已是常态。在这种应用较为广泛和数量相对较大的情况下，屏风器具的制作及质量等方面肯定会是丰富多样、参差不齐。其中，以民间用器而论，部分素屏的相关制作也会相对更加考究。这一时期的素屏应用及制作与商周时期的素屏相较，虽然从功能上更加侧重于防风御寒，从选材用料、品质等级以及制作方面也会有一定的提升，但究其根本，没有发生实质性的改变。其不同之处则在于，先秦时期的素屏是身份地位的象征，而汉代时期的素屏则是在此文化传承的基础上，又寓意着品德的清廉等文化内涵，其文化属性更加明显厚重。

汉代以后，经唐宋至明清，随着人类物质生活及居住条件的日益改善，以及技术技能生产力等综合能力与水平的不断提高，人们对屏风挡风御寒等实用功能的需求越来越弱，所以愈发讲究制式、注重品位，甚至追求奢华、贪图材质。如此一来，素屏制作虽在品质等物质层面有所上升，但其应用和制作数量方面，理论上讲会有大幅度的减少。但应该肯定的是，这一时期的素屏器具与商周时期置于长者身后的素屏器具，以及汉代时期主要用以挡风御寒的实用性素屏器具相比，皆为同类、同属性。

至此，就古代素屏器具的发明、发展、制作、应用以及相关文化承载等方面，可总结为：第一，自先秦至明清，素屏发展虽然经历了漫长的不同时期与阶段，但是以其身份的转变而论，仅有一次即由先秦时代早期的素屏雏形，完成了向真素屏的转变。以物质层面及相关制作而言，确实存在着质与质量上的差别，尽管如此，仍属于第一种、第二种和第一代、第二代的关系。第二，素屏生命的蜕变，是其文化层面不断升华的体现。素屏由代表长者身份地位的文化承载到高风亮节的品德象征，再到文人标签及文人身份的代言，其属性完成了由“器”向“道”之层面的革命性转变，最终成为了文人屏，文化的代言者。本章第二节将从历代逸闻轶事、诗词歌赋、古代绘画三个方面，择其代表加以论述和探讨。

第二节　素屏文化探研

一、素屏人文趣事略表

汉代是屏风发展史上一个非常重要的时期，其屏风的应用范畴较广、领域颇宽，使用层面遍及社会各个阶层。屏风器具除实用功能外，在统治阶级、社会上层及文人层面扮演着不同的角色，发挥着实用性以外的更大作用，其意义更加非凡。《三国志》中记载，东汉末年，曹操率大军北征乌桓，平柳城之战大获全胜，统一了北方，为了表彰毛玠，在缴获的大量器物中，曹操选出了一件素屏风和一件素凭几赏赐给了毛玠，并称赞其“君有古人之风，故赐君古人之服”。毛玠乃曹操身边的得力谋士，此人聪明能干、才识过人，常为曹操谏良言、献良策，其最为突出的政绩之一是在选拔官吏方面。他倡导和选用正直清廉之士，致使当时的士人皆以廉洁为时尚，一时间影响很大，形成了良好的官场风气，甚至影响到了整个社会，一些达官贵人的衣食住行、日常用器等都不敢过分奢华。由此一来，曹操从内心深处敬重毛玠，所以才有了这次赐素屏、树楷模的用心之举，而且成为千年佳话代代相传。与素屏相关的故事在汉代并非个例，赐予素屏风和素凭几的初衷及意义不言而喻，但是这件素屏风和素凭几，到底素在哪里？素到什么程度？倒是一个耐人咀嚼、令人寻味的话题。

众所周知，汉代漆器制作工艺水平很高，是春秋战国至两汉以来的巅峰阶段，全国各地考古挖掘出的两汉时期各种漆器制品皆可体现。有物为证的如 2017 年琅琊山 157 号汉墓出土的精美漆盒，1972 年马王堆汉墓和 1983 年广州象岗山西汉南越王墓出土的大量漆器制品等，皆具形美工精、漆润色正，纹饰洒脱飘逸、纹样抽象美妙之特点。特别是马王堆 1 号、3 号汉墓出土的大量彩绘漆器和广州象岗山西汉南越王墓出土的大漆彩绘大型围屏，皆能代表汉代漆器工艺的较高水平，如图 3-2、图 3-3 所示。在这些汉墓出土的漆器中，有的或许是作为陪葬的明器，有的则是墓主人生前的使用器，但无论怎样，生前死后能享如此待遇者肯定都是贵族阶层。同时，就当时贵族阶层所使用漆器制品的考究程度，除那些与起居生活密切相关的体量较小的鼎、壶、樽、盂、杯、盘、饮食器皿及奁、盒等化妆用具外，就连屏风这样

图 3-2　琅琊山 157 号汉墓出土汉代漆盒彩绘工艺（局部）

图 3-3　西汉初期马王堆 3 号汉墓出土彩绘漆屏风
湖南博物院 藏

的大件器具，其制作工艺亦是如此考究精湛，令人惊叹不已。相关方面的记载，在《盐铁论·卷第六·散不足第二十九》中有类似的描述："一杯棬用百人之力，一屏风就万人之功。"（王利器校注《盐铁论校注》第330～331页，中华书局，2017）此语充分表明制作一件漆制屏风所需付出昂贵工本的同时，更反映出屏风在当时社会上层的重视程度和相应地位，以及屏风相关制作、工艺水准、选材用料等方面的要求之高。

汉代屏风的生产与制作，除成熟考究的大漆工艺制品之外，还有玉石屏风、云母屏风、琉璃屏风、陶屏风等。当时的素屏制作，除以实用功能为主的普通材质和简易粗制之器外，抑或会有所用材料材质一般、较为优良甚至昂贵，但其做工及所施工艺等方面皆较为考究的另外一类。其中最有可能出现的此类素屏，应受当时大漆工艺的影响，在漆灰工艺制作方面或更为考究，在形体语言的表达方面，亦会更加追求无即是有、素净胜繁饰的大道至简，其品质综合而论，肯定会胜过或有别于当时市井之中、集市之上所售卖的以实用功能为主的普通简易类素屏。此类素屏讲究和追求的是器具自身质地方面的提高，更是器之物外层面艺术内涵及内在文化承载的提升，是审美取向与境界的体现。进一步讲，此类素屏的生产与制作应与文人有关，多数素屏的制作是由文人或使用者与匠人联手打造而成，为专属特定之器，其应用范围、受众群体起码也得是文人圈。

照此推测，当时曹操赐予毛玠的素屏，或许就是此类，因为此类素屏的相关品质品位更能与身居显位、一身正气的毛玠之品德相得益彰，才能更好地体现出清廉质朴之风尚，同时，也更能充分地体现曹操此举的诚心诚意，得到整个社会的理解和公认，起到积极的正面作用。当然，曹操赐给毛玠的素屏也可能就是材质较为普通、做工较为简易的实用性日常用屏，包括以上素屏相关工艺考究方面的阐述，皆只是一个推测而已，结果或答案究竟如何并不重要，重要的是我们通过上述有关素屏的探讨分析，结合史上同时期其他与素屏有关的人文轶事、历史资料和相关研究情况，就素屏文化在此时期相关体现、社会影响力以及汉代在整个素屏文化发展史上所居之位等相关问题，便可有所领悟和窥见。

贞观十六年（642年）七月，魏征疾患日重，唐太宗心底忧虑，开始用修宫殿剩下的余材为魏征营建其长期辞让的魏宅前堂，并且特赐其素屏风、素褥、几案、床等。这批特赐的素屏风、素褥等器物并不见得有多么值钱贵重，但作为皇帝赐给心腹重臣带有政治意义，尤其是其中的素屏风，或许正是上文提到的形制简约、工艺考究的素雅类屏风。因为此物更是皇帝对魏征人格品德的认可及肯定，屏风虽素但意义非凡。所以，此素屏在素屏应具硬性条件的前提下，或许从选材用料、相关制作、考究程度、品质品位等方面皆应定位较高，或许是特制，况此事又恰好发生在素屏文化较为成熟的唐朝时期。此提及，并非只为理论素屏器物的优良高下，其用意更在于素屏文化的体现与探讨。

周进著《鸟度屏风里》书中道："大宋乾道淳熙年间，孝宗皇帝登极，奉高宗为太上皇。宋高宗闲极无事，便常常到街肆上饮酒闲逛，或乘御舟在西湖中赏景。""书中是这样描写的：又一日，御舟经过断桥。太上舍舟闲步，看见一酒肆精雅，坐启内设个素屏风，屏风上写《风入松》词一首，词云：'一春常费买花钱，日日醉湖边。玉骢惯识西湖路，骄嘶过、沽酒楼前。红杏香中箫鼓，绿杨影里秋千。暖风十里丽人天，花压鬓云偏。画船载取春归去，余情付、湖水湖烟。明日重移残酒，来寻陌上花钿。'太上览毕，再三称赏，问酒保此词何人所作。酒保答言：'此乃太学生俞国宝醉中所题。'太上笑道：'此词虽然做得好，但末句'重移残酒'，不免带寒酸之气。'因索笔就屏上改云：'明日重扶残醉。'即日宣召俞国宝见驾，钦赐翰林待诏。那酒家屏风上添了御笔，游人争来观看，因而饮酒，其家亦致大富。后人有诗，单道俞国宝际遇太上之事，诗曰：'素屏风上醉题词，不道君王盼睐奇。'俞国宝醉酒后在屏风上题了一首诗，被太上皇宋高宗看见，因此就时来运转，官运亨通。酒家因太上皇宋高宗改了屏风上的两个字，因此生意兴隆，日进斗金。一架屏风，竟然使两个人的命运就此改变了。"（周进著《鸟度屏风里》第 140 页，重庆出版社，2016）故事生动有趣，耐人寻味。故事的背景，反映的是酒家摆在店堂上的屏风，原本应该是素的，其理由有二：一是词文中有明确交代，此屏风上的诗句内容是醉酒后的俞国宝即兴而为，说明此屏原来应为素屏；二是因为此屏风是桥头小酒馆摆在店内用来防风的实用器，所以此种场所此等境况下的素屏摆放亦是合情合理。

更有，成书于元至元二十七年《武林旧事》中的相关记述："一日，御舟经断桥，桥旁有小酒肆，颇雅洁，中饰素屏，书《风入松》一词于上，光尧驻目称赏久之，宣问何人所作，乃太学生俞国宝醉笔也。"另，明末冯梦龙所著《喻世明言》中讲道："又一日，御舟经过断桥。太上舍舟闲步，看见一酒肆精雅，坐启内设个素屏风，屏风上写《风入松》词一首。"同一典故，在古代不同时期的相关记述和注释中，都不同程度表明酒家店中所设的屏风原来应为素屏。所以，酒肆素屏得以肯定的基础上，亦能折射和反映出素屏器具在宋代应用的普遍性。

相关素屏方面的奇闻轶事以及典故自古至今不在少数，此处不再作相关方面的更多列举。以上典故中所提及的这类素屏，应是当时惠及百姓，与百姓日常起居密切相关的生活之器。除了这大多数的实用性素屏器具以外，随着人类文明的发展进步，随着屏具制作工艺等方面的不断提高与完善，自唐宋以后，屏具的制作及表现形式皆有了较大的改观，因此素屏的制作与应用变得越来越少，这应与逐渐兴起的屏风画等有着一定的关系。虽然素屏的应用呈下降趋势，但素屏的应用未曾间断，只是素屏的受众群体发生了转移，素屏的自身属性及意义就有了新的侧重与改变，这才有了素屏“生命”更为可贵、素屏文化更具价值的一面。

二、素屏与诗词

（一）唐　代

唐代是中国发展史上一个极为辉煌强大的时期，是当时世界上最强盛的国家之一。地域空前辽阔，人口众多，万国来朝，一片繁荣，其社会经济、文化、艺术呈多元化、开放性等特点。以文化方面而论，涌现出了李白、杜甫、白居易、颜真卿、吴道子、李龟年等许多诗、书、画、乐等方面的大家。在这国富民丰、文人辈出的时代，其屏风的应用与制作、素屏文化的传承与弘扬得见高潮。与素屏相关的逸闻趣事更加丰富多彩，仅以和素屏相关的诗词歌赋为例，即是数不胜数。

中唐时期杰出的现实主义诗人、文学家白居易，他的一生富有传奇，他是中国文学史上负有盛名且影响深远的唐代大诗人之一。除给后人留下了大量的诗作外，他的一生始终游荡在仕途与散淡自由的人生追求之间：少年时代聪慧过人，勤奋好学，因夙兴夜寐、苦读诗书致少年白首；青年时期才华出众，襟怀宏放，心系民众，一心报国；及至中年在仕途中跌宕起伏，可谓苦乐参半、喜忧相随；到了晚年，饱尝世态炎凉，看淡名利。悟透人生的白居易，独善其身寄情于诗文山水间，自号“香山居士”，生活恬淡而闲适。他的一生身份在变、经历在变、年岁在变、身体在变，但他与生俱来的秉性没有变，追求自由闲适生活的信念没有变。这方面史料中有“物”为证，此“物”即“素屏”。

史料记载，元和十二年（817年），45岁的白居易被贬为江州司马，在庐山脚下建造了自己的居所“庐山草堂”。同一年，他为草堂内自己钟爱的三件物品写作了《朱藤谣》《蟠木谣》与《素屏谣》。其《三谣序》内容：

予庐山草堂中，有朱藤杖一，蟠木机一，素屏风二，时多杖藤而行，隐机而坐，掩屏而卧。宴息之暇，笔砚在前，偶为三谣，各导其意。亦犹《座右》、《陋室铭》之类尔。（白居易著，谢思炜校注《白居易文集校注》第一册第91页，中华书局，2011）

这里所提到的“素屏风二”，应该和白居易曾写过的《草堂记》中所叙素屏风为同一物件，《草堂记》原文为“堂中设木榻四，素屏二，漆琴一张，儒、道、佛书各三两卷”。（白居易著，谢思炜校注《白居易文集校注》第一册第254页，中华书局，2011）这些诗句中：第一，清晰地向我们交代了草庐内陈设素屏两张；第二，则是日常起居必需的木榻和文人赖于抒发情怀的漆琴以及儒道佛书各三两卷。从这简短直白的词句中可以领会到，白居易草庐的室内布置虽较为寻常简朴，但简素典雅有格调有品位，山间的草堂，素静的屏风，床榻之上的书卷等，都在向我们诉说着白居易恬淡超然的心境和官印在身的他，已经过上了闲适悠哉的“隐居”生活。

《素屏谣》曰：

素屏素屏，胡为乎不文不饰，不丹不青？
当世岂无李阳冰之篆字，张旭之笔迹，边鸾之花鸟，
张藻之松石？吾不令加一点一画于其上，欲尔保真而全白。
吾于香炉峰下置草堂，二屏倚在东西墙。
夜如明月入我室，晓如白云围我床。我心久养浩然气，亦欲与尔表里相辉光。
尔不见当今甲第与王宫，织成步障银屏风。缀珠陷钿贴云母，五金七宝相玲珑。
贵豪待此方悦目，然寝卧乎其中。素屏素屏，物各有所宜，用各有所施。
尔今木为骨兮纸为面，舍吾草堂欲何之？
（白居易著，谢思炜校注《白居易文集校注》第一册第94页，中华书局，2011）

诗中开头部分运用几连问的写作手法，表达出主人公造此素屏的初衷和

本意，这里的不文不饰、不丹不青是指不用那些珍贵的珠宝及名贵的材料进行制作和绘制唐朝有篆书名家李阳冰，有草书大家张旭，有书画大家张藻，他们既能写又能画，且有名迹名画，而白居易却没有让他们在上面加一点一画，目的是让素屏体现出其真实与本色。这里不难看出主人对素屏“纯真保全”要求的背后，其实是想找回他本人内心深处的那份本真。接下来是白居易对置于草堂内两张素屏位置的描述以及内心世界和素屏的交织感应：我在香炉峰下置办了草堂，两张素屏分东西各自靠于墙边，夜间犹如月色映入我们房间，天快亮的时候素屏如白云般围绕在我的床边，我的心很早就仰慕浩然正气，这正是我的追求、我想要的，我想让素屏与我表里相辉映。可见，素屏在白居易的心中绝非“物件”那么轻巧简单，他是入于目、收于心，注入灵魂之中，这正是，视屏如己，物我相融，相依为命至高至上境界的体现。

紧接着，是白居易对当时社会世俗的批判，他说：你是不知道，当今那些权贵们的宅院府邸以及帝王的宫殿放置了很多的屏风，屏风上使用的都是华丽的锦缎和昂贵的珠宝，缀满了珍珠，嵌镶着钿贝、云母等各种贵重的矿石，五颜六色宝，精巧细致，相互辉映，仿佛只有这样的屏风才能让他们赏心悦目，安然入眠。面对这些，白居易言：人有不同，物有所宜，各有各的用途，各有各的做法。素屏啊，素屏！你虽然以木作骨用纸裱糊为面，成本低廉，但还有什么比你这素屏放置在我的草堂会更好呢？别无他求。这一段，既是对世俗平庸思想的驳斥，又体现出白居易追求心神合人、纯真素静的内心世界。正如李溪著《内外之间：屏风意义的唐宋转型》一书中所注：

白居易的“素屏”正是这样一件“纯素之物”，白居易正是这样一位能体“纯素”精神的“真人”。素屏使白居易脱去了名利的负累，因而其心也就无所驳杂，其神才能保真而全。素屏的世界正是白居易的“心斋”。（李溪著《内外之间：屏风意义的唐宋转型》第165页，北京大学出版社，2014）

唐开成三年（838年），时至67岁的白居易，在除夕之夜，面对这一特定的节日景象，即兴而作，将此时的场景气氛、应具礼俗和相关年事活动细节及个人的心境真切现实地写入了诗中，这便是著名的《三年除夜》：

晰晰燎火光，氲氲腊酒香。嗤嗤童稚戏，迢迢岁夜长。

堂上书帐前，长幼合成行。以我年最长，次第来称觞。

七十期渐近，万缘心已忘。不唯少欢乐，兼亦无悲伤。

素屏应居士，青衣侍孟光。夫妻老相对，各坐一绳床。

（白居易著，谢思炜校注《白居易诗集校注》第2721页，中华书局，2006）

诗的前四句，详细描述了除夕之夜的浓浓节日气氛和红火场景，写出了团圆之夜合家团聚的喜悦及孩子们的嬉戏之声萦绕身畔，洒满庭院，诗书人家祭祀天地祖先以后，行长幼之礼，这些便是过年吃喝访友以外最主要的年事活动。括全笔转，后四句诗人表达了此时此刻的心境，已经年近七十了，放下理想与抱负的压力，万事都已看淡看开，心中有欢乐，没有了悲伤的情怀，以“素屏应居士”的心态享天伦之乐安度晚年。这首诗的前半部分所描述的浓浓年味及相关细节和后一部分所表达出的年高心淡、无欲无求、清心寡志、归于本真的恬淡心境，除写出了作者素屏伴居士的精神寄托与心理诉求外，更加证明了此时的白居易与素屏“朝夕相处、日夜相映”的现实生活，同时也间接地表明了白居易与心爱之物素屏的厮守情怀。图3-4明仇英绘《高山流水图》为“素屏应居士”寓意及境界最好的诠释与展现。

白居易生于唐代宗大历七年（772年），卒于武宗会昌六年（846年），享年75岁。在他的诗文中，有一首《自咏老身示置诸家属》曰：

寿及七十五，俸沾五十千。夫妻偕老日，甥侄聚居年。

粥美尝新米，袍温换故绵。家居虽濩落，眷属幸团圆。

置榻素屏下，移炉青帐前。书听孙子读，汤看侍儿煎。

走笔还诗债，抽衣当药钱。支分闲事了，把背向阳眠。

（白居易著，谢思炜校注《白居易诗集校注》第2818页，中华书局，2006）

其诗，第一句就直白地道出了此时的白居易已年至七十五岁，其“置榻素屏下，移炉青帐前”一句，说明白居易到离世时都没有离开素屏，他的一生都有素屏相伴。白居易一生与素屏相关的故事和诗词还有许多，这里不再一一表叙，以上列举，意在表明三个问题：其一，白居易挚爱素屏，心系素屏，养用素屏确有其事，最为关键的是他与素屏相伴终生，体现的是“物与我相伴，相与生息偃仰，同处于一个生活的世界中。”（注李溪书169页）。其二，这种养用素屏现象的背后是白居易内心深处的真实体现，白居易在其中寻到了适合于自己的方式和灵魂安抚，“在这片清静的天地间，万物得以

图 3-4　明 仇英绘《高山流水图》中素屏的展示
故宫博物院 藏

相容，真性得以葆养，人的一切欲念也随之消解，这就是素屏的无道之天道”（李溪著《内外之间：屏风意义的唐宋转型》第 161 页，北京大学出版社，2014），这正是人心深处最应该有的最为本真的天道灵魂。屏醒人心，人赋屏魂，人屏相映，灵性相融，人的思想与灵魂得以寄托，屏因释怀成为了文化的载体。其三，从白居易的许多诗歌中能够体会到，与白居易相伴一生的素屏，应该是材质极为普通，做工极其一般的木框纸面屏风，或许与上文所提到的普通百姓所使用的屏风没什么两样，但是此类屏具在白居易心目中的物外分量无须多言，这种物质成分之外的力量便是素屏文化的体现。其真正的领悟者、践行者，非似白居易这类有着超然境界的大文人不可，说白了这个群体的成员，皆为历代圣贤社会上层，属于人中精英。

的确，除白居易外，有唐以来与“素屏”结缘及与“素屏”相关的故事还有很多。如任华所书的《怀素上人草书歌》、贯休所书的《观怀素草书歌》、段成式所题《游长安诸寺联句常乐坊赵景公寺题约公院》等。这些诗句歌词皆涉及“素屏”，连同白居易与素屏的特殊情怀及故事，都能说明素屏文化在唐朝所具有的特别表现及影响力。素屏在唐朝有如下特征：首先，素屏的制作及应用，虽有材质、工艺等多方面的区别和差别，甚至会造成品质方面的等级之分，但是其与文化的承载没有关系，与素屏文化关联最大最为重要的因素应该为人。其次，虽然素屏文化曲高和寡，且对于能够真正理解、深刻体会的受众群体要求较高，有一定的局限性，但是许多历史资料证明，以白居易等人为代表的文人士大夫阶层，在当时皆对素屏文化有着较高的共识与共鸣。不仅如此，同样素屏文化在整个社会也应有一定的认知与响应。

以上相关概述便可窥见，素屏文化在唐代的影响力应远超于汉代及汉代以前，唐代素屏文化的发展，在人类文明发展的历史上应占有极为重要的一席之地。

（二）五　代

唐宋之间过渡时期的五代，虽时间较短，但由于有些晚唐时期的文人雅士、文豪大家就生活在这个朝代更迭的时期，因此受其影响，素屏的应用以及素屏文化的传承在此阶段并没有断层。五代至北宋初年，诗人徐铉所书《和钱秘监旅居秋怀二首其二》中就有体现，可视为代表，诗文曰：

闲静无凡客，开樽共醉醒。
琴弹碧玉调，书展太玄经。
酒熟看黄菊，诗成写素屏。
晚来萧洒甚，山鸟下中庭。

其中，“诗成写素屏”表明了此时的诗人酒醉兴致等之时，也和唐代的张旭、怀素等许多书法家、诗人一样，将即兴之词挥洒于素屏之上。因此，我们从这些代表性的诗句中可以推断：素屏，在五代这一时期仍有传承与应用。另外，这一时期有关素屏文化传承，在一些文人的绘画当中也有所呈现，世人皆知的《韩熙载夜宴图》，即是其中的代表作品之一。有关此画作所涉及素屏文化方面的具体情况，待后续相关章节中再进行探讨。

五代，时间较短，故与素屏有关的文献资料等相对较少亦是情理之中，虽少但可以肯定的是，素屏的制作及应用，素屏文化，在五代也有较好的传承。

（三）宋　代

宋代是中国历史上商品经济、文化教育以及科学创新高度繁荣的时代，可以称之为一个文艺复兴的大时代，文风四起，文人辈出。北宋政治家、文学家、唐宋八大家之一的欧阳修便是其代表人物之一。他的一生参与撰写《新唐书》《新五代史》，并且后世一直在传唱的诗词歌赋多达几百首。他既是一位文坛领袖，也是一位少有的“素屏痴”，他的一生与素屏也是不离不弃，朝夕相伴。在他的诗歌里，其中就有一首《书素屏》，曰：

我行三千里，何物与我亲。念此尺素屏，曾不离我身。
旷野多黄沙，当午白日昏。风力若牛弩，飞砂还射人。
暮投山椒馆，休此车马勤。开屏置床头，辗转夜向晨。
卧听穹庐外，北风驱雪云。匆愁明日雪，且拥狐貂温。
君命固有严，羁旅诚苦辛。但苟一夕安，其余非所云。

诗的开头部分，直切主题，道出了素屏，道明了素屏与欧阳修的关系：我行军走了很远的路程，什么东西和我最亲？是这尺许的素屏，从来没离开过我。随后便细述了白天行军途中的艰难和傍晚投宿后的心情。空旷的原野上到处都是黄沙，中午太阳昏暗了下来，狂风骤起，风力如牛弩般强劲，乱石飞沙不时地打在人的身上脸上，一天鞍马劳顿，傍晚投宿在山椒馆过夜。打开随身携带的素屏，放置在床头准备休息，躺下后却辗转反侧难以入睡，思来想去直至黎明，听着屋外的风卷雪花呼呼作响，忧愁着明日的风雪能不能停休，顾忌着君王严格的命令和使命，再想想行军旅途中的艰难与辛苦，算了！不想那么多了，有素屏相伴，有温暖的狐貂相拥，暂且能求得一时的安宁，其他的都无所谓了。这首诗的结尾一句“但苟一夕安，其余非所云”，再一次证明“何物与我亲”的感悟所在，体现出素屏在、心则安的真实感受。可见，这素屏在欧阳修心中的位置与分量是何等的重要。

作为宋代文学史上最早开创一代文风的文坛领袖，欧阳修因何故与素屏结下不解之缘，且不顾路途的遥远与鞍马艰辛，走到哪里带到哪里，人在屏在，这肯定不会是因这素屏的材质名贵或精工细琢等外在因素，归根结底应是素屏能与欧阳修的思想进行交流沟通，似白居易一样，应该是发自灵魂深处的认知与认可，心灵得以安抚，精神得以寄托，是文化和思想层面最高境界的体现。相关方面不再多论，这里需要追加一句的是，这件与欧阳修形影不离、昼夜厮守的素屏，无论其材质、工艺、造型等方面优良高下如何，它都应属于文人屏的范畴，承载了文化使命。

在宋代，像欧阳修这样喜爱素屏和认知素屏文化的文人雅士、社会名流应不在少数，相关方面的诗词典故更是不计其数。如北宋时期宋祁《将东归留别杨宗礼十韵》、刘敞《诏赐御书稽古两字作口号示子弟》《素屏》《题天池馆二首其一》、强至《题可久上人房素屏》、刘攽《素屏》、沈辽《赠清道》、郭祥正《送宝觉大师怀义还湖南》、吕希哲《绝句二首》、蔡确《夏日登车盖亭》、诗僧释道潜《秋日西湖其二》、苏辙《西轩画枯木怪石》《画学董生画山水屏风》、张耒《悼亡九首其四》《清明日卧病》、傅察《尉治吏隐亭二首》、吕本中《星月枕屏歌》等，南宋时期的洪咨夔《阮亨甫寿乐堂澹庵各一首·澹庵》、张九成《清暑》、李纲《感皇恩·枕上》、曹勋《夹竹桃花·咏题》、陈与义《寺居》、晁冲之《睡起》、陆游《绣停针》《后春愁曲》《山居戏题二首其一》《病起镜中见白发此去七十无十寒暑矣偶得长句》《茅亭》《独夜》《有怀》《初夏昼眠》《秋雨》《书适》《昔从戎南郑日范西叔为予书小卧屏今三十有八》《书事寄良长老》《小憩卧龙山亭》《山居戏题》《十月下旬暄甚戏作小诗》《睡起试茶》《初夏幽居杂赋》《暮春龟堂即事》、张镃《刘宗古画过海寿星》、刘克庄《浪淘沙》、舒岳祥《赋山庵梅花》、林正大《沁园春·庐阜诸峰》、蒋捷《金蕉叶》、施枢《杨蟾川铁佛普度会》等诗文，既是这一时期相关素屏文化方面的代表性体现，又都涉及素屏及素屏文化。

结合包括上述所列举的有关宋代与素屏相关的历史资料等，可以肯定的是，宋代素屏相关的诗词典故较唐代明显增多，这一现象应为史上之最。再结合以文坛领袖、素屏践行者欧阳修为代表的宋代文人雅士们，与素屏结缘，树素屏精神，倡导素屏文化和视素屏文化为尚的社会风气，更能证明宋代确实是一个文风四起、文化强盛的时代。鉴古观今，可以发现素屏文化在宋代的传承与弘扬，亦应是素屏文化史上空前绝后的时代。

（四）元　代

元代同五代一样，尽管年限不长，且受少数民族文化的影响较大，游牧文化略占上风、稍显优势，但能反映与素屏有关的诗词歌赋、典故等也不在少数，如：姬翼《江神子慢咏香》、王易简《九锁山十咏》、虞集《罗若川画松》、郯韶《题宋王孙雨竹》等，都有素屏相关的记载，素屏在元代并没有断层，素屏文化依然存在，仍有传承。除此以外，更具说服力、更能证明元代与素屏文化传承相关的资料，以及元和元明交替时期的一些名人名作及绘画作品，待后面有关章节再具体论述。

（五）明　代

明代在中国历史上可以算得上是政治安稳、社会安定、经济发达、文化强盛的时期之一。明式家具的创造与发展及文化艺术方面的承载应为史上空前，属鼎盛阶段。中国古代家具的发展进程中，唐及五代完成了由席地而坐向垂足而坐的转变，形成了高座家具；宋代，完善了榫卯结构；明代，则在唐代的庄重华丽、宋代的质朴内敛和元代古拙豪放的基础上，有传承、有创新，形成了独具时代风格和特征特点的明式家具。明式家具并非单指明代发明的家具样貌制式，明式家具一词更含创造创新之意，这就意味着明代以前的家具样貌制式有一部分在明代被“改造”，形成制式的改变、功能的替代、器物器具的属性转换，进而也造成了有的家具变化很大，甚至消失。

以屏风为例，随着明代架子床的出现及应用，使得床前屏风和床上枕屏皆有减员，一些常见简朴素寡的实用性屏风也就相对减少了，与之相反的厅堂几案之上，用于装饰供人欣赏类屏具，无论从制作乃至应用方面都会更加受到重视，占据主流。可喜的是，尽管如此，相关素屏方面的文化传承并未见明显减退，明代与“素屏”相关的诗词典故仍有不少。其中，较具代表性的有张羽《沈氏宜春堂屏徐给事贲所画春云叠嶂》、胡俨《夜坐》、史谨《题画》《题雪山图》、王佐才《答秦兵部求墨竹》、王汝玉《行素轩》、杨荣《题十八学士四首其三书》、程敏政《题蔡挥使所藏林良双雀》《八月九日醉书其三》、吴俨《哭李充昭》、林俊《屏山草舍》《初晴》、周伦《灯下赏菊》、陆深《秋怀十二首其十二》、杨旦《夜坐》、杨慎《苔矶费生画屏歌》、黄衷《菊枕》、顾清《周伯明出按山西有纸屏留师邵御史家尝借用之上有二月十九日与曹孚若联句次韵》、黎民表《樵溪杂咏为黄廷宾其五》、朱曰藩《中元日斋中作》、李流芳《同与游诸君游玄墓余肩舆先至钱家坎感旧有作》、李之世《次和尹沾麓春日过访其三》、黄淳耀《月下口占二首其二》、申佳允《赠建德徐君显》等。

这其中，作为代表性之一的明嘉靖年间南京刑部尚书周伦所作《灯下赏菊》曰：

更漏沈沈客满筵，旋移黄菊素屏前。即开尊酒聊乘兴，乱发灯花若斗妍。
看去醉疑蒙紫雾，折来香欲动华颠。相看记得长安夜，对影题诗又五年。

此诗的创作背景为老年时的周伦宴请同僚老友们，酒至微醺时的感慨即兴之作。诗中写到：计时的更漏在一旁静静地滴着，客人已经坐满了筵席，我把菊花移到了素屏前边，随即打开好酒大家边饮边聊非常尽兴，这时外面放的灯花争奇斗艳。酒醉微醺看着外面好像有似紫雾的月季挂在空中，想过去折一枝来，可是大家都老了，不愿动了。彼此相互看着，追忆当年在长安对影题诗情景，转眼已经过去五年了。此诗是作者在老友、美酒、美景宴请场面及氛围下触景生情、追忆往昔所抒发出的内心感受，其真实情感表白之余，从将菊花移至素屏前这一句中，间接地向我们交代了主人周伦家的厅堂内设有素屏，证明了素屏在明代仍有使用的同时，更重要的是素屏文化的存在和体现。

同为明嘉靖时期的刑部尚书林俊，在《屏山草舍》曰：

隐几醒残梦，披云坐素屏。鸟声千嶂暝，人语一峰青。
古壁行秦篆，黄庭写道经。非关城郭懒，皓首北山灵。

诗中讲道：睡醒后，靠在几案上醒了一会儿，走到了院子里，坐在了素屏前，听着鸟的叫声和人的说语声，看着青色的重叠高山。这里所说的“素屏”，或许是在书斋门外的亭榭中，抑或置于亭内的凉榻上，此处不作进一步的讨论，就诗中对此景观的简明描述与勾画，足以体现当时文人雅士所向往闲适怡然的真实居住环境与生活情调。由此，更加可以肯定素屏文化不但在明代有应用有传承，而且依然体现在当时的社会上层，尤其在文人阶层的应用较为普遍，影响较大。

参考相关历史资料，结合传世素屏具体情况综合分析后认为：明代，是截至目前史上素屏应用及素屏文化传承发展的最后一个高峰时期。

（六）清　代

清代虽然从政治方面属于少数民族执掌政权，但清代执政者们的执政理念和对华夏文明及汉文化的接受态度和传承理念，还是非常明智和包容的，所以各种传统及文化在清代并未减弱。只是，随着人类起居方式及日常生活需求等方面的改变而不断地加以创新和创造，进而造成了在一些特殊情况下，有些品类的随之改变。就家具范围内，屏风的应用情况其变化就极为明显，仅以挂屏种类的突出表现而言，从某种意义上讲，就对原有的落地屏风等赏屏类构成了一定程度的冲击，因清代文人们把想要表述展现的诗词歌赋、思想情怀等浓墨重彩地抒发及表达，有一部分转载到了挂屏上，挂屏成了文化表达的新载体、新形式。特别是受宫廷制器从选材用料到工艺实施等方面，皆在明代及明代以前古朴典雅的基础上，清代挂屏一反常态、尽显奢华，挂屏的制作及应用程度更是达到了前所未有的高潮。尽管如此，尤为难得的是，素屏文化在清代仍有一定的影响力，反映出与素屏相关及素屏文化传承的题材和资料也有不少。如沈谦的《蝶恋花秋日题西轩素屏》和《渔家傲立春晓起偶作》、王夫之《和梅花百咏诗其八十七担上梅》、屈大均《赠画者张丈其四》《题吕纪梅雀图》《赠仙茝其二》《秋日学书作其一》、陈恭尹《罗浮山水图歌为陈岱清司李》、释今无《陈南浦道兄为予图华阳秋色绘成即归金閶赋谢》、万锦雯《贺新郎忆梅》《兰陵王旅恨》、王时翔《浣溪沙三十八首其十一》、乾隆《观钱陈群书赵孟頫耕织图诗屏题句》、周之琦《鹧鸪天》、冯挹芳《菩萨蛮雨窗对菊》、林占梅《岁暮杂感其四》等。

其中，清代诗人冯挹芳作《菩萨蛮雨窗对菊》曰：

绣衣风透馀香织。玲珑嫩叶凝眸碧。花影半帘秋。箫声起画楼。
夜深人独立。风雨萧萧急。烛灺闪虚棂。疏枝映素屏。

诗中所描绘的是，作者在一个风雨交加的夜晚所听到、看到和感受到的妙然情境：绸缎做成的绣衣被风吹动像馀香织成，形容出薄纱清绕的感觉；玲珑的嫩叶发出耀眼的碧绿色，菊花的影子遮挡了半个门帘，画楼里传出了悠扬的笛箫声；夜深了，一个人独自站在窗前，外面风呼呼地刮，雨下得很大，蜡烛熄灭了，闪电晃动在窗棂上，像摇动的树枝映在素屏上。全诗中，诗人除借景生情抒发情感外，还向我们表明了许多现实中存在的东西，如绣衣、嫩叶、菊花、蜡烛、窗棂、素屏。这里所说的素屏，不论是真实存在的实物，还是以虚构的手法借景抒怀，诗情画意下雨夜中的棂格，在闪电作用下与墙壁产生的画面情景，都能让我们觅寻到素屏文化在清代的影响及体现。这种影响及体现，直到民国时期都有一定程度的显现，如民国时期的台湾诗人林朝崧所作《琐窗寒三叠豁轩韵》一诗可视为代表。

综上所述，在“黼扆”这一器具及其概念还没有被人类应用和确立之前，在人类对“屏风”的认知与“坫”等相关屏障之概念还较为混沌的先秦早期，人类用以遮挡门户起到防御及挡风功效的器具，应为史上最早出现的素屏。此类素屏粗陋简易，其选材制作或为木棍树枝捆绑编织而成，或为其他材质制作而成，我们无法得到定论，但是无论其材质如何，亦无论是形制怎样，我们都可将其视为素屏的鼻祖。先秦至汉唐以来，用于民间百姓日常生活之中，那些或工艺粗糙、用料普通的廉价实用器，以及用材讲究、作工精良诸如以大漆工艺而为之的素屏等，虽然它们之间确实存在着质量等级方面的差别，且与先秦时期的素屏鼻祖差距巨大，但归根结底它们还是器之质量方面的变化，是物理变化。与此同时，以白居易、欧阳修等历代文人雅士为代表所推崇的素屏，虽然它们依旧还是那些看得见、摸得着的真素屏，甚至再普通不过，可在他们心中已经上升到了实用功能以外的另一个层面，它们已经融入了思想、承载了文化，上升到了精神意识领域。说白了，它们已经有了“生命”，不再是单纯的实用器，变成了“文人屏”。

除上述有关素屏器具及相关文化方面的“器”与“道”层面外，在相关历史典故和记载中，还有一种“素屏”的提及，如唐代文学家任华在《怀素上人草书歌》一词中，写道：“狂僧前日动京华，朝骑王公大人马，暮宿王公大人家。谁不造素屏？谁不涂粉壁？粉壁摇晴光，素屏凝晓霜，待君挥洒兮不可弥忘。”怀素是史上杰出的大书法家，其草书风格有“狂草”“草圣”之美誉，和盛唐时期的大书法家张旭齐名，后世有“张颠素狂”或“颠张醉素”之称。在当时，位居社会上层的豪门贵族们皆形成一种风气，各府第宅院内皆有预先做好的素屏，以备到访的书画名家题诗作画。“谁不造素屏？谁不涂粉壁”说的就是大家闻听怀素已动身往长安城来了，所以家家户户皆准备素屏，只为能求得“草圣”之墨宝。类似这样的例子还有很多，且这种情况在当时的社会上层以及文人圈里应该是很流行，甚至可以用盛行来形容，这种形式是当时诗作及绘画的展示渠道之一，如同在预先备好的扇面之上题诗作画一样，这种“素屏”是供人来继读创作的原始载体，是绘画创作中的一个环节体现或表现，这种“素屏”最终会变成画屏，更多体现的是绘画艺术，更应属于绘画的范畴。类似唐代这样利用素屏再创作的情况后世仍有传承，直到明代都有相关诗文体现。其中，宋代诗人王佐才所作《答秦兵部求墨竹》曰：“墨传高节未为精，虚辱佳篇拂素屏。不敢持毫强羞缩，喜公心已厌丹青。”诗句所表达的意思是：墨竹传达的是高风亮节，而我还未达到精深，总怕因为我的不精而辱没了你那件好的素屏，所以一直羞涩退缩不敢提笔作画，今天勉强作了一幅，希望这幅画不会让喜欢墨竹的您心生厌烦。这首诗很直白地道出了是作者在素屏上作画，这里所说的素屏和上述迎接怀素题诗的素屏应同属一类。总之，历史诗句和典故中凡提及此类“素屏”者，皆不是真素屏，这类素屏的身份大多都是暂时的，不应属于上述所归纳的素屏范围。

以上通过对素屏在各历史时期相关诗词歌赋中的体现，以及与众多文豪大家之间的不解情怀进行梳理和探讨后，就素屏其自身具体情况、文化属性等相关方面，归纳如下：首先，素屏自古以来确实有之，且自先秦至明清各时代的制作与应用从未间断。同为素屏，但确存选材用料、制作工艺、造型制式等方面的不同与差别。其次，自素屏问世之日起，虽其实用功能方面的作用一直未变，但自汉代至清代，尤其是经过了唐宋时期，素屏的文化承载方面的显现日趋突出，由先秦初期的纯实用器及相关属性的存在，到汉及汉代之后一段时期的相关文化注入和相应文化体现，再到唐及唐宋以后的文豪大家大隐之士的形象代言、品德象征等，其精神思想的融入、至高境界的体现及独有文化的承载越来越深远厚重。素屏，不仅有了“器”与“道”两个不同层面的文化承载及体现，从属性上成为了名副其实的文人屏，而且位居榜首，它当之无愧是文人屏中的“文人屏”。

通过上述展现和梳理，不难领略素屏文化不但脉络清晰、传承有序，而且在各历史时期影响力较大，与社会上层的关系更为紧密相连。由此，更可窥见和感受到素屏文化的厚重及分量。

三、素屏与绘画

史上相关素屏的应用以及素屏文化方面的体现，可谓涉及面广、领域宽泛且较为普遍，除上述的人文典故及诗词歌赋等外，素屏形象在古人的绘画作品中有较为突出的体现，且就其绘画形式、表现风格、文化涵意以及文化传承等多方面皆有相关见证，可谓有章可循，一脉承袭。特别是唐宋以来的古代绘画作品，既是较为具体真实反映，又是相关传世物证。

如图 3-5 为大家熟知的顾闳中绘《韩熙载夜宴图》，此画反映的是五代十国南唐名臣、文学家韩熙载在家设宴行乐的场面。整卷画面反映了韩府夜宴的全部过程，即琵琶演奏、观舞、宴间休息、清吹、欢送宾客五个场景。从场景空间中可以看出，除床榻、桌、椅、墩等家具外，场景中还设有三座屏风。就画中屏风而论，除其中两座屏心绘有青绿山水图案纹样外，还有另外一座应为素屏，即位于清吹场景中置于高围床榻旁边的那座。此屏风黑色的底座描绘及其他相关方面的表现，亦能证明其或施大漆工艺为之，淡绿色的屏心或是绢裱或为漆制，整体简约典雅，形美韵足，堪称考究，图 3-6 为素屏局部放大图。屏心一面的上半部分，明显盖有一圆一方两枚印章，其圆形“古稀天子”和方形“太上皇帝”印章皆为乾隆退位后享作太上皇时的专用御印。这一情况起码说明两个问题：其一，绘画中两枚印章的出现，能直接证明此画作中所描绘的这座屏风原来应为素屏的同时，还间接地向我们证明了那一时期应确有素屏的制作与应用。更为重要的是，此画作中素屏图像的出现为我们在素屏物种、素屏文化及相关方面的研究提供了直观的具有更强说服力的一手证明资料。其二，是“好玩儿”要强的乾隆帝“无孔不入”“霸道行为”的体现。那为什么乾隆帝会将两枚印章盖于古画中的素屏之上？

众所周知，此画之所以成为名品，除有自身所具的艺术价值和历史渊源外，还与历代名人的传承、题跋、落款等关联甚密，这其中便有略“跋扈”

图 3-5　五代南唐 顾闳中绘《韩熙载夜宴图》
故宫博物院 藏

图 3-6 《韩熙载夜宴图》中所绘素屏（局部）
故宫博物院 藏

的乾隆帝。就此画整个画面的题跋落款而言，乾隆帝已在画面的首尾两个重要部位留下了鲜明的印迹，那他为什么还非得在古人的稀世名作中“硬补一刀”？思来想去，笔者认为这屏心之中加盖印章，既不属于巧合之作，也更非草率鲁莽的一时心血来潮，这里面应大有学问。乾隆帝此举，除了能证明他收藏过、赏玩过此画外，原因还在于：其一，情理上讲，这一现象也绝非偶然，是一生好玩儿、好表现的乾隆爷性格所致。其二，《韩熙载夜宴图》长 335.5 厘米、宽 28.7 厘米，整个画面尺度应该说不算小，整个画面有足够的空位和可供题跋盖章的地方，放着那么多适合的地方不用，而乾隆帝却偏偏将两枚印章盖在了画面之中显要位置的素面屏心之上，且印章所盖的位置又为屏心偏上居于高位，并以天圆地方之寓意上下排布。位置的选择、构图的巧妙、布局的合理，就画面的舒适呈现，一切的一切，如不静观细辨会误认为原作。所以，笔者认为此举应视作“别有用心”。虽然于情于理皆显得有些蛮横霸道，甚至是对原创的一种毁坏，但确应是乾隆帝慎思后的讨巧之作，是乾隆帝想搭古人之名作添上自己一笔，借光于古人、流芳于后世的绝妙之举。此举应与画面引首醒目部位乾隆帝从政治层面有意摒弃文人倡导的浪漫观点，树立道德观念出发所题的跋文一样用心。此举是基于政治层面以外的趣味性表达，是他既要显示作为圣贤明君的一面，又要表现出他作为皇帝身份以外玩得雅、玩得妙、玩得水平更高，确有过人之处。此外也不排除是他对历代文人浪漫观点默认的暗喻。这上至政治层面，下至个人兴趣爱好的表达，体现出乾隆帝上下皆通、聪明过人的才干与智慧，这或许正是他自称“十全老人”的理由之一吧！

回到画面当中，让我们直接看到，作为五代名臣重将集聚的明堂要位，家具重器中竟有素屏的出现，传递出最为直接的信息是素屏文化的存在。时隔数百年的后世之圣君，无论是出于好玩之心，或是出于对艺术的追求，还是出于对古圣先贤的崇敬，在玩出水平、玩出趣味、玩出境界的状态下，受古人挥毫泼墨于素屏文化的启发，以绘画作品中的“素屏”作为介质，效屏风画之风潮，双印齐挥即兴就之，这也说明了博古通今的乾隆帝对素屏文化的了解之深之透彻，进而亦能折射出素屏文化的影响力之深远。

北宋时期，素有“独步中国画坛”“宋画第一”“白描绘画当世第一”等美誉的著名画家李公麟，其一生勤奋，作画无数，人物、史实、释道、仕女、山水、鞍马、走兽、花鸟无所不能，无所不精。其作品《免胄图》《莲社图》《西园雅集图》《幽风七月图》《山庄图》《五马图》等皆为传世之宝。其中收藏于纽约大都会博物馆的《豳风七月图》，是根据我国古代第一部诗歌总集《诗经》中以反映周代早期农业生产和农民日常生活情况的一首诗创造而来。这首诗以叙事为主，共分八章，通过诗中人和事物的娓娓道来，真实展现了当时的劳动场面、生活画面以及各种人物面貌角色等，展现了农夫与官家的相互关系，构成了西周早期社会一幅男耕女织的风俗画。其图中相关农夫与官家场景中，官家席地而坐，前设梳子枨式弯腿矮书案，后置有座宽边素屏，如图 3-7 所示。此画中人物的席地而坐、书案的低矮制式及造型描绘等，皆符合唐宋时期家具由低向高过渡和人的坐姿由跪坐向垂足转变的时代风格与特征，再结合李公麟绘画重在史实，又以白描见长，所以此画作应为在遵循西周题材和具体内容的前提下，参照当时的相关情景创作而成，如同上述图 2-16 焦秉贞绘《历代贤后图》的创作一样，即此画作应有写实的成分在其中。此外，再从学术的层面和相关专业的角度对此画作中的低矮型书案其结构制式进行分析，此案从整体尺度尺寸，造型制式尤其是案子高度以及面下四周披肩牙和梳子枨式的腿足形制表现，总体看皆符合唐宋时期书案或此类画案应具有的风格特征，为经典的标准制式。可案面以下两腿足间的横拉枨和通向案面的两根斜枨的出现，皆有悖常理，感觉不适，确实不符合此时期的经典形制及相关制作手法。想来其原因或许是因此案为“公共设施”而保护不当，造成损伤后的修补之象。如确实如此，更能说明此画作的创作既符合主题思想，又有可能是作者依据当时真实场景借鉴而为，进而更能加大此绘画创作在史实前提下的写实成分，所以照此推理，客观分析，绘画于同一场景中官差身后的落地素屏，虽不能完全代表《诗经》中所描绘西周时期所涉场景中相关家具的具体样貌，但此素屏图像的出现及创作来源起码应与李公麟所生活时代的屏之形体样貌等实际情况有关，这就意味着素屏的应用及素屏文化在宋代画作中的存在以及在现实生活中的影响力。

2017 年出版的《重屏：中国绘画中的媒材与再现》一书中，著者巫鸿老师重点在于阐述素屏的文化意义所在，阐明元明清以来文坛画界绘画作品中有关素屏图像的应用风尚以及传承情况，阐明不同的学者对素屏元素应用初衷及意义的不同。书中关于素屏方面的探讨研究颇有独到的见解和深度，笔者认为是目前绘画研究中涉及素屏文化与家具研究可圈可点的极具参考价值的论著之一。受益匪浅的同时，最为直接的感受与认知便是物像方面的表现，即绘画作品中素屏图像的呈现及其在各时代被表达的情况，因此以下将在参考或借助巫鸿老师研究成果的基础上，学习感悟之余，就古代绘画中有

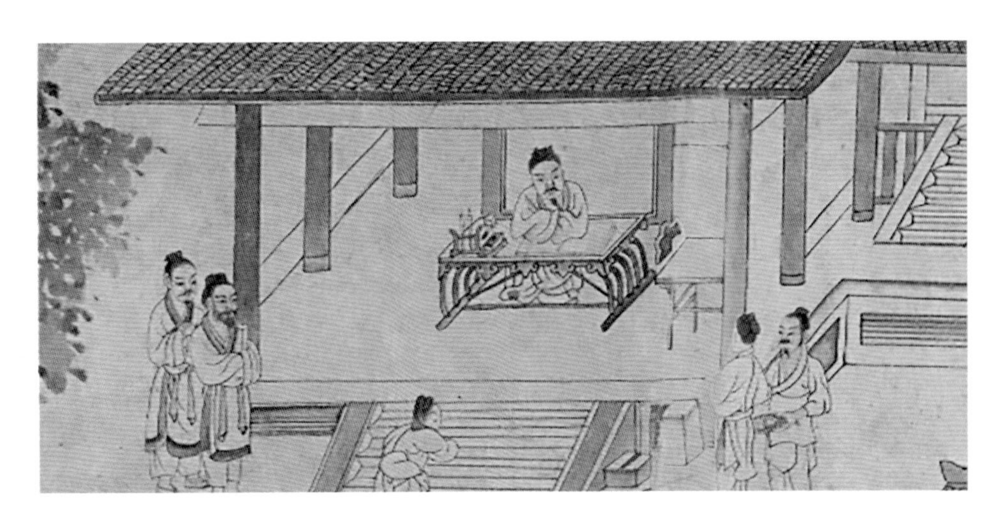

图 3-7　宋 李公麟绘《豳风七月图》（局部）
纽约大都会博物馆 藏

关素屏物像表现和相关文化呈现，加以提炼并做相关展现，意在充分证明和体现素屏器具的存在以及素屏文化在相关绘画乃至整个画界的影响。

从巫鸿老师的论述中能体会到，他对素屏自身文化含义的理解是，古代文人将素屏拟人化了，素屏外形外表的简约利落，代表文人的光明磊落、胸怀坦荡，屏心的素净无饰象征着文人高尚纯洁的道德情操与优良品德。因此，越来越多的画家笔下所画屏风素净一片，成为后人中对画屏和书屏优劣的区分标志。巫鸿在论述中对素屏给予最高评价："唯一能免于为大众文化所挪用的只有一种文人屏风——没有任何绘画和书法的素屏。"同时，也表达出，"这种素屏图像最早在什么时候出现在文人艺术中尚存疑问"之观点，并给出了据传元初大画家赵孟頫夫妇绘画作品中有素屏隐士的出现，但因原作难求、证据不足，故不能妄加评断等论述。赵孟頫的外孙，且同为著名元四家之一的画家王蒙的作品中，也有不少素屏图像出现。巫鸿"或许是受王蒙的影响，元末明初苏州艺术圈中的几位文人画家也喜欢将白色屏风作为一位隐退士大夫的标准配置"的观点，以及他认为这一时期此类传世绘画作品中的"物证"相对充分等论述，皆说明了素屏图像在元明时期文人画中的应用已有共识。

正如图 3-8 和图 3-9 中的素屏表现，皆为该类绘画作品代表的展示。其中王蒙绘《谷口春耕图轴》中，高山峻岭之中，良田溪水之畔，绿荫环抱

图3-8　元末明初 王蒙绘《谷口春耕图轴》
台北故宫博物院 藏

图 3-9　元末明初 王蒙作品《双亭观浪图》
东京国立博物馆 藏

的草堂位居其中，极其醒目，“敞开的草堂暴露出简洁朴素的内部，一扇空白的屏风立于桌榻之后。”而《双亭观浪图》中，“有两座亭榭，一座靠近画幅右下方的水面之上，半隐于松林之后，亭中描绘了一位似悠闲自得正在观浪的隐士。另一座亭子没有任何遮挡，被巧妙地安排在画面的另一显著位置，开阔通透的亭榭结构及亭内布置清晰可见，亭中只有一张木榻和背后一扇硕大的素白屏风。这种简单的陈设似乎隐喻着此时不在亭中主人的高洁品德及人格。”似这样有素屏图像体现的画作，在王蒙的其他作品中也时有出现。不仅如此，在其影响下，同时代的画家姚廷美所绘《有余闲斋图》，如图 3-10 所示。“这幅画是画家为生活在松江附近青龙地区的杜隐君所画。江景占据了画面右边三分之一，画幅余下来的部分集中于杜隐君的书斋：草堂一间，矮榻一卧，素屏一扇。所有物品都严谨地用淡墨描绘，与之形成鲜明对比的是把草堂包裹住的图像，用李雪曼（Sherman Lee）的话来说，这些图像‘以疾劲的水墨画成，最后以湿润的浓墨提醒。不论是岩石、树木或远山，都呈现出一种不规矩的扭曲线条’。传达画家在题诗中所推崇的‘有余闲斋’的

图3-10　元 姚廷美所绘《有余闲斋图》
克利夫兰艺术博物馆 藏

宁静与闲适的意象，因此必定是空空的草堂和其中的素屏，在一片狂放不安的山水中，它们构成了‘空寂的核心’……”（巫鸿著《重屏：中国绘画中的媒材与再现》第178页，上海人民出版社，2017）作者的这番论述，既阐明了此幅绘画的作者如何以巧妙构图的方式及浓淡有别的墨迹来突出主题，如何以空素无饰的手法来隐喻“余闲”这一弦外之音，同时也肯定了“空寂”核心的定位高度，进而证明了素屏文化价值所在。在元代有素屏图像或元素的绘画作品还有很多。被誉为开创了一代水墨山水画风的“元代四大家”之一的倪瓒，其绘画作品中亦常见素屏的描绘，图3-11所示可视为代表。以上所有列举足以证明，素屏图像在元代尤其是元明交替之际，在文人的绘画作品中占有举足轻重的位置，素屏图像的出现，是当时文人画中最能代表文人身份的金牌标志。

“有明一代，空白的素屏是画中所绘文人书斋的固定陈设，无论这些画作出自文人画家还是职业画家之手。”人称“四绝”全才，“明四家”“吴中四才子”之一的文徵明，其在绘画作品中对素屏图像及元素的应用，超越

图 3-11　元末明初 倪瓒、赵原《狮子林图》
清宫 旧藏

了以王蒙画中素屏还只是一个绘画细节的格局，而将素屏与文人的生活情景相结合，甚至有意将素屏的尺度加大成为画面视觉中心。也就是说，元末明初这一时期素屏图像在绘画中的表现形式相对而言可视为“隐现”，而明中期以后在文徵明的绘画中则变成了“突显”，“在他漫长的绘画生涯中，不作任何装饰的素屏一直是他画中文人形象背后的标准布景”，如图 3-12 所示。

同为吴中四才子的文徵明好友唐寅，虽其一生放荡不羁、性情狂妄，但其绘画作品亦能反映出他心中不为人知的一面，具体表现在他对待世俗画和文人画的不同处理上。尤其是他的文人画，崇敬也好，表白也罢，甚至有可能是他的自喻，是他内心世界自相矛盾的吐露或追求，无论如何都是他内心世界与精神向往的真实写照。无论因何缘故，重要时刻，他也有赖于素屏这一表达媒介，因此在他的绘画作品中，凡涉及屏风元素的绘画，根据所绘内容及题材的不同，可以划分成两类，“一种屏风上装饰有着色的山水，另一种屏风则是空无一物。一种存身于对浪漫爱情故事的叙述性图解，另一种则用来装点坚贞文人的朴素书斋。”图 3-13《西洲话旧图》视为唐寅文人画

图 3-12　明 文徵明绘《古树双榭图》中的素屏

代表作，画中白描表现手法是“所有古代作品中最为质朴、最为智性化的形式”。此画作中唐寅的偏好足以说明文人价值观念在他心目中的位置高度。素屏与书斋对这样一位“醉舞狂歌几十载，花中行乐月中眠”风流才子的影响如此厚重，到头来，文人品德、素屏标定乃人生终极追求，可见素屏文化的影响力之大。

现藏于美国明尼阿波利斯艺术博物馆的明代宫廷画家（锦衣都指挥）刘俊绘《周敦颐赏莲图》，如图 3-14 所示。画中主人公为影响了中国思想史近千年、被历代帝王尊为人伦师表的理学鼻祖、北宋鸿儒周敦颐。他的一生除在理学思想、哲学文化等方面给后世奠定了坚实厚重的基础外，周敦颐做官克己奉公，做人清正廉洁。人到中年的周敦颐，因身体原因归隐庐山莲花峰下的濂溪书院，他将书院门前的溪水命名为濂溪，并自号“濂溪先生”。其间他以山水养情，抱素守拙，并与当地饱学之士开设学堂，收徒育人，在朴素的生活中找寻着自己内心的安顿。周敦颐一生向往崇静无欲、安贫乐道的精神追求，一生倡导并践行的真诚谦虚、实事求是及忠孝廉洁的教育核

图 3-13　明 唐寅《西洲话旧图》（局部）
台北故宫博物院 藏

图 3-14　明 刘俊《周敦颐赏莲图》（局部）
美国明尼阿波利斯艺术博物馆 藏

图 3-15　明 仇英《独乐园图》中的素屏
美国克利夫兰艺术博物馆 藏

心思想，感怀于当世，深刻影响于后世。因此，宋代诗人任大中曾在《濂溪隐斋》一诗中写道："溪绕门流出翠岑，主人廉不让溪深。若教变作崇朝雨，天下贪夫洗去心。"意思是说，从周敦颐门前流过的溪水，如果变成雨点洒落在大地上，都足以使那些贪得无厌的人洗心革面。可见对周敦颐节操的高度认可和最美赞誉。所以，明代画家刘俊作为对周敦颐思想及精神的崇拜者，在他所绘的《周敦颐赏莲图》中，以莲喻廉的同时，在画面主人公的背后以素屏相衬，这既是当时绘画格调及形式的体现，也是为更好印证和表现周敦颐品行的最佳配置。这也让我们更加领略到素屏及素屏文化的厚重及分量。

此外，明代绘画大师仇英和他的女婿尤求在各自的画作当中，也都有素屏元素的体现，如图 3-15 和图 3-16 所示。明代的绘画界无论是宫廷名师，还是以此为生的职业画家，哪怕是像唐寅这样的风流狂士，无论他们的品性如何，身份、地位以及人生价值如何，他们皆对素屏产生共鸣和共情。

清代，有关素屏元素在绘画中的体现及应用，翻阅大量清代文人画家的作品，包括这一时期的名家之作，似乎不多见，但在"清初四画僧"之一的著名画家弘仁的作品中倒是有所体现，这或许与他的明末秀才出身和后来的

图 3-16 明 尤求《松荫博古图轴》中的素屏
台北故宫博物院 藏

生存境况及亲身经历等有很大的关联。图 3-17 为弘仁的《古槎短荻图轴》，画中草堂内空素屏风清晰可见，唯有素屏前陈设的凉榻多了三面围子变成了围子床，这或许是因为年代的关系，造成了家具的更新、制式的改变。另外，或许正是因为改朝换代所带来的从物质到精神的转变，才造成了围子床替代凉床以及素屏文化的蜕变，造成了清中晚期素屏图像在绘画中减少弱化现象。尽管如此，我们依然可以从中看到素屏文化在清代的传承和发展。

以上，通过对部分古代绘画作品中关于素屏及素屏文化方面的探讨，尤其是从绘于唐宋交替之际《韩熙载夜宴图》中显耀位置出现的素屏图案，到素屏元素表达较为鲜明的元代众多绘画作品，再到表现更为突出，对朝野上下、文学大儒、书画大家等影响更深的明代，素屏图像的应用和文化体现，梳理总结后呈以下特征：

第一，唐代以前，因其绘画等相关方面资料的稀缺，故素屏图像及素屏文化在绘画领域难以查询求证。虽暂无相关方面的资料或佐证可依，但不能视为没有，还有待于进一步的研究。而自唐宋至明清，从绘画作品中可充分证明素屏的存在以及清晰的传承脉络。

第二，素屏，以历代绘画而论，在实用功能以外，被赋予了新的生命及历史使命。素屏，在古代早已成为了文人身份的代言者，成了文人画的标签。更为重要的是，如果画作所表达的中心思想或创作主题与文人及大隐居士有关，那么画作中如果没有素屏图像的出现，没有素屏元素的体现，严格意义上讲，这幅画就算不及格，更不能算作够级别、有品质的文人画。素屏图像在画作中的出现，代表着文人身份的同时，更能反映和折射出文人雅士的那份清廉淳朴、胸怀坦荡、宁静致远的品性与境界，进而形成了绘画领域富有特色、自成一派的素屏文化体系。

第三，从现有的部分绘画代表作品中所反映和体现出的与素屏元素及素屏文化相关情况来看，素屏文化的体现与传承，自唐宋至明代，皆较为突出，影响力较大，而到了清代明显减弱。这一现象的背后，或许正是素屏文化和素屏应用情况的真实反映，对素屏及素屏文化的相关研究应具有一定的参考价值。

图3-17 明末清初 画僧弘仁《古槎短荻图轴》中的素屏
故宫博物院 藏

第三节　小结与寄语

关于素屏的制作、应用及史上素屏文化的传承，通过对先秦、汉唐再到宋元明清等几个历史阶段，从人文趣事、诗词歌赋以及绘画领域等方面梳理探讨，以及其他古今资料的借鉴参考，再结合传世素屏的实际情况，归纳总结后，可以得出如下结论：

第一，作为以防御功能为主兼具挡风作用，最早出现在先秦早期，抑或是用树枝捆扎而成的“木排子”似屏具类器具，可视为人类历史上最早的屏风。但受限于当时的人类文明程度、生产力等因素的影响，应没有什么工艺可言，故可将此种屏风理解成是屏具门类中最早出现的素屏。

第二，随着人类文明和生产力等方面的不断进步，随着人类物质需求的不断扩展，自先秦后期至汉代，尤其是到了汉代，屏风的使用相对得到普及，进而屏风之称谓得以确立。汉代屏风的功能更加明确，以挡风和隔断功能为主，成为实用器，惠及百姓阶层，此时期的屏风制作就其选材用料、工艺实施等方面也呈现出优良上下、高低不等、参差不齐的现象，既有王公贵族名堂之上材质昂贵的玉屏、云母屏、陶屏、漆制屏等，也有百姓日用生活所需的或以木质或用纸布等普通材质而为的廉价之器，其中应不乏素屏类器具的制作与应用，这便是人类历史上屏具范围内第一次出现的真素屏。当然了，实物真素屏的问世及应用具体年代还有待进一步的探讨挖掘，但可以肯定的是，这一时期的素屏，除实用功能以外，已经有了文化的承载形而上的一面。

第三，自唐宋至明清，从有确切记载的人文趣事、绘画作品、诗词歌赋等历朝历代与素屏及素屏文化有关的文献资料中，尤其是素屏与毛玠、魏征、白居易、欧阳修等大人物之间彼此相伴的情况来看，其素屏的制作与应用更加得以发展，素屏文化的承载更加博大厚重。本章第一节所示清中期紫檀铜板屏心素砚屏，以及虽罕见但仍有其他素屏传世的现象与情况，亦是上述相关方面的有效印证和物证。

第四，本章就素屏文化的承载与传承也作出了具体的较有说服力的探讨及论述，特别是汉唐至元明清以来的相关人物故事等的列举，将素屏文化的承载、传承、体现等展现得尤为清晰具体。以文人为例，毛玠、魏征之美谈仅是代表；以绘画而言，宋代以后尤其是元明时期，素屏图像成为文人画中的固定陈设，成为文人画的标配及文人形象的公认布景，成为文人雅士、大隐贤德士大夫阶层体现人生观、价值观及最高境界的绝妙表现手法，成为文人品质纯洁、品德高尚、性情耿直、胸怀坦荡的全权代言者。说得更直白些，“只要有素屏图像的存在，那就什么都不用说了。”再以诗词歌赋而论，清代以前的无须再赘述，直到民国时期都有相关素屏文化方面的资料证之。清晚民国时期的林朝崧，在其《琐窗寒三叠豁轩韵》诗句中就有提到素屏：

> 梦醒春回，房栊寂寂，彩云飞远。罗窗镇掩，懊恼流莺空唤。
> 记三生钗钿誓盟，此情海水量深浅。到如今赢得檀奴哀什，素屏题遍。
> 发短，遗簪恋。况等是惊弦，劫馀哀雁。尘缘撒手，恁便玉京先返。
> 断肠人春心渐灰，旧时月色应照见。纵桃花赚入天台，肯吃胡麻饭？

以上四点足以表明，素屏在屏具世界里应有其稳妥的一席之地毫无置疑。但从古至今，相关素屏及素屏文化方面的研究情况又是如何呢？

古人除确有素屏文化的传承和相关诗词歌赋、绘画以及逸闻轶事记载外，余更为具体深入研究的专著和更有针对性、更具专业性的论述资料等皆未发现。近些年，虽见文博界、学术界的老师们有少量素屏方面的提及和论述，在有些观点及论述确有一定的学术价值，应予以肯定的同时，也存在着了解不够全面，认知不够深刻，概念较为模糊，只闻其影而不见其像，道不清楚讲不明白，甚至误解错释互无关联，以及各持己见、各执其论的主观性、片面性、碎片化学术观点与现象。余业界、收藏界的部分资深从业者、收藏家以及大多数的爱好者之中，相信多数人或许连素屏都没关注过，这就意味着“素屏”这一品类及素屏文化的传承与研究时至当下几乎断层。

因此，在研究成果可谓甚少，学术氛围如此薄弱的境况下，素屏及素屏文化相关方面的研究就更显得散落无声，影响力不够。如此一来，素屏文化方面的抢救性挖掘显得格外重要，素屏文化的研究迫在眉睫。同时，越发觉得素屏文化所传递出的纯朴清廉与浩然正气，显得那么顺应时世，素屏文化的正能量应光芒再现，永为时尚。

第四章 屏具鉴赏

第一节　身份与属性

中国古代家具范围内的屏具门类，历史久远，体系庞大，脉络清晰，是中国古代家具的重要组成部分之一。各种屏具，在不同的历史时期，不同的领域，其所负使命、所具属性及相关意义等皆有不同。有些屏具或因时代的关系，或因人文因素的影响，其功能作用及意义又各有侧重，呈多重身份。以屏具门类中的屏风器具为例，唐代以前，尤其是汉代，屏风的主要功能作用是以挡风、屏障为主；唐宋时期，画屏风靡，屏风成为文人墨客挥毫泼墨的重要媒介和载体之一，一时间屏风的属性似乎又与绘画密切相关；元明时期，素屏文化表现突出，素屏图像成为文人画的标配，成为文人的象征；明晚至清代，各类歌功颂德、赞咏美誉之词又成为屏风屏心的重点表述内容及装饰表现手法之一，尤其是无底座自立型大型组合屏风，从官方到民间，从皇家到百姓成为名副其实的寿屏代言者。也就是说，屏风在几千年的人类文明进程中，满足和服务于人类日常生活基本需要和需求的同时，还扮演着各种不同的角色与身份。与此同时，屏具的命运亦是如此，它会随着时代的变迁而发生转变。屏具，尤其是古代屏具，在经济发展、文明向前的当今时代，就价值体现而言，除部分屏具仍有一定的实用功能外，其价值的最大体现应为文化传承与研究，最为直观、最为现实的体现之一即是收藏。屏具的收藏，满足兴趣爱好、弘扬传统文化的同时，还会有很多预想不到的收获。这其中包括对古人智慧的汲取，对传统文化的了解以及自身审美、修养、价值观等方面的提升。屏具这一古老器具在新时代、新形式下被赋予的研究价值、文化价值和收藏价值，这几大价值的体现正是屏具生命价值的延续。

面对浩瀚的传世屏具，针对门类齐全、种类众多以及各件器具的自身条件、特征特点等各种不同的具体情况，如何收藏，怎样选择，这确实是一个值得深思和有待探讨的实质性问题。几十年的从业经历和收藏之路笔者颇有感悟与体会，因此，在积累的一些经验及心得的基础上，参考借鉴业内他人相关方面正、反两个方面的经验和教训，分析总结后认为，要想搞好屏具的收藏，少走弯路，作为一名收藏者，首先要清醒地认识到“理念与定位，鉴赏与选择”在屏具收藏环节中的重要性，要明白万事开头难及所迈第一步的分量和关键性所在。再者，针对屏具自身有哪些特征特点及属性，首先要搞清楚弄明白，进而针对屏具藏品的选择，从原则方法等方面要有一套清晰的鉴赏体系，要有一个全新的思路意识。“理念与定位，鉴赏与选择”相关问题，因涉及面广，内容多，故待后面一节再做较为详尽的探讨。关于“认知正确，意识明确，有的放矢，益于收藏”，有必要先做以下相关方面的探讨。

针对一般实用性家具的收藏选择，其优良特征和相关收藏标准、条件以及原则等，大家皆胸中有数，较为清楚。而对于屏具藏品的选择，笔者认为首先要搞清楚弄明白一件事，那就是屏之器具的属性是什么？屏具在家具体系中的位置如何？都有哪些过人之处？众所周知，屏具作为古代家具中的一个门类，虽然其与卧具、坐具、承具、庋具等门类中的大多数老家具一样，有着选材用料、制作工艺以及诸多方面的相同考量，但是它们之间却存在着器之属性上的根本不同。其他门类下的多数器具，如床、榻、椅、凳、桌、案、柜架等多为实用器，而屏具除部分器具以实用功能为主外，多数屏具皆以装饰欣赏为主要目的，也就是说屏具多为赏器。在不否定实用性器具也有部分制作精良、形韵皆具艺术性的前提下，通常情况下实用器和赏器之间应有着本质上的区别，正是源于实用器和赏器之间的属性之分，故其相关设计、制作及具体呈现等方面也有许多不同之处，主要体现在表现形式、表达方式、表现手法等多个方面。在家具设计制作过程中，就美学与力学这对既相互矛盾又同时存在的两大因素而言，实用性家具的制作会首要考虑家具的耐用性、安全性，所以通常情况下，美感一定要让步于结构所需。而作为赏器，某种程度上会更加在意外在表现与美感呈现，自然，美学就成为重点考虑的因素。相较之下，作为藏品，屏具自身所具的“赏器”身份及属性自然也就有了优势，客观上讲屏具门类的收藏，其品位起点相对而言就会高些。现实亦是如此，各类收藏中，凡遇赏器皆会意义更大、价值更高。当然，任何收藏没有绝对性可言，收藏意义及价值的根本，归根结底还在于藏品艺术的体现、文化的承载等综合性因素。此观点的提及意在表明：“屏具作为赏器，就收藏而言，正常情况下，其身份属性本身就具备优势占了上风。作为收藏者，要有此认知和意识。

有了清晰明确的认知，要想搞好屏具收藏，那接下来就要注意和做到思路的调整、理念的转变以及原则性方面的把握，当然更少不了专业知识与相关技术方面的支撑，少不了其他多方面综合能力的具备与保障。谈及思路、理念及原则等方面的转变，就古代家具中多数实用性器具的藏品选择标准及条件而言，虽其收藏意义最终都会归于文化艺术层面，但现实的藏品选择中，往往会更注重和追求一件器具的制式规范标准，更加关注其榫卯结构、所施工艺，以及选材用料等看得见、摸得着的一些外在条件和因素。而作为赏器的屏具藏品其选择鉴赏的层面与关注的点，则更应该在艺术、文化形而上的精神层面，是无形、无样、无量、无标准等抽象层面及更高境界的感受与认知。所以要想搞好屏具的收藏，意识的转变是首要，思路的调整是关键，当然还离不开方向原则性以及鉴赏过程中每一环节的把控。此处的简述意在表明：针对屏具藏品的选择，一定要打破常规，甚至有反常态，要着眼于艺术、文化形而上层面。

更须指出的是，屏具所具有的赏器身份及属性本身就是一把双刃剑，其身份属性及藏品类别有一定优势的同时，有关收藏方面的要求就更高，加之现实中屏具制作与其他家具一样，精工良材、优良之器也为少数，所以心中有数、目中有尺亦是搞好屏具收藏的又一重要因素及保障措施。

第二节　鉴赏指南

一、理念与定位

谈及收藏，艺术门类下的任何一个领域皆有着相通之处，其摆在首位的问题之一，就是收藏的理念和定位问题。因为，收藏理念会直接关系到收藏路线方向的正确与否，定位会直接影响到藏品质量及收藏水平的高下甚至成败。家具门类也不例外，屏具的收藏更是如此。

目前，家具尤其是古代家具的收藏，下至家具爱好者们的乐在其中，上至国内国际顶尖行家、收藏家们的交流活动、拍卖活动等，可谓是激情高涨、一片沸腾。在尊重事实的原则下，可以肯定的是，古代家具的收藏已经名副其实地步入了人类文化生活的精神层面和艺术殿堂。整个行业总体而言，正处于一个良性的、向上的发展阶段。在这前所未有的家具收藏热潮中，近些年来，紫檀、黄花梨类硬木家具的收藏成效以及市场表现独树一帜，其收藏热度不但为史上空前而且还升温较快，自 20 世纪末至 21 世纪初似有领先于其他艺术门类的趋势。而根系华夏家具之宗，身为家具之母体、之精髓且传承有序，年代更为久远、更具艺术魅力、更有文化内涵、更具代表性的漆木家具和大漆家具，无论是收藏还是研究却双双落伍，其收藏与研究虽也可谓“史上空前”，但实属起步阶段。更应该指出的是，无论硬木类家具收藏还是漆木家具或大漆家具收藏，确实存在着一些问题和不足，有一定的误区，其具体表现多见于“国宝帮”“讲故事”“重材质”，甚至是“唯材第一论”等现象。正是源于各种因素的存在及影响，目前家具收藏大致可分为四种类型（包括屏具方面的收藏）：第一种，属于纯爱好类，意在满足兴趣爱好，以玩为主，不设目标，没有框架约束；第二种，收藏与研究类，属于纯学术层面的行为，为少数；第三种，则是在兴趣爱好的基础上，既具学术研究性质又兼顾投资回报，属于“以藏养藏”的一类，可视为综合型，所占比例较大，较为普遍；第四种，目的明确，属于纯投资或投机行为，是商业行为或另有他意。我们且不论这些收藏现象及收藏行为的正确与否，亦不论各类收藏的高低上下，这些现象背后，恰恰反映出的是“收藏理念”问题。也正是因此，才导致了许多问题的出现，才造成了家具收藏界的许多乱象和“奇迹”，才出现了所谓的拼命砸钱“掐尖儿”，出现了藏品尽是“国宝”，上当受骗后成为行业谈资，被忽悠蒙在鼓里自己还乐在其中的种种现象。收藏界出现的这些奇闻轶事及“传奇”人物，想来既符合事物发展客观规律似乎又有些许哲学道理存在，归根结底问题还是出在收藏理念方面。具体讲，是收藏理念意识不足、重视不够、认知不清所造成。收藏理念虽仅四个字，但其实是一个大课题，其中所蕴含的观念、规则、人文思想以及哲学道理宽广深奥。在难以对其表述清楚、诠释到位的情况下，举出以下相关实例，意在潜移默化、增强理解。

我有一位很要好的朋友，人聪明、有学识、更有见识，属于成功人士、精英阶层，在她自己的业务领域做得风生水起，可谓行业中的佼佼者。本职工作以外，她酷爱传统文化、古代艺术且涉及门类较广。自 2003 年前后进入收藏圈子以来，她用了 10 年的时间花了近 800 万元买了各类艺术品 600 多件，其中主要的收藏品为古代家具。每件藏品平均花费约为 1 万元。经过 10 多年的收藏实践后，她发自内心地道出了一句：“刘哥，我错了！”“你错在哪里？”我随声问道，她说：“你想，我 10 年间花了 800 万买了大大小小 600 多件，平均算下来合人民币才 1 万多元一件，看起来很便宜，而且这里面确实有些不错的东西，现在拿出来能赚不少钱，但是其中还有大部分的东西不是赚得到赚不到钱的问题，是现在想出手都未必能转让出去的问题，这些东西当初就不该买，不该图便宜呀！如果当初用这 800 万买上 100 件，甚至咬咬牙买成 10 件，假如买上 10 个黄花梨案子或 10 对黄花梨椅子，按当时的市场行情恐怕都用不了这么多钱，即便是同样也是花了 800 万，那这 10 件东西的质量和水平可想而知！今天随便拿一件出来，都能给我换回全部的本钱，获取丰厚的利润不说，起码用钱时能立马出手变现！”这是一个真实的故事，她的一句“不该图便宜”，说到了点儿上。其感受和心得亦向我们证明了许多道理：其一，作为收藏，一定要有一个切实可行、适合自己的方案和计划，要清楚自己收藏的目的及意义在哪里，只有做到理念清晰、定位准确、方向正确，知道自己该干什么，不该干什么，才能有的放矢、按计划步入正轨；其二，就上述 800 万元买 600 件藏品而言，其实也无绝对的对错之分，起码你还享受了收藏的过程和乐趣，但问题出在了藏品数量又大又杂还无体系且总体水准较低方面，才铸成了这不算成功的收藏事实。这表面看似没有计划好，好钢没用在刀刃上，钱没砸到点子上的背后，究其原因是理念定位出了问题。反之，若数量大、成体系、有脉络，亦可算是收藏成功的典范之举，更是收藏研究的可选之路。如藏品数量少、水准高，也应了收藏贵在于精的至理名言。相同情况在现实中应不在少数。前些日子在节目里看到一段采访，系真人真事。此君为江南人，房地产挣了钱，产生投资想法，故自以为用小钱就能成就大手笔，花了几千万元买了不论造型美丑、年份早晚、工艺如何，甚至缺胳膊短腿等所谓的系列，整栋大楼被几百张大床、上千张桌子案子、上万把椅子等塞了个满满当当。当被问道，有没有请教过业内人士或进行市场调研时，答："没有，完全靠自己！"作为投资回报型的纯商业性收藏，其结果可想而知，可见这"理念与定位"的重要性。

另有一例，早些年我在外地一行家那里挑选家具，偶遇一位事业成功的中年男性，坐着豪车带着"跟班儿"，那派头可足了。初次相见，我虽长他几岁，但出于礼貌本有意打声招呼，可考虑到此人是朋友的客人，怕朋友误会，同时又看到此君趾高气扬、目中无人的样子，迫使我"收手"，所以大家各忙各的。得闲静观，发现他不懂家具也不问家具，反而对朋友床上、案子上的随意堆放的紫砂壶较感兴趣。在听完货主对这堆紫砂壶的介绍后，他象征性地挑出几把看了看，然后先是以"掐尖儿"的方式，分批次谈成两三波，最后干脆以打包方式将剩下的器具全部拿下，豪爽痛快！我当时有些不解，还有这样玩古玩的？两年后，对家具并不真懂的这位"爽快司令"，出现在了圈内各大拍场上，他进军古代家具的收藏行列了。只见他神气十足，逢大件定举，且势在必得，最终以破纪录、遥遥领先的、与其说是价格不如说是代价，一举竞得了多件黄花梨家具，赢得了满堂喝彩。这一举动，把当时在场的大多数人都看傻了。三年以后，连同他本人在内还有那几件花高价拍下的黄花梨家具，又一同出现在拍卖现场。可这一次和上一次的情况却大不相同了，家具几乎都以折半甚至更惨的价格拍出，人也低调了许多。据说是因为当时急需用钱，所以市场再差、行情再低也得忍痛。这个故事说明，此君当初进军家具行业的初衷首先就有问题，再加上自身专业知识欠缺，一味地追高价，用钱砸，想投机，这本身就不符合市场规律，背离了收藏初衷，根本无收藏理念可言，结局也在情理之中。

再举一例，应为家具收藏中的普遍现象。某君学历不高，但身为老三届阅历丰富、洞察力极强。他是做工程的，赶上了经济飞速发展的时代，有所作为，因此有些过于自信。出于对家具的些许爱好和投资考虑，早在十几年前就常见他游走于地摊和拍卖场上，所选家具不分软硬更没有体系可言，深一脚浅一脚，但有一点，那便是买什么东西都想贪便宜，现实中也确实能够感受到，他的那种自我感觉买什么东西都“便宜”乐在其中的状态，一路走来总有“漏儿”捡。不可否认的是，在那个资源相对丰厚、造假数量较少且水平较低的情况下，凭借着观察和机会多，他也确实受了益，进而形成了自有路数且极为自信的错误收藏理念和心态。所以几年前，在某大型拍卖场出现一张与之前曾经创下 2000 多万元拍卖纪录十分相似的黄花梨案子的竞拍过程中，他只举了一次牌，就以起拍后 500 万元都不到的第三口出价，“幸运中举”。此案如为源头老货，别说是拍卖会，在当时就是私下成交都不会低于 1000 万元。可他拿下后，不想想为什么这么好的东西竟然没有人和他竞争，会以第三口勉强上线的价格就落槌了，反而立马打电话给我，向我确认买得便宜不便宜，我只能应和：“东西如果对，肯定便宜了！”可他也许是用真金白银换回了一块烫手的“山芋”。此事说明两个问题：第一，收藏不能总想着捡漏儿。漏儿是留给有准备之人的，漏儿是靠知识、靠眼力眼界发现的，没有真知灼见，不具慧眼硬功，即便漏儿来了，摆在你面前，你也会视而不见。反之，你所认为的“漏儿”往往它不是“地雷”就是“坑”，是要付出代价的。收藏不养票友，要有真功夫打底。第二，收藏是综合能力和经济实力的体现。虽然收藏玩的是眼力，凭的是功夫，但没有实力也是不行的，“有眼没钱步难行，有钱没眼行不通”，即便是综合能力等皆具者，都应遵循“谦虚慎行”之道，在有愿望、有基础、有实力的情况下，必要时都应再借助外援有效避开自己的短板，借他人之力纳众家所长成就梦想。说实在的，收藏就怕“半瓶水”加有银子，最怕自以为是、自作聪明，同时最忌贪念、最讳贪举。

2021 年五六月，正值北京拍卖季，各大公司竞拍相继登场，全国各地的藏友们纷纷而至，受其影响，万乾堂的知己同仁也络绎不绝。6 月 7 日下午 4 点多，送走苏州和青岛的朋友们后，连续多日的接待及陪伴略觉有些疲惫，故想小憩一下，躺靠的瞬间翻看手机时，发现了堂弟几个小时前发来的一张古琴照片。出于对古琴的特有情结以及自己一贯的做事风格我立马起身回拨过去，电话那端的堂弟告诉我，他上午在京西近郊的某小古玩摊上发现了这张古琴。当时几个行里人正围着这张古琴，持有者讲，这是他花 50 元钱从一农户刚拆的老房子中发现后买来的，想卖五万。发给我图片的意思是，他认为此琴是老的，但不懂价格，让我给个意见。再三看过放大有些模糊的图片后，又详细地盘问了相关细节和要点，最后明确告诉他：“如果东西确老无疑，价格不是问题。”10 分钟后堂弟回话讲：“大哥！坏了！东西让

××× 买走了。”我立马说道：“那你就再继续追问一下吧，看看二手买家卖了没卖，如果没卖，先问问他们想卖多少钱。”此时我心想，无论这二手卖家想卖多少钱，按照业界“串行”越往高走价格升幅越大的规律，如果想要的话，恐怕这次要亲自出马了。于是一边等堂弟的消息，一边想抓紧时间眯一会儿，做好前往的准备。半个小时之后，堂弟打来电话，“古琴的二手卖家找到了，东西还在，要价 ××× 万，最低价二十万，再低了就不卖了，这个价我是更不敢买了，大哥还是你亲自来一趟吧！”果然不出所料。于是放下电话便驱车前往。一个多小时后到了目的地，进门一看原来卖家是熟人，稍作了解后发现一手卖家也是多年的老相识，过去曾有过多次的生意往来，皆为当地古玩界老手。天色渐暗不便多言，急忙将琴捧到院子里借着落日余晖仔细观看。其间，从外至内，从整体到局部，细观静思不敢掉以轻心，翻来覆去更不曾放过每一处细节，凭借着几十年玩家具的经验和自认为对大漆家具及漆灰工艺有一定研究，花了近一个小时的时间后我初步认为：灰应是老灰，漆应是老漆，琴也应该是老琴，其制作年代应为清中期，且形制还算漂亮，制作工艺也较为考究，颇显用心，唯尺寸小了点。虽有此认知，但该琴自上而下，从里到外，确有以下问题存在：其一，琴尾面部长十几厘米，宽七八厘米所呈不规则形的面域内，其漆面的表现颜色、质感、状态等皆明显看出，因使用或保护不当遇损伤后有人为修过的迹象，其状态感觉是后修也应该有二三十年了。余琴身表面不分上下，在原有漆面的上面抓浮着几片间断性大小不一、厚度不等似油垢状痕迹，明显让人感到并非人为故意之作，应为传承使用过程中的不经意所致；其二，琴底部所设的大头状圆形硬木双足，做工粗糙形制不精，且包浆欠缺，明显后配，连外行看了都会有感觉；其三，通过狭长的龙池和凤沼，观察琴身弧形内部，虽然大面积的弧形内表面所呈色泽、风化程度等，与龙池、凤沼长方形洞孔直接对应的似为粘贴题款纸条而预留的长方形‘平台’外表状态有些不同和差异，但整个琴面内壁看上去并不是一眼的新，没有明显的作假仿旧之感，似此琴在清代中期制作时用了更早时期具有老皮壳、老包浆的老桐木板材改制而来。因为似这种老件改制、老料再用的现象，在古代家具的制作中屡见不鲜。包括上述“其一”中所提到的后补漆和“其二”中所讲的后配雁足，以及因受到重创而崩开撕裂后翘起的承露破损现状等，无论从哪方面分析，首先全能讲得通、推得转，更何况包括琴轸、岳山等在内有些配饰件用材皆为红木，这一特征又完全符合此琴制作的时代风格与特点，更有琴头、琴尾部分所保留的原始状态和破损情况等皆自然正常、合乎常理，尤其是琴身上盖面与平直琴底板相接处的碰头缝，其间隔性断裂所呈现出似断非断、难分彼此的连带关系及缝隙表现，大小不等、深浅不一、损伤程度有轻有重，一切都显得那么正常、自然、老道，特别是琴头顶部龙舌的制作及现状表现，更是开门老道无任何疑点，形韵自如，雕斫手法干净利落，颇见技术技艺之功底，没有半点后仿工手所带来的那种拘谨呆滞、生硬死板之感。总之，此琴如仅以家具研究的视角和漆灰工艺的技艺技术层面去分析判断，疑点虽有，但似乎又都能解释得通。相关局部如图 4-1 所示。

在自认为此琴虽存有瑕疵和缺憾，但应为老物件儿的前提下，一方面考虑到时下此琴的持有者，在当地古玩界小有名气、人脉较广，且多年以前此人也曾有过因眼力不够、眼界未开，虽极尽全力采用了拉锯式的交易手段，但最终还是误将一价值高昂的官造重器以地板价卖出的经历和教训，故生怕夜长梦多，节外生枝。另一方面就自身而言，多年前，早在硬木家具价格少见几百万元没有上千万元，漆木家具普遍在几千元、几万元，最高也不会超过几十万元的市场行情时代，也曾有过因自己的认知不深、见识不够，而错失了花上几万元就能拥有一张在当时价值几百万元的古琴之过。错失之过多年来一直铭记于心，总是期待再有第二次机会，所以此时此刻的贪图欲望可想而知。

夜幕降临掌灯回屋，基于上述情况综合考量后，虽说此琴的等级品位等都不算太理想，且对方价格咬得很死，一分不让，但念及一琴难遇，在急迫心理的强烈作用下，迫使我不得不作出妥协与让步，很快成交了。由于手机余额不足，待表明先付部分货款并将琴带走，剩余差额等回京后次日立马付清之意时，却被对方当场拒绝。“嗯？！不对劲呀！”按常理讲，似这种都是熟人，尤其是堂弟和他们又同在一个古玩城，几乎天天见面交往甚多，有一定的交情和信任度。再说了这剩下的欠款并不多也不算什么大钱，又不是什么过分要求，他们应该答应啊？！“不行，不能冲动！莫非东西有诈，还得再仔细看看！”这一反常举动，让我顿时起了疑心，脑子里想着目光也就不由自主地又转移到了这张古琴上。捧回屋内的古琴，此时被放置在一张长3米有余、宽近60厘米的榆木独板清代大翘头案上，或许是受此案厚板、肥牙、高翘头等用料尺寸皆为壮硕，以及整体尺度较大、体量较强等多方面反衬的影响，忽然觉得，“这琴的尺寸越发小得惊人！”求尺一量，只有 1.02 米。古琴虽有款式之分，亦有大小之差，但这等小尺寸的从未见过，这是怎么回

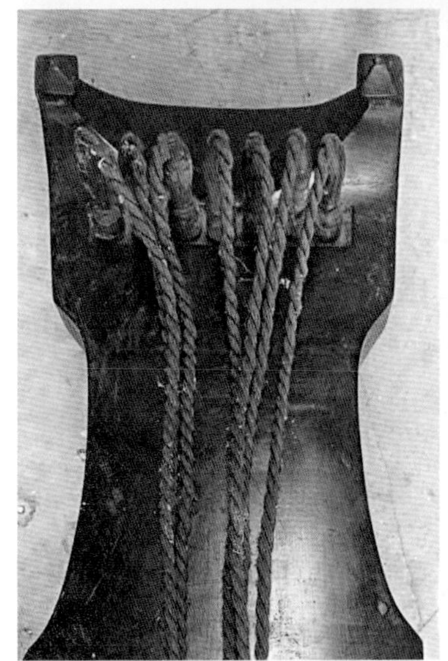

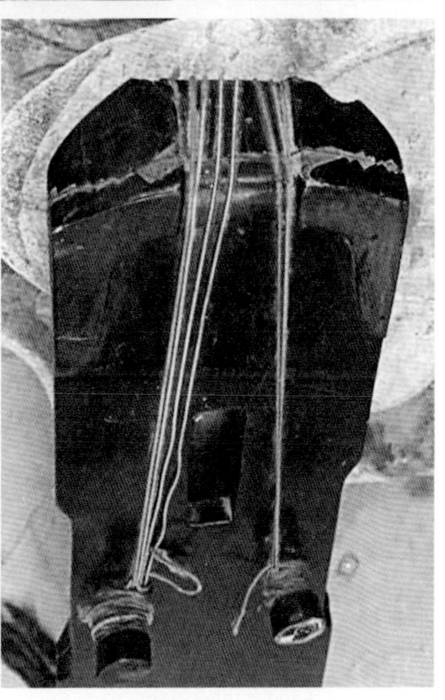

图 4-1　某古琴局部细节
万乾堂 摄

事儿？这还能算古琴吗？这张琴会不会是民国时期出自外行之手属于土作之类？直至让我联想到了，这琴虽然看上去漆灰没有什么大问题，但有些地方明显后配且总觉得年头不足，可他们怎么却说拆老房子发现的，第一手买家才花了五十元钱？一系列的问题接踵而至，越想问题越多，一时间有些茫然，尽管有琴梦情结，心情急切，但此时鉴于诸多疑点存在，凭借着多年的临场经验和直觉，心中暗暗告诫着自己："勿贪！贪，上当的面儿大！"此外，因见面之时就已和卖家讲过，购买此琴并不是为了赚钱，而是自己的大漆家具艺术馆缺少一把古琴，主要是想用于装饰空间、装点氛围，虽然现在几个展厅有两张当代名人制琴配合展陈，但都是新琴，严格意义之上有些不搭。再三考虑后，最终还是以此琴尺寸较小、气韵较弱，如与那些制式古拙典雅、质感沧桑大气磅礴的大漆家具同设一堂恐有不配为由，和卖家提出了再考虑考虑的退兵之计。虽然退出的真正原因并非如此，而是出于稳妥考虑，说实话当时心中还是存有幻想、伴有遗憾。

退出后，仍心存不甘，既怕东西有问题"打了眼"上了当，又想万一东西没问题被他人买走而再留遗憾，停下车定了定神，拨通了一位古琴专业好友的电话并发图片请教交流。得到的回复是："首先，此琴的形制和尺寸，是在参考某款古琴的基础上改制而来，是将正常约一米二左右的尺寸，故意缩制成了在拍卖价格上远落后于正常桌琴的小型膝琴，钻的就是正常思维下，认为花同样的工夫、费同样的力气不可能去仿制这样一件性价比并不高心理上的空子。再者，从技术角度看，此琴在由大变小的缩减过程中，由于仿造者自身基础和对古琴深度理解及技术等方面尚有欠缺的缘由，造成了琴头部位的形状变化走样儿了，使得整琴缩减后的比例关系有误及失位现象发生！"说得条条在理，头头是道，皆是学问！紧接着我们又专门就龙池、凤沼处的相关问题进行了交流，我先问："你觉得琴面弧形内膛和为粘贴跋款而留的平台处皮壳包浆正常吗？"并随即表明，虽然平台与周围弧形表面的风化程度略显不同，但平台表面的风化情况看上去开门老道，无任何瑕疵和不适，平台周围弧形琴身的内表面，总体看上去风化程度、表现状态等也自然正常，无任何争议。没等我把话说完，对方就打断了我的话，缓缓答道："老刘啊，你所说的所分析的这些都没有错、都合理，包括你认为此琴漆灰是老的观点也没错，因为就古琴的仿制做旧而言，这种旧，这些老的痕迹对于造假者来说相对容易。首先古琴的体量小，它不像家具那样体量大，需要'照顾'的点太多，不好折腾。再者像这类仿制年份在清中期的古琴一般都不开断，这种不开断的漆面状态和感觉易做好仿，通常情况下，包括木质、各种灰质等材料全部取自于旧料，他们会在三到五年的时间内，通过各种强行的快捷手段，借用不同季节的气候变化，在‘天人合一’和个别‘用心’呵护下，是完全能够做到以假乱真的，所以你看漆灰是老的，认为这琴也是老的，很正常。还有如你所讲，琴腔内部不同的层面，在同为老料旧面的前提下，平台和周围大面略有不同现象，这些都是人为手段可以做到的，是人为后的老材质与老面结合现象，说白了就是同一材质的‘老板之上嵌老面’。但是相关古琴制作方面一些专业性的问题，你们研究的少……所以……唉！这么跟您说吧，去年也出了一张和你这张形制一样的琴，实话说啊，这两张琴连尺寸都一分不差，那张琴当时被一位眼力、经验、水平等各方面和你差不多且同样在家具行里有着举足轻重地位的大咖当老的给买走了，结果拿回来我们一研究却发现，是新作后仿做旧的。”“啊！那你们凭什么断定它是假的呢？”惊讶的同时便追问了一句。对方接着讲：“就拿龙池、凤沼两处的长方形洞孔来说吧，我们从专业的角度对它进行观察分析：首先，发现它的长与宽比例关系以及形体大小不对应、不匹配；再者，洞孔的口沿、棱边尤其是转角等局部细节上的处理与把握明显不到位、不对劲儿，存在着制琴者理论不足仅懂皮毛所造成的不合章法和逆行操作手法等多方面的瑕疵和漏洞，这些问题和现象非得天天倒腾古琴和有一定专业功底的人才能看得出来……”聆听至此便联想到了此琴所存疑点，这些疑点虽然看上去似与琴的新老无关，但它们为什么会出现？而且出现的时间、原因、背景等情况各不相同，有的疑点和问题又只能勉强求解，这些都真的属于正常范围或巧合而致吗？再结合此琴自出现到几次的易主转手过程中所伴有的戏剧性故事，以及在与他们交谈过程中让人感到的那种蓄意铺垫情节，越发感到似乎有一整套的设计在其中，这些疑点的出现，不！更为准确地讲叫这些疑点的“制造”，或许正是造假者利用心理学和借助障眼法，避重就轻转移注意力。那些所谓的主家不懂，仅花了 50 元钱捡漏儿和本地有一慈禧的“干姐妹”家曾出了不少好东西等故事，都是这帮“成事人”处心积虑下所炮制出来的直接和间接催化剂，是有预谋有设计的。更何况，我走后依此琴的“保存现状”和“综合条件”，如确为源头老件，在此出让价并不出格的前提下，不会“砸”在他们手中长达数月之久。

有趣的是几个月后，一位家具行业的多年老友打来电话讲，此琴前几天由他的好朋友牵线撮合，被一位北京专修古琴的行家里手买走，价格如初。

说实话，听后我并没感到惊讶和意外，一来源于此琴的做旧水平确实很高，古琴又是抢手货；二来是包括家具领域在内，现在各行各业“专家”太多。他言之我听之，本无心再深究多论，可说着说着他的一句话，让我有些激动，并改变了原本想保持沉默的态度。他说：“刘哥，听说这琴您看过！您怎么不买呢？那可是一大漏儿！琴里面还藏着一张纸条呢，是乾隆款，那条我给留下了！”我边听边想：不对呀！当初我看得那么仔细认真，怎么就没发现呢？再说了，如果真的有款，卖家是没有理由不显摆、不利用的，莫非真的是我漏看了？还是他们后来“发现”的？越想越矛盾，越觉得有问题，于是几天后，便急忙赶往这位老友的店铺一探究竟。见到纸条的瞬间，或许是因为多年来所养成的职业本能性反应，立马感到不适，待仔细研究后发现，此纸条长约10厘米，宽2厘米，上写“乾隆四十二年十月”字样，如图4-2所示。先不论此条书写格式是否正确，亦不论墨迹与纸张之间历经几百年应有的那种自然陈旧及合情合理的和谐状态，仅以所书字体字迹的轻飘无力和所施墨色的浅淡稀薄现象以及过分统一表现而言，就足以证明此款为新书。再者，此宣纸的成色、陈旧度、年代感等皆更是一眼活儿，和乾隆应该没关系，且纸条的边缘，尤其是长边儿边缘所呈状态，没有半点的陈年毛边儿天成之感，就连纸边所呈现出的裁剪方式都有悖于古法。清晰记得我小时候，凡村里有红白事或逢年过节，那些从民国时期走过来但凡有点文化的老先生或老头们，在书贺联、写春联、题挽联时，其裁纸环节都是用刀子进行裁割，整齐规矩讲究得很。以此“乾隆四十二年十月”

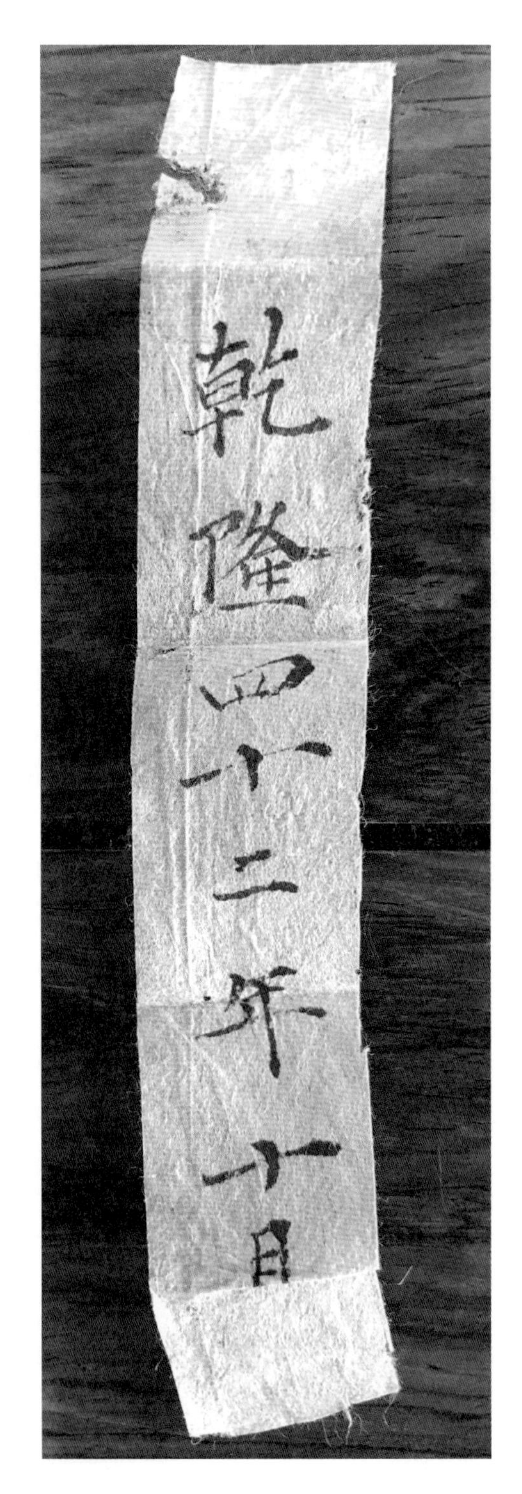

图4-2　某琴“藏款”
私人提供

尺度大小的纸条而言，在古代裁割，无论其是先裁后写，还是先写后裁，通常情况下都是提前算出所需，量好尺寸，或折叠压线或依借尺子，皆用刀子进行操作，纸边儿都应是齐整的，不可能见到类似此条这般四周边缘剪出锯齿状的随意之举。何况再往前推几百年，此琴的落款如真的是乾隆时期古人所书，作为有如此雅兴的古代先贤，怎么会如此敷衍了事呢？再者，古代古琴款跋的呈现方式、相关位置等都有相对的标准和一定的规律性，像此条这样，既不贴于琴上，又不刻于木中，没头没脑没出处的一张便条，塞入腹腔，有悖常理，一看就知是个没文化、少见识的外行人干的。此后，我以婉转的方式与老友和他的好朋友交流，但我的观点他们还是有些不认同，还好后由老友当场与他们真心服气信得过而我却不认识的某位书画领域的业界大佬进行请教。对方直接回复："应该和乾隆没关系，没什么用。"至此，虽然他们心中还有些许的忐忑、疑虑甚至不解，但此琴定性已更无悬念，属于高仿。

值得深思的是，作为行业老手，应算是有一定的经验和基础，此次"战斗"中为什么会险些"趟雷中枪"？细思静想后觉得，其最主要的原因有两点：一个是"贪"，一个是"隔行"。"贪"乃人之天性，人皆有之，且人的贪念和欲望有时是难以控制的。那么，玩收藏怎样才能做到戒"贪"？首先，保持一种良好的心态很重要，不要总是想着捡漏，要时刻告诫和提醒着自己，"贪"是祸之根源。再者，就技术层面而言，在似对又觉得不对，应该对又有疑点，说不清楚道不明，吃不准左右为难的情况下，宁可放弃不可贪得。因为，在你有足够的认知和足够的专业及综合知识面前，对就是对，错就是错，绝对不存在"应该是"或"应该对"之说。实践证明，在"应该对"或"应该是"的情况下，但凡选择了贪，十有八九是错的，此时的"贪"极有可能就是"当"。所以，只有保持一个清醒的头脑，才能做到在各种条件及境况下，尤其面对巨大诱惑时，理性对待和有效把控。俗话说"隔行如隔山"，不同的行业都有着各自不同的行规门道以及各自相应的专业知识，不应小视。还以此古琴为例，尽管自己在家具领域漆灰方面有一定的经验和功底，但对于古琴知识及古琴领域却浅见寡识、了解甚少，说白了就是一个门外汉，你根本就不知道怎样看，更不知道往哪儿看，再认真再仔细也看不到点上，再努力也都是徒劳之举。至此，还需表明的是，"乾隆款"纸条的时隐时现现象，是造假者、操纵者有意为之。当遇到真行家时，此纸条隐退，因恐纸条功力不够而成为导火索，引火烧身；当遇合适人选及情况时，纸条出现，增加诱惑力易于成交。事后回看，更加证明了此琴的真实身份，也反映出了行业的险恶与水深。这个亲身经历再次证明专业知识的重要性和自以为是的可怕性。类似情况并非个例，体现于业界、收藏界及多数古典家具爱好者身上，亲历和耳闻的感受是不一样的，所以肺腑良言有感而发："要想做到、做好收藏方面的行稳致远，除要树立正确的收藏理念和具备扎实深厚的专业基本功等综合能力以外，还要切忌隔行隔山非专业下的贪图与莽撞。"

似上述所举收藏失利或失败的例子，现实中还有很多且形形色色，虽各有特点各具其因，但归根结底都与收藏理念的确立有着直接的关系，可见收藏理念在收藏及收藏之路中的重要性。

有了正确的收藏理念，接下来便是定位问题。定位，是指藏者在收藏环节中，根据自身情况、综合能力等方面，所作出对藏品方向、门类乃至于品级档次等方面的抉择和把握。藏品定位要量身定制、适己而行。只有选择对了适合于自己的收藏方向、藏品范围以及相应的板块、具体的门类科目等，才能得心应手、充分发挥、见到收效。家具范围下的收藏定位亦有多种：第一种，也是我们最常见的，全凭喜欢而为，不按门类、不讲体系、不论年代、不重材质，什么都不设限，只要是自己喜欢的先收了再说，属于"海纳百川"型，这种收藏由于涉及面宽、器杂，所以虽显得有些规模且轰轰烈烈，但多数情况下效果不会显著。第二种，是有计划、成系列，不分美丑、不讲材质、不论价格但一定要有一条线，要么贯穿一条学术脉络，属于真正的学术研究型，要么体现系统系列，如专有收藏椅子系列的，专有收藏案子系列的，等等。当然了，在此定位和框架下，亦有单体系列和门类的纵横有别与纵横交错等不同方式及收藏形式出现，有专门收藏宗教系列家具的，有专门收藏硬木类家具的，有专门收藏漆木类家具的，有专门收藏柞木、榛木、铁梨木等以材质为轴线家具的，还有不分门类，或以大漆高古家具、明代家具，或以宫廷家具、清代家具，甚至包括花板在内的各种家具零散残件的。总之五花八门不胜枚举，这些现象及收藏类型的背后折射出的正是收藏定位问题。第三种，拔高"掐尖儿"，这种收藏方式，属于曲高和寡、高处不胜寒的行为。此类收藏所呈现出的状况：其一，收藏者较少，群体较小，交流氛围圈子等相对较小；其二，收藏品中的绝大多数藏品不存在新老真假问题，其争议较大、最值得商榷之问题，则当以藏品中的某些"精品"是否真为精品问题。所以，追高"掐尖儿"要想玩出精彩，玩出名堂，这更是需要收藏者除具备一般收藏爱好者应具有的专业水平和文化底蕴外，还要其有独到的眼光、眼界和一定的判断能力，当然经济实力也是一个避不开的现实问题，可见定位亦是一个量力而行的行为举动。

以上论述意在阐明，作为收藏，首先要树立正确的价值观和收藏理念，在此基础和前提下，还要决策好、决定对相关收藏的方向路线、藏品的品级属性范围等。理念与定位，是搞好收藏的关键所在，关系到收藏的成败。

二、鉴赏参考指南

收藏，在正确的理念树立和准确的定位决策之后，接下来便是藏品鉴赏与选择的环节。要想选出有品位、够级别、高水准的好藏品，那就必须做到判断藏品的正确性和准确性，因此鉴赏环节是关键。鉴赏靠的是眼光、眼界、眼力、专业知识、文化底蕴和生活中的经验积累及综合实力。经济实力虽然也很重要，但应排位在后面，因为再多的钱没有上述条件和相关因素作为基础作保障，也会亏掉赔光，相反具有上述优长，有真本事，钱可以滚动起来越玩越多。现实中，古今中外白手起家成功的例子举不胜举。眼光多为与生俱来，为天赋，但并不排除与后天的见识有关。眼界、眼力则靠的是后天成就，皆得益于实践，见得多了自然就有判断、有辨别能力。专业知识是根本，来不得半点的虚伪与侥幸，靠的是摸爬滚打亲力亲为，凭的是真才实学，既需智慧又要勤奋，更是时间和经验的积累。文化底蕴指的是个人文化知识储备和自我学识修养、个人素质以及综合能力的积累。生活经验，真的是指那些日常生活当中经常遇到、看到、用到的并不起眼的点滴常识，虽平淡无奇不被重视，但关键时刻能起大作用，尤其是在辨别藏品的真伪方面，某种情况下，可利用自然条件和非正常情况下，器具或事物应具的各自不同特征，举一反三，帮助辨别，作结论，会起到“四两拨千斤”的作用。上述各种因素与条件，会直接贯穿和应用到古玩艺术范畴下，各门类及领域收藏的整个过程及相关环节中，只有具备和掌握这些硬性条件及本领，见多识广才能有过人的洞察力、分析能力和判断力，才能在藏品面前作出正确的决策和准确的选择。

（一）屏具鉴赏标准及条件探讨

鉴赏和评判一件屏具的优良高下是一个综合性的课题，涉及方方面面因素，梳理归纳总结后，应为两个大的层面：一是外在，二是内在。外在，主要包括一件屏具的造型制式、局部细节、所施工艺、工艺水平、所用材料等直观可见的外表表现及细节。内在，则主要涉及艺术的体现和文化的承载两个方面。其鉴赏顺序，应在造型制式、局部细节、工艺水平、艺术体现、文化承载、工艺种类、材料材质、年代年份、完整度、稀有性等方面逐一进行的前提下，亦可根据个别情况作适当的调整。相关方面的释解及探讨浅论如下：

1. 造型制式

任何一件器具，任何一件家具，最先进入我们视线的是它的外观形体，其造型制式的美与丑会第一时间影响我们的认知，屏具更不例外。因为屏具更具欣赏属性更关乎审美，形制漂亮与否，比例是否协调，是检验屏具首要标准之一。只有具备良好的制式和漂亮的形体，其他方面的实施及跟进才能做到锦上添花，不然一切良材精工皆为徒劳之举，可见造型制式的重要性所在。此外需要强调的是，虽不同款式之间难言美丑高低之分，但同款之中，不同器具的制作确有高低上下之差。美丑虽见仁见智，但大众之美相对而言还是有标准、有共识的，因此对于大多数屏具造型制式的评判和赏析，美与不美应是“一眼活儿”的同时，其先入为主的印象，会直接影响对一件屏具主观意识层面上的感受与判断，所以造型制式方面的鉴赏，应视之首位。

2. 局部细节

中国古代家具范围内的各类家具，每件器具其结构制式可分为两大部分：一是主体框架部分；二是附属配饰部分。附属配饰部分也就是局部配饰件及细节。作为配饰，身为局部，以优而论其应具备两点：首先，其造型制式、尺寸尺度等直观可见因素方面皆应与主体匹配合理、比例适度，即与整器之间做到协调统一；再者，所饰纹样、所表内容、所呈造型、所施工艺等除皆应与主体做到合拍外，还应合神合韵，符合器之属性，说白了你得看着顺眼，品着有味儿，且经久耐看。配饰配件只有具备上述两点，做到师出有名、和谐有序、恪守其位，才能真正起到“绿叶”的作用，才能与器具主体形成应有的最佳状态和效果。只有舒适得体、形美工精才能称得上佳作，才能入选收藏的第一道门槛，否则，形体再美，整体比例再好，局部细节跟不上，虽未致粗制滥造之圈，也该属于俗庸土作或败笔之列，自然也就不具备较高的收藏价值，可见局部细节不可忽视和重要性所在。

3. 工艺水平

在造型制式得体且与局部配件饰件和谐匹配的基础上，面对工艺实施、选材用料、工艺水平以及艺术体现等与屏具总体优劣高下紧密相关的诸多重要因素，为什么首推工艺水平方面的鉴赏，强调工艺水平的重要性？原因很多，其重点略表如下。

其一，众所周知，一件屏具其整体的形制再好再美，包括与配饰件之间的匹配关系再协调统一，无论施以何种工艺，如果做不到精工细制的跟进及考究，岂不是形同虚设，犹如一五官再正、体型再好，破衣烂衫、蓬头垢面不修边幅之人，整体形象会大打折扣。因为大家都知道，工艺水平可不像艺术体现那么无形、抽象，那么见仁见智。工艺水平的高下是看得见摸得到的，好就是好，无论是屏具制作中所涉及的如雕刻、描金、彩绘、雕填、镶嵌等各种工艺种类下的相关水平体现，还是更为具体的一条线、一个角、一个弯的处理等。不同的粗细把握，不同的弧度拿捏，一条线粗细不均、拖泥带水、势松气散，一条线利落均匀，或流畅飘逸，或遒劲有力兜转自如……优劣高下那都是一眼活儿。所以，一件屏具所施工艺水平高低会直接影响到审美，关系到一件屏具的品级高下。

其二，以工艺实施而论，首先就工艺种类而言，不可否定的是在没有任何约束和附加条件的前提下，工艺种类之间确实存在着优劣差别，但是再考究的工艺种类，如果没有好的技术支撑，也难致精彩，达不到高水平，甚至输给其他普通工艺下的优良制作。与其如此，不如不做。反之，虽然所施工艺种类较为普通，但好的技术技能所为之的优良之作，犹如粗粮细作，照样出彩，受喜爱，被认可。再有，即便是相同的材料和条件下，同种工艺的实施，不同的人不同程度的技术技能所呈现出的工艺水平也是不一样的，有的甚至会有天壤之别。

其三，以材质而论，同理，再好的材料，也得有赖于相关工艺种类的体现，有赖于表现手法的彰显。如果没有相应的工艺种类实施，如果没有好的工艺施展，它也不会增辉。如遇技术不过硬、技能不佳，还会弄巧成拙，甚至是浪费材料。

其四，就工艺水平与艺术体现而言，两者有一定的独立性和关联性。一件好的作品，只有在具备了较高工艺水平或水准的基础上，才有可能有艺术层面的东西呈现，也就是说没有较高水平的工艺体现，何谈艺术的承载。因此，工艺水平的高下直接影响一件屏具自身品质优良的同时，还是其是否能升华为一件艺术品的入围基础，更是衡量一件屏具是否能够成为一件艺术品的重要因素和基本参考条件。这一关不仅关系一件屏具的整体品位，还关乎一件屏具的“器”与“道”之差别，所以从鉴赏的角度，更需要先着眼于艺术水平层面，亦可视为藏品选择的硬性条件之一。

现实中，能够做到和具备较高工艺水平的屏具确有不少，但能达到艺术层面至超凡境界及品位的大美之作，却为少数，大部分被卡在了临界点以下。

4. 艺术体现

谈及艺术，课题之大且范围之广，见仁见智。说到屏具收藏，有关藏品鉴赏过程中相关艺术承载及体现方面，上述已有略表，它不仅远高于工艺水平，且概念意义不同，具有形而上的一面。因此，相关理论方面不再作更为详尽的阐述。但就其艺术层面的相关鉴赏而言，需强调两点：第一，一件屏具有无艺术层面的体现与承载，不仅仅是一件屏具质量水准等级高下的量化问题，还是关系到一件屏具“器”与“道”层面之别的重要因素和条件所在，是决定一件藏品等级品第以及质变的重要依据和鉴赏因素之一。没有艺术承载与体现的藏品，算不上是一件真正的好藏品，唯有艺术的承载和体现才能堪称大美，归于上品，所以藏品艺术层面的具备与鉴赏不可忽视。第二，众所周知，艺术之概念抽象模糊难以表达，不同的人有不同的理解与感受，即便是同一境地、同等条件下的同一器具，对于不同人而言，其感受和所理解到的艺术承载程度及显现效果也是不一样的，这一问题或现象除充分证明艺术高度的曲高和寡及小众文化属性的同时，亦能说明艺术承载器具的与众不同及珍稀性和价值。因此针对屏具藏品的选择，在其鉴赏过程中，首先要意识到艺术层面的鉴赏是一个非常重要的方面及环节，是关乎一件藏品能否“跨界”的硬性条件和决定性因素，关系到一件藏品的云泥之别。再者，艺术层面的感悟与理解，艺术承载与体现方面的鉴赏与认知是一个收藏者综合能力的体现，更是能否感知或发现具有艺术承载好藏品的基础和关键。

5. 文化承载

有关屏具的文化承载，是判断一件屏具优劣高下的重要因素，亦是鉴别一件屏具形而上层面的主要参考因素，更是屏具“道”与“器”属性之分的关键。相关方面的探讨，本著第二、第三章相关章节已有论述，故在此不作过多的探讨。需强调的是，屏具文化的承载决定了一件屏具是否具有“生命力”，屏具自身的文化信息及含量直接影响和决定着一件屏具的属性和身份高下，因此对于屏具文化承载方面的认知鉴赏与判定，在屏具收藏过程中尤为重要。

6. 工艺种类

工艺种类是指一件屏具，在其制作过程中所实施的具体工艺，如常见的木工工艺、雕刻工艺、镶嵌工艺、螺钿工艺、描金工艺、彩绘工艺，以及雕填、戗金、雕漆、剔红等各种大漆工艺，另外，还有掐丝、缂丝、镶嵌、鎏金、珐琅等各种器具整体或部分配饰件上所涉及的辅助工艺。并且，不同的技术、不同的人为因素等，会产生不同的工艺水平及质量上的差别。简而言之，讲究的工艺种类不一定就会有好的工艺水平及效果产生；相反，一般的普通的工艺种类也会因上述诸多因素的影响，出现奇迹。工艺种类不等同于工艺水准，更不等于工艺水平，何况在屏具的制作当中，所施工艺种类之外，屏具的总体情况还与诸多因素有关，所以工艺种类实施方面的考量，在屏具的鉴赏当中，可视为一个辅助参考条件。

7. 材料材质

材料是屏具制作的必需品，有些珍稀名贵之材确实是一件好屏具、好作品得以问世的主要因素之一。材料与材料之间确有区别、同种材质也确有优良之差别，相关屏具的制作和鉴赏，材料名贵、材质优良确为优点、确占优势，这一普遍认知也更是无须争辩。但是，再珍贵的材料，再优质的材质，对于一件屏具的总体优良品级而言，也起不到决定性作用，材质是属于锦上添花的辅助条件或因素。鉴赏方面，一味地追求材质是错误的，是拜物主义思想的体现，有悖于收藏宗旨，不利于正确收藏行为的实现，会造成价值观念和藏品选择上的误导误判。假如没有得体漂亮的外观形体和外貌表现，没有考究的工艺呈现，没有艺术的体现，等等，就是用黄金堆砌，它也只会有黄金的市值，再贵的材料、再好的材质也是枉然，甚至是糟蹋浪费。此外，在材优质良确占优势这一普遍规律和事实面前，材料及材质的应用还会出现因需而择、因性而定，会出现常人难以理解，看似有悖于常规，实为再正常不过的“个别现象”和“特殊情况”。以大漆工艺屏具为例，尤其是那些形美工精、“器”“道”同在的难得臻品，在这类屏具的具体制作过程中，漆灰工艺之下的形体架构（通常也称之为骨胎，即骨架的意思），其主要材料皆为木材，以传世的此类屏具为例，但凡考究之作，其骨架用材多为杉木和楠木，很难见到黄花梨、紫檀等较为坚硬贵重的硬木类材质。这是为什么呢？以杉木为例，其木质说起来并不名贵，看上去也不诱人，但杉木却是大漆工艺制器骨架的最好选择，因为它质地松软、表面粗糙、木性稳定且耐腐防蛀。只有在骨架稳定性、耐腐蚀性、牢固性等得以保障的前提下，才能谈及和做好后续相关工艺及环节，才能使一件用心为之的优秀作品经久不变。所以哪怕是皇家御用之器，包括明清两代的宫廷御用屏具在内，但凡考究的以大漆工艺制作的屏具，其主体用材也多为杉木。这一现象说明两个问题：其一，材质的优良之分及定义所在虽有定论，但材质的高下定性却不是绝对的，材质的应用价值是无限的，材质的市场价值不等同于材质的应用价值；其二，正是源于材质应用价值的潜力和屏具的制作过程当中其他一些相关因素的存在与影响，进而才出现了材质的优良和屏具的优劣既有关联又无绝对关系，也就是说良材好料不一定能作出好的屏具。所以在屏具的鉴赏过程中，针对材料材质这一难以避开却又容易走入误区的切实问题，面对收藏要持正确的、理性的心态，用唯物辩证法的哲学思维方式及方法，针对藏品要酌情看待与分析，理性辨别和判断。这正是屏具鉴赏过程中，相关材料材质鉴赏方面的定位、定性及尺度把握的意义。更需要强调的是，材质材料与工艺种类一样，同为屏具藏品鉴赏过程中的一个辅助参考条件。

8. 年代年份

谈及年份，在任何一个与古代相关的艺术门类中，都是藏品鉴赏过程中不可忽视的参考因素和重要条件，尤其是高古珍稀之器，年代年份在某种意义和情况下，对于藏品的鉴赏及选择，虽然不属最为关键及重要的决定性因素，但通常情况下确有其发光点及价值体现的一面。一般来讲，藏品的年代越早，其学术价值也就相对越大，年代越早越会受人认可，年份是给一件藏品或器具加分的。

作为古代家具中的屏具收藏，就其年代年份而言，根据屏具自身的特征、相关属性以及屏具门类和传世屏具的具体情况综合而论，其鉴赏环节对年代年份方面的考量就显得格外重要，要注意到藏品年代年份方面的古董属性及价值体现。

首先，我们先就传世屏具的实际数量而论。以传世屏具实物的成器年代从晚至早算起，民国至清中期所制作的各类屏具相对数量较大，且传世量较多。清早至明晚期所制作的各类屏具其数量虽难以统计，但传世数量相对较少。明代中期以前所制作的各类屏具数量更是难以统计，且明显体现出明中期所制作的各类屏具传世数量更少，明早期及以前的传世屏具只能用“凤毛麟角”来形容了。所以，面对屏具存世情况的如此现状，尤其是年代越早传世屏具越少这一现象，结合理论上讲年代越早越具学术价值物以稀为贵的认知常识，尤其是在一件屏具其他以上相关鉴赏因素及条件皆备的前提下，可以肯定的是，时间越早自然也就成为优势，时间越早越能体现年代在屏具鉴赏过程中的重要性和价值。但必须指明的是，这并非为定律，这种情况及价值体现是有条件限制的。准确地讲，同等条件和情况下，年份越早会越好，年份越早综合价值越高。

再者，在传世的屏具实物中，除少数明代以前的传世屏具，其收藏价值及年份与器具的品质和研究价值等方面的重要性体现无须多论外，以传世明清时期的屏具而论，除相关制作过程中所涉及的工艺工种和部分宫廷御制屏具及个别情况以外，大多数的传世屏具，无论是从造型制式、艺术体现、文化承载等方面，清早至明代和清中至民国这两大不同的时期，普遍存在着如本著作第二章相关章节所给出的答案，即“明隐轻弩、明圆清方、早简晚繁、早优晚劣”等与形制、气质、气韵、品位多方面，晚不如早、清不如明的规律。再有相同条件及情况下，年份较早者会更胜一筹。例如，同形制、同材质、同工艺下，明晚和清早两个时期虽为近邻但不属同一时期的同类同种器具，相比之下，清早期所制之器要输于明晚之作。

作为屏具的收藏，其藏品的选择范围恰恰又是以明清时期所制作的各类屏具为主，甚至可以说是全部，所以在这种大环境大背景下，相关屏具制作年代方面的考量，有关藏品鉴赏过程中，年份的鉴别和判断其重要性便不言而喻。应得肯定和足够认知的同时，这正是屏具收藏中年代鉴赏方面有别于其他门类藏品选择的重要性和原因。

9. 完美性与完整度

完美性、完整度对于屏具的收藏而言，它虽不像“瓷器破了边儿不值半文钱”那么苛刻严格，但是一件屏具的完美性及完整程度也直接关系到一件屏具的美感及综合价值。作为屏具，尽管多为赏器，会有别于那些桌、椅、床、凳之类的实用型器具，在传承与应用的过程中受待遇较高，但时间的久远、自然的损伤、人为的破坏等各种因素，终会使得这些有一定年纪的器物有不同程度的损坏及伤残，因此除完美性外，屏具的收藏更要注意的是完整度。那么怎样看待完美性，怎样理解完整度，面对伤残该怎样把控、如何选择，也是屏具收藏鉴赏过程中不可忽略的一个方面。完美性，即对一件器具其外观样貌及整体保留状况、所呈状态的综合考量，主要包括皮壳、包浆、品相、完整度等几大方面。就完美性的最佳解释，个人认为：对于那些完整度较佳的古代器具，当第一眼看上去感觉似新的一样，会怀疑是后仿的，但经认真仔细的鉴别后，它确老无疑，这便是最高级别的完美性。屏具也不例外。完整度是指屏具的残缺程度，针对这一问题应从两个角度对待：其一，以学术研究为主的屏具收藏行为，可以不用太在意屏具的残缺程度，必要的情况下一个座、一块站牙，或任何一个局部细节都有价值，都可收藏。其二，如果学术层面以外还兼多种目的及意义的收藏，那么针对残缺这一问题应该把握好以下几点：第一，首先要确认藏品的品第级别，确定是好东西，有收藏价值；第二，在确定其藏品有收藏价值的基础上，残缺部位或部件如有必要恢复，应尽量做到有据可依、有证可考；第三，在上述两个条件皆具的前提下，残缺部分不要超过整体的 30%。当然了这 30% 的残缺，最好与主体及硬性条件无关，倘若相关也只许小有关联。完整度方面的把控事关一件藏品的性质变化，完美性方面的鉴赏与把握则关乎一件藏品自身质量以及综合价值体现，因此，二者皆为屏具藏品鉴赏过程中不可或缺的环节和要素。

10. 稀有性

“物以稀为贵”这一择物标准世人皆知。作为屏具的收藏，其藏品选择环节，就“物以稀”层面而论，现实中稀有少见之器大概分为三种情况：第一种情况，无论其由于年代早晚，抑或是何种原因，其当年的制作数量原本就少，这类屏具的稀有性是属于根上的真稀有，这类稀有性屏具的收藏意义跟器具自身整体情况的优良高下没有关系，它们或不够优秀，也不具备审美高度，抑或是不具良材精工等优势，但它们有其自身的研究价值和学术价值，是稀有性意义下的一个重要方面，作为屏具的研究应该得到足够的认知和重视。第二种情况，是指其无论年份早晚，一定要既具优良的自身条件又具稀有性，既有一定的学术价值又具一定的收藏价值，这类稀有性意义下的屏具，大多形神皆备、良材精工、文化厚重，或醒目沁心，或耐人寻味，多出身名贵，或为官造、或为古代文人雅士所宠爱，它们或具备上述优良特长诸多方面于一身，抑或具有单一性的孤绝之体现，无论怎样都属于屏具稀有性收藏意义下的主力军。第三种情况，是指那些年份早、品质品第又好又高的真稀有性屏具，这类稀有性屏具，是“物以稀为贵”收藏意义下的重量级藏品，既是真稀有又具珍贵性。实践证明，但凡能得以保存下来年份较早的这类东西，不能说绝对，但十有八九都不会差，一定有它的优长所在，因为只有好东西才会人人爱之、惜之，才能得到足够的呵护、更好的传承。另外，凡能得以很好地传承的优秀高古屏具，其史上传承过程中，虽极为少见像古代传世珍稀字画那样，其年份及传承多有题款跋文为证，但可以肯定的是，这类屏具的史上历任传承者定是文豪大家有识之士，是虽难以考证但确实传承有序的好藏品。

以上所述的三种情况，作为学术课题应该得以重视，对于收藏者而言，一定要明白，只有做到心中有数，才能不失定位，不偏方向，玩出门道，玩出水平，才会把握好、选择准真正具有稀有性价值的好藏品。

（二）小　结

综上，有关屏具鉴赏所涉及的十个方面，是屏具收藏鉴赏过程中最为基本的不可或缺的必要条件和因素。要想搞好收藏，玩出水平，见到成效，除此之外，屏具的鉴赏还与许多因素有关，其中关系最大的当属人为因素，如个人的心态、性格及审美观、价值观、知识储备、文化修养、综合能力以及收藏环境等多方面。总之，鉴赏是一个涉及多方面诸多因素的综合性问题，上述列举和阐述的十个方面，是针对所有屏具门类范畴下的器具笼统而论，适合于所有屏具藏品择选的基础性鉴赏与参考。但是，针对上述十个方面的鉴赏指南，应视具体情况综合而论，在具体鉴赏环节及甄选过程中，应切记：方法掌握是根本，正确理解是基础，运筹把握、活学活用是关键。只有树立了正确的收藏理念，明确了方向与定位，具备一定的专业知识和综合能力，掌握和运用好相关鉴赏过程中的基本方法及要领，才能使你的鉴赏能力如虎添翼，才能为你的收藏保驾护航，才能玩有所乐、藏有所获。

三、经验与体会

屏具的收藏及研究，在遵循和参考上述相关鉴赏指南或原则的前提下，还应从传世屏具的实际情况出发，因器而论。现实中屏具方面的收藏，虽然从体系方面、类别之间似有些规律可言，抑或有轻重之分，但以目前屏具收藏的现状来看，整个收藏界从收藏者自身到藏品的选择定位等具体方面，还做不到体系清晰、门类明确。从藏品的类别方面进行区分，屏具收藏大致可以分为四种情况：第一种，是专门收藏硬木类屏具，其收藏的种类主要以紫檀、黄花梨所制作的自立型组合屏风和各种有底座屏具为主，自立型组合屏风以十二扇黄花梨组合屏风为重，有底座屏具以中小型案上座屏居多。第二种，是专门收藏大漆工艺类的屏具，其收藏的种类主要有各种大漆工艺而为的自立型组合屏风和各种漆灰工艺的大中小型座屏。第三种，是专门收藏挂屏类，但在这类屏具的收藏当中，真正以欣赏和装饰效果为主的狭义类屏具收藏并非是重点和主流。藏品数量规模较大者当属功德匾、寿匾等这类广义范畴下的屏具，这类藏品的收藏其特点在于，虽然收藏者人数相对较少，但每个人或机构的收藏数量通常较大，几百块甚至上千块为常事，且分布于全国各地。第四种，便是综合性的收藏，此类收藏不分硬木、软木，不论制作工艺，只要是屏具范畴之内的佼佼者皆可收藏。

以上四种不同情况的收藏行为及方式，客观而论虽然看上去各个种类及不同相关范畴内都有收藏与研究，但是总体来讲：其一，收藏热度与研究方面皆尚属起步阶段，主要体现在收藏人数较少和认知程度及学术研究普遍较低等方面；其二，从各种方式及各种类别的屏具收藏来看，存在着藏品的品第高下分辨不清，优良水准把握不好，难言方向、无收藏标准甚至走入误区的现象和情况。因此，针对此情此状应该表明的观点是，收藏虽无大小高低而言，更无贵贱之分，重在参与，但是要想玩好收藏，玩出水平，玩得有意义，一定要尊重现实，了解所藏门类的基本情况，掌握待入藏品的相关历史信息及自身具体情况，既要衡量藏品自身价值，又要考虑到相关方面的理论支撑及相关佐证等具有一定价值的附属参考条件，做到胸中有数，有的放矢。

以现存的传世屏具而论，其制作的具体时间大多都在元代至民国这一大的历史阶段，去掉元代凤毛麟角的传世之器，排除收藏意义普遍较弱的民国时期所制屏具，较有收藏价值的屏具的时间范畴仅为明清这两个时期。在这两个历史阶段所制作且保存下来的传世实物中，官作屏具虽早年间曾有流出宫廷的现象，但数量较少，因此可以这样讲，作为收藏其几乎和我们无关，普通民用之器的收藏意义及价值大多又不是太高，如此算来，较有意义、有价值、能供我们收藏的屏具，其藏品来源就是少数的官造之器、文人用器和民间较为优良之作三个部分。在此前提下，为做到正确鉴赏、准确判断，更好地把握好藏品的质量益于收藏，故本节将在遵循上述相关屏具鉴赏指南和运用基本常识的原则下，面对传世屏具的种类不同、形色各异、条件不一等情况，针对屏具范畴内某些种类及个别器具的特征和其在制作与应用方面的具体情况，结合目前学术界和收藏领域有关屏具收藏方面的真实现状，就屏具收藏当中有关藏品种类认知及藏品优势等方面，在收藏选择过程中应当注意的事宜等相关问题，作出以下代表性案例的列举与阐述，意在起到引导和参考借鉴作用。

（一）制式之优

屏具的制式，通常在各自种类体系下各遵其规各循其律。自立型组合屏风，无论其套内组合数量多少，亦无论尺寸大小，也无论有脚无脚有无边扇之分，其扇片屏身皆由上中下的屏心、腰板、裙板等部分组合而成，在这一大的框架结构下，虽大同小异各有特色，但不存在较为明显的区别与差异，因此自立型组合屏风就制式的优良而言也就不存在优劣之分。而座屏并非如此，座屏在上屏下座的结构制式下，又有连体、分体之别，还有单扇独体和多扇组合之差别，这其中变化最多、形状最为复杂当属屏心的造型与制作。在传世的此类座屏中，各种奇形怪状的民制小型屏具，因多数低劣粗俗故不在收藏之列。那些形美材优工精的宫廷之器又距我们较远。那些宫廷官造以外的民间落地大座屏，因其形制较为单调，制作皆较为普通，且多以竖屏立式为主，故难以比对，难言优劣。因此，在座屏范畴内，最有机会淘到的便是与欣赏装饰的关系最为直接密切，其制作方面较为考究重视的枕屏、砚屏以及案上赏屏等中小型单体座屏。这些中小型单体座屏或连体或分体，多为上屏下座组合。此种结构下，虽整体形制各有不同、表现不一，但总体归纳起来，可分为四类：第一类，形体为长方形。以长方形形体出现的座屏又可分为两种，一种为横屏卧式，即高度小于宽度，一种是竖屏立式，即高度大于宽度。第二类，形体为方形。方形包括正方形和近似正方形两种，近似正方形或高度略小于宽度，或高度略大于宽度，无论是哪种其差距皆应较小，现实中后者居多。第三类，形体为圆形。通常是指屏心为正圆形，多为清代制品。第四类，为异形形制。异形包括除上述几种常见形制以外的所有屏心形状或整体外观形制。现实中，在上述四类下的各种形制的座屏中，横屏卧式除为年代较早的特征之一外，此种制式的座屏以传世之器而论，无论从造型制式、制作工艺、艺术水平及文化承载等多方面皆较为优良，进一步讲，横屏卧式的座屏大多与文人有关，其综合情况及平均分数要高一些。横屏卧式以外，异形座屏的造型制式照理说应更占优势，可美中不足的是异形座屏多出现于清代中晚期，尽管其形制的独特和稀有性是事实、为优势，但这一时期所制作的此类座屏，有的虽形美材优工繁，可多数屏具却缺少文人气息，更无艺术体现，而且有的屏具还会因年代较晚等原因直接影响到整器的综合水平发挥和整体表现，进而失去了大美，扯了异形优势的后腿。因此，面对横屏卧式之器的形制优势所在，针对异形屏具的形制之忧和难见佳作现实（当然也确有值得肯定的优良之作传世），作为屏具的收藏，应该指出的是，虽然横屏卧式和某种异形特式确占优势，可视为优势或首选，但面对不同的

图 4-3　横屏卧式形优器美之代表
万乾堂 藏

图 4-4　横屏卧式形优器弱之代表
万乾堂 藏

情况，特别是针对一件屏具的某些因素和特别条件，还应该综合情况另当别论，切勿盲目套用。图 4-3 所示的明晚绿石心赏屏和图 4-4 所示的清中期犀皮漆屏心赏屏，同具横屏卧式优势，效果却截然不同。

（二）“石片儿”之选

屏心的制作，自古以来都与石材密切相关，尤其是唐宋以来石片儿在屏具的制作与应用中明显可见。唐宋至明清，随着砚屏和案上赏屏的逐渐出现，石片儿的应用更加广泛、普遍，在屏具制作中的位置更加重要、意义更加突显。特别是自宋至明是石片儿应用史上最为辉煌的阶段，相关方面的历史记载和文人趣事以及传世屏具的实际情况亦是最为有力的证明。面对如此情况，在屏具的鉴赏收藏过程中，如何理性地认知和正确地看待石片儿这一具体的细节问题，如何通过对石片儿的辨别鉴赏，判定一件屏具的优劣高下，亦是屏具鉴赏过程中一个不可忽视的环节。因此，相关“石片儿”方面的知识和了解很有必要介绍一下。

“石片儿”，业内有称之为“石板”的现象，但“石片儿”和“石板”之间却有着截然不同的定义和区别。“石板”之称，其一，有俗称叫法的一面，其二，此称谓泛指由天然石材加工而成的大小不等、规则不一、薄厚不均的各类石质板材。板材的表面或有纹样图案，或会空素无迹，总之其范围较宽、涉及较广。而石片儿则不同，石片儿是在确为石材的前提下，应有图案的存在，“片儿”实际上是指图案。古代屏具制作中所用到的石片儿，无论其材质如何，通常情况下图案纹样的表现形式可分为三种：一种是纯天然纹理形成的图案及纹样；一种是由天然纹理和人工共同而为之的图案及纹样；再有一种是全部由人工制作的图案及纹样等。也就是说，石片儿是对天然及人为纹样图案在石板上有所体现的形容及表达。在这三种不同成分及性质的石片儿中，理论上讲，全部人工的石片儿档次相对较低，当然也不排除各类大师级别所为之的艺术作品。天然与人工共同而为之的石片儿，是古人屏心制作常见做法，主要体现在或因同一材质的内在组织结构有别，或因不同层面不同部位的色泽差别变化等不同的条件和因素，以雕斫、打磨等各种不同的工艺及手法，制作成各种图案纹样及立体形象等，此类做法的“石片儿”，现实中当以寿山石、绿端石、祁阳石等最具代表性。此外，还有结合天然纹理再以或雕斫、或绘画等不同手法而共同达至完美的其他不同形式的图像或纹样出现，总之，形形色色、多种多样。天然与人工共同而为之的石片儿，理论上讲其艺术价值应取决于天然与人工成分各占比例的大小和人为部分艺术水平的高下两个方面，人为艺术的体现与价值是一个不确定因素且与多方面有关，当以具体情况而论。有关天然与人为部分的最佳占比问题，自古至今无论是业界还是收藏界，都以七分天然三分人工为上，因为这是一种在天然存有不足或欠缺的情境下，最为可行有效的弥补方法和提升手段，虽然有些被迫的成分，但自古以来就被好玩儿的文人雅士所认可，有共识。大量的此类传世之品可以证明的同时，在业界也有“巧作”之美誉。纯天然形成的石片儿，是三种不同性质当中最为难得、艺术价值最高、最被古人认可和今人认为收藏价值最大的一种，在古人制器所用的石材当中，常见此类的石片儿选择多以大理石、云石、白玉石、紫石、祁阳石、绿端石、鱼籽石、花蕊石等为主，在这些石材当中，首先表明，天然好片儿一片难求。天然好片儿在古代在文人阶层的受宠程度，以及天然好片儿的形、景、意、境、韵、味等，在古人的眼里、心里及精神世界中位置很高，尤其是在那些影响时代潮流的大文豪、大智者以及历代政客们的心目中，其喜爱痴迷程度更是难以形容，他们常常为得一块天赐好石片儿喜出望外，爱不释手，或以各种形式就其心得感受进行切磋、相互交流，所以相关记载中，不乏大家充分发挥各自想象力的记载，这足以证明纯天然石片儿在古代文人心目中的位置和重视程度。

综上所述，在屏具的收藏及鉴赏过程中，针对屏心石片儿这一重要因素，面对材质不一、质地品级有别以及人为工艺种类各有不同等形形色色、琳琅满目的各种石质屏心，怎样鉴别和定位其优劣高下，怎样判定和定性一块石片儿乃至于一件屏具的艺术价值等问题，个人认为应在以下原则及条件的基础上，作进一步的考量。首先，虽理论上讲，石片儿的优劣高下没有具体的、绝对的硬性指标和条件所言，且不受材质材料及年代等方面的约束和影响，但通常情况下（个别情况特殊制器除外），屏心石片儿的选择，当以纯天然者优先为尚。再者，尽管没有硬性标准和绝对的好坏之分，但现实中传世的屏心石片儿，确实存在着优劣高下之差，参差不一的现象。那怎样看待、如何区分才更益于藏品的选择，以下观点及相关方面可供参考。

第一，是那种公认的美，标准的美，即大众层面的认知之美，此类石片儿的美，无论其为天然而就，或人工而为，还是天人合一者，其片儿中的纹样图案，整幅画面从布局到构图，整体表现从美感到意境，乃至到韵味、气息等方面，都是那种所谓的少有争议的一眼活儿。

第二，是那种有争议的片儿，首先此类石片儿多为纯天然，再有，此类石片儿的文案或图案呈现，尤其是那种像山非山、似水非水，见仁见智，透过景象意无穷，入目沁心境无界，面红耳赤无终论的抽象、写意等不同的表达表现者，应视为优中之优，可作为首选。

第三，好石片儿虽然不能等同于好屏具，但是通常情况下一件品质优良的好屏具往往和好石片儿会有一定的关系。原因在于：首先，屏心石片儿是一件屏具的重心所在；再者，凡屏心有石片儿装置屏具的制作，尤其像砚屏、案上赏屏等这类观赏性较强的屏具，它们的问世，皆是因为先具备了纯天然心仪的好石片儿，再进行设计与制作，故似这样有准备、有条件、有想法融入的用心之举所创造出来的东西，能差吗？！现实亦是如此，在传世的明清座屏中，凡遇形样皆具或更具意境耐人寻味的上乘石片儿所制屏具，皆形美工精较为考究，多为屏具中的佼佼者，甚至是难得之器，罕见之物。这种情况的背后体现的是片儿与整器的相辅相成，反映的是石片儿与整器之间珠联璧合、相得益彰的内在关联。这一现象向我们传递了一个可借鉴的规律，“好

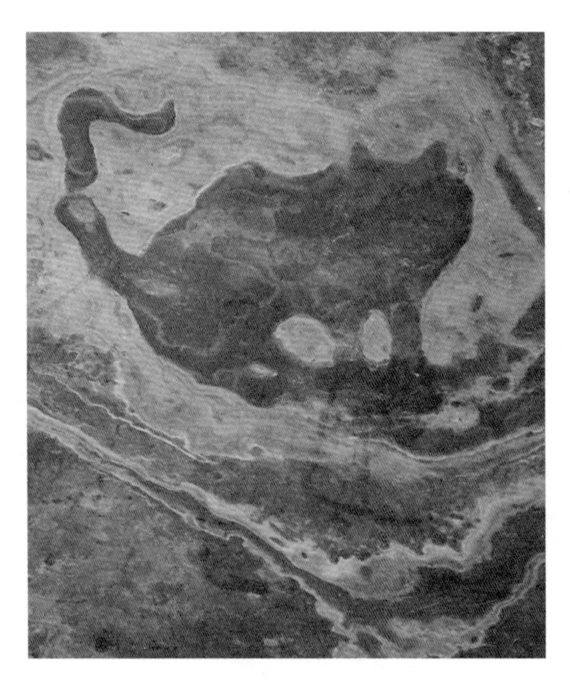

图 4-5　绿端石天人合一的纹样图案
万乾堂 藏

图 4-6　祁阳石材质与人为的巧作

图 4-7　白石板手绘彩色人物图案
杜峰先生 藏

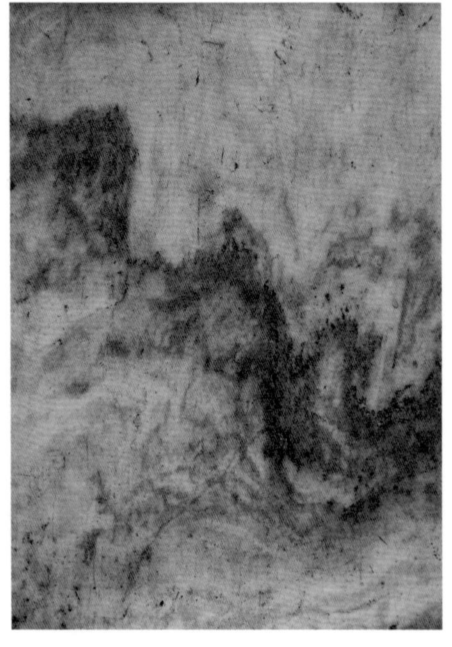

图 4-8　纯天然大理石纹样
万乾堂 藏

片儿就好屏，好屏衬好片儿，片儿好屏优亦在情理之中。”

最后需要强调的是，屏具的鉴赏与收藏，在其整体器具形美工精的前提下，屏心质量方面的考量极为重要。切记，在诸多材质和工艺而为之的屏心中，个别情况、特殊器具除外，综合而论，纯天然而成的好石片儿可视为首选。更需表明的是“自古好片儿，一片难求”，现实中历经传承使用数百年，但凡保存下来年代较早的屏具，其屏心石片儿皆为上乘的同时，其损伤较少，保存状况良好，且包浆皮壳较佳，韵味十足。

以上有关石片儿的构成情况，以及各种石片儿优良之别等方面的相关阐述，虽来源于多年的经验积累以及传世实物的具体表现和真实情况所总结，具有一定的参考借鉴作用，但大家在实际的收藏过程中，在具体的石片儿品鉴环节，还应视具体情况具体对待，结合器具的其他情况与条件综合而论。图 4-5 至图 4-8 分别为几种不同材质、不同工艺、不同性质及不同表现形式石片儿代表的展示。现实中不同性质下以各种材质、各种工艺为之的石片儿还有很多，此代表的列举仅为上述观点之依据。

（三）年代之差

古代家具范畴下的各个门类中，皆有某些品种的造型制式、形制样貌等方面存在着自该品种或器具问世起，在自古至今的设计制作过程中，不曾有过较大改变的现象，尽管如此，同款器具的传承应用过程中，也有在大同小异的原则下，随着时间的推移而有所变化，哪怕是微变，甚至是形制以外的韵味之变，都能体现出所制之器的年份和年代感。以大家耳熟能详的“黄花梨明式家具”中的椅子、案子等具体的品种为例，同为圈椅，同为明式，且同为黄花梨材质所制作，但真正明代的制器和清代所制作的圈椅相比，哪怕是同款、同式、同样儿。它们虽然造型制式相同，甚至有的连局部细节纹饰纹样等方面都相同，但观其细节、悟其深髓、品其神韵等，还是有一定的差别，这种现象别说在明代与清代中晚期的制品中有突出体现，就连明代晚期和清代早期最为邻近的两个不同时期所制之器，都会有着鲜明的特征存在，呈现出“双胞胎”现象，大哥就是“大哥”，明式明做就是明式明作，有模有样有“风度”，明式清做就是“小弟”。同理，案子及其他家具也是一样，一条冰盘沿的处理，一个马蹄腿的微变，一个草花线条的粗细变化、抑扬顿挫处理等，甚至有些只能意会，难以用文字形容的量变以外之差，在内行眼里绝对是有感觉的。这些现象及规律的存在，都与器具的制作年代有关，且这一规律及现象体现于所有屏具的制作当中。

图 4-9 至图 4-11 分别为三个不同时期所制作同种款式的砚屏展示，三者造型制式、结构做法等方面皆相同一致，又同为铁梨木所制，属于同材同款同式，且似同胞兄弟没大差别，那为什么说它们有制作年代之差呢？首先，三张屏心的题材选择、表现手法、所呈风格、状态等方面明显有别，如图 4-9 所示，其题材意境颇显深邃，耐人寻味，具儒雅之气，有康雍之风；如图 4-10 和 4-11 所示，两屏心所绘内容其八仙祝寿图题材的选择和生动形象的写实手法表现以及色泽浓艳的绘画风格，包括画面、包浆、韵味等明显不足现象，皆能说明其制作年份应稍晚一些。再者，相比之下，前、后两者在某些局部细节上的处理也有所不同，以腰板间开光形制的具体表现和站牙的形状微变以及屏心四边内口的起线、分水板的细节变化为例，皆存因年代之差、审美取向不同而造成的细节之变化、形韵之差别。举屏心边框内口所起的阴线为代表，相较之下前者浅显含蓄，后者直白尽显视觉生硬的同时，意识形态方面的感受更为深刻。另有三张砚屏腰板下方的分水板，虽造型制式相同一致，但不同的细节处理和微观变化，顿感前者随意平和，后两者则略显紧绷，即便如此，稍加注意不难发现，后两者之间也存在着“同样儿不一样”“同式不同势”的现象，体现出图 4-11 所示砚屏其制作年代更晚。这些细微之差以及一松一紧的表现状态及韵味流露，正是明韵、清味的各自显现，

图 4-9　清中早期铁梨木“石片儿”心砚屏
孙二培先生 藏

图 4-10　清中晚期铁梨木“石片儿”心砚屏
孙建龙先生 藏

图 4-11　清晚期铁梨木“石片儿”心砚屏
李光宝先生 藏

是“明圆、清方”特征与风格的体现。以上所涉客观层面的明显差别和局部细节主观方面的细微之差，现实中在不排除有的屏具，或因有人为因素所导致的个别情况出现外，其余多数屏具此种情况的出现，皆与时代背景、审美取向、文化导向等方面有关，也就是说，这种变化是受时代影响的，说到底是和制作年代有关。

上述三屏的列举，其分析探讨及相关描述等不一定准确到位，图示的列举，或难以做到恰如其分，但在传世的此种砚屏和屏具范畴下的其他各类别各品种中，这一情况和现象确有体现和存在。其初衷及目的便在于阐明同种造型制式下的同款屏具，看似变化甚微，但实际上会存有制作年代上的较大差别，是制式传承的体现。现象的指出、观点的表明，意在提醒大家屏具的鉴赏，除要注重造型、制式、结构等主要因素与条件的相关表现外，更应注意到局部细节的不同，绝不可小瞧或忽略某些细节的变化，哪怕是微变，因为它会直接牵扯到一件屏具的制作年代。

（四）年份之秘

断代，目前是家具行业及学术界所面临的一个较为棘手的问题，原因在于相关方面的佐证资料及传世实物中，可供参考的直接或间接证据、依据等相对较少，且相关研究成果更少。断代又是家具收藏鉴赏过程中一个不可或缺和极为重要的环节，所以如何断代、怎样断代、怎样才能做到和保证断代的正确性、准确度，针对屏具鉴赏中的具体断代问题，梳理归纳后个人认为应从“早简晚繁”“早平素晚多变”等方面引起注意。

1. 早简晚繁

有关早简晚繁与屏具制作时间早晚之间的关系问题，本书第二章屏具探讨中的相关章节已有涉及，主要是阐明屏具的造型制式变化与制作时间的关系。如以座屏为例，清早期以前的座屏多为单屏独扇，少见围屏组合，且较早时期的独扇座屏，屏心主要以正方形、长方形两种表现形式出现，最多在长方形的范畴下会有横屏卧室、竖屏立式之分，而清中晚期的独扇座屏，屏心的表现形式在正方形、长方形的基础上又增加了圆形、扇形、菱形、多边形等多种异形制式，这些变化与现象正是早简晚繁的具体体现。除此之外，早简晚繁这一规律和现象，还体现在多数屏具的局部以及制作工艺等诸多细节细微之处。还以座屏为例，较早时期尤其是明代中期以前所制作的座屏，无论是屏心边框的表面处理，还是站牙的形制变化，皆以简素为主，且多数座屏其屏心边框的两立边框与四方站牙直接相触，省去了立柱、腰板等部件呈连体结构。而时间越晚的此类屏具，则越在这些局部细节上“下功夫，作文章”，如在屏心边框上起边线、做委角、雕纹样、嵌百宝等装饰行为，还有在立柱上作造型，在腰板、站牙等配饰件上雕琢不休、修饰不尽等繁赘现象目不暇接。这种现象除多见于座屏的制作外，同样会体现在其他类别的屏具制作当中，如以黄花梨木而为的自立型大型组合屏风为例，同样是两头设有边扇的十二扇套装，清早至明晚这一时期所制作的此类屏风，通常难见各扇片的边框有雕饰纹样或镶嵌工艺，而较晚时期的同类制品则有见应用，且这一时期的上述工艺和相关做法，也涉及以其他材质、制式的自立型大型屏风，相关方面的代表当以清中晚期全国各地的黄花梨部分自立型组合屏风和福建地区、山西地区的部分大漆工艺所为屏风为主，图 4-12 和图 4-13 分别为相关方面代表展示。

更应一提的是，此类自立型黄花梨十二扇组合的大型屏风，在腰板、裙板、土牙板的形制以及装饰风格等方面“早简晚繁”现象也明显突出，主要体现在清早明晚这一时期多以轻描淡写飘逸之风的浮雕为主，即便有透雕也相对较少，以及腰板、裙板等处的雕刻装饰纹样为例，在纹样以草花、草龙表现形式为主的前提下，草花简约飘逸，草龙舒展写意、形神皆具，体现出明代崇尚素简的审美追求。而到了乾隆以后，尤其是清晚民国这一时期，同为雕刻工艺下的同种纹样表现，却有着较大的变化和差别，呈现出草花走势拥滞，草龙弓背卷缩以及龙头表现逼真，须爪清晰可辨，通身布满鳞片的繁杂现象。更有五福捧寿、葫芦蔓带以及瓶瓶罐罐等寓意吉祥更为繁杂的纹样与图案出现，而且雕刻手法上也呈现出透雕多于浮雕的现象，一切都显得直白“繁杂”。

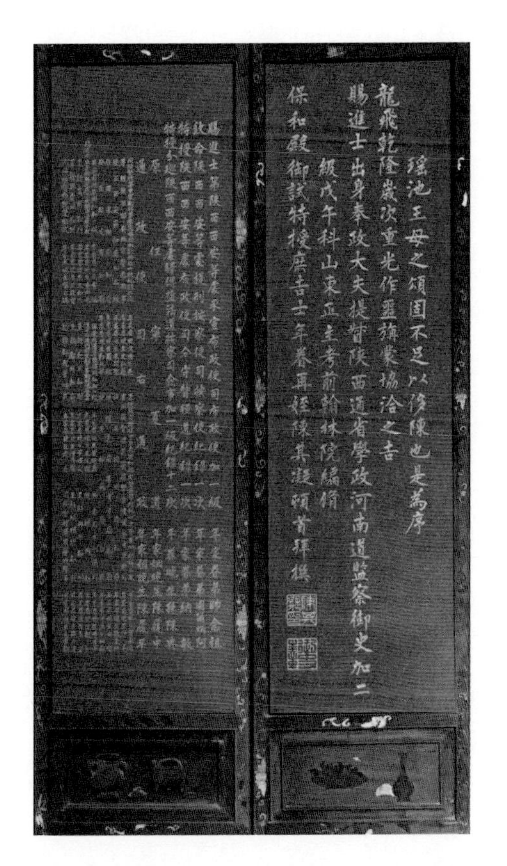

图 4-12　清乾隆六年黄花梨自立型组合屏风（局部）
潞泽会馆 藏

图 4-13　清乾隆十八年大漆工艺自立型组合屏风（局部）
私人收藏

除上述所举和阐述的现象在各类屏具整体及细节中的体现外，现实中还有其他诸多方面的不同情况及因素，在传世的各类屏具中皆有着同样的反映与体现。如早期制作的屏具，就其大漆工艺制作方面而论，首先是颜色较为单一，常见以黑色为主，少见朱红及其他颜色的应用，而随着时间的推移，朱漆应用的增多，黑、红两色的配搭应用，以及其他如黄色、紫色、褐色，甚至白色、绿色、蓝色等颜色的单独应用和混合应用的出现，已成事实形成规律。再者，从工艺实施的种类方面而言，早期的各类屏具边框、座脚等屏心以外的部位，少见披灰髹漆常见漆灰工艺以外的其他更为考究工艺的实施，屏之重头的屏心部位，也仅限于彩绘或少数的描金工艺实施，表现形式、所施工种皆较为单一。而时间越晚尤其是到了康乾盛世，屏具的制作工艺变得更为考究，所实施的工艺种类变得丰富多样，如雕填、戗金、剔红、镶嵌等各种早期没有或少见的工艺举不胜举。正是源于屏心的表现与制作是各类屏具的重中之重，自古以来，其备受人们关注和重视的同时，还会随着时代的前进不断创新与变化，所以屏心的选材用料、表达形式、表现手法，除常见的贯穿于史上整个屏具制作中常用“石片儿”屏心做法外，以漆灰工艺而为之的屏心，在传世的屏具实物当中，呈现出早期的屏心多以黑漆或红漆打底上饰彩绘纹样的做法较多，而随着时间的推移，逐渐出现了彩绘加描金、三彩、五彩、款彩及各种雕、填、戗、堆等较为繁复的漆灰工艺做法，甚至还有更为烦琐复杂的混合工艺做法。应该肯定的是，工艺种类在屏具制作中的不断增加，确属屏具制作史上的进步之象，各种新型种类工艺为之的屏具，也确实有助于屏具自身某些方面的提升，但是现实告诉我们，凡事都会有正、反两个方面，况清中晚时期重色、喜艳、好秾、贪繁等审美取向下的工艺过火现象无处不在。因此，上述工艺种类的增多，除能直接说明早简晚繁这一现象和规律的同时，针对一件屏具整体的优劣高下，品味品质等综合方面的定性与定位应持理性与客观的态度，视具体情况而论。上述所涉及屏具相关造型制式、局部细节、装饰手法、施漆用色、工艺种类以及以屏心的相关制作等方面作为切入点，以示对“早简晚繁”加以印证的同时，意在阐明诸多因素与屏具制作时间方面的关系，这一现象及情况在屏具的制作中普遍存在，这一规律亦可以运用到所有屏具的断代当中。

2. 早平素晚多变

“早平素晚多变”和“早简晚繁”在某种情况下是一个互有关联、难以分清的话题，“早简”与“早平素”、“晚繁”和“晚多变”在字面词意上皆基本相同外，上述“早简晚繁”一节中所涉诸多方面及细节问题的表现亦是更好的印证，故在此基础之上，就屏具制作应用过程当中有关时间越早越平素，时间越晚则变化多样等特征规律，择其代表以点带面作以补充。我们先以自立型组合屏风为例，在传世的尺寸尺度较大自立型组合屏风中，其制作时间较早的屏风扇片，首先是无脚式横枨直接接地的做法较多，再者每个扇片的整体外观也较为“齐整”，主要体现在扇片边框的平齐制式和屏扇大面整体的平素规整方面，年份越早的此类屏风无论是单扇还是整套，包括自身的装置结构以及有些装饰纹样风格在内，一眼看上去都显得齐整阔平、利落舒适，说白了就是一个“大平板”的感觉。而年份越晚的此类屏风，整个屏身在原有平素格调为主的基础上，出现了站脚、裙板、腰板、屏心等不同的部位及空间划分，呈现出了变化多样的多元化组合现象。与此同时，这一现象和规律在有些屏具的局部细节上其表现更为突出，还以座屏为例，不同时期所制作的同款座屏，虽然在整体造型制式上，或有相似相近，甚至是相同，有一定的传承，但是在不同时期所制作的两件同款屏具中，相互对应的同一种配饰件及某些局部细节的处理上会有明显的变化，有的甚至相差甚远，如座屏屏心边框的形状，较早时期所制作的屏心边框多以方正、平阔、素简为主，给人以“清爽、利落”的感觉。而制作年代较晚，尤其是清晚民国这一时期所制作的同为屏心的边框，除有部分仍延续早期的做法、形制外，大多数的边框则出现了看面保持平直，侧面做成指甲圆状，有的甚至连看面都进行不同程度的加工修饰，或起线、或打洼、或倒角、或抹圆、或几种形制并用以及在边框的看面做其他形制形式的装饰，更晚的还有将屏心边框做成说方不方说圆非圆的模棱两可难分方圆形状。相关“早平素晚多变”这一现象，在座屏的其他局部配件及细节上无处不在，此处不再逐一列举。这些现象和特征，不仅仅体现在上述所列举的屏具种类及相关方面，也体现在其他大多数的屏具制作中，具有一定的普遍性、规律性。图 4-14、图 4-15 为不同时期相同款式的赏屏“早平素晚多变”特征方面的代表展示。

上述与屏具制作年代有关的简约平素和繁杂多变特征及因素以外，与屏具制作年代相关的另一重要因素是选材用料。屏具制作中所用到的主要材料皆应是木材，传世屏具的木材材质应用情况以时间划分可以分为两个阶段，即明代中期以前和明代中期及以后。以材质区分又可分为两大类，即所谓的“软木”和“硬木”。两个不同阶段的软、硬木具体应用情况应

图 4-14　明晚期黄花梨理石心赏屏
私人收藏

为：第一阶段，即明代中期以前，屏具制作所用木材基本上是以“软木”为主，这其中包括榆木、槐木、榉木、楠木、柏木、杨木、楸木、杉木等，除这些所谓的“软木”以外，还有少量的铁梨木和鲜见的紫檀木应用，其他硬木类材质的应用则极为少见。第二阶段，即明代中期甚至可以准确到明代晚期以后，这一阶段屏具制作所用木材情况，总体来讲还是以“软木”为主，但“软木”的应用以外，常规而论，黄花梨、紫檀、红木等一些硬木类的材质都有不同程度的应用及数量的增加，且此阶段的硬木材质应用情况有三大特点呈现：第一，黄花梨材质的应用在明晚清早这一时期较为突出，讲的再具体些，是指明嘉万至清康雍这段时间内的屏具制作用料情况；第二，清代乾隆时期紫檀的应用有了较大的提升，但主要体现在宫廷制器之中，这一时期紫檀在屏具制作中的应用，其显现程度似有胜过黄花

图 4-15　清中期紫檀木嵌百宝松鹿延年赏屏
嘉德 2023 春拍

梨之势，或不相上下。总的来讲自明晚至清乾隆这一较长的历史时期内，屏具制作的木材用料，在以“软木”为主的前提下，又呈现出了“黄早紫晚”这一真实现状及规律；第三，为清中晚至民国这一时期，此时期除广泛应用的所有“软木”类木材外，在硬木类材质的应用中，黄花梨和紫檀的应用逐步减少，取而代之的木材则是以红木、草花梨木、铁梨木等为代表的其他硬木类。另需要指出的是，以黄花梨、紫檀、红木为主的三种硬木材质在屏具制作中的应用，虽整个阶段都有贯穿，但三种材质的应用数量及高峰期皆与时间有着密切的关系，这些特征特点除和时间年代相关外，从用材种类方面而言，自明晚清早时期的黄花梨应用到清中期的黄花梨、紫檀材质并用，再到清中晚期的黄花梨、紫檀、红木、草花梨木等诸多硬木材料的泛用，某种意义上讲，也呈现出了早单一晚多种的现象及规律。切记，这其中以红木材质而为的屏具，它们的制作年代大多数都不会太早，以紫檀而为的屏具，明代制作的器具也较为少见。这一现象和规律绝非偶然，与家具范畴下的其他器具制作用料情况完全一致。

以上相关屏具“早简晚繁”和“早平素晚多变”等方面的现象与情况，主要体现在多数屏具的整体和局部细节两个层面，涉及屏具制作的设计理念、造型制式、工艺种类、施漆用色、选材用料等方方面面。这一规律的总结来源于传世屏具的真实具体情况，因此对于这一规律的了解和掌握，既是屏具鉴赏过程中相关断代方面的重要参考依据之一，同时也适合于多数屏具相关年份断代方面的鉴赏与辨别。

（五）官造民制之选

在传世的各类屏具及相关实物中，根据屏具的出身不同和制作工艺、选材用料等方面的区别，以及各自的特征等具体情况，结合各类屏具在其应用的过程中与人、与社会、与政治等多方面不同的属性关系及作用，经梳理研究后综合而论，屏具的身份属性可分为三大类：民用屏具、官造屏具、文人屏具。

民用屏具，泛指民间百姓阶层所制作与应用的所有屏具。民用屏具的范畴中，既有以实用功能为主的实用器，也有以欣赏为主要目的作为装饰的赏器类，其应用面广，使用较为普遍，数量众多。正是源于面广量大较为普遍，加之理论上讲，由于受到家具风格、流派、地域文化等多方面的影响，使得大多数的民用屏具普遍存在着地域特征与流派风格较为浓郁鲜明的现象，广东装、福建派、山西作等皆用眼一搭便知出处，倒不是说具地域特征就一定不好，但现实中多数地域特色较重的民间屏具，或许与制作者、使用者的眼界、阅历等方面有关，总是让人感到有些土俗之气。再者，就相关选材用料、制作工艺以及具体实施等方面而论，民用屏具与官造屏具相比普遍存在着稍逊一筹的现象，民用屏具与文人屏具相较，或许它们有着相同的造型款式，有着相同的材质选择，施以相同种类的工艺及相同做法，但静观细品还是有较大的差别，抛开表象方面的形制、比例把握不到位，局部细节的拿捏不精准以及工艺水平表现不佳等现象，就其艺术层面、文化方面的承载，根本无法相提并论。至此应该表明的是：第一，上述民间屏具综合而论，普遍低于官造屏具和文人屏具的情况，既是事实，又普遍存在于传世的各类屏具当中，且这一情况体现并贯穿于元、明、清三个不同的时期；第二，理论上讲，民用屏具的范畴内本身就包含着文人屏具，之所以将文人屏具单作提及，原因则在于：其一、官造与民制屏具中都有文人属性屏具的存在，其二、如上所述，真正意义下的文人屏具，它确实与多数的普通民间用器差别较大，且某种意义上会胜过官造屏具，有其个性特点所在。所以加以区分属情理之中，亦是便于相关方面的研究。

官造屏具，专指史上各个历史时期为官方皇家御用所制作的屏具，此类屏具有的因其肩负一定的政治使命，故具有一定的特色，尤其是明清以来，为服务于政治，取乐于统治者，追求所谓的“皇家御用”之样貌与气势，明清两代还专门设立果园厂（明代官办的制漆机构）和造办处等专为皇家御用之器服务的制作机构，有些器具的设计制作有时还要得到皇帝批谕，可见“官造”和“民制”之称的意义所在和官造器具与民制器具的区别。官造屏具从造型制式方面讲，是集民间经典制式之基础上加以提炼及升华，使其得以完善，更为完美，更加出色。在选材用料、制作工艺等多方面更是倾国家之力，不惜工本。因此，官造屏具独有的贵气与奢华也是不争的事实，但是官造屏具由于过分地追求和彰显皇权皇威体现皇家气派，尽管穿金戴银宝相千工，从表面上、气势上作足了文章，可官造屏具华丽、庄重、贵气之余，却缺少了人文情趣，过于“僵化冰冷”，没有了“温度”，甚至有的个别屏具出现了繁复、杂乱、堆积、拼材、炫工等更为过火的情况，尤其是清代乾隆以后至清代晚期所制作的部分官造屏具，不仅形工不具，而且受国库空虚的困扰，出现了偷工减料以假乱真的现象与行为，这样一来致使有的官造屏具，乍看眼花缭乱，细品全然无味、难掩夹生，更无意境可言。更有低劣之品，枉称官造之器，成为了呆滞的没有“生命”的制式化躯壳。因此对于官造屏具的鉴赏与辨别，应在结合实际情况的前提下，持“一分为二”的理性观点与原则，用唯物主义的辩证法和哲学思想及理念，综合而论，视情而定，绝不可有是官造就好的错误想法及侥幸心理。

文人屏具的定义难言确切，范畴更是难以确定，原因在于文人屏具如上所述的官造与民用屏具之中皆有体现之外，还与文人的身份多呈双重性有关，因为多数的文人既是文人又是百姓，有的还有官员身份的一面，所以文人屏具的属性及意义和文人文化有着最为直接和主要的关联关系外，有些屏具在某种情况下和一定程度上，无论是形制、工艺乃至所呈现出的状态等，皆上通官造下接民用，致使多数的文人屏具，既具官造屏具的“范样儿”，又有民用屏具的“地气儿”风格及韵味，成就了这类屏具自成一派、风格特征尤为突出明显的现实，因此行业内、学术界有“地方官造”的美誉及说法。说的再具体点，文人屏具除了在造型制式、所施工艺等方面皆用心考究外，更注重和追求的是艺术表达、文化承载，更注重形而上精神层面的注入。正是源于这些优点，才使得多数的文人屏具形工皆具、神韵皆备，有品质、品位，更有境界与高度。

以上三种不同身份及属性的屏具，民用屏具应用面宽使用量大，丰富多彩，具有极高的学术及研究价值。官造屏具，依靠自身的实力和出身，大多数具有一定的学术价值、收藏价值和市场价值。与上述两者相较，文人屏具凭借其自身的特长优势以及艺术魅力和文化思想等道、器，层面皆备，更具学术价值、研究价值以及收藏价值。因此，就屏具的选择与收藏，从其根本意义和多方面综合价值而论，文人屏具应为屏具收藏的首选。从投资的角度，大部分的官造屏具亦可作为优先考虑的对象。在没有任何歧视和偏见的情况下，常见的普通的大多数民用屏具理应排在后面。

现实中，优秀的文人屏具自古就少，加之自然的损伤和人为的损坏，故此类屏具的传世数量极为有限，这就更加使得文人屏具以稀为珍、以缺为贵、一屏难求。官造屏具的应用及制作数量首先是有限的，再者早期的传世官造屏具寥寥无几，所以我们现在能见到的部分明清官造屏具（当然了，这里以清代的官造屏具占绝大多数），这其中的一大部分，是由于历史原因早年被掳于国外，近几年又回流而来的。另有一小部分，是源于清末民国的非常时期被“顺出”宫门的，现散落于国内民间。除此之外，还有一部分所谓的明清“官造屏具”，为清代以来专门为外国人制作的“官式屏具”泊出品，和建国初期制作的用以出口创汇的工艺品，以及现当今为谋求高利而精心制作的现代仿品，这三种不同时期及不同性质“官造屏具”的入世，与原有的正宗的官造屏具，共同构成了官造屏具的传世现状。因此面对如此复杂之情况，在官造屏具的鉴赏和选择过程中，首先应对此情况有所了解，要明白一些真相和道理，官造屏具的收藏，可遇不可求，因为它本来就少，做到心中有数警钟长鸣，切勿有贪念之心。并切记，假官造屏具的特点是：“做工粗糙、材质低劣，有形无样不耐品，更无工艺水准、艺术水平等品质高度而言。

（六）明清之别

自古典家具行业的兴起和古代家具掀起的收藏热潮以来，对于古代家具的收藏，尤其是对于明清古代家具的收藏，业内有一种“十清不抵一明”的说法。这种说法虽然略显偏见或不够严谨，且现实中也并非真的如十不抵一那么夸张，但它确实是反映出了明清两个不同时期所制作的家具之差别，反映的是人们对于明清家具总体情况的认知及认可度。在传世的屏具中，最为常见传世数量最多当以明清时期所制作的各类屏具为主，这些明清时期所制作的屏具，正是我们作为屏具收藏藏品选择的主要来源和渠道之一，因此面对形制各异、材质不同、工艺不等、年份不同的各类屏具及个别器具，如何了解掌握时代与屏具优劣高下的关系，“十清不抵一明”的观点在屏具的鉴赏过程中该不该套用，如何才能做到宏观认知下的视情而论，正确无误地作出判断，亦都是屏具收藏过程中必须了解和掌握的相关问题。

上述相关官造民用之选一节中，依据传世各类屏具的综合情况，在以其身份、属性论之的前提下，将古代屏具分为官造屏具、民用屏具和文人屏具三大类，并就其各自的优劣高下问题作以简述，且从藏品的择选、种类、优势等方面阐明了观点。就传世的官造屏具而论，目前我们能得以见到的屏具实物，从时间上看可以分为明代（具体来讲应为明中晚期，更早的官造屏具应为罕见）、清早至清中和清代晚期三个阶段，在这三个阶段中，明代官造屏具，首先是存世量较小，对收藏而言少有机会。再者，即便是有，除文化、艺术层面以外，从选材用料、制作工艺、保存状况等多方面，与清中早时期的官造屏具相较，或难分高下。所以，就传世明代官造屏具的收藏而言，客观而论不具优势。同为清代乾隆时期以后所制作的官造屏具，特别是清代晚期所制作的官造屏具，上节已作详述，无论从选材用料、制作工艺等主观因素方面皆与清中早期的同类器具相较相差甚远，不在同一条线上。如此一来，除去明代官造屏具的收藏机率小，排除清晚官造屏具的臻品少，就奠定了康乾官造屏具难以撼动的地位和优势。因此，这一时期所制作的官造屏具显然不符合“十清不抵一明”的说法。官造屏具以外，即是数量较大，占据藏品主流的民用屏具和文人屏具的传世情况，从时间上看，与官造屏具相较明显超过明代中期，有的屏具其制作时间或许能到元，甚至会更早。从品质品第方面，呈现出“清晚不如清中，清中不如清早，清早不如明代”的阶段性变化及现象，尤其是清代早期及以前的文人屏具，确实存在着年份越早综合水平越高的情况，存在着年代越晚文人屏具、民用屏具落差越大的现象。如此看来，“十清不抵一明”的说法似乎又有一定的道理，或更适合于民用或文人屏具的择选与评判。

以上论述意在表明：其第一，在传世的明清官造屏具中，特殊情况及个别明代屏具除外，综合而论其佼佼者当属清中早期所制之器；第二，在传世的所有民用屏具和文人屏具中，综合而论，确实存在着年代越早总体情况越好，存在着清不如明的普遍现象与规律。最后还应指出的是：虽然年份年代与器具的优劣高下，没有绝对的早优晚劣对应关系，但是面对上述问题以及传世屏具的真实情况，在屏具收藏的过程中，虽不能用“十清不抵一明”的观点一刀切，针对藏品的鉴赏与择选，在视具体情况综合而论的原则下，明代屏具的优先考虑，应是屏具收藏中的又一重要因素和前提。相关问题的发现与规律总结，源于长期对大量各类屏具的了解及相关研究，此处意在提醒大家，作为屏具的收藏者，应有所了解，有所认知，方好借鉴。

（七）书房匾之优

书房匾，广义范畴下应归为挂屏类，但是它却与常见的纯装饰性挂屏和其他具有专属性的匾额挂件如寿匾、功德匾及各种堂号匾等有着较大的区别，其主要不同在于：第一，书房匾的应用与陈设，皆与空间和环境有着一定的氛围关联及范围要求，它应为书斋专用，文房专属；第二，书房匾无论从表现形式上还是内容表达上，除多以文字形式体现外，其文化输出是重点，为特性。正是源于书房匾的文化承载及文化直通，以及与文人之间有着最为直接的紧密关系，才使得此类属性的匾额与常见的民间普通匾额拉开了距离，同样也与常见挂于厅堂之中，用作装饰兼具欣赏功能的各种工艺及不同表现形式的挂屏，形成了形而上下的“道”“器”层面的不同，从而其独有更纯粹更具文化属性的一面，因此从收藏角度、文化层面而论，书房匾应为挂屏之翘楚，众匾之榜首。

传世的书房匾与其他类别的屏具一样，皆以明清时期的作品为主。在这些传世的明清书房匾中，存在以下几种情况：第一，从传世数量和年代方面来看，明显呈年代越早越少见，明代不如清代多的状况。第二，全国各地均有文房匾的产出，出产数量较大的省份及地区当属福建、浙江、江苏、安徽、河南、陕西、山西、山东、河北等省份，这其中又应以福建、安徽、山西三省产量最大。以福建、潮汕地区为代表的此类闽作匾额，其制作工艺最为出色。黄山一带的此类匾额其综合品质应为最佳，最具文化品味，可谓书房匾之魁首，雄屹国域。山西地区的此类匾额，虽以工艺而论确实不抵福建，若讲儒雅之风也确实不及安徽，但山西地区所制作的此类匾额，所呈现出内敛质朴和厚重文化等综合而论，确有其独具特征特点所在。第三，在浩瀚无际的传世书房匾中，且不论黄山一带的书房匾在全国明清书房匾额中地位如何，就该地区现存传世书房匾额的表现形式、相关制作、特征特点等方面梳理如下：其一，多数匾额为长方形，尺寸大小不一、长宽不等，这些或皆因昔日的书房空间及主人的审美取向等主客观因素及具体情况而定。此类匾额，在各种工艺皆有实施的前提下，其所表中心内容皆与文人的人生追求、理想抱负等奋进情怀方面有关。表现形式常见以二、三、四及更多不同数量的各种褒义妙趣词汇，以横向版式或格局书大字出现，且多见上下款跋齐全，姓名、时间皆具者，亦有匾心大字以外不漆一笔的素净恬阔之作，这一形式此类做法的书房匾较为普遍常见。其二，同样为长方形和各种工艺皆有实施下的另外一种表现形式的书房匾，其匾心的题材所表内容等皆与常见匾额并无两样，皆与文人励志有关。但其具体表现形式、呈现方式等却有所不同。首先这类书房匾通常情况下，匾额的版面皆由数量不一、字体不同的大字和一段小字内容共同组合而成，其内容寓意表达或相近相通，抑或各有所表。相关词句及内容的出处，不乏文豪大家之手笔。除词句诗文意境深远、耐人寻味以外，整个版面的布局，尤其是大字的具体表现与小字整段阵容的排布，其构图如同主、辅相互映

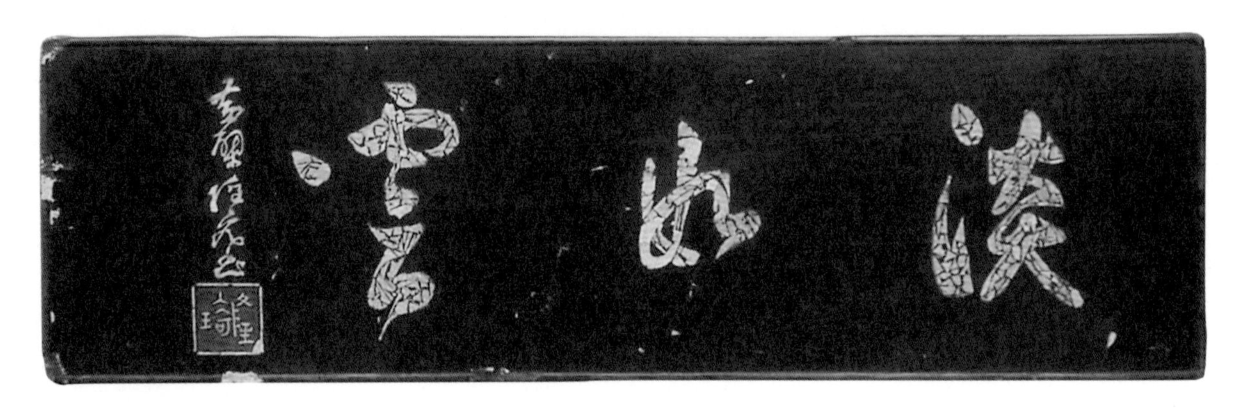

图 4-16　常见表现形式书房匾
菩提缘 藏

图 4-17　较为少见表现形式书房匾
菩提缘 藏

托，整个版面逸美舒适、养眼怡神，设计感、画面感及艺术效果彰显强烈。再者，凡能做到如此境界与水准的书房匾，皆出自文人与匠人的通力合作，个别情况下亦有匾额的享用者亲力亲为情况，这更加说明书房匾在文人心目中的分量和位置所在。图 4-16 和 4-17 可视为相关代表展示。其三，虽然屏具的制作到了清代无论从形制上、工艺上、选材用料等方面都有了较快的发展较大的变化，甚至新颖别致，但就书房匾而言，除福建一带的有些书房匾在外观形式上出现了书卷状且较为流行，和全国范围内极少数量的书房匾从形制形状、工艺实施方面略有改变外，多数的书房匾仍延续古制，在文化属性不变、意境不减、趣味性仍存的前提下，唯质感、韵味、气息等方面呈现出随着年代的推进而逐渐变弱退化的现象。

收藏无标准，藏品有高下。书房匾本身就是各类匾额中与文人交织最多，最能体现文人思想、品德、修养以及人生价值观的重要载体，具有一定的观赏性外，极具形而上彻悟铭鉴的一面，是文化属性及文化承载最为突出的屏具代表之一，所以作为屏具的收藏，书房匾理应是被当作重点考虑和优先选择的对象之一。在上述三种不同情况的书房匾中，最为优秀最具收藏价值的书房匾，当属类似上述大小字词文同框，有意境聚正能量，集趣味性、玩味性于一身的，清中早期及以前所制作的此类匾额。当然，这些是根据实际情况总结出来的相关参考条件和经验借鉴，在具体的鉴赏和判断过程中还应以实物的具体情况综合而论，但是有一点可以肯定，在传世的此类书房匾中无论从总体质量、品第品位乃至于传世数量上，全国而言，其佼佼者当属安徽省黄山地区的屯溪、歙县、休宁、黟县一带所产的书房匾最佳，世间少有齐伍。所以，许多书房匾爱好者在收藏过程中，为了淘到一块上述地区所出产的心仪之作，有的会施以重金，有的甚至花上好多年的时间四处寻觅而最终仍难以如愿。

（八）楹联之荐

楹联，亦可称之为对联，还有各种各样的地方叫法及民俗称谓等，是文化表达、文字表现形式的一种，是中国传统文化的瑰宝。楹联，其表现形式多种多样，其中以木质、漆灰等材料材质及相应工艺而为之的一类，应为广义范畴下挂屏类别内的物种之一，在古代的应用范围较为宽广，其存世数量也相对较大，尤其是明清以来所制作的此类楹联更为常见。像这样一类文化含量及文化属性较为明显突出，且有些与文房匾同设一室难论上下的文房用器，却在当下的收藏热潮与研究方面声弱举微难言影响力，特别是有关此类楹联的收藏方面，目前的处境及现状有些令人担忧，它似乎是既靠不上家具门类的收藏，又不属于字画收藏的范畴，处于被流离遗弃无归宿的状态。多数的古典家具爱好者、字画爱好者皆没有相应的认知，其在整个收藏界家具圈没有得到足够的重视与对待，为争取楹联收藏与研究状态的改善与推广，以下将就此类楹联的优长所在、文化含量、收藏意义以及收藏价值等相关方面略加探讨。

自古以来上至统治阶级下至百姓阶层，楹联形式的运用及文化传承无处不在，其表现手法与展现形式更是多种多样，以书于纸上的形式最为常见，同时还有雕刻于石、砖、木等其他材质之上以及采用其他各种工艺及相应做法的不同表现形式。就以木质为胎框并施以各种漆灰工艺，如堆漆、洒金、沥粉、嵌瓷、雕填、雕刻等而为之的各种楹联而论，其中最为简易的一种，便是将书于纸绢之上的文字内容以木质框架进行装裱。再者便是所表内容及文字的具体表现，以上述各种漆灰工艺及手法进行呈现，此类楹联现实中应用较为广泛，数量也相对较大。就此类楹联中，昔日曾置于书房之中的部分优秀楹联代表而言，我们暂且不论其文化承载的分量如何厚重，抑或不论其制作工艺以及艺术水准的难易高下，就其联心内容的展现形式、表现手法、文化价值、收藏意义等相关问题，皆可通过相关实物列举及相应的研究探讨窥见一二。

图 4-18 为清晚朱漆捻金堆珍珠粉工艺楹联的展示，此联内容为“闲寻书册应多味，不负云山赖有诗”，诗句含意无须多解。上联题款证明，其诗句为书者赠予友人，下联落款“宝岩陈瑜”“陈瑜之印”和“戊辰翰林”，皆将作者的姓名、身份等交代得较为清晰详尽。陈瑜，江西宜春人，同治七年（1868）进士，翰林院庶吉士，曾任浙江龙游知县。《宜春县志》同治十年（1871）刻本首卷也有记载：陈瑜，字琼萤，号宝岩。另有资料证明，陈瑜与其子陈景贤皆好读诗书，酷爱书法，同为清晚期地方文坛名流。

参考上述有关陈瑜的个人相关资料，结合该楹联自身具体情况和真实现状，综合分析后初步判定，联心内容的诗句应出自宋人联集，分别来自黄庭坚、范仲淹的诗作。联心内容文字的由来或产生综合而论，应为清同治年间进士陈瑜所为。那问题就来了，此联之上的诗文表现，即字迹的呈现，如换作另一种形式书写于纸绢之上，在保障原作不为仿品的前提下，坚信多数人给予相应价值肯定的同时，对其为陈瑜真迹真品的定性也是不存争议的。然而，当面对似眼前这种展现介质，一不为纸绢，二不是墨宝，而是在木板之上以髹漆、手书、捻金等诸多工艺综合为之的楹联，首先就会对联中字迹的由来是否为陈瑜所书产生质疑；再者，如为陈瑜真迹，似这种以漆灰工艺形式呈现及手法所为之的楹联，其文化属性与书法价值应怎样看待，收藏意义又当如何？这确是业界，尤其是学术界值得引起重视和作出正确引导的新课题。

图 4-19 为清晚期陈瑜款朱漆捻金堆珍珠粉工艺楹联相关局部细节的展示，从这些局部细节，尤其是有些字迹的脱落、残缺之处不难看出，此幅陈瑜款识的楹联，其具体的制作工艺、表现手法及制作流程应为：首先，将预先备好尺寸适度的木质板材以披灰髹漆的方式，将其做成朱漆光素平面，再由书写者以匹配的色漆（黏合剂）将诗句内容亲手书于光洁平整的朱漆漆面之上，紧跟着再由工匠师傅或书写者本人，依照字体字迹笔画走向走势等，以捻金堆珍珠粉工艺手法精心实施后，再饰面漆至整个制作过程全部完成。在上述相关分析得以正确认定的基础上，再结合此楹联所书字迹、字体的具体表现，以及各种漆灰工艺的具体实施情况研究分析后发现：第一，楹联的落款草书字样及印章呈现，首先为黏稠适度的紫褐色稠漆或金漆，在预先做好的朱漆板面之上书写而成。再者，以草书落款小字的书写风格而论，袭古承规的同时又极具个性，其入、提、挑、顿等笔序笔锋自然顺畅明显可见，尤其是字与字之间的笔画连接表现，皆气韵贯通呈一气呵成之势，这就更加充分说明，此举既为好书法者所书又应是现场即兴发挥，所以此楹联上下的草书落款，应定性为陈瑜本人亲手所书。第二，在上述此楹联落款为陈瑜本人所书视为真迹的前提下，作为楹联核心内容诗句即大字部分的呈现，从几处略有伤残的字迹表面及边缘现有状况不难发现：该楹联自联板表面的最底层朱漆，到与其紧邻的字迹书写所用稠漆（黏合剂），再到上面的似珍珠粉捻金工艺实施，直至最上面一层的紫褐色稠漆描罩，各工艺工序之间的依次递进关系清晰可见，其中，附着于联心字迹最上层的紫色罩面稠漆表现，其自身字迹清晰顺畅，所有字样笔画不描不修，有条不紊，井然有序，可见功夫的同时，透着轻松与自信，且与下层珍珠粉捻金而成的相关字体字迹相得益彰。另从夹在中间一层以珍珠粉捻金而就的立体联心字迹字口的表现，行笔走势状态，以及笔画边缘、脊峰、起、收等细节方面的反映，乃至于砂密度、饱和度、虚实变化等方面的处理来看，一切都显得得心应手、恰到好处。皆有信手拈来之感的同时，更能说明此联内容字迹的呈现，从书写到捻金，再到书面漆应为一气呵成。如此分析，该联心诗句所表字迹出自陈瑜之手自然

图 4-18 清晚期陈瑜款朱红漆捻金堆珍珠粉工艺楹联
万乾堂 藏

图 4-19 清晚期陈瑜款朱红漆捻金堆珍珠粉工艺楹联局部细节的组图展示
万乾堂 摄

也就顺理成章。捻金工艺的实施与呈现或是由技术技艺较为高超的匠师所做，抑或是由书写者亲力而为。如为前者，此联可算得强强联合，亦可定性为真品的同时，应有一定的收藏价值。如果此联心内容字迹的书写与呈现，连同捻金工艺的实施皆属于后者，皆由书者陈瑜一人完成，此联与有些油画的制作及相关属性难分彼此，故将其定性为真迹真品也不无道理。

类似这样的例子及现象，在史上楹联制作过程中并非少见，类似情况而为之的传世楹联也不在少数，且工艺种类众多，表现形式多样。不仅如此，类似这样的现象和情况，在其他的古代家具制作中也有体现，以明清时期家具上的描金或彩绘工艺为例，许多家具如柜子上前脸或两侧山头的相关绘画，有此画片儿或画面的形成，先由画师或师傅勾稿布局，然后要由徒弟及他人依照图样遵循完成；而有的画作则是由画师或画家亲自操刀，亲手创作一气呵成。故宫许多家具的制作即是如此。山西平遥地区推光漆器具相关工艺的制作，至今还沿袭和保留着这两种不同的传统做法。图 4-20 为上述两种情况下工艺不同做法的古代家具相关代表画面局部的展示。

综合上述现象的普遍存在情况，通过以上对该楹联上下联题款草书

图 4-20 相同工艺不同的人及相关做法下古代家具画面局部的对比
万乾堂 摄

图 4-20 相同工艺不同的人及相关做法下古代家具画面局部的对比
万乾堂 摄

小字字迹的书写和联心内容大字的整个实施过程分析推断，和对落款人的姓名、字号、印章等方面的推敲与验证，以及对此楹联的漆灰工艺保存状况等多方面综合判断，更加可以认定，此陈瑜款清晚朱漆捻金堆珍珠粉工艺楹联，其书法皆为陈瑜“真迹”，其作品应为真品。

以上陈瑜款楹联的例举及探讨，意在表明，明清以来的传世楹联中不乏文豪大家之真迹真品，甚至是珍稀之品。就类似作品的定性、定位以及收藏价值体现等方面，目前在业界与收藏界皆还没得到应有认知与认可的情况下，笔者认为某种意义上讲，此类真迹真品，虽或不能与那些直接书于纸绢之上的真迹真品相提并论，但究其根本，论其实质，它们与那些绘制于“硬板”之上的油画作品没什么两样，它们应与那些书于纸绢之上的书法真迹名作一样，同样具有一定的收藏潜力及价值体现，更何况其中的有些名人名作以其稀缺性而论，其市场价值和收藏意义或许应更高更大。

至此，以上有关体会浅谈方面的举例、阐释及探讨，其一，仅为屏具收藏中的部分代表性问题列举，现实中诸如此类有价值可借鉴的现象及情况，还有很多；其二，以上所举例子所设问题的阐释与剖析，虽较为浅显，且个别问题及观点抑或有待商榷，但所述所表反映的是实情，体现的是现状。在有所了解与掌握的情况下，相信对于屏具藏品的择选和屏具方面的收藏会有一定的参考作用。

第三节　代表赏析

为使广大家具爱好者对本著上述所涉屏具内容及相关方面有更为全面深入的了解和认知，为更好地理解掌握并有效地运用上述相关屏具收藏过程中藏品选择的鉴赏参考标准及相关因素条件等，做到较为正确的、更为准确的鉴别与判定，更好地服务于收藏，故以下将选择部分屏具分别从设计理念、审美取向、结构制式、制作工艺、选材用料、功能作用、器之属性以及艺术体现、文化承载等多方面进行分析、加以探讨。

由于受资源等其他客观因素的影响，虽留有缺憾，存在着类别及品种方面的不够齐全、难成系列、难达完备完美之现象，但是以下屏具代表的选择，其一，囊括了屏具范围内，传世数量最大，较为常见且可作为屏具收藏藏品主力军的赏屏和砚屏，同时，还向大家展示了传世数量少见甚至罕见，不同寻常的灯屏、枕屏等器具的风采与文化承载。其二，代表屏具的选择，从结构制式等方面而论，既有分体结构又有连体做法，既有明式明作，也有明式清作、清式清作。从技术工种方面，既有木工工种又有漆灰工种，还有各种相关的特殊工种。从制作工艺方面，既有雕琢又有描金、彩绘、镶嵌等多种漆灰工艺的实施，还有一些辅助及特殊工艺的展现。从选材用料方面，既有名贵的紫檀、黄花梨材质，又有楠木、榆木、杨木等，还有灰、麻、布、漆、金、银、翠、玉、百宝等常用材料和特殊、珍稀、贵重之材的呈现。其三，代表屏具的选择，其相关制作时间多为明清时期且不晚于清代中期外，其器之属性及身份品第皆相对较高，多为官造屏具和文人屏具，应为同类器具中的优良之选，且是传世屏具中的难得臻品。

以上三个方面仅为下列代表选择的部分理由和因素，其他诸多更为详尽的细节与问题，以下将具体有针对性地逐一进行分析探讨。

更须强调的是，以下相关内容呈现，作为屏具收藏及赏析范例的同时，其意义更在于对本章上述所涉某些观点的印证，在于对屏具相关设计、制作、应用以及特点特性、艺术体现、文化承载等理解和认识层面的加强与巩固，进而对本著上述有关屏具门类增设课题起到辅助证明的作用。

一、明晚期杉木黑红漆披麻灰彩绘描金赏屏

规格：宽 72.5 厘米，高 85 厘米，厚 33 厘米
材质及工艺：杉木 / 披麻灰 / 黑红漆 / 描金 / 彩绘
产地：山西
年代：16—17 世纪

此屏，底座、立柱、上装边框及所有木材用料均为杉木，披布披灰外髹紫、红、黑三色大漆，其底座之上的抱鼓、立柱、站牙和屏心边框等部位皆以描金工艺装饰，屏心一面的《东山报捷图》和另一面的亭台楼阁山水人物图案皆以彩绘描金工艺而为。底座与屏心为可拆装式上下分体结构，其高度大于宽度，属竖屏形制。中正端庄的外观外表状态，虽有些许的华丽之感但不落俗套，不为繁乱，略有彰显之意的同时透着儒雅、伴着贵气，且自带“官气儿”，是较为少见的明晚清早时期具有北方风格的大漆工艺案上赏屏，如图 4-21 所示。（为与前面屏具探研一章中的称谓统一，故本节以下相关探讨中，将此案上赏屏统称为“赏屏”）

图 4-21　明晚期杉木黑红漆披麻灰彩绘描金赏屏
万乾堂 藏

（一）设计与形制

此明晚期杉木黑红漆披麻灰彩绘描金赏屏，绝非是单纯的权贵、富贾、乡俗之士所拥有，其设计理念主要源于此屏昔日使用者的身份地位和所使用的空间场所，源于其制作年代的审美取向及个人审美追求等多方面。设计理念偏向清傲孤寂、不食烟火难融文人圣坛；偏向“一派繁华”却又俗不可耐，沦为世俗拙劣之作。因此，华贵、儒雅、庄重、“有范儿”一应俱全是其设计理念的初衷及核心所在。

此屏设计的成功之处主要体现在：其一，整体外观尺度的把握与掌控最佳，高矮宽窄的黄金比例关系和方屏阔面设置所带来的端庄稳重大气之感，还有精心而为的屏心及边框形制、尺寸，包括边框所饰纹样图案的运用和屏心题材的选择，乃至具体的绘制手法、表现形式等多方面皆与整体风格状态相得益彰，相关细节待后面再作详论。其二，是该屏底座从结构到形制以及局部细节方面的处理。此屏底座，由两端基座和两侧立柱、站牙以及中间部位的腰板、分水板等多个部件共同组合而成。这其中腰板部位的结构组合形式，有别于常见的板装结构形式，为框架式结构组合，其较有特色之处在于，此腰板的框架结构由三根排布有序的横向长拉枨和五根较为短小的立装似矮老状立柱及两侧立柱共同构成，形成上下两层形制相同、尺度不一的五大二小共计七个架构空间，各空间在饰以相同的开光造型外，又皆设简逸通透的草花纹样修饰装点，长短不一纵横交叉的柱、杖、矮老等皆做相同的阴角线处理，线角分明，外形突显，如图 4-22 所示。此种制式的腰板组合，相较于常见的上下两根拉枨，中间夹装条环板的普通腰板做法而言：第一，网格架构的做法及表现形式更能顺应木材因其有生命，当受到气候等外来因素影响时，作用力之间的相互平衡与制约，进而增强了腰板部位自身的应变能力和耐用性。与此同时，也大大增加了腰板向上所产生的支撑力，延长了屏具的使用寿命（腰板在座屏结构中，既有装饰效果又兼负托撑屏心的使命。现实中尺度较为宽大的屏心，尤其是以密度较大的石材制成的屏心，其石心的重量更不可忽略）。以上相关结构形制方面的设计，应有出于力学方面的考量。第二，腰板部位尺度的适度增高，首先避免了此屏整体或因屏心体量较大所带来的头重脚轻之感。再者，舒适得体庄重之余亦能彰显主人的身份与地位。还有包括腰板部位的形制变化以及线、角、棱等局部细节上的处理，增强了视觉的冲击力，避免了若以常规做法而为，或因腰板部位板面过大而造成整

图 4-22　该赏屏架格式组合“腰板”与常见上下两拉帐中间夹装条环板式腰板的对比　万乾堂 摄

器的呆板沉闷之感。这又是源于美学方面的考虑和以物喻人方面的考量。

底座两侧、基座之上、四方位置的球状抱鼓浑圆饱满，颇有张力。与之相连似龟首外伸的云纹状造型伸缩适度、变化得体之余，更显内敛含蓄、憨态可掬，与表现夸张略带霸气的圆球体抱鼓形成了伸与缩、放与收的呼应关系，起到了相互映衬的效果，做到了抱鼓墩与基座整体及各部件的完美过渡与收官。这样的做法与形制表现除体现了古人的设计理念外，更是拥有者、使用者品德修养及内心世界的写照与折射，这也正是哲学思想及中庸之道的完美诠释与体现。

综上仅为该明晚期案上赏屏形制设计方面的部分剖析，余各局部及细节等皆有缜密的相关设计考量和考究的形制处理要领在其中，留予读者自耕其乐，其意义会更大。上述探讨表明这一切看似源于生活、顺理成章的事，实则却高于生活的表达，正是缘于古人造物理念及用心设计的结果，可见这设计的重要性和分量所在。

（二）制作工艺、选材用料及相关

一件常规木质家具的制作，其制作过程无一例外都要涉及木工、打磨工、漆工，高品质家具会涉及一些相应的辅助工种，如更为复杂的描金、彩绘、沥粉、戗金、雕填、雕漆、剔犀、镶嵌、螺钿、铁艺、绛丝等各种漆灰工艺种类则需要钳工、金银匠等或更为特殊的相关工种。此明晚期赏屏的制作工艺可归纳为"两艺一师"，"两艺"即木工工艺和漆工工艺，这其中描金彩绘工艺的实施及画面呈现，抑或是由一人完成，也有可能由多人共同完成，无论怎样，此屏画面的创作绝非是一般漆工或匠人所为，尤其是屏心其中一面的《东山报捷图》描绘，体现出了较高的绘画功底及艺术性。所以，此屏的制作或许会有真正的绘画大师或职业画家参与，这便是"一师"。

此屏其制作所需材质及制作流程为，骨架全部选用最适合大漆工艺实施的杉木制作而成，经数道考究的披灰、披布工艺后，髹饰不同颜色的多遍纯天然植物大漆，漆面之上再进行绘画创作，最后罩面漆收官。这其中所用杉木为大漆家具制作最佳首选良材的同时，更反映出制作者的在行与规范，使用者的认知高度和诸多方面。精制细腻的陈年砖瓦灰，疏密适度的白色夏布，质优黏稠的上等纯天然植物大漆，黑色纯正乌亮，红色沉稳厚重。工艺细节如图 4-23 所示。

彩绘描金工艺的相关表现，屏心边框黑色为底，其间绘开光造型并以梅、兰、竹、菊纹样描绘，金色收边，线条醒目，黄色调剂，典雅华贵。屏心两面的画片儿施漆用色，色泽艳而不俗，色调秾而不沉，使得整幅画面古风习习，意境深远。整器虽描金、彩绘同施，但整体感觉并不显繁乱、不入凡俗，反而成为黑、红、黄三大主色调有机搭配、合理调剂、恰到好处的典范之作。有关大漆家具制作过程中所用到的材料以及披麻灰工艺的具体实施等相关细节问题，可见本著后附相关参考资料部分更为详尽的诠释与注解。

（三）年代推断

家具年代的判断，其最为主要的因素和依据应为造型制式、纹饰纹样等自身所具的元素符号，和与其相关的制作工艺及工艺的具体实施手法。除此之外，以大漆家具而言，天然自成的断纹状态表现，以及人与自然及时间共同赋予家具的外在后天表现状态、包浆皮壳等，亦是家具断代的重要参考因

图 4-23　该屏披布、披灰，髹黑、红大漆及彩绘描金工艺的局部组图
万乾堂 摄

素。再者，家具的气息、韵味等有些难以言表，但通者能意会、有共鸣，都会对家具的断代起到一定的参考作用。以下我们将对该明晚期赏屏的制作年代，做进一步的梳理与分析。

1. 结构制式

此屏为上下插装分体式组合结构。此种形制及结构形式，自明代至清晚民国时期虽都有应用，但明晚清早时期较为流行。此屏的制式结构恰恰符合这一特征，因此可划入清早明晚之时间范围，这是辅助参考因素之一。

2. 局部造型及细节

此屏各部位配饰件的造型、形制以及细节方面的处理多处呈明代特征及风格，主要表现在：该屏底座上部的“桃”形柱头，屏心边框的形制变化和下装站牙、分水板及抱鼓墩等众多部位的处理。以上装屏心边框而论，虽然边框看面的两边缘起线，但是扁平面宽的边框做法与形制表现符合明代屏具边框用料硕大宽平的风格特点。此外，两立边框下方一木整出的细长外挂榫销，有别于清中期以后整边插入立柱之中的常见做法，是经典考究的明晚清早时期榫销做法之一，符合明代家具局部制作工艺的特征。

此赏屏的下装也就是底座部分，首先是引人注目的四个滚圆球体，其立体饱满的表现状态及风格特征，既是特色特点所在，又是时间的象征，因为早期此类球体虽磅礴古拙、气韵犹存，但少见“球”状、多为“鼓”形。晚期即便是做圆球状也多见不为正圆，且气势、气韵不在，甚至还有将“球儿”与其他造型结合而变成走了形样的“抱鼓墩”之举，根本看不到球的存在。也就是说，此类球体及形状的呈现多出自明晚清早这一时期。再者，该屏底座中与抱鼓墩紧连的下方扁平托泥，其矮扁的形状及四面浑圆的抹角处理，虽形制简约平素，却势足气涌、颇显劲道，行话褒称“滚杠子”，是典型的明代风格和做法。更有托泥板底面的“平足式”呈现，与清代以后流行的“脚心式”托泥做法截然不同，更能说明其制作年代较早。余不饰雕琢的站牙形制，腰板开光中简约的草花纹样表现以及律动流畅的鲫鱼肚分水板形制呈现等，皆与上述该屏相关的局部细节一样，无处不散发着明式应有的符号及气息，如图 4-24 所示。

图 4-24　该赏屏底座“平足式”托泥和清中以后流行的“脚心式”托泥及其他各相应部件对比图的展示
万乾堂 摄

3. 披灰情况

披麻披灰工艺俗称“披麻灰”，其中的披麻环节所用材料，主要包括麻、布、纸三种，披麻灰工艺在家具上的最早应用是借鉴大木做法中的梁柱披麻披灰工艺，其主要目的是保证对家具的防潮、防腐及耐用效果，多见披于家具的背后和底部。因较为早期的家具披麻灰工艺并不成熟，且所施工艺相对粗糙，灰层较厚，因此这一时期制作的家具用麻现象较为常见。随着披麻灰工艺的不断完善与扩展，又相继出现了布和纸代替麻的做法及更为考究的漆灰工艺，防潮耐用之余意在其他方面的考量。以布为例，相同工艺下披麻灰环节所用到的布，在其制作使用过程中也有一定的规律可循：明代中期以前，家具的披布多以粗松线坯织成稀疏的白色网格状和较为稀疏的白色夏布为主；明晚至清早这一时期，在原有稀疏线织品和较为稀疏夏布仍有应用的基础上，又出现了略显疏松的白色夏布和同样密度的有色夏布，如蓝色、浅灰色等，但多以白色为主；而清中期以后，家具披麻灰工艺中所用到的“布”，难见粗稀网状织物，少见白色稀疏夏布，而是多以蓝色、绿色等多种较为密实的有色夏布为之。现实中，传世的明清大漆家具，但凡有夏布的露出，其布与家

图4-25 该案上赏屏所披稀疏白色织品
万乾堂 摄

具所呈年代明显可辨的同时，皆相同一致。此赏屏披麻灰工艺中所用到的“布”为白色网格状织物，似线坯手工而为，经纬线围合而成的单位网格约为2毫米见方，较为稀疏，这一特点更符合明代披麻灰工艺中披布环节材料的应用情况，如图4-25所示。

4. 施漆用色

此屏从外表感观以及质感等多方面看，所有的用漆用色皆为纯天然植物大漆和纯矿彩颜料，这些材质的应用，首先符合作为一件老器应具的基础条件之一。再者整器底漆的主色调以黑、红、紫三色为主，余站牙、分水板及屏心局部朱漆间断性的应用和描金颜色出现，意在配饰，朱漆并非为主角。以黑、红两色大漆的应用而论，此屏若整器通体髹饰黑色定会带来沉闷压抑之感，进而造成器具的过分庄重与肃穆，会与设计理念及所陈设的空间氛围需求等有悖或不适。若整器全部髹饰朱漆，如色泽色调把握不好，首先会带来喧燥不安之感，有失儒雅，再者又怕冲撞了明代朱红颜色的使用权限，因为在明代朱红颜色是不允许皇家以外的平民百姓使用的，所以整器通红于理于法皆不可为，怎么办？黑、红漆两色的搭配出现及使用，既解决了或因单一黑色所带来的沉闷压抑又巧妙地规避了皇家的禁忌，即便是屏心刚需的大面积红色，也以色泽沉稳并不醒目的枣皮红即暗红色出现，而后再施以彩绘图案及纹样加以弱化，进而又隐去了些许的锋芒，使得红色没有醒目突显之感。以上推测和分析，虽有些因素和条件只能作为参考，但此屏自身所具有的这些特征，确与那一时期的相关情况及客观条件相吻合，退一步讲，即使不受明代朱漆使用权限的影响，此屏通体色泽的搭配，纹饰纹样的表现以及绘饰手法等，皆有清代早期的康雍之风。因此，这种髹漆用色的缘由，或与巧妙规避明代朱漆禁用的规定有关，或是出于视觉感受及美学方面的考虑，无论怎样，这些现象及体现都与明清交替这一时期的家具制作工艺及相关实施手法关联密切。

5. 包浆皮壳及外表状态

此赏屏，外表状态自然合理，各种漆色火气褪尽，质感温和老道，底座之上暴露在外的硕大球体，自然是使用过程中触摸擦拭最多的部位之一，故饰于表面的描金纹样多处只见痕迹，擦拭严重的已不见踪影，甚至有些地方如球体表面的棕褐色面漆都已残缺殆尽，露出了紫色底漆，这些迹象的呈现正是岁月的使然与诉说。结合底部漆灰残缺之处所呈现的状态和骨胎露出杉木的风化程度，参考各部位的断纹表现、撕裂走势以及缝隙状况等，再参照相同时期相近年代的其他大漆家具相关情况，既能证明此屏为原装老件儿的同时，亦能说明其所制作的时间。

综上通过对此赏屏结构制式、局部细节、披灰环节、施漆用色、选材用料等方面的具体表现，以及风格特征、漆灰断纹、包浆皮壳现有状态等多方面综合分析研判后，可以认定，此杉木黑红漆描金彩绘赏屏的制作年代应为明代晚期。

（四）属性探研

物有所用，器有属性。该明晚期披麻灰黑红漆描金彩绘赏屏的功能作用是什么，其属性如何，以下略作分析。

上述“（二）制作工艺、选材用料及相关”中有过提及和表明，大漆家具的制作其骨架用料当以杉木、楠木为佳，以杉木为首选。但从现实情况看，杉木、楠木的应用多见于南方，而对于从来不产这两种材质的北方地区，因古代交通不便等原因，在制作大漆家具时只能就地取材，多见以本地产榆木、槐木等取而代之，因此北方地区民间制作的大漆家具中，杉木、楠木的应用数量较少。相反，在明清两代所制作的皇家御用器具中，杉木、楠木的应用却屡见不鲜，尤其是杉木在皇家大漆家具制作过程中的应用更是数量较大，这有赖于杉木是大漆家具骨胎制作最佳首选之材的同时，还有一个非常重要的原因，那就是国家行为。因为在那个信息不畅、交通不便的时代，除财力以外，要想将生长在南方的木材运至北方，无论是运输方式、交通工具、运营能力以及数千公里遥远路途之上的大小琐事处理，谈何容易，这非得奉皇家之命、倾国家之力才能为之。皇家制器所需材料由明清各朝相关机构进行官方调拨，统一采办相对而言都并非易事，对于普通百姓来说就是根本不可能的事情。因此，作为制作和应用于北方地区的该明晚期黑红漆披麻灰描金彩绘赏屏，其器虽和皇家御用制器无直接的关系，但杉木的应用应与皇家有着间接的关联，换句话讲，此屏昔日的主人应该通“官”，起码和皇家有一定的关系。再者，此屏规范考究的漆灰工艺实施以及工序严谨、灰厚漆稠等优良状况等，都是工本和财力的体现。更有，此屏除以上选材用料及考究的制作工艺皆能证明使用者的身份及社会地位外，其屏心两面绘画内容及艺术高度所呈现和散发出来的文人之气与官场之风，也有别于常见的普通乡俗制器，尤其是屏心一面的《东山报捷图》，其题材的选择、内容的表达与屏之主人之间，无论是真如史书中所记载的那样，或为饱尝人间世态炎凉，厌倦了官场上名利之争的文人士大夫们，既向往舒适安逸的田园生活，又放不下心中的抱负，这种内心世界自相矛盾的真实写照，抑或还是暂小隐于田园生活的文人士大夫仍有东山再起之意等种种寓意和情况，我们不能得以全解。但有三点可以肯定：其一，此屏肯定是置于文人空间几案之上的雅赏重器；其二，通过此屏在制作过程中的巧施朱漆、妙避规制以及屏心正、反两面绘画题材的选择等，皆能体现出昔日拥有者身份地位的同时，更能体现出昔日主人的学识、眼界、修养及综合水平，说白了，能与此屏及此屏文化承载共鸣者，绝非等闲凡夫之辈，且无论其是否在位，皆应社会地位较高；其三，此赏屏的装饰效果欣赏作用以外，其艺术的体现和文化的承载，皆是该屏设计与制作的重点考量因素所在。因此，此屏作为厅堂赏屏以外，更具文人屏属性的一面，屏心如图 4-26 和图 4-27 所示。

在确认此赏屏确为源头老物的基础上，综合以上该屏造型制式、所施工艺、功能属性、风格特征及艺术水准和文化承载等多方面的情况后，可以断定，此屏虽为北方地区大漆工艺所制，但它却有别于同时期常见的用于中堂之上多以“吉祥如意”“福寿平安”等美好寓意进行表达的一类普通装饰之屏。它是一件不折不扣优秀大漆之作的同时，它的样貌制式、形韵神采等处处彰显着规范、映透着庄重、蕴含着儒雅、隐喻着恬淡。它不豪横、不造作，更不土俗，品位不凡，归根结底它应与文人有关，属于文人屏的范畴。再者，参照传世同类屏具的相关情况和风格特征等，可以肯定地讲，此屏应为晋作或出自晋南、晋东南一带，应在业内公认的“地方官造”范围之内。

（五）文化延展

屏心一面《东山报捷图》的描绘，是根据中国历史上著名的淝水之战中东晋丞相谢安的经典故事创作而来。故事讲述的是东晋时期，前秦皇帝苻坚于公元 383 年 8 月亲统 90 万大军南下，决意荡平偏安于江南的东晋王朝。危急的形势震动了东晋朝廷，孝武帝情急之下下令让曾为丞相正在浙江会稽隐居的谢安复出，任大将军主持全局。这正是“东山再起”典故的由来，谢

图 4-26　该屏心的一面
万乾堂 摄

安不负众望，在敌众我寡、军力悬殊的情况下，运筹帷幄，沉着应战，以过人之谋略致前秦军队军心涣散最终大败。战争胜利后，前方派特使给在后方坐镇指挥的大将军谢安报捷，当时谢安正在东山府邸与客人对弈，他看完捷报后若无其事地随手将捷报放在一旁，注意力仍然专注于棋局，见到他的举动客人反倒有些按捺不住，便向谢安问到前方战事如何，谢安漫不经心地说了句“小儿辈已经破贼”。听起来谢安似对此战的胜利早已胸有成竹，其实不然，当他将客人送走回来的路上脚下的木屐齿都折断了竟然没有发现，可见与客人博弈中的谢安，虽有运筹帷幄决胜千里之外的沉着和自信，但也掩饰不住心中对远方战事的担忧而心事重重。淝水之战不但改写了历史的走向，

图4-27 该屏心的另一面
万乾堂 摄

汉文化、士大夫文化也得以传承下来。著名的“东山再起”“投鞭断流”“草木皆兵”“风声鹤唳”等成语及典故皆出自此战。

后人便以“东山报捷”作为题材，并以各种形式进行表现加以传颂，就古代器具的制作而言，明代以来，其中就有明天启年间沈大生制竹雕东山报捷图笔筒，明崇祯年间制青花东山报捷图筒瓶，清代苏六朋绘《东山报捷图》，清代吴之璠制黄杨木雕东山报捷图笔筒等。其中吴之璠所制黄杨木雕东山报捷图笔筒收藏于故宫博物院，并被收录在《国宝》一书中。此赏屏屏心《东山报捷图》题材的应用及画面呈现，在此类座屏的制作及绘画中尚为首次发现。

二、清乾隆御制紫檀嵌百宝灯屏式赏屏

规格：宽 71 厘米，高 77.5 厘米，厚 32.5 厘米
材质及工艺：紫檀 / 百宝
产地：清造办处
年代：18 世纪

此灯屏式赏屏，所用木质材料皆为紫檀木，余以漆灰、金银、玻璃、百宝等稀有珍贵之材共同为之，为多种材质及多种工艺制作的屏具重器。其上装灯箱与下装底座为上下插装式分体结构。灯箱为长方体，分上下、左右、前后六个对应面，其中后面为封堵式背板装置，背板的正反两面皆施以漆灰百宝嵌工艺，余前面、上面及左右两侧共四个面皆装有玻璃，箱底下面空透无饰，与底座箱槽结合成为一体。底座部分，整体为箱式结构，“脚心式”的两侧基座墩厚壮硕，对应而置的分水板分为前、后两部分，整个基座皆由左右对称，前后平行的两侧双立柱和相互对应侧拉枨、侧封板、基座墩以及前后腰板、底板等部件共同组合而成，其箱体内径长 61 厘米，宽 15.5 厘米，高 16.5 厘米，为放置烛台赏器而设。屏心正面漆灰披挂较厚，色为淡绿，面呈哑光，间嵌百宝博古图案，官作味道十足。屏心的背面为典型的业内人称乾隆“瓷漆”做法，同样漆灰披挂厚实，光滑细腻，质感金贵，些许适量的竹菊折枝点缀，文风扑面，恰到好处。包括屏心边框、底座之上各配饰件在内，整器通体不漏地的雕刻装饰手法与元素符号展现，既反映了乾隆时期的工艺在该屏制作中毫不余力的投入和发挥，又折射出了乾隆盛世的一派繁华。此屏从上到下，从里至外，从整体到局部，可谓工艺考究、用料奢华，加之此屏自身因素的作用以及多种元素、多元文化的共为，庄重大气、华贵尽显的同时透着典雅，诉说着身份，如图 4-28、图 4-29 所示。

图4-28　清乾隆御制紫檀嵌百宝灯屏式赏屏
万乾堂 旧藏

图 4-29　清乾隆御制紫檀嵌百宝灯屏式赏屏分体结构
万乾堂 旧藏

（一）选材用料

此灯屏式赏屏，其底座及灯箱边框用料，皆为优质金星小叶紫檀，木质坚硬，密度较大，棕眼细腻，纹理清晰且有规律可循，多为“S”纹呈现，即俗称的“牛毛纹”，颜色紫红、色泽统一，为紫檀料中极品，更符合乾隆盛世制器所用紫檀料的特征特点。灯箱前面的边框之上和背板前后两面漆灰镶嵌工艺所用的材料有：金、银、铜、玛瑙、珊瑚、绿松石、青金石、孔雀石、白玉、碧玉、玳瑁、象牙、蜜蜡、螺钿、黄花梨木、紫檀木、鸡翅木、乌木等稀贵之材数十种，作为奢侈品舶来物，其珍稀程度与相关价值在当时应不亚于上述百宝材料的透明玻璃等，因此单以材质而论，此灯屏的制作绝非寻常百姓而能为之。

（二）设计、形制及制作工艺

1. 下装（底座）

该灯屏式赏屏的下装底座部分，其结构形式为箱式结构，两侧基座的底部为“脚心式”倒凹字形足跟落地，基座两端的座墩下设收足垫脚，上由墩身、束腰、罩沿等形制有变却互有关联的不同部位或部件组合而成，形成了一收一放的视觉效果，破解了或因座墩部件料头较大和整体过于方正，如不作细节上的变化处理而带来整个基座的沉闷与呆板。基座之上的栏杆式双立柱，柱头上部所饰的铜鎏金锦地錾莲花纹样似“角铁”状有束腰冠帽形套头，纹饰漂亮，工艺精湛，缺口向内，左右为伍，前后成行，呈现规整等，更是出于上装灯箱与底座结合时承接顺畅与牢固方面的考虑。位于底座之中腰板部位的箱体部分，其前后对应的两长方形腰板及两端封堵装板，和置于腰板下方前后两面的分水板，乃至立于基座之上的四方站牙以及整个基座的外表面，均由万字锦地纹和缠枝莲等纹样以浅浮雕的表现手法进行修饰，就连厚度仅有 1 厘米左右的站牙看面都饰以万字不到头纹样，如图 4-30 所示。这种做法及表现形式是其他同时期同工艺甚至是同款家具上难以见到的，或为个例，

图 4-30　该赏屏站牙雕工
万乾堂　摄

属首次发现。不仅如此，类似制作工艺、表现手法在其他不同时期的各种器具制作中也实属罕见。更显用心之处还在于，为了彰显层次，达到视觉分明的舒适效果，此屏又故意将少许的立柱及横枨作留白处理，并在其柱枨的边角棱处作挖缺造型和起阴线处理，意在完美过渡的同时以示与整器风格的呼应。此屏如上所涉的大小方面及相关细节之考究之优良，皆为用心设计的体现，是不折不扣的官造行为，不愧为乾隆制器之典范、乾隆工艺之表率。

更须一提的是，就此灯屏式赏屏的雕刻工艺而言，整体雕饰水平及工艺水准，乍看感觉似机器而为，细看刀锋如笔，技术娴熟，入、行、剔、挑、顿、收等各环节刀刀精准、一丝不苟，整体雕饰工整有序、井井有条的外在表现之余，凝聚着十足的力道和人文气息。这种看似机雕实则出于人工之手的畅然舒朗之美和章法呈现之状，正是雕刻工艺雕刻水平的制高点，图4-31为该屏所用材质及上述特征的雕刻工艺展示。此灯屏式赏屏的雕刻手法及用料方面还有一个鲜为人知的秘密，这正是古代家具制作中的秘诀之一，也是典型的乾隆时期宫廷紫檀工艺做法之一。这种做法古人有应用、有共识，而今业界却知之甚少。其具体情况为，在古代的紫檀木家具制作中，尤其是乾隆盛世的官造家具制作中，要想达到“乾隆工”不漏地、不留白这一独有的工艺效果及最佳呈现，在紫檀料和雕刻工齐备的前提下，那就是能雕尽雕，求其“圆满”。雕刻工艺水准及艺术水平的体现，最为主要的因素应有两个方面：其一是人为因素，也就是技术的高低；其二则是材质，材质的粗糙低劣以及材质表面的不同，一定会影响到雕刻工艺的施展及效果的呈现。以紫檀料施雕刻工艺而言，其纹理顺平，棕眼细腻，质地密实坚韧，表面平素光洁者，无论其是方是圆，抑或是小是大，都能使匠人得以尽情发挥，但现实中木材的应用总是避免不了材料横截面“立茬儿”的出现，因受约于设计之需，有时就连横截面的“立茬儿”部位都要施以雕刻。横截面是“断面破头儿”，

图 4-32　该赏屏雕刻手法及包箱工艺
万乾堂　摄

“立茬儿”是无法雕刻的，为达目的，只有将横截面的“立茬儿”部位变成顺纹顺丝的顺平表面才能为之，于是聪明智慧的古代匠人就发明创造了用表面顺丝纹理的木板将横截面“立茬儿”部位封堵起来的做法，然后再进行雕刻，如图 4-32 所示。需要指出的是，这一做法在家具制作过程中有别于清晚期因材料短缺所出现的包皮做法，此做法被业界称之为“包镶”。包镶不是为了省料，是为了在同一材质的前提下更好地施展雕刻工艺，包镶是设计的体现，是乾隆时期紫檀器具制作中极为考究的工艺及做法之一。进一步讲，其有别于“包皮”或也有称作“贴皮”的做法，包镶做法的用料厚度通常都在 0.5 厘米以上，以备后续雕刻工艺的实施。而贴皮或包皮做法的用料厚度通常不

赏屏雕刻手法及工艺

图 4-31　该赏屏雕刻手法及工艺
万乾堂 摄

会超过 0.3 厘米，有的甚至会更薄，贴皮做法是一种打肿脸充胖子的行为。二者是截然不同的两种工艺，虽其目的皆是出于家具外观美感等方面的考虑，但一种是讲究，一种是将就。

2. 上　装

此灯屏式赏屏上装灯箱的结构形制以上已有交代，其结构形式为一立体长方形箱式结构，前面、上面及左右两侧所装玻璃现为后换。该屏玻璃装置形式分为两种：一种是包括前面及左右两侧共计三块玻璃在内的，其做法皆是先将玻璃固定在一个用料较小、作工较为精巧的木制边框即内口之中，业界称之为“子框”，然后再以插销的方式，将装有玻璃装置的“子框”一并嵌入灯箱的外框大边之中，形成“子母框”结构。此举意在：其一，如遇玻璃损伤便于更换；其二，左右两侧因体量较小更便于装卸，以备箱内物品的更换与打理。另外一种玻璃装置形式，便是有别于此三面玻璃活动装置方式的顶部玻璃，其结构及组合形式没有“子框”的设置，而是直接将玻璃装入灯箱顶部四周边框内侧预留的槽口之中，既不能拆卸，也无任何孔洞留存，出此奇异定有原因，待后面相关章节再一并细论。更为有趣的是，此屏边框中有多处直接装纳玻璃的边框槽口，包括“子框”在内，皆存在着同一边框一条槽口之中，槽口深度均相同，但其宽度却薄厚不均，宽窄差别极为明显，甚至有成两倍关系的现象。仔细研究后发现，此现象的造成并非木工技术所致，相反问题却出在了玻璃上。因当时的玻璃制作大多靠人工完成，人工制造的玻璃存在着在成型抽拉环节过程中或因用力不均所造成的薄厚不均的现象。这一现象，更加证明此屏应为源头老件原汁原味的同时，也间接地证明了玻璃在清代作为奢侈品稀罕物，虽有瑕疵，但在皇家御用之器的制作中仍照用不误的价值高度。

灯箱前面四周母框的看面，两边缘皆起边线，笔直劲挺，粗细适度，两线中间用白玉雕琢而成的玉璧饰件和以铜鎏金工艺而制成的方胜纹和绳纹状等饰件以相互穿连的形式共同嵌入木框之中，布满四周。如此一来，木框的紫色、铜鎏金的黄色以及玉璧的白色，形成了有机完美的组合，彰显出了紫、黄、白三色搭配既华丽又贵气的视觉感受与氛围，这正是古人巧妙用色的经典范例。视觉感受以外，方胜纹体现着中华民族传统而淳朴的对美学的追求，对吉祥的恒久企盼。绳纹和钱币的组合在民间的叫法是“绳子拉大钱儿”，寓意着用绳子把更多的钱拉到家中，意味着财旺。西汉司马迁《史记·平准

图 4-33　该赏屏灯箱前面边框掐金边走银线及所施工艺
万乾堂 摄

书》中有“贯朽粟陈”一词，是说钱多到放在金库里连穿钱的绳子都烂了。此灯屏所饰绳纹、钱币等纹样或许正是为了寓意乾隆盛世，彰显一个强大帝国的辉煌。再有，置于内圈用于固定玻璃的子框看面虽宽度有限，但也并未被忽略放弃，子框看面的四周仍施以精美的万字不断纹嵌银丝工艺，与周边母框看面的铜鎏金黄色绳纹工艺等，共同构造出考究的“掐金边走银线”经典工艺组合，如图 4-33 所示。

3. 屏　心

（1）屏心正面

此屏上箱屏心背板的前面，即屏心的正面，既是该屏的脸面及灵魂所在，又是整器的重中之重。其具体的制作工艺及相关实施手法是先将预先备好的各种百宝嵌饰件按部就班地固定于披有底灰的背板之上，再将以矿物质材料、颜料等调制好的石绿色漆灰填充到百宝嵌饰件以外的空地，然后再相继完成后续工作。这种以矿物颜料、材料等配置而成的漆灰，硬度较高，色呈浅绿，面为哑光，正是清早中期宫廷器具选材用料及漆灰工艺的特点所在。屏心内容的构图与布局，首先以方正典雅、形美工精的白玉质地琮式瓶饰件和鸡翅

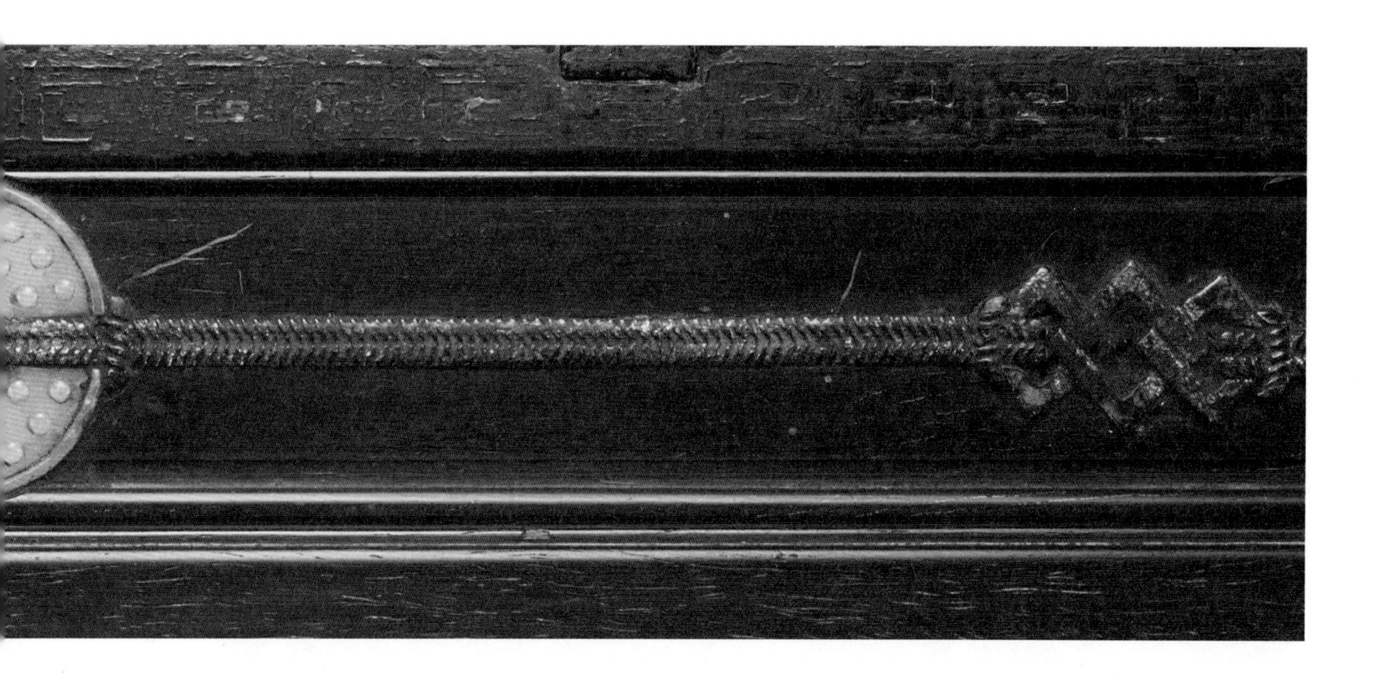

木如意饰件组合为中心做“主角儿”，然后左右、上下的四方吉位分别环衬镶嵌着形状各异、色泽不一、材质不同、寓意吉祥的佛手、百宝、盆景、书籍等吉物祥兽饰件，如此一来，疏密适度的空间分割，舒适对称的布局关系，使得此屏正面屏心形成了一幅既不失官气又极具审美高度的逸美画卷，如图4-34所示。题材方面，该屏心题材的选用皆象征美好、寓意吉祥，其中中间的琮式瓶折枝牡丹与黄杨木如意组合，代表着富贵如意。盆景不老松则象征着寿如南山松，长生不老。书籍、佛手等代表着智慧和力量，象征着勇气，助长旺气，亦有富贵满堂、福禄吉祥、青云直上之意。总之，此屏心相关方面的呈现，论其选材用料及相关制作让人惊叹，观其工艺表象美不胜收，思其寓意表达更具形而上人生境界追求的一面，代表的是皇家造办的最高水准，体现的是御制之器的最高水平。

（2）屏心背面

此屏上箱屏心背板的后面，亦可视为此屏心或此屏的另外一面，其紫檀木边框的看面所施顺向线条紧凑排布做法，俗称“笔刷子”，这又是乾隆工的特色体现之一。背面屏心主体部位的漆灰与正面有所不同，其衬底漆灰为黄色推光，色泽纯正、质感莹润，这种漆面更加细腻坚硬有质感，尤为考究。

图 4-34　该赏屏屏心前面漆灰及镶嵌工艺
万乾堂 摄

素有“瓷漆”之美誉，与屏心正面所施的石绿色哑光漆灰一样，同为乾隆时期特色漆灰工艺的体现，亦是乾隆时期漆灰工艺的一大特色。因此亦可作为清宫造办处和清代中期制器的出处及相关制作年代参考依据。屏心构图，以青金石、岫岩玉等材质而为之的绿色菊叶、劲竹，以及以螺钿、玛瑙等而为之的盛开菊花图样，相互映照竞相绽放，根植于平整宽阔的屏心左下方，余整屏大面积的有意留白做法及表现形式，使得整个画面清新舒适、意境文雅，颇有雍正之风，如图 4-35 所示。寓意表达方面，梅、兰、竹、菊被誉称为花中“四君子”，竹子代表着正气常青及虚心向上的品格，菊花代表着高洁

图 4-35　该赏屏屏心背面漆灰及镶嵌工艺
万乾堂 摄

的品质，二者相拥更是品行高尚的君子之风象征，既能代表君之品德，又有圣君自喻之意。此举体现审美设计理念，折射君王思想的同时，更是此屏身份的印证。

至此，有感此屏屏心两面题材选择和内容展现以及画面布局、构图、配色、选材、制作等方面颇见用心和水准的同时，纵观以上对此紫檀嵌百宝灯屏式赏屏造型制式、选材用料、所施工艺等相关方面的赏析与探讨，都能说明此赏屏的问世，只有皇家宫廷所具备的人力资源和物质基础才能保障。

（三）身份属性

就该屏的功能属性而言，说得更具体些，即它到底是实用器还是赏器，是真灯屏还是赏屏？为什么要探讨这个问题，原因在于，此屏除上有透明玻璃装置的活动灯箱，下有足够空间的立体底座外，最为关键的地方还在于，箱式底座的底板表面清晰可见当年放置烛台所留下的两枚长方形痕迹，如图4-36所示。也就是说，从该屏的结构制式、玻璃装置以及相关印迹等因素来看，此屏似乎又有实用灯屏属性的一面，那答案究竟如何？且看以下分析。

第一，此屏灯箱虽有透明的玻璃装置，且整个上箱与底座为分体结构便于装卸，但灯箱顶部不可拆卸又无孔洞预留的封闭式玻璃装置，肯定不能满足蜡烛燃烧时所需的氧气供给和燃烧后所产生烟尘废气的排出，存在着严重的条件不足问题。

第二，自清乾隆至清末近两百年的时间里，若此屏确为照明器具，为什么灯箱内壁各处竟然无任何烟熏火燎的痕迹，尤其是箱内漆灰百宝嵌部分，依然完美如初的现状又该如何解释？

第三，箱内屏心所施的百宝嵌工艺等，无论是选材用料还是到具体的制作以及相关工艺水准、艺术水平呈现等方面，皆更具装饰欣赏性，如此良材精工考究之作，不可能不考虑废弃烟尘的熏染问题，于情于理皆不通不符。

综合上述，该屏从结构制式等相关方面虽然有着实用灯屏的某些特征。但它根本就不具备蜡烛燃烧时所需氧气供给的这一硬性条件，更没有任何使

图4-36　该赏屏底座内蜡烛台印迹
万乾堂 摄

用过的痕迹或证据等现实情况。再参考类似其他传世屏具的相关情况和本著“屏具探讨”一章中，有关灯屏类别及属性问题的梳理与论述，最终可以肯定的是，此屏绝非是用以照明的实用器，而是灯屏式赏屏，为案上赏屏的一种。不仅如此，此灯屏式赏屏的发现，更加证明了上述相关章节所涉灯屏器具中确有真灯屏和假灯屏之分的观点外，也为屏具种类的发展演变与屏具文化及门类的研究工作，提供了极为宝贵的实物依据和学术思路。

（四）相关方面与参考

纵观以上对该灯屏式赏屏的相关设计、结构制式、选材用料、工艺实施以及纹样呈现、题材寓意等多方面的分析探讨，尤其是该屏制作中所涉及的“不漏地”雕刻手法及工艺水平体现，“笔刷子”做法的具体实施与体现，石绿色“哑光漆”和金黄色“瓷漆”的做法与应用等具体情况，皆与乾隆时期清宫造办处所制紫檀器具的制作和相关工艺实施特点完全吻合。其整体表现状态、外在气场、气度气势等多方面也非同寻常以外，伟岸雄健的体量感，百宝嵌名贵材质的应用，屏心题材的选择以及内在寓意表达等多方面，都更加体现和折射出了乾隆时期的国力强盛以及皇威浩荡、威震四方的雄浑庄重的气势，此形、此样、此状、此势的呈现，正是乾隆盛世该有的“范儿”。至此更需要表明的是：

其一，现实中同为清宫造办类似此种制式的清晚期制传世灯屏或灯屏式赏屏，甚至是常规制式下的各类紫檀木赏屏的制作，且不说料次工劣，甚至是偷工减料之行为以及相关工艺制作上的差别有多大，单以清晚期所作器具外观呈现出的样貌状态而论，大多既没骨气又没精神，与此屏的整体状态及真正的乾隆盛世之佳作相比，皆相差甚远。这一现象正是清代晚期政权衰败国库空虚的体现，这一规律亦可作为此类官造器具相关制作时间及年份判断方面的又一重要参考依据。

其二，灯屏制式范畴下的清宫造办屏具，连同上述所提到的诸如灯屏式鱼缸之类具有灯屏样貌以及清代晚期制器在内，即以紫檀及相关工艺而为之的此类“灯屏”，就目前所掌握的可靠资料来看，包括清宫旧藏、国内国际馆藏、私人收藏以及曾在拍场上出现的拍品在内，其传世数量全部加起来也就几十架，绝对是百架之内，且灯屏式赏屏占比较少。故相关方面的保护与研究亦显得极为重要。

三、明晚期黄花梨玉石心砚屏

规格：宽 42.5 厘米，高 43.9 厘米，厚 16 厘米

材质及工艺：黄花梨 / 玉石

产地：河北

年代：16—17 世纪

此砚屏，其结构制式为有底座上、下插装式分体组合，尺度高宽相近似正方形，体量适中，整器形制简约，平和秀雅，为经典标准的砚屏样貌。选材用料皆为上乘，一为品质优良纯正地道的海南黄花梨；一为质感细腻温润且伴有天然逸美纹样的乳白色玉石片儿。岁月使然所赋予的清新淡雅的黄花梨质感，与白中泛黄火气褪尽温润柔和的屏心玉石片儿陈年质感相得益彰，共为出恬淡舒适、质朴惬意之感与状态，体现了昔日屏之主人审美追求与品位的同时，折射的是古代文人儒雅坦诚、谦逊低调的价值观念与优良品德，反映的是古代先贤的脱俗超凡境界。形美、料优、工精、韵足，此屏体量虽小，可谓是浓缩的精华，文化的聚焦，应为砚屏中的“精灵”，如图 4-37 所示。

图 4-37　明晚期黄花梨玉石心砚屏
万乾堂 藏

（一）形制与设计

1. 上　装

此屏，其上装屏心的四周边框，平阔面宽整洁大气，平素之余内口边缘略施浅直阴线修饰。相对于正面用料尺寸幅度较为宽大而言，边框侧面的用料尺度则显得有些单薄，厚度仅为 15 毫米。如此体量的小型屏具，其边框正面如此宽大，侧面却又如此单薄，出自何因，归纳起来应缘于三点：其一，边框看面用料的尺度宽大，首先，不排除一定成分内有意展示黄花梨材质之美；其次，主要是基于对该屏屏心所镶较薄石片儿保护方面的考虑，如此用料意在加大屏心边框四角相交部位的接触面积，使得四角用以连接纵横边框的榫卯部件，从尺寸、尺度上或数量上尽量做大做多，增强榫卯结构的结合力度，增加整个边框的牢固程度。其二，正是因为加大了边框正面的用料尺度，加强了边框整体的牢固性，才敢对边框侧面用料尺度进行合理的缩减，从而有效地避免了或因边框整体用料过大过厚而带来的笨拙之感，进而失去砚屏器具应有的那份娇秀之态、儒雅之气。其三，更为重要的是，此屏因其属性为文人用器，故在整体制式、尺寸尺度皆各就其位、符合常理的情况下，屏心的表现自然就成为了重中之重，为了突出主角儿，通常情况下，要么选其纷繁浓艳、炫目多彩，要么加大体量、增强视觉冲击力，作为文人用器自然会选择后者。所以，此屏包括边框在内，欲达平淡素雅之境界，唯边框以平素大面的形式出现，才能与温和淡雅的石片儿相得益彰，共为出“小屏大片”的整体美感与文人屏应具的气质及状态。以上三方面既是此屏心边框形制由来的主要考量，又是此屏作为文人屏，应具的文人秉性、品德等风格和理念的彰显，也是明代座屏边框制作中其形制特色及常见做法的体现。

2. 下　装

屏心、屏座同为座屏器具的重要组成部分，一上一下不分轻重，缺一不可。但究其身份属性，在屏心作为主角儿的情况下，用以托衬屏心这朵“红花”的底座自然就成为了“绿叶”，充当了配角儿。因此，为最大化更好地烘托屏心，该屏底座无论从尺度、体量、细节上以及气韵、气场等方面，皆有意作出让步，在不改形制、不违规约、不失美感的前提下，尽量将腰板、分水板的位置压低的同时，还特别注意到各部件用料尺度的掌控及相关修饰呈现的把握。如此一来，整体感觉略显收敛的底座与重在表现的屏心，形成了上突出、下收敛的对应关系，这种进退呼应的表现形式，使得屏心得以充分展现的同时，正是哲学思想的充分表达和体现，更是文人内心世界及价值观的折射。这所有的一切来自于此屏上下的完美诠释与结合，其成功的背后皆源自此屏设计者的理念与审美高度，是精神和思想的体现，更是“器由人造，念由心生”制器理念的成功典范。

图 4-38　该砚屏底座侧面与站牙等部位展示
万乾堂 摄

3. 局部细节

在上述相关设计理念的影响下，此屏除整体表现、所呈状态做到了收放有序、张弛有度、显隐适中外，余许多局部细节之处的考量与把握也是尤为用心，具体情况可择其代表略作窥探。

其一，就该砚屏底座两侧的座墩而言，座墩整体的尺度及用料情况，乍看似与常见的同类屏具底座用料相比稍小一些，此作法或许会因此让人产生用料不足寒酸之作的误解，但是依据此屏的器之属性，结合古人制作此屏的设计初衷，尤其是上述相关此座的身份、地位及属性，再结合该屏座墩之上，与之紧邻有着密切关联的立柱及站牙等配饰件用料尺度的把握，以及两厢站牙侧面简约平素的形制处理等方面，静观细品顿悟后会发现，其用料尺寸的把控非但不小反而恰到好处。试想，如座墩用料再大，首先会致使其与立柱、站牙等配饰件的不匹配、不协调，再者会影响到底座作为配角应具的收敛本分，违背了设计初衷。同理，如用料再小那真的会落入缺料穷酸之境。所以，这种用料的精确把握完全是出于此砚屏整体状态表现的需要，是精神层面的考虑及体现。

其二，该砚屏底座之上所设站牙，如图 4-38，其整体尺度大小适中，薄厚适度，内外边缘其造型、轮廓等皆简约洗练，舒适得体。形制之余，平素牙身，分为上下挖出的“猫耳工”形样，动静相宜，不拘谨、

图 4-39　该砚屏黄花梨材质
万乾堂　摄

不做作，随意之中可见用心，与其他相关元素及符号共为出了作为站牙饰件形美工精、气韵流畅最佳状态的同时，使人感到清新悦目，这正是家具制作中，作为配饰件应随家具整体所具形制、气韵、状态的充分体现，也是此屏作为文人屏，从里至外、从局部到整体处处该有的那份平和安静、儒风优雅之态，更是该屏局部细节处理方面作为成功典范及家具制作中局部服从于大局设计理念的又一充分体现。

其三，此屏底座之上的腰板及分水板部件设置等皆为屏座之要位，尤其是腰板部件更是居于显位，应为底座重点表现部分。尽管如此，为了配合底座不失绿叶之职，其在相关制作中被有意压低和故意拉长的形制，虽有雕刻装饰却丝毫不显弩张之势。此屏以明代常见吊肚状分水板形制为基调的单层“分水板”制作，除更具明代特征外，其吊肚走势缓慢平和，两边作甚小变

化的波浪状过渡，使得整体气息及状态趋于安静，同腰板等底座之上的其他配饰件，共为出作为文人屏底座应有的那种状态、那份形韵。

以上几处局部细节方面的相关探讨不难看出，此屏局部细节的拿捏与把握，充分体现出该屏设计理念的同时，更加证明了作为文人屏配饰件的各方面考量及所呈现出的状态不可忽视，事关一件屏具“器”与“道”层面的差别。

（二）选材内外

此砚屏的制作所用材质前文已有交代，主要有黄花梨木和乳白色玉石两种。黄花梨材质的选择，如图 4-39，其棕眼疏密适中，纹理清新，色泽

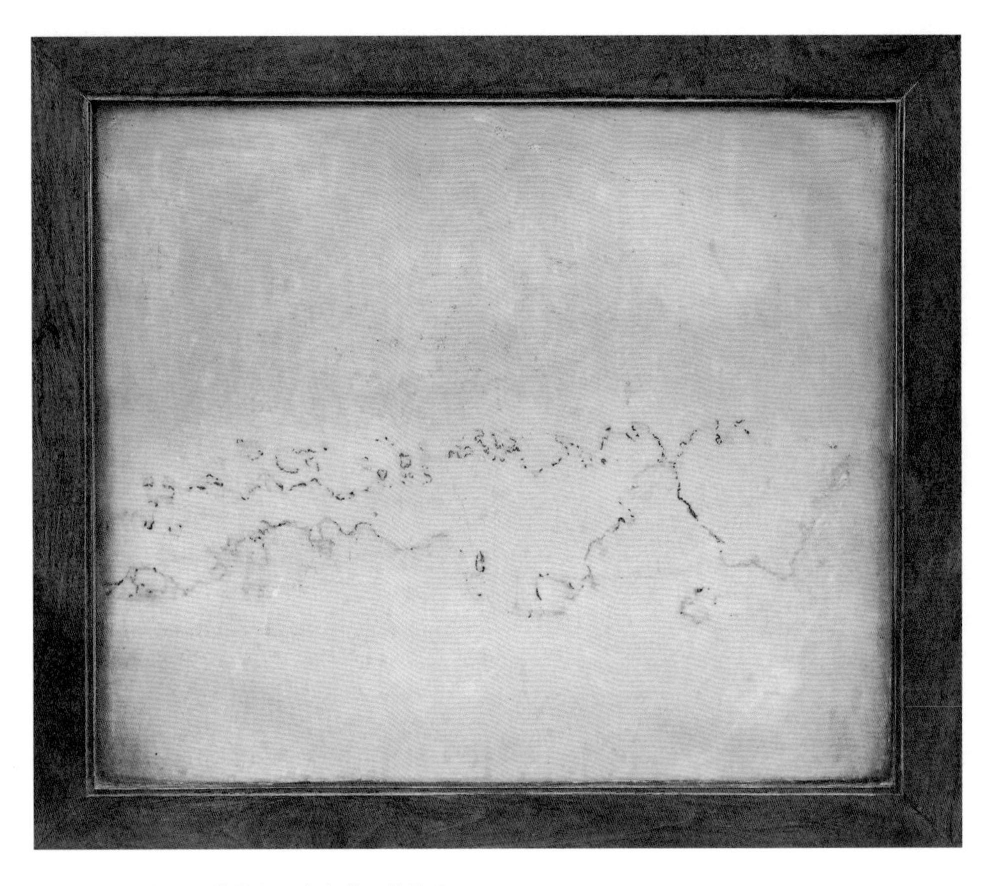

图 4-40　砚屏石片儿在日光条件下的效果
万乾堂　摄

黄中泛红，色调温和可亲，质感温润恬淡，其间伴有些许适度的天成“鬼脸”，若隐若现。此料无论是纹理、色泽、质感等多方面都可以称得上是优质的海南黄花梨。至此需要一提的是，古人制器以黄花梨材质而论，无论是海南黄花梨还是越南黄花梨，其材都是制作明式家具的最佳选材，但是因受地域、气候、时间等不同条件及多种因素的影响，会导致同为黄花梨材质，抑或有纹理、色泽、密度、油性以及质感等区别和差异，所以最为完美诠释文人所享文房器具的黄花梨材质，非上述类似本屏所选海南黄花梨一类莫属，只有此种质感的黄花梨材料，才能充分地表达和展现出文人内敛优雅含蓄的君子风范，才能做到大美不张扬、清高不跋扈，真正成为文化和文人的代言者。

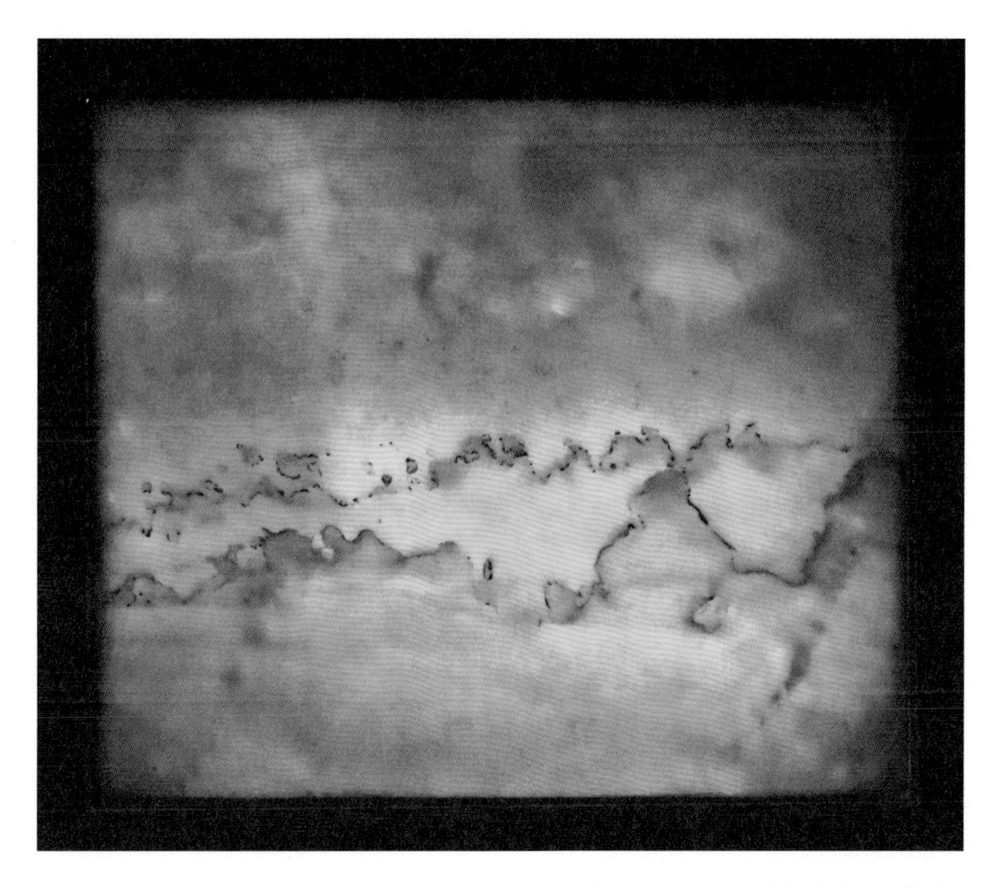

图 4-41　砚屏石片儿在光照下的效果
万乾堂 摄

此砚屏屏心石材的选择与应用其优点可分为两个方面：一是材质自身；二是石片儿的选择，即所选石片儿的图案纹样方面。就材质而言，此材质为纯天然石材，质地如玉、油糯细腻、质感温润、软硬适中，或为宣和玉石。此石片儿整体表现为白中泛黄能透光亮，其间所现既无规则又深浅不一的褐红色天然纹理自然成像，其像逸美妙趣难以形容，其迹若隐若现一派胜境。屏心石材的选择虽多种多样，石片儿的图案纹样呈现更是千变万化，但此材为屏具制作中少见，此片儿为石片儿中罕见，如图 4-40 和图 4-41 所示。

该屏心石片儿自身质地品级高以外，就日光条件下图 4-40 所示石片儿景观而言，犹如乘槎泛舟，天水相连，极目远眺苍茫无际。而该屏心石片儿的同一面，在光亮作用下所呈现出的奇观妙境，如图 4-41 所示，更为引人注目。此景此境恰似奔腾的江水，浪花翻涌波澜壮阔，犹如清晨初升的太阳，正跳出海面穿过浮云，光芒四射一路向上，波涛汹涌是力量的象征，催人奋进，冉冉升起的太阳带来新的希望。虽有些见仁见智，但却不无道理，伏案习读寒窗之苦，多少人半途而废、畏首不前，日光下的屏心景象会时时告诫提醒使用者：成功没有捷径，只有勤奋努力勇往直前，才能功成名就。夜深人静读书至困倦疲惫之刻，抬头移目猛然看到烛光作用下的动态画面，澎湃激流、声势浩大的壮观与气度，瞬间会使人振作精神、缓解疲劳，注入精力促进学习。当然了，对于成功的文人而言，此屏置于案头抑或作为铭鉴的同时亦可清赏，或为雅玩。总而言之，此屏石片儿质优图逸的视觉享受之余，更具耐人寻味的一面，才是其真正的精神及魅力所在，坚信意境层面的影响更为深远，这或许正是古人选择它的主要原因，也是此砚屏整个设计制作过程中一切围绕屏心这朵“红花”转的原因。

此砚屏，从设计到制作再到实际应用，这期间或许与主人和文人雅士有缘人之间发生过许多的趣闻轶事，会留给后人无限的启迪与遐想空间。再早我们已无法考证，值得一表的是，厚度仅有 0.5 厘米的屏心石片儿，历经几百年传承使用却毫发无损，连同此屏整体保持状态也如此良好，实为罕见。想来这与此屏自身的结构合理、工艺考究以及局部细节的设计与实施皆合理到位有关外，还应与传承使用过程当中受到的加倍关爱密不可分。远的不说，此屏自民间产出到第一手持有者，再到本人手中，这期间，准确地说是在 2019 年还没有着手编写此书之前，它不是现在的本尊样貌，几十年的时间里，它一直保持着时代赋予的特殊“面孔”。清晰记得 2013 年笔者购得此屏时，该屏一面的木质边框表面清晰可见片片自然脱落殆尽的后刷绿漆痕迹，与其同为一面的石片儿四周，即与屏心边框紧密相连的石板四周边缘部位，皆有零星散点的旧报纸贴糊痕迹留存，也就是说，此屏的其中一面儿曾有一段时间内是处于全封闭的状态，若问何故，听一手买家说，该屏原主人曾告知，正是源于此屏自身的珍贵，才让有心人倍加保护幸免于难。正可谓“佳器无口自出声，好物不喧自招人”，好东西人人惜之爱之。

（三）年份探讨与判定

此黄花梨玉石心砚屏，其制作年代，之所以在标题名称当中定为明晚，是有充分依据和足够把握的，归纳梳理后，将其理由择其重点略作如下探讨。

其一，上述相关此屏设计理念探讨一节中，所涉及屏心边框看面用料较大，屏心面积突显占据整屏体量绝大部分空间，以及底座故作退让等相关问题的显现，除缘于此屏的设计理念与文人及文人屏属性有关以外，类此种座低屏大宽阔的形制表现及诠释手法，本身就是座屏制作年代较早的风格特征所在。通常情况下，这种制式及相关元素的出现，其制作年代大都应为明代，相关制式传承与应用至晚也不会晚于清早期。

其二，色泽浅淡，黄中泛红，油性适中，质感温润，纹理清新优雅且棕眼密度、大小、深浅等皆适度的一类海南黄花梨材质，不仅是诠释文人家具的最佳选材，而且现实中凡以此类材质的家具，包括黄花梨素面笔筒等玩味性较强的小件在内，大都年份较早，多为明代。不仅如此，凡这类材质的传世黄花梨家具，不仅料优形美年份较早，就连包浆皮壳等方面所呈现出的质感及状态，都与同时期或制作时间较晚的大多数其他品质的黄花梨材质所制家具皮壳韵味等有着明显的差别。此屏虽有因退漆而致外表包浆皮壳等方面的细微变化，但一切仍显得那么平静温和、惬意自然，呈现出较早的年代感。

其三，古代家具中，以家具的配饰配件而论，诸如腰板、分水板、站牙乃至一根腿、一个马蹄足，甚至是一个角、一个榫卯、一条线的具体制作与实施，其相关方面的信息传递、特征表现等，皆与一件家具的制作年代有关。以该砚屏腰板部位的形制及雕饰纹样为例，此屏腰板总体微扁略长，四周留边，中间做开光起阳线收口，内饰透雕二龙相向等纹样。其中，线条流畅浑圆，力道十足，以写意手法雕刻出的草龙纹样等，且不说其工艺水平高低，亦不论其形韵及艺术感受如何，仅以草龙等纹样表现形式及所呈状态，都能断定此风格特征非明晚清早不可。特别是草龙纹样表现以外，腰板中间位置所雕饰的“吕”字纹样更有一番说法。此纹样，既像“吕”字又有“品”字迹象，且形似香炉状如宝塔，故业内有“香炉纹”“宝塔纹”之俗称，为便于探讨，我们暂且称之为“吕字纹”。实践证明，似这种“吕”字纹样在家具中的应用多见于明代制器，虽清早期也有应用，但相比之下数量较少，且即便是有，也会或多或少存有差异。尤其是像该屏所饰的此种“吕”字纹，在黄花梨家具中的应用更为少见。不仅如此，“吕”字纹样及类似“吕”字纹样在家具中的应用，往前其具体的问世时间尚须探讨，但自明晚至民国，依实物而论却有着清晰的发展脉络可循，且随时间的推移经不断的发展变化，最后竟然演变成了“寿”字写实字样，呈现出：明晚多为“吕”字样，清早多见“宝塔状”，清中常见“香炉形”和“团寿”纹样，清晚至民国有真“寿”字出现的递进关系和演变规律，当然在相邻两个时间段的交替时期，甚至是贯穿“吕字纹”“寿字纹”体系的整个应用时间内，相关纹样的应用与转变情况并非戛然而止。图 4-42 和图 4-43 为该砚屏腰板中间“吕”字纹样与清早至民国时间内相关“吕字纹”“香炉纹”“宝塔纹”以及“寿”字纹样的对比展示。相较之下不难发现，整个演变过程到最后，无论是“寿”字形纹样，还是真“寿”字，在家具中的应用与呈现，就传世实物来看皆源于明代或更早时期的“吕”字纹样。所以，此屏凭借腰板雕刻“吕”字纹样以及单层分水板年份较早制式的应用，其制作年代也可窥见一二。

综合此砚屏的造型制式、制作工艺、选材用料、包浆皮壳等，尤其是综上所述该砚屏多个细节方面的相关反映，都将此屏的制作年代指向了明晚这一时期，况且，在上述的各方情况及各种因素中，此屏由整体到局部，从宏观到细节，从里至外所散发出这种只可意会，难以表述的明式、明作、明制所具的样儿、韵儿、味儿等相关因素与元素，更能说明此屏的制作年代为明晚期应确定无疑。

图 4-42　该砚屏腰板所饰寿字纹鼻祖“吕”字纹样
万乾堂 摄

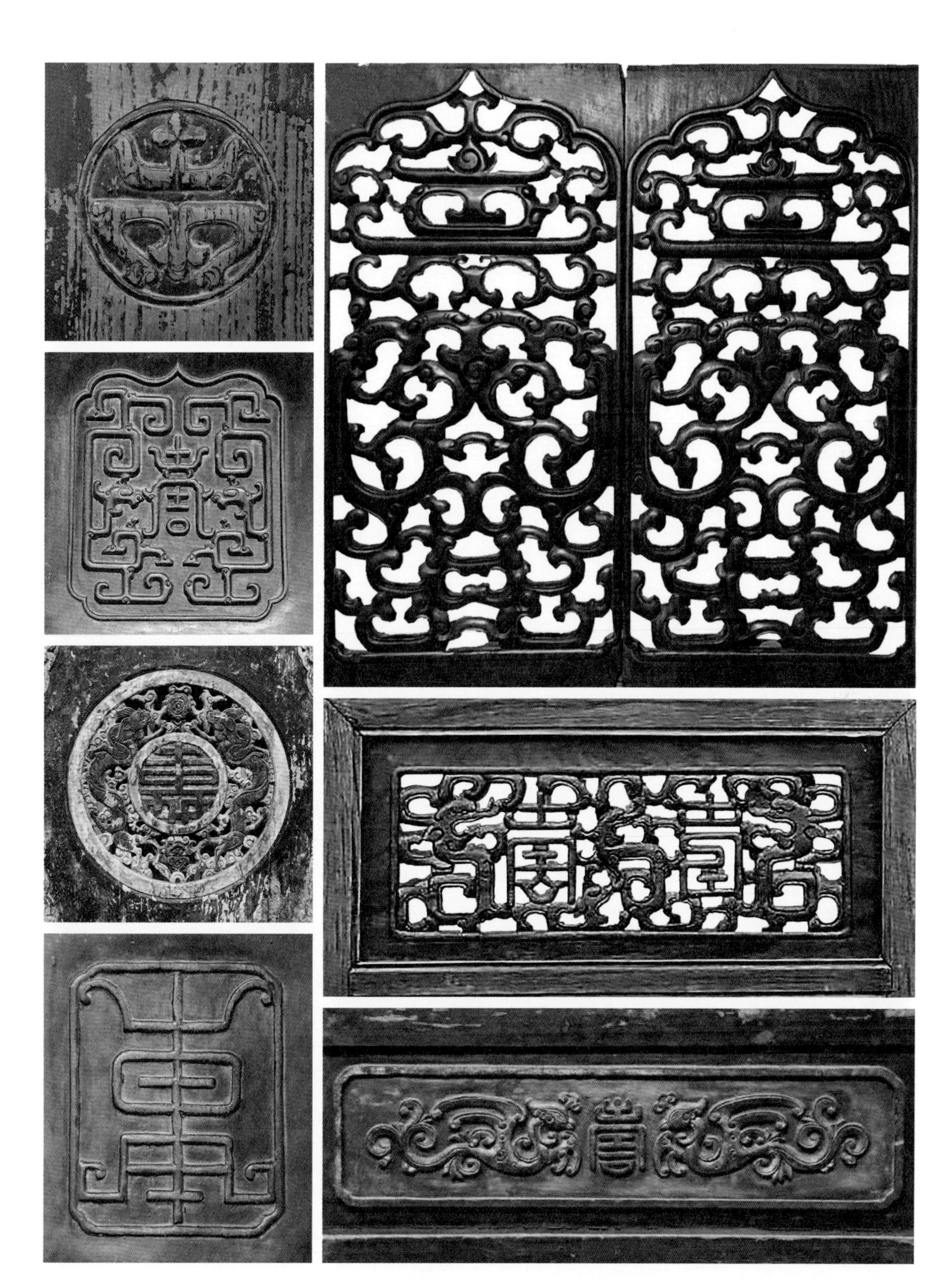

图 4-43　清早、中、晚及民国不同时期家具所用“寿”字纹样及相关纹样演变
万乾堂、李光宝、孙建龙 等众家私藏

（四）相关文化延展

砚屏，指置于书房文人案头上的小型屏具，起到挡风作用的同时可供欣赏，所以自古以来，被自恃清高、才华横溢的文人雅士们赋予了无尽的文化思想、人文精神以及趣闻逸事在其中。同样，砚屏与文人雅士关系密切，朝夕相伴，因此它对文人的人生观、价值观等方面也产生了一定的影响。

南宋赵希鹄《洞天清禄集》中记载："古有研屏或铭砚，多镌于砚之底与侧。自东坡山谷始作砚屏，既勒铭于砚，又刻于屏，以表而出之。"意思是说，古代虽有砚屏，但没有砚屏铭文，只有在砚台上刻铭文，一般都刻于砚的侧面或底部这些不易看到的地方，自苏东坡、黄庭坚开始在乌石做的砚屏刻上铭文，才使得铭文直观地展现出来。砚屏铭文的首创者是不是苏轼等人，亦有不同的观点及说法，这个问题有待进一步的考证，但是砚铭和砚屏铭文的出现影响了整个北宋时期的文人圈，砚铭之潮蔚然成风，砚屏在整个宋代成了文人雅士们案头上的新宠。宋代正值文化强盛时期，所以砚屏的应用与砚屏铭文文化的发展可谓恰逢其时。

关于砚屏《洞天清禄集》"研屏辨"一节中，记载了宋代砚屏屏心所用几种较为名贵的石材，其中有山谷乌石、宣和玉石、永州零陵石、蜀中涪陵松林石等。这些石材皆属各地名贵材质，质优图美者甚少且大块图美者更少，正是源于这些石头大块难求，所以用来制作砚屏最为合适。对此"研屏辨"中有关砚屏的尺度也有较为详细的对应记载："屏之式，止须连腔脚高尺一二寸许，阔尺五六寸许，方与盖小研相称。若高大，非所宜。"也就是说，常规而言砚屏的尺度高应在 35 厘米左右，宽应在 50 厘米以内，尺寸大了则和案头砚台等文玩器具不匹配，且有横屏卧式特征体现。

北宋王安石，也对石制屏心有着极为热衷的喜爱和个人独到的见解，他在好友吴冲卿的府上见到一个砚屏，屏心的花鸟图案让他产生了兴趣，但似乎在古画里没有相似的，于是便问吴冲卿这幅画出自哪里谁画的，吴冲卿告诉他，这不是人画的，而是天工。王安石顿感懵懂疑惑，待定神细观后发现果真是天然的。感慨之余写下了《和吴冲卿雅鸣树石屏》长诗一首，其中有"画工粉墨非不好，岁久剥烂空留名。能从太古到今日，独此不朽由天成"的描述。他认为人为而作的画并非不好，只是时间久了必然会出现风化剥落等损伤，能够从古传到今而且还能继续传下去的非这大自然赋予的天然杰作不可。这是王安石对石材作屏心的高度认可，更是对天然之作的充分肯定，这一观点和定性对于今人对砚屏的认知与收藏起到了一定的指导作用。更有唐宋八大家之一的欧阳修，一生好砚屏且与砚屏的逸闻趣事甚丰，其中之一是他的好友张景山在虢州为官修桥时，偶然发现了一块奇石，觉得不错就将它送给了欧阳修，欧阳修非常喜爱，于是便将它做成了砚屏，这便是欧阳修所藏砚屏中著名的“月石砚屏”。庆历八年，欧阳修为此砚屏特作诗《月石砚屏歌》送给友人苏舜钦，并在序言中讲述了这块石片儿的得来和看法及争得苏舜钦见解之意：“张景山在虢州时，命治石桥。小版一石，中有月形，石色紫而月白，月中有树森森然，其文黑而枝叶老劲，虽世之工画者不能为，盖奇物也。景山南谪，留以遗予。予念此石古所未有，欲但书事则惧不为信，因令善画工来松写以为图。子美见之，当爱叹也。其月满，西旁微有不满处，正如十三四时，其树横生，一枝外出。皆其实如此，不敢增损，贵可信也。”（《欧阳修集·卷六十五居士外集卷十五》）苏舜钦应邀作《永叔月石砚屏歌》长诗一首回应，对欧阳修的观点和看法给予高度肯定。但二位的认知和观点却没得到另外一位好友梅尧臣的认同。有一年的夏天，梅尧臣南归途经扬州，与欧阳修见面看到苏舜钦的《永叔月石砚屏歌》时觉得没有道理，随即写下：“余观二人作诗论月石，月在天上，石在山下，安得石上有月迹。至矣欧阳公，知不可诘不竟述，欲使来者默自释。苏子苦豪迈，何用强引犀角蚌蛤巧擘析。犀蛤动活有情想，石无情想已非的。吾谓此石之迹虽似月，不能行天成纪历。曾无纤毫光，不若灯照夕。徒为顽璞一片圆，温润又不似圭璧。乃有桂树独扶疏，嫦娥玉兔了莫觅。无此等物岂可灵，秖以为屏安足惜。吾嗟才薄不复咏，略评二诗庶有益。”梅尧臣以唯物论的思想和观点对欧、苏二人的观点进行反驳。这便是被后人苏东坡讽为“雪羽之争”典故的原版。三人的观点孰是孰非且不讨论，但此典故说明两个问题：其一，以石板做砚屏屏心在宋代已成风气，石片儿应为砚屏屏心之首选；其二，由此三人在对砚屏热衷喜爱及友情基础上的理性探讨与交流，再到观点不同、看法不一，直至出现分歧，充分证明了砚屏文化的存在以及其在宋代文人圈的重大影响。

作于南宋时期的中国第一部论石专著《云林石谱》也曾记述了虢州的虢石、阶州的阶石、明州的奉化石、永州的零陵石等都是适宜做砚屏的好石材。南宋诗人舒岳祥将友人送来的零陵石制为砚屏，因其对砚屏石面的天然之作看在眼里喜于心中，挥毫赋诗表达对此砚屏的认知和赞许，并以此回赠好友潘少白。他在诗的前面写道："潘少白前岁惠予零陵石一片，方不及尽而文理巧秀，有山水烟云之状。予以作砚屏，始成因赋长吟以遗之。"

明末画家文震亨所著《长物志》中，在说到屏具话题时是这样讲的，"屏，屏风之制最古，以大理石镶下座精细者为贵，次则祁阳石，又次则花蕊石，不得旧者，须仿旧式为之。"他认为在屏具系列中，屏风是最为古老的器物，精美的底座之上配以大理石者为最好，同时对祁阳石、花蕊石等进行了名次排位，最后又表明如果得不到旧的石心屏具，制作新的也可以，但必须要仿效旧的样式。这一观点或许是受时代社会大潮背景的影响，抑或因个人的审美左右，文震亨对于屏之石片儿的石材选择标准与排序，所持观点的明确表达是否成立暂不做讨论，但就其中与古人相同的认知之一，即"屏心石面最好"这一观点，就更加充分说明了石片儿在古代屏具制作中的重要性和文人赋予的位置高度。

综上不难发现，尽管史上同一时期或不同时期古人对砚屏制作的选材用料，尤其是屏心制作材质的选择，在审美层面、意识形态领域的认知，会各持观点，见解不一，但是可以肯定的是在和而不同的大背景下，砚屏的应用及砚屏文化的发展，宋至明代应是一个史上空前的时代。

纵观更多历史资料记载，参考更多古代文人士大夫阶层对砚屏文化的认知与践行，结合传世砚屏实物的具体情况，进行分析总结后发现，作为清中期以前的文人砚屏，应有如下几个特征。

其一，清代早期及以前的砚屏，其结构皆为上屏下座形制，可分为屏座连体式和分体式两种。通常情况下存在连体结构制式的砚屏或制作年代相对较早，分体结构制式的砚屏制作年代略晚的现象和规律。这一时期砚屏的形体表现多以横屏卧式和方形屏为主。

其二，正常情况下，清代中期及以前所制作的砚屏，应是案上座屏中体量最小的一种，其高度、宽度皆在 40 厘米左右，甚至会有体量尺度更为娇小的为雅至妙者。类此种小屏，与其说是砚屏，实则已成为文人案头上的"心宠"，这正是砚屏文化又一深耕领域的具体体现。

其三，自唐宋至明清，砚屏屏心的制作与装饰是整个砚屏器具中最为重要的组成部分之一，屏心是重中之重。尽管其选材用料与制作手法表现形式等方面多种多样，但历朝历代皆以屏心装饰石板面为首选，石板面当中又以取自天然材质且呈逸美纹样或抽象奇趣的天然石片儿为上，尤以鬼斧神工的纯天然之作为最佳。

其四，砚屏，在屏具门类中，虽其尺度体量在所有屏具器物中正常情况下应为最小，但是砚屏在屏具门类的大家族中却扮演着“山不在高”，而“水确实很深”的角色，娇美秀雅，大有乾坤。其设计制作很大程度上与文人有关，某种意义上又是文人性情、思想、品德等方面的写照，更不乏文人亲力亲为之作。现实的应用中，砚屏更是与文人形影不离，与文人生活息息相关，故文化承载厚重，这也正是砚屏自古至今在文人圈与收藏界，备受宠爱的主要原因和其应在案上座屏中剥离出来加以单表的理由。

四、明代榆木黑大漆云石心赏屏

规格：宽 82 厘米，高 74 厘米，厚 36 厘米
材质及工艺：榆木 / 披灰 / 黑漆
产地：河南
年代：15—16 世纪

此屏，横屏卧式，屏与座为连体结构，尺寸较大，比例得当。整体造型简约大气，气势磅礴而不显笨拙，肃穆庄重中透着儒风。屏心镶嵌云石所呈画面质感古朴典雅，颇见意境，边框为子母框组合。通体披灰髹饰黑色大漆，漆质纯正，色泽乌黑，质感浓稠，断纹密布，纹理形状或冰裂或梅花，记录的是时间，诉说的是历史沧桑。整器所呈现出的浑然旷达之美和苍古之韵尚存宋元遗风，如图 4-44 所示。

图 4-44　明代榆木黑大漆云石心赏屏
万乾堂 藏

图 4-45　该赏屏连体结构及局部细节　万乾堂 摄

（一）制式结构

此明代黑大漆云石心案上赏屏的制式结构，总体而言其虽应归属于屏与底座连体的范畴之内，但该屏具体的组合形式及制作手法却非同寻常。主要体现在屏心四周边框、无腰板装置以及屏与底座的具体结合方式等多个方面，体现在座墩、站牙等一些配饰件的结构形制以及相关细节的处理方面。

1. 连体结构

有底座连体结构的屏具通常情况下，虽然屏与座连体制式并不少见，但是绝大部分的该类连体结构都有两个特点：一是多见有腰板部位及部件的存在；二是底座与上屏之间相对而言，有明显的界点存在，座就是座，屏即是屏，这应与年份有关。而此屏不然，此屏底座两侧基墩之上不设立柱，而是以屏心两立边框在同料从上至下而为的情况下取代了立柱，省去了腰板装置，屏心下方的横边框直接与分水板相接相连，此屏心的横向下外边框，既是屏心的边框又负腰板之职身兼托撑作用，可谓一柝多用。此种结构形式与做法，在传世的明清同类屏具中极为罕见。这种做法，除有宋及宋代以前较早时期屏具制作中结构制式的遗迹可寻，能说明年代较早以外，还应是该屏设计出于有意将屏心石材的重心尽量压低，增加屏体稳定性方面的考虑，具体情况如图 4-45 所示。

2. 子母框做法

此屏屏心所选用的“石片儿”，尺寸较大，且有一定的厚度，因此重量较大，源于石面过大、质量过重致使边框承受力过大及整体牢固性方面的考虑，故此屏心石片儿与边框的组合及结构采用了双边框子母式做法。此做法，一来避免了为达到结构强度采用单边框使得用料过大而带来的笨拙之感，以及或因施以单料容易变形进而会埋下对“石片儿”的损伤隐患；二来解决了或因单料尺寸不够、承受力不足起不到对“石片儿”的保护作用。

具体制作，首先作为直接固定“石片儿”的内圈子框，其看面用料较宽，平素无饰，主要是基于以下两个方面的考量：其一，如同以上所述意在增强其框架的牢固性和受力强度，以便更好地“降住”硕大石板；其二，其宽面平素的形制处理及做法，除更符合明代此类屏具相关特征及制作手法外，意在与“石片儿”大面所呈效果及视觉感受的呼应。此框只有料大面宽，平素无饰才能做到既能体现边框的存在而又不至于太过张扬喧宾夺主，才能做到既保障了受力所需又烘托了屏心，才能体现出对内服务于“石片儿”，对外与母框相呼应的双重衔接作用，既考虑了力学方面，又兼顾到了美学层面。

再有，外圈母框的用料厚实“见方”，边框前后的两看面做弧形凹洼状、边角抹圆及内口起线处理等，这种浑厚简约平缓的造型变化与状态，其一，消除了方料或因棱角过尖所带来的生硬之感，造成局部配饰表现与器之属性及整体气息的不搭，同时此举使得外圈母框与平整利落一无所饰的内圈子框形成了呼应关系，避免了如母框也为方正无饰所造成的子母框组合平素对平素、方正遇方正而产生的过于僵硬与死板；其二，母框前后两面的弧形凹洼状造型，虽然确有木料的削减，但前后凹洼形状的出现，尤其是对于屏心下方那根一木多用的外下横边框而言，犹如“工”字钢、瓦楞板或槽形板制作原理一样，反而会增加此料的受力强度，大大提升了此料既为边框又为托枨的承受力之需。相关上述子母框制作及组合形式的细节情况，可参照图 4-45 该黑大漆云石心赏屏的局部展示情况加以理解。

上述探讨分析外，更应肯定的是，此屏边框别致的组合形式和子母两框用料大小、外观形制等多方面的相关表现，以及细节之处的精心考量与处理，皆作出了水平，达到了极致，是古代家具制作中力学与美学有机结合的典范之举，同时也是此屏能得以传承使用几百年而完美无缺的自身“体质”体现和重要保障之一。

3. 其　他

站牙作为配饰件，在座屏中主要肩负着对立柱或立边框承受力的辅助支撑作用。力学辅助作用之外，从美学角度讲，在保障烘托服务于主角儿的前提下，其制作通常会遵循两条原则：一是形韵上要服从于整体，形制上要与“四邻”和睦，做到全方位的统一和谐。二是采取缄默不言，退守为上，无为即有为的大智之举。该赏屏的站牙，在硕大浑然且极具内涵“石片儿”和双料组合子母框做法所共为出的宽屏大面之势与氛围下，在底座、基座造型纹样等各有其表、各有所呈的情况下，站牙从形制到工艺等方面皆选择了简约与平素，从体量尺度上做到了最好的把握和应有的适度与安分，从气韵、气场方面保持了应有的平缓与安宁，表现得不争不抢，如此一来屏心得以展现，站牙更显秀雅，更具内涵，折射出了虽身为“绿叶”，但确有其自身修养的一面。智巧的设计，精准的施制，出彩的表现与收敛，是古人智慧的结晶，更是哲学思想的体现。

底座两侧的抱鼓墩基座，其上面的抱鼓等形制，憨态可掬，古朴洒脱，此种形制应为立体浑圆球状“抱鼓”的前身，又有别于清中期以后所出现的“抱鼓墩”形制，既是时代的象征，又是年份的体现。底座下面所设的平足式托泥整木而出，且四面皆作壸门造型处理，其形优雅舒适，其线律动流畅，其气上下贯通，其韵浑然天成，形韵之余更是年份的体现与诉说。再有，基座侧面所饰开光造型呈现出的美感及状态，与气韵平和素雅舒缓的吊肚式分水板形制相得益彰，呼应互映之下共为出此屏质朴古雅的大美境界，亦是同类中少见，更是年代较早的又一证据，如图 4-46 所示。

图 4-46　该赏屏侧面局部细节
万乾堂 摄

（二）选材用料及文化属性

此屏如上所述，包括屏心边框、底座等框架部分的主要用材皆为北方地区所产的榆木，木质骨架的表面，皆披灰糅黑色大漆，灰质坚实，漆层厚实，为经典考究的大漆工艺制器等方面，在此不再细赘。

其屏心所选的大理石，俗称云石或苍山石，自古以来是屏心制作的最佳选材之一。此屏心石材的选择应为云石的一种，又称云灰石或水花石。其石之青、绿、白三种色调的组合，白中泛青，青间伴绿，凭借着自身的质地、纹理、颜色差别等内在因素自然成画，特别是此“石片儿”的色泽表现，更符合唐宋以来所兴起的青绿山水画风，尤其是元明以来，画界大家们对小青绿技法的迷恋，也会影响到人们对此种材质在屏具制作中的应用和重视，所以在当时它应是屏心选材中的优中之优。质地之外，该石片儿画面的构图，布局舒适，意境妙美，耐人寻味。远观，细雨蒙蒙犹如初夏连阴，恰似天水

图 4-47　赏屏石片儿的天然画面
万乾堂 摄

相连，又像是晨起弥漫的雾气横贯江面，一片白茫。近看，礁石山崖重峦叠嶂，水依山而美，峰傍水更秀，山美水秀之仙境映得舟下细浪拍岸，似仙人乘槎，又如泛舟佳话，舟上载人二三，对酒当歌自得适然。整个画面恰与苏轼《赤壁赋》“驾一叶之扁舟，举匏樽以相属。寄蜉蝣于天地，渺沧海之一粟”之意境相吻合。自然天成的诗画境界，上天赋予的鬼斧神工，如此硕大的尺寸与体量，从古至今本来就是一片儿难求，况且在信息闭塞、交通不便、相对落后的古代，将出产在南方边陲的“石片儿”不远万里辗转到北方制作成器，更加说明此“石片儿”在古人心中的分量及价值所在，如图 4-47 所示。

有关此屏心“石片儿”相关《赤壁赋》意义及文化方面的探讨，至此不再作更为深入的延展。应该点明的是，此屏造型制式、工艺等优良所在之外，仅以“石片儿”而论，能得如此天地之精华，能制如此意境之佳器，敢以苏轼自喻或隐喻的昔日屏之主人、拥有者，在当时恐不单权高位重，更应该是文韬武略、满腹经纶等多方面集于一身的大德圣贤。此屏，虽不具砚屏属性，难置文人案头，但其定会置于文人雅士的厅堂或书斋之中，亦应属于文人屏的范畴。

（三）年代与产地

此屏，其屏心石面的风化程度、质感及厚重老道的自然包浆，加上屏身通体漆面历经岁月所呈现出的各种断纹状态与细微之变和上述该屏横屏卧式形制以及整体简约典雅的体貌特征，尤其是边、帐、腰板集于一身同为一料的相关做法、表现形式、所呈风格以及局部细节的表现手法、形制呈现等特征多方面综合而论，应为北方地区制作确定无疑。更有，追踪一线行家得知，此屏的最初产出地为河南安阳地区的卫辉市，即有着几千年历史的古县。这里曾是明代被称为诸藩之首万历皇帝亲弟弟潞王封地，虽不敢妄指此屏的出处及出身与潞王有关，但鉴于该屏自身的具体情况，就其相关制作年代而言，可以定性的是，明晚期是底线，嘉万更靠谱。此外，鉴于此屏的某些形制与做法所具更早特征等相关信息，更不敢妄将其年份推至更早，但这些特征及信息的体现，为我们研究和鉴赏更早时期的古代家具提供了不可多得的珍贵实物证据及参考资料。

更为欣喜殊为难得的是，石心屏具的“心”难以保护，现实中以传世之器而论，也确实呈现出“十片儿九伤”之惨状。此屏“石片儿”面积较大，质量较重，经历多次的朝代更迭，且不止数次的易主，面对人为与自然灾害所带来的各种不良环境、恶劣条件、不利因素等，历经传承几百年，保存状况如此完好更为罕见，堪称“灵性之器，难得臻品”绝不为过。

（四）相关文化延展

家具的制作，其设计理念皆来源于生活取决于实践，古人制器在崇尚自然，了解自然、遵循自然规律的前提下，选材用料方面皆会因需而选，视器具的属性和材质的性能本着顺应驾驭的原则而为之。与此同时，亦有因手中确有“硬货”，如“樱木板”、好“石片儿”等各类天成之宝后，再进行设计与创作，进而制造成器，因此在古代制作的家具中，以屏具为例，经常能看到依据石板或“石片儿”的特征及相关题材等不同情况而具体为之的例子。该明代榆木黑大漆云石心赏屏，无论是屏心“石片儿”的选择，还是整个器具的应运而成，乃至于自身被文人赋予的文化属性等，皆是古人因手中有“好片儿”进行再创作的成功典范及教科书。其器，外在庄重典雅颇有君子之风、圣贤之范，堪称大美。内在文化厚重直至精神层面，可谓形而上下皆俱。佳器问世的背后，抛开上述相关此屏的设计、制作等环节，坚信昔日的主人、拥有者、制作者等，与该屏“石片儿”之间渊源及相关问题，会更有趣，更有故事，虽然我们或永远不得其解，但应该肯定的是，此“石片儿”应是该赏屏的重中之重，是灵魂及文化所在，所以有关此“石片儿”的认知与感悟，尤其题材寓意的认知与理解方面，大家或因见仁见智各有不同，抑或许昔日古人之心境与情结我们不能完全理解，但也许沿苏轼《赤壁赋》就相关方面亦能窥探一二。以下附属内容的选登意在便于大家的参考理解。

附文一：

《赤壁赋》原文

壬戌之秋，七月既望，苏子与客泛舟游于赤壁之下。清风徐来，水波不兴。举酒属客，诵明月之诗，歌窈窕之章。少焉，月出于东山之上，徘徊于斗牛之间。白露横江，水光接天。纵一苇之所如，凌万顷之茫然。浩浩乎如冯虚御风，而不知其所止；飘飘乎如遗世独立，羽化而登仙。

于是饮酒乐甚，扣舷而歌之。歌曰："桂棹兮兰桨，击空明兮溯流光。渺渺兮予怀，望美人兮天一方。"客有吹洞萧者，倚歌而和之。其声呜呜然，如怨如慕，如泣如诉；余音袅袅，不绝如缕。舞幽壑之潜蛟，泣孤舟之嫠妇。

苏子愀然，正襟危坐而问客曰："何为其然也？"客曰："月明星稀，乌鹊南飞，此非曹孟德之诗乎？西望夏口，东望武昌，山川相缪，郁乎苍苍，此非孟德之困于周郎者乎？方其破荆州，下江陵，顺流而东也，舳舻千里，旌旗蔽空，酾酒临江，横槊赋诗，固一世之雄也，而今安在哉？况吾与子渔樵于江渚之上，侣鱼虾而友麋鹿，驾一叶之扁舟，举匏樽以相属。寄蜉蝣于天地，渺沧海之一粟。哀吾生之须臾，羡长江之无穷。挟飞仙以遨游，抱明月而长终。知不可乎骤得，托遗响于悲风。"

苏子曰："客亦知夫水与月乎？逝者如斯，而未尝往也；盈虚者如彼，而卒莫消长也。盖将自其变者而观之，则天地曾不能以一瞬；自其不变者而观之，则物与我皆无尽也，而又何羡乎！且夫天地之间，物各有主，苟非吾之所有，虽一毫而莫取。惟江上之清风，与山间之明月，耳得之而为声，目遇之而成色，取之无禁，用之不竭，是造物者之无尽藏也，而吾与子之所共适。"

客喜而笑，洗盏更酌。肴核既尽，杯盘狼藉。相与枕藉乎舟中，不知东方之既白。

附文二：

《赤壁赋》赏析

此赋通过月夜泛舟、饮酒赋诗引出主客对话的描写，既从客之口中说出了怀古伤今之情感，也从苏子所言中听到矢志不移之情怀，全赋情韵深致、理意透辟，实是文赋中之佳作。

第一段，写夜游赤壁的情景。作者“与客泛舟游于赤壁之下”，投入大自然怀抱之中，尽情领略其间的清风、白露、高山、流水、月色、天光之美，兴之所至，随口吟诵《月出》首章“月出皎兮，佼人僚兮。舒窈纠兮，劳心悄兮。”把明月比喻成体态姣好的美人，期盼着她的冉冉升起。与《月出》诗相回应，“少焉，月出于东山之上，徘徊于斗牛之间。”并引出下文作者所自作的歌云：“望美人兮天一方”，情感、文气一贯。“徘徊”二字，生动形象地描绘出柔和的月光似对游人极为依恋和脉脉含情。在皎洁的月光照耀下白茫茫的雾气笼罩江面，天光、水色连成一片，正所谓“秋水共长天一色”（王勃《滕王阁序》）。游人这时心胸开阔舒畅、无拘无束，因而“纵一苇之所如，凌万顷之茫然”，乘着一叶扁舟，在“水波不兴”浩瀚无涯的江面上，随波漂荡，悠悠忽忽地离开世间，超然独立。浩瀚的江水与洒脱的胸怀，在作者的笔下腾跃而出，泛舟而游之乐，溢于言表。这是此文正面描写“泛舟”游赏景物的一段，以景抒情，融情入景，情景俱佳。

第二段，写作者饮酒放歌的欢乐和客人箫声的悲凉。作者饮酒乐极扣舷而歌，抒发其思“美人”而不得见的怅惘失意的胸怀。这里所说的“美人”乃是作者的理想和一切美好事物的化身。歌曰：“桂棹兮兰桨，击空明兮溯流光。渺渺兮予怀，望美人兮天一方。”这段词全是化用《楚辞·少司命》：“望美人兮未来，临风恍兮浩歌”之意，并将上文“诵明月之诗，歌窈窕之章”的内容具体化了。因欲望美人而不得见，已流露了失意哀伤之情，客吹洞箫，依其歌而和之，箫的音调悲凉、幽怨，“如怨如慕，如泣如诉，余音袅袅，不绝如缕”，竟引得潜藏在沟壑里的蛟龙起舞，使独处在孤舟中的寡妇悲泣。一曲洞箫，凄切婉转，其悲咽低回的音调感人至深，致使作者的感情骤然变化，由欢乐转入悲凉，文章也因之波澜起伏，文气一振。

第三段，写客人对人生短促无常的感叹。此段由赋赤壁的自然景物，转而赋赤壁的历史古迹。主人以“何为其然也”设问，客人以赤壁的历史古迹作答，文理转折自然。但文章并不是直陈其事，而是连用了两个问句。首先，以曹操的《短歌行》问道：“此非曹孟德之诗乎？”又以眼前的山川形胜问道：“此非孟德之困于周郎者乎？”两次发问使文章又泛起波澜。接着，追述了曹操破荆州、迫使刘琮投降的往事。当年浩浩荡荡的曹军从江陵沿江而下，战船千里相连，战旗遮天蔽日。曹操志得意满，趾高气扬，在船头对江饮酒，横槊赋诗，可谓“一世之雄”。如今已不知去处，曹操这类英雄人物，也只是显赫一时，何况是自己，因而如今只能感叹自己生命的短暂，羡慕江水的长流不息，希望与神仙相交，与明月同在。但那都是不切实际的幻想，所以才把悲伤愁苦“托遗响于悲风”，通过箫声传达出来。客人的回答表现了一种虚无主义思想和消极的人生观，这是苏轼借客人之口流露出自己思想的一个方面。

第四段，是苏轼针对客之人生无常的感慨陈述自己的见解，以宽解对方。客曾“羡长江之无穷”，愿“抱明月而长终”。苏轼即以江水、明月为喻，提出“逝者如斯，而未尝往也；盈虚者如彼，而卒莫消长也”的认识。如果从事物变化的角度看，天地的存在不过是转瞬之间；如果从不变的角度看，则事物和人类都是无穷尽的，不必羡慕江水、明月和天地。自然也就不必“哀吾生之须臾”了。这表现了苏轼豁达的宇宙观和人生观，他赞成从多角度看问题而不同意把问题绝对化，因此他在身处逆境中也能保持豁达、超脱、乐观和随缘自适的精神状态，并能从人生无常的怅惘中解脱出来，理性地对待生活。而后，作者又从天地间万物各有其主、个人不能强求予以进一步的说明。江上的清风有声，山间的明月有色，江山无穷，风月长存，天地无私，声色娱人，作者恰恰可以徘徊其间而自得其乐。此情此景乃源于李白《襄阳歌》：“清风明月不用一钱买，玉山自倒非人推”，进而深化之。

第五段，写客听了作者的一番谈话后，转悲为喜，开怀畅饮，“相与枕藉乎舟中，不知东方之既白”。照应开头，极写游赏之乐，而至于忘怀得失、超然物外的境界。

五、明晚期楠木黑大漆素面枕屏

规格：宽 88 厘米，高 74.5 厘米，厚 33 厘米
材质及工艺：楠木 / 披布披灰 / 黑大漆
产地：山西
年代：17 世纪

此屏如图 4-48 所示，早在 2013 年出版的《大漆家具》一书中有过释解。原文如下：
名称：黑大漆素面座屏
规格：高 74.5 厘米，宽 88 厘米，厚 33 厘米
质地：榆木 / 披布披灰 / 黑漆
产地：山西
年代：17 世纪

座屏通体披布、挂灰、髹黑大漆，漆色纯正，漆质坚硬，光泽内蕴，漆面保存完好，呈大蛇腹断。常见屏心千变万化，具装饰效果，但若单髹一色，朴实无华，是为更高。传统用漆，单色有黑、朱、黄、绿、紫、褐等色，其中黑色为素中之素，可成大雅之物。《髹饰录》载："黑髹，一名乌漆，一名玄漆，即墨漆也，正黑光泽为佳。"观此物即可体会古漆沉穆素雅之美。

其有三处尤为引人注意：

其一，屏心为插屏点睛之处，常见插屏多以嵌文石、装花板、嵌百宝、绘画写字、髹彩漆等，以达到装饰效果。唯独此屏，以素中之素的黑漆髹饰，平如镜面。

其二，此屏尺寸硕大，匠师特在座屏上部委角处，各做个弯曲的花牙，花牙中间起脊，轻巧自然而内含力度，使得肃穆的大屏顿生灵动之感，一张一驰，节奏的把握恰到好处。

其三，屏座的抱鼓做成四个大球，浑圆饱满，富有张力，与素雅的屏心形成立体与平面的对比，如此造型与黑大漆质感相得益彰，更显光泽莹润。座屏传世较多，但能将抱鼓做到如此饱满者，实属罕见。

图4-48　明晚期楠木黑大漆素面枕屏
万乾堂 藏

综合其造型、漆质状态分析，此屏应制于明末清初。古人将吉祥之寓意赋予器物之上，屏可置于案上，取其“平安”之意，此屏浑然光素，屏心无饰，是为“平安无事”之意。抑或将其置于榻边，漆色如镜，大千世界观之自生，亦能卧游天下。

以上是2013年出版的《大漆家具》一书中相关注释，首先应该明确及更正的是，该屏质地“榆木”的标注为误笔，实为楠木。再有，就原文“其有三处，尤为引人注意”相关内容里“其一、屏心为插屏点睛之处”一句中的“插屏”称谓及字眼出现，就不难发现当时针对屏具门类中的有些种类及某种器具，在其属性特征、定义概念等相关界定方面，还是处于认知尚浅模糊不清的混沌状态。还有，虽最后结尾部分的“抑或将其置于榻边，漆色如镜，大千世界观之自生，亦能卧游天下”相关探讨，已将此屏的属性指向了枕屏，但是又因当时的研究不够深入，出于严谨方面的考虑才留有余地，最终采用了“黑大漆素面座屏”这一既能表达明白又略显表述不足的名称与叫法。时隔数年，鉴于近年来对屏具方面的研究与认知不断深入，尤其是对素屏及素屏文化方面的见解与感悟更为深刻，而今再论此“黑大漆素面座屏”，在《大漆家具》一书原有观点和认知的基础上，以下相关方面的探讨，权作对该屏更为深入具体的体会与认知补充。

（一）设计与用色

此屏，制式规范，样貌端正，气质高雅。上屏下座连体结构，宽度明显大于高度，为典型的横平卧式。如此得体的尺度，如此舒适的比例关系，如此和谐漂亮的配饰件形制选用，以及局部细节的完美表现和律动线条的呈现等，想必设计者、制作者在其具体制作之前定有十足的把握和充分的考量，其中图示效果提供的信息参考与美感，确应不可或缺，图4-49为此屏线图描绘的效果。

此屏身通体上下皆施品质上乘、色泽纯正、工艺考究的黑色大漆。黑色，古人有青色”之称谓，“青色”除如《大漆家具》一书中所表有“朴实无华”“素中之素”“是为更高”等相关释解和相应寓意外，“青色”之称谓是中国独具的文化体现。“青色”除能代表新生事物新的生命力以外，在中国人的应用中极富哲学思想和人情味，青色的纯正高雅能代表文人品德的纯洁与

图 4-49　该屏整体结构及底座两侧托泥与抱鼓墩基座部分相关分料结构的线图
郭宗平先生 绘

高尚，青色的纯真与纯粹更是文人高冷性格的象征，所以现实中，但凡遇与文人及文人情怀有关的古代家具，就施漆用色方面来看，皆在遵循素雅、单一的前提下，通常多以黑色修饰为主。黑色，虽最能代表文人精神，体现文人思想与情怀，但是黑色的纯正与庄重，在其应用及具体的实施过程中，尤其是当遇到大面积大体量的情况下，如把握不好色调及施漆用色的程度，做不到与相关因素的合理匹配，定会造成沉重冰冷之感，导致没血没肉无生命，会适得其反。所以，黑色的有效驾驭，器具整体状态的如愿呈现，针对黑色在家具制作过程中的应用而言，无论从先前的设计环节还是到后续的具体实施，都是一个要求高、有内涵、更具难度的课题。此屏，整体外观偌大面积的清一色修饰，为同类中罕见的同时，其整体表现、所呈状态意境等能使人心旷神怡，其原因经梳理分析后，应有以下几个方面：

其一，委角组合的设置。为避免恐因屏心面积过大且素净单调，如处理不当所造成的沉闷与呆板，此屏其屏心边框的两处上角部位，特作委角及草叶纹状形制组合的处理，委角含蓄内敛，草叶纹逸美律动，此“靓角儿”组合犹如神来之笔，妙趣寻味的同时，起到了最好的调剂作用，保障了屏心“镜面”状态的最佳呈现。

其二，底座之上四个对应方位所设置立体饱满、张力十足的浑圆球体，球大势涌格外抢眼。此为意义有三，一是出于该屏整体平衡、稳重等力之所需方面的考虑；二是出于美学层面，增加视觉冲击力的需要；三是基于自身美感之外该屏整体表现方面的考量，具体讲是应对偌大面积的黑素屏心作出立体与平面、动感与平静等相关方面破解与衬托的举措。如此一来，整体得以烘托，自身更加体现，可视作家具设计制作中互托互衬完美展现的成功案例。

其三，除上述两大主要举措及特别处理外，余包括屏心边框、腰板、分水板、站牙、托座等在内的部分配饰件，也都以各自不同的表现形式，应对整体及黑漆大面的最佳展现适宜适度地作出了呼应，如边框看面的圆弧及起线处理、腰板部位开光的隐现形式，分水板两端的花叶纹样和托泥侧面壶门造型设置，皆隐现有序、动静相宜，各司其职各就其位下，相互之间，整器而言，其形韵及状态都显得格外和谐，恰到好处。这些方面的考量与把握皆与此屏通体髹饰黑色大漆有着一定的关联，如图 4-50 所示。择上述设计重点及特色剖析外，此屏其他相关设计问题不再作具体赘述。

（二）选材用料及工艺

此屏，整体框架皆以楠木所为，其上披布披灰施以推光漆，从选材到制作可谓材优工精尤为考究。楠木素有“皇木”之美誉，质地细腻，软硬度适中，耐腐性强韧性好，性情温和木性稳定，是包括皇家在内家具制作的良材之一，更是皇家大漆家具制作的首选之材。因此史上各朝代，从皇家到百姓皆以拥有金丝楠木家具为荣，即使是在明清时期，金丝楠木的价值体现以及以其材质所制作的家具，在古代家具中的影响力和应居的地位也从未消减过。明代皇帝恩赐曹家用金丝楠木以皇室礼制修建的较高级别的昭嗣堂便是有力的证明之一，该堂其主体建筑所用梁柱结构等木料全部为金丝楠木，且粗高有佳，尤为触目，被奉为国宝。有关金丝楠木被重用的例子和相关方面的体现，历朝历代更是屡见不鲜，现存清宫旧藏的明清古代家具中，除少量的紫檀、黄

图 4-50　该枕屏侧面局部
万乾堂 摄

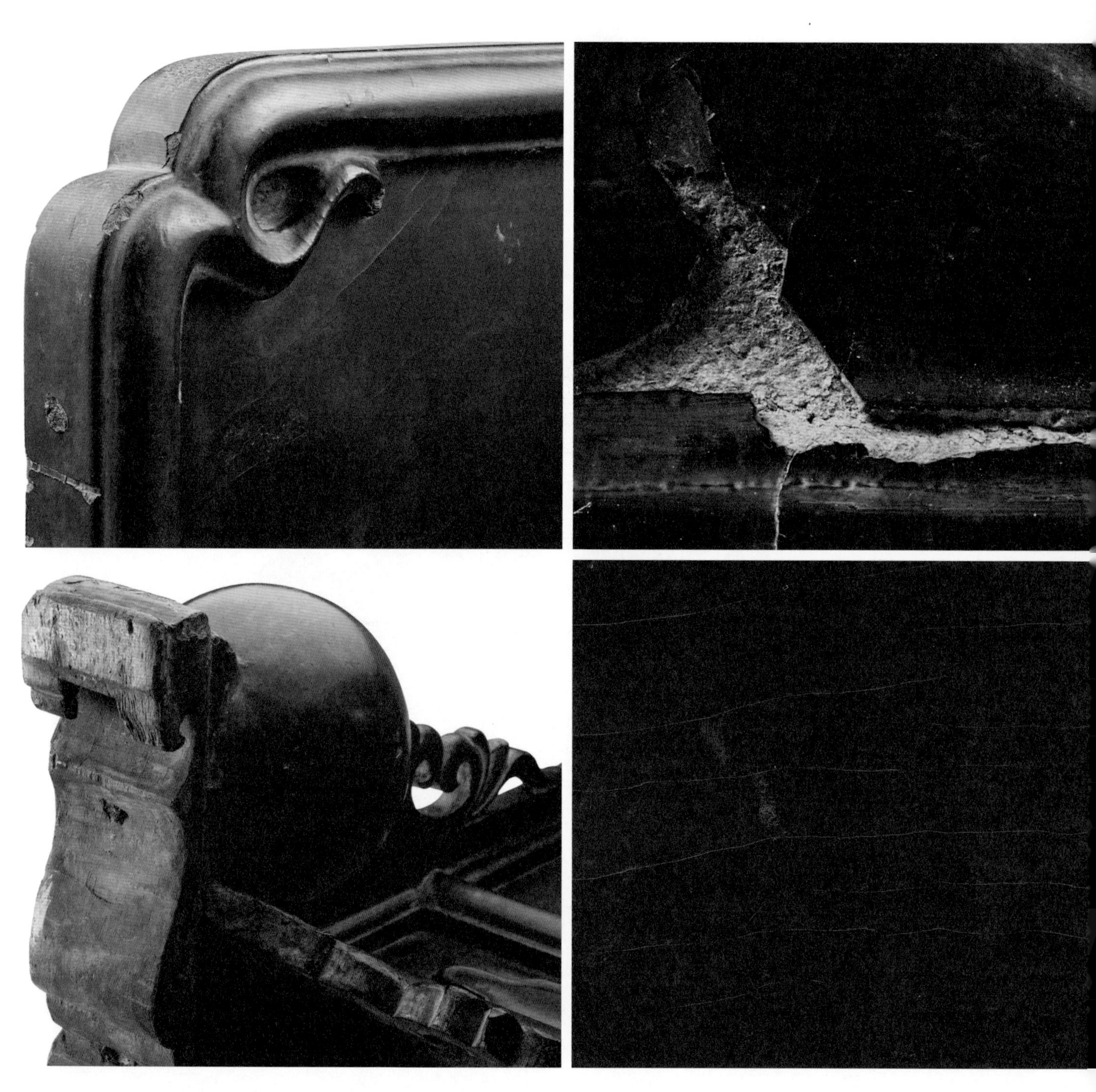

图 4-51　该枕屏选材用料、披布披灰及漆面漆断等相关展示
万乾堂 摄

花梨等硬木家具外，其余的大部分都是漆木家具、大漆家具，从这些家具中以宝座、屏风、香几、床榻等与皇帝公干理政及日常起居密切相关的器物器具用料情况来看，大多为金丝楠木所制。至此，应该表明的是，除皇家御用之外，在古代金丝楠木的应用对于普通百姓而言，那几乎是不可能的事。所以，该屏金丝楠木的选用，反映出其用料讲究的同时，也预示着此屏的出身及昔日主人的不凡身份与地位。主材以外，骨胎之上的披布披灰及黑大漆推光髹饰等，灰层较厚，灰质细腻密实，夏布色为纯白，疏密度适中；所髹大漆取自天然，色泽纯正，品质上乘，如图 4-51 所示。推光漆为中国四大漆灰工艺之一，其漆质漆色的质量要求较高，且制作工序工艺也极为严格，最后的推光环节完全靠人工手推完成，为山西地区首创，亦是山西漆器的代表及名片。

（三）制作年代

此屏，横屏卧式的形制呈现、上下连体的结构制式、疏密适中的白色夏布应用以及作工考究的漆灰工艺实施，一切皆有章可循、有规可依的同时，处处体现出明式家具的风格特征，散发着明代家具的应有气韵，尤其是屏心边框“靓角儿”组合、腰板开光形制、分水板两端的花叶纹饰和底座之上对应四方位所设置的球体形制形韵的表现，以及岁月使然所致屏心两面横向开出的大蛇腹断，皆与图 4-52 所示明晚期黑漆龛屏（三件）和图 4-53 中相关局部细节等多方面相同一致，相互吻合。此套龛屏，三件同体量，皆高 62 厘米，宽 43 厘米，厚 23 厘米，背面素漆，前面楷书金色铭文。其中一件屏心为“辅元开化文昌司禄宏仁帝君”。另两件，一屏心为“今年太岁至德尊神，县主城隍康济大王，龙虎玄坛金轮如意赵大元帅”，另一件屏心为“日日招财进宝童子，东厨主宰司命灶君，北极镇天真武玉虚师相玄天上帝，九天应元雷声普化天尊，南无大慈大悲救苦救难观世音菩萨，天地水府三元三品三官大帝，南泉教主普庵大德阐释菩萨，住居土地福德正神，时时和合利市仙官”字样。三龛屏铭文都与道神有关，或置于文庙，或设于道观。其出产地为安徽黟县。髹漆经碳 14 检测约为 1619 年。加之漆层表面虽光泽内蕴质如绸缎，但明显感觉火气褪尽、沉暮古雅的温和状态，包括该屏整体厚重老成的皮壳包浆所呈状态所具韵味等，更能体现“冰冻三尺非一日之寒”之喻。再结合该屏其他方面的特征因素，综合分析全面考量后认为：该屏的制作年代应为明代晚期。三十多年前由一线行家在山西晋南一带“铲出”。

（四）身份、属性、名称等相关探讨

此屏，在确老无疑且传承保存几百年的前提下，就其色泽色调的肃穆表现，以及无任何粉饰和内容可觅的空旷寡素之状，通常而言于情于理都不会让常人瞬间有感觉、被重视，甚至得不到相应的认识与保护。可依此屏现状来看，在传承使用的几百年间，“她”还真是出乎意料地得到了格外的呵护与爱戴，那她为什么会如此幸运，这确实是一个值得深思的问题。

此屏，偌大的屏心为什么会空空如也一无所饰？在未全面了解与掌握本著

图 4-52　明晚期黑漆龛屏（三件）
柯惕思先生 提供

Rafter Radiocarbon
Calibration Report

NZA 73160
R 41639/1
Report issued: 12 Nov 2021

CONVENTIONAL RADIOCARBON AGE   333 ± 18 years BP

Calibrated with IntCal20 (Reimer et al. 2020 Radiocarbon 62. doi: 10.1017/RDC.2020.41.).

CALIBRATED AGE in terms of confidence intervals

1 sigma interval is	1506 AD to 1527 AD	444.0 BP to 423.0 BP (26.6% of area)
	1554 AD to 1595 AD	396.0 BP to 355.0 BP (53.4% of area)
	1618 AD to 1633 AD	332.0 BP to 317.0 BP (20.0% of area)
2 sigma interval is	1489 AD to 1532 AD	461.0 BP to 418.0 BP (28.5% of area)
	1536 AD to 1637 AD	414.0 BP to 313.0 BP (71.5% of area)

CAL BP years
600 550 500 450 400 350 300 250 200
NZA 73160 CRA 333.0 +/- 18.0 years BP
Conventional Radiocarbon Age (years BP)
700 600 500 400 300 200 100 0 −100 −200
1350 AD 1400 AD 1450 AD 1500 AD 1550 AD 1600 AD 1650 AD 1700 AD 1750 AD
Calibrated years AD/BC

Calibration performed using Winscal v. 6.0 adapted from: Stuiver and Reimer (*Radiocarbon 35*(1): 215-230, 1993).

National Isotope Centre, GNS Science
PO Box 31-312 Lower Hutt, New Zealand Phone +64 4 570 4644
Email radiocarbon@gns.cri.nz Website www.RafterRadiocarbon.co.nz

Rafter Radiocarbon
Accelerator Mass Spectrometry Result
This result for the sample submitted is for the exclusive use of the submitter. All liability whatsoever to any third party is excluded.

NZA 73160
R 41639/1
Job No: 218754
Report issued: 12 Nov 2021

Sample ID 7.01 table screen
Description fabric sample with embedded lacquer removed from table screen
Fraction dated Textile - Antiquity
Submitter Curtis Evarts

Conventional Radiocarbon Age	**333**	**±**	**18**	(years BP)
$\delta^{13}C$ (‰)	-25.1	±	0.2	from IRMS
Fraction modern	0.9594	±	0.0023	
$\Delta^{14}C$ (‰) and collection date		±		
Measurement Comment				

Sample Treatment Details

580 mg of raw sample was received. Description of sample when received: Sample was submitted wrapped in paper inside a plastic bag. Sample consisted of a 13 x 2.5 cm strip of dark tan fabric with a light strip in the middle. On one end of the piece the last 2 cm of the fabric was frayed. The tan colour seemed to come from a brown film of lacquer over the fibres, with less of this substance in the middle of the strip. The textile subsample was taken from the frayed edge. The lacquer was picked from throughout the sample and prepared separately. Sample prepared by: Cut/Scrape/Dry Sieve/Picking. Pretreatment description: Fibres were pulled away from the fabric using tweezers and lacquer removed with a scalpel. The rest of the sample was stored. The lacquer was picked through from the entire sample. Chemical pretreatment was by organic solvent washes followed by acid, alkali, acid. Weight obtained after chemical pretreatment was 6.1 mg. Carbon dioxide was generated by elemental analyser combustion and 0.8 mgC was obtained. Sample carbon dioxide was converted to graphite by reduction with hydrogen over iron catalyst.

Conventional Radiocarbon Age and $\Delta^{14}C$ are reported as defined by Stuiver and Polach (*Radiocarbon 19*:355-363, 1977). $\Delta^{14}C$ is reported only if collection date was supplied and is decay corrected to that date. Fraction modern (F) is the blank corrected fraction modern normalized to $\delta^{13}C$ of -25‰, defined by Donahue et al. (*Radiocarbon*, *32*(2):135-142, 1990). $\delta^{13}C$ normalization is always performed using $\delta^{13}C$ measured by AMS, thus accounting for AMS fractionation. Although not used in the ^{14}C calculations, the environmental $\delta^{13}C$ measured offline by IRMS is reported if sufficient sample material was available. The reported errors comprise statistical errors in sample and standard determinations, combined in quadrature with a system error based on the analysis of an ongoing series of measurements of standard materials. Further details of pretreatment and analysis are available on request.

National Isotope Centre, GNS Science
PO Box 31-312 Lower Hutt, New Zealand Phone +64 4 570 4644
Email radiocarbon@gns.cri.nz Website www.RafterRadiocarbon.co.nz

图 4-53　明晚期（约1619 年）黑漆龛屏（三件）相关局部细节及碳十四检测报告
柯惕思先生　提供

上述第三章有关素屏文化及相关知识的情况下，依正常思维推测可归结于，古人或是想通过此屏心的“平净无饰”，表达平安无事的吉祥寓意外，还有没有其他方面的用意用途在其中？ 2013 年出版的《大漆家具》一书中，此屏“黑大漆素面座屏”的叫法为什么在本节被改为了“明晚期楠木黑大漆素面枕屏”之称谓？该屏相关名称、属性以及身份等方面的定义定性又是从何而来？针对这一系列的具体问题，以下将作出更为深入的探讨与剖析。

1. 古代绘画中家具写实性探讨

本著以上相关章节，通过对史上有关素屏传承应用等情况的梳理和素屏文化方面的点滴浅析，充分印证了世间确有“素屏”这一品种，且素屏又有其自身的质量之差和不同意义下的身份属性区别等现象存在。本节所述的黑大漆素面枕屏，以物质物理层面而论，作为质量好且制作工艺考究的一类毫无异议，但是该素面枕屏称谓的裁夺以及相关器物属性的确立，确实应有充分的理论依据和物证支撑方可成立。为了更为有效地对相关问题阐述明白、交代清楚，使其更有说服力、更具学术性，以下我们将在对部分与枕屏有关的古代绘画进行探讨的基础上，结合其他相关文献资料、实物佐证以及实际应用等多方面，作出应有的论证和论断。

图 4-54 至图 4-57 分别为北宋王诜《绣栊晓镜图》、藏于美国波士顿美术馆南宋时期《荷亭儿戏图》、南宋赵伯骕《风檐展卷》以及宋佚名《戏婴图》。以上四幅古图，皆为与枕屏相关的古代绘画真品，既有一定的代表性又具一定的学术价值、参考价值与权威性，它们之间有着以下几个方面的异同点。共同之处：其一，四幅绘画作品皆为时间相近、文化背景相似和较有影响力的唐宋时期画界佳作，皆为名人名作传世珍品；其二，四幅绘画中都有枕屏及其他相关家具的具体描绘，且所呈家具的形制结构、风格特征包括细节上的表达表现皆与同时期的同类同款器具相同。因此理论上讲，作品的创作与呈现其创意来源，起码应有相关方面的，或为真实场景的写照。如此一来，每幅绘画作品的写实性，其相互之间的印证便可得以初步认定。不同之处：其一，枕屏所陈设的空间场所等有室内和户外之分，且服务对象、

环境氛围、生活场景等各有不同；其二，四幅绘画作品中所显示的枕屏，其屏心表面的状态似有两种情况，一种是屏心表面有纹样或图案的显现和存在，总之有内容，另外一种则似素屏。

我们再针对四幅绘画作品中，包括枕屏在内的部分家具择其代表从造型结构、相关细节、尺寸尺度及风格特征等方面，根据其在绘画中的具体表现手法、展现形式、展示效果等多方面加以分析梳理，并结合那一时期相关款式宋式家具的造型制式、风格特征，以及传世同类同款宋式家具的真实面貌等相关情况进行对比、分析、研究。意在寻得古代绘画作品中相关家具的写实性印证，进而有利于下一环节的深入探讨。

（1）形制与风格

古代绘画具有一定的写实性绝非子虚乌有空穴来风，出于宋代素有宋代生活百科全书之称的《清明上河图》，将古代汴京城的市井、街巷、寺庙、城楼、桥梁乃至船只、往来车马行人等一一列入其内，细致入微地刻画出了百姓日常生活、衣食住行的鲜活场景，因此亦有宋代汴京全景照之说。再有世人皆知的《韩熙载夜宴图》，在宋代编纂的绘画著录《宣和画谱》中，就其写实性问题也有相应的文字记载，详细记述了顾闳中创作此画时的历史背景及全程经过。摘要如下："顾闳中，江南人也。事伪主李氏为待诏。善画，独见于人物。是时，中书舍人韩熙载，以贵游世胄多好声伎，专为夜饮，虽宾客糅杂，欢呼狂逸，不复拘制。李氏惜其才，置而不问。声传中外，颇闻其荒纵，然欲见樽俎灯烛间觥筹交错之态度不可得，乃命闳中夜至其第，窃窥之，目识心记，图绘以上之。故世有《韩熙载夜宴图》。"载文虽短，但内容丰富，将人物、时间、地点、故事情节、创作原因等戏里戏外表述得明白清楚。类似反映真实现状、记录现实生活，即写实手法的绘画作品贯穿古今，比比皆是，本著上述的《历代贤后图》《豳风七月图》等亦是更好的印证。至此，上述四幅绘画作品的写实性可信度及参考价值已是不争的事实，那么具体到绘画中所出现的家具，其样貌特征以及尺度比例关系等方面的表达又是如何，是否也属写实之例，以下将首先从其造型制式、风格特征方面展开分析与探讨。

图 4-54　北宋 王诜《绣栊晓镜图》中的枕屏
台北故宫博物院 藏

图 4-55　南宋 佚名《荷亭儿戏图》中的枕屏
美国波士顿美术馆 藏

图 4-56　南宋 赵伯骕《风檐展卷》中的枕屏
台北故宫博物院 藏

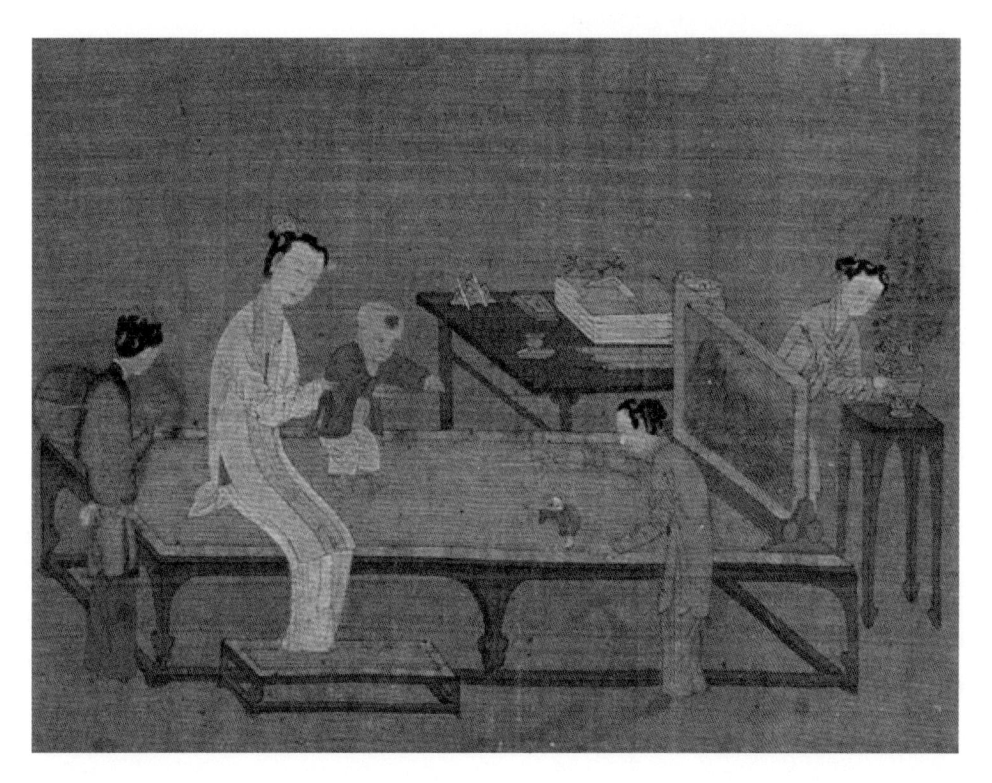

图 4-57　宋 佚名《戏婴图》中的枕屏

图 4-58　南宋 赵伯骕《风檐展卷》中的榻前小书桌
台北故宫博物院 藏

图 4-58 为《风檐展卷》绘画作品中榻前小书桌的特写展示，此桌就图示效果而言，细圆腿双拉枨，短桌宽面，若设牙板也应较窄，牙头呈宽扁状，桌面效果显示此桌似髹黑大漆。就直观可见的薄面窄牙、四腿纤细，整体用料尺寸偏小，侧面双杖位置偏高，整体形制简约利落等多方面的呈现，以及整器刚劲内敛、瘦秀骨感之美与儒雅之风，皆符合宋代同类家具的风格特征与特点，且在传世的明仿宋式同类古代家具中既能得到充分的印证，又能找到足够的信息对应。

图 4-59 为明代时期所制宋式黑大漆喷面书桌的展示。此桌长 118 厘米，宽 59 厘米，高 88 厘米，榆木，披灰髹黑大漆，灰实漆坚，漆层稠厚，漆色纯正，整器简练劲挺。此桌与《风檐展卷》图中所绘书桌相较，虽桌面长边下方多了一条横拉枨，但此种做法在相关资料和同类的宋式其他家具实物中皆能找到相应的佐证，虽为明作，但宋式宋样儿标准规范，不折不扣。此制式与《风檐展卷》绘画中书桌制式同为宋代经典书桌的制式范畴。现实中，为便于舒适的就座习读等，凡遇长面顺向设横拉枨的此类宋式书桌，一般会有两种情况出现：其一，此横拉枨的位置多数会偏高靠上，包括此类桌案侧

面两腿之间的梯子枨，其位置高度，要么偏上，要么偏下，这些既是此类书桌拉枨的特色所在，又是宋式家具的特征；其二，便是桌面长边的其中一条，常见会作喷面处理。意在使用上的舒适方便考量之外，更是宋式家具的风格特征及此类器具的特色所在。此桌桌面长边其中的一条大边向外作出的喷罩状，突出腿位近 12 厘米，即是印证。结构制式、风格特征及特色之外，此黑大漆书桌虽然总体尺度在此类的书桌中算作大号，但其桌面大边的用料厚度仅有 3.7 厘米，就连四根圆腿的直径才只有 4.5 厘米，这种用料较小较细、感觉偏瘦的表现及做法，加之此桌面以下设置分为里外的双层有序内敛平素窄牙板，以及玲珑精致的小牙头形制，乃至于此桌侧面两腿之间距离较近位置偏高的双枨设置等具体情况，更符合此种宋式书桌的用料考量及应有的样貌、应具的效果和味道。此外，再依据此桌考究的漆灰工艺，和其因岁月使然而形成逸美断纹的漆面表现情况、纹理走向以及包浆皮壳等所呈现出的状态与质感，更能证明其制作年代不会晚于明代。进一步讲，以上相关方面的

图 4-59　明代仿宋式黑大漆喷面书桌
万乾堂 藏

论述与论证，除足以证明此桌的制作年代外，其宋式宋味等方面的表现明显突出，因此在该桌定性为明作宋式毫无悬念的前提下，其作为相关物证方面的参考价值便得以肯定。

以上，在古代绘画具有一定写实性的前提下，通过对有关画中家具的造型制式、风格特征等方面，及与其有着一定关联的传世实物，在造型制式、风格特征、制作年代等方面加以论证并给予定性定论的情况下，做到理论依据与实物证据相互吻合的基础上，综合分析后不难发现，《风檐展卷》图中所绘家具，皆与现实中当时所用所制家具的造型制式、样貌特征、风格特点等一致，且刻画细腻表达真实，具高度的写实性。

（2）局部造型及纹饰纹样

除了整体形制以外，画中家具的细节描绘与表现，诸如家具牙板、牙头、搭脑、冰盘沿、壶门、开光、腿、足、枨、肩以及更为细微的边、角、线等细节上的刻画与处理，更能体现出其绘画创作时期家具的相关信息，反映出某一时期所制所用家具更为真实具体的情况。这些绘画中的家具细节表达，如能与同时代的相关家具资料信息，以及传世的相关家具实物对应节点相吻合，则更能证明绘画作品的写实性，说明画中家具的写实成分，体现其参考价值。以下将择局部造型、纹饰纹样等相关细节实例加以剖析论证。

图 4-54 至图 4-57 四幅宋代绘画中所表榻、案、桌、几等家具，其同款同种或同类家具的腿足制式、造型变化等皆一致，这种共通现象的存在及普遍性，理论上讲，其本身就间接地增加了此时期画中家具写实的可信度。更有如图 4-57《戏婴图》，在有限的空间内，整个画面所表家具包括枕屏在内多达四五件的现象，在古代绘画中较为普遍应给予肯定的同时，这些画中家具的出现，对古代家具的研究工作更具一定的参考作用。此画所表家具中，位于中央用于供全场人员聚集活动的大型有托泥凉榻格外醒目。就此榻而论，首先可以肯定的是，该榻面下所设六腿足的形制变化皆风格一致，足部皆为如意形。再者，静观细辨后会发现，在中间两腿足与四角腿足其表现形式各有特点的前提下，四角腿足部位的如意形转角状刻画，其造型在宋元时期及以后所制作的同类家具中也有鲜明的表现，主要体现在桌、案、几、榻等一些高形家具中。图 4-60 所示的矮束腰大供桌，虽为明代制器，不能等同于宋元，但其简约大气、古雅朴拙的样貌制式，是宋式元风的传承，尤其是该供桌腿足部位的形制处理（该腿足部卷云纹或忍冬纹的应用与形制选择，业内有“停留”之俗称）与后示图 4-62《绣栊晓镜图》中所绘四平式

图 4-60　明代宋元风格黑大漆矮束腰供桌的足部“停留”造型
万乾堂 旧藏

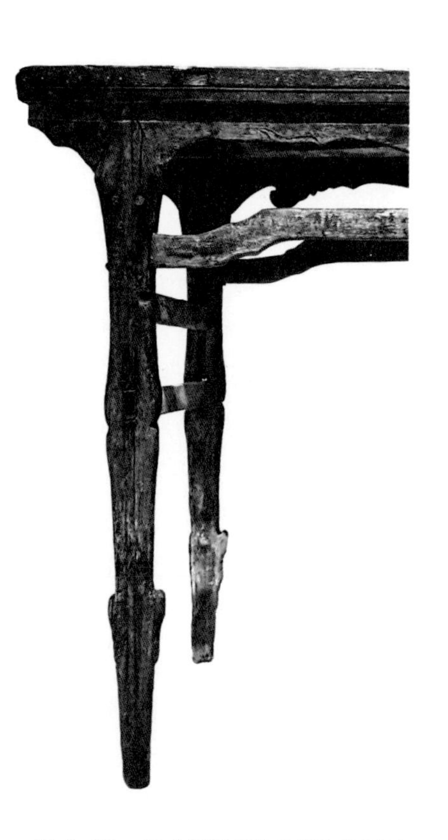

图 4-61　宋式剑腿桌腿足部位的形制
留馀斋 藏

图 4-62　宋 王诜《绣栊晓镜图》中四平面式梳妆台和《戏婴图》中榻、几等家具腿足局部细节
台北故宫博物院 藏

高形梳妆台的腿足形制，以及《戏婴图》中所绘六足大凉榻四角腿足形制，乃至榻旁所置香几的腿足形制等，皆相同一致，相互印证。因此，作为物证，此桌的出现又一次证明了古代绘画中相关局部细节的写实性所在。同样，中间两腿足所呈现的平面如意状造型，与传世的宋代或宋式经典剑腿酒桌腿足部位的形制变化皆一致。图4-61为相关传世代表的展示，此桌虽其制作年代不敢莽断，但就其样貌制式而言，宋式无疑，制作年代明代打底的基础上，其气韵、质感等相关信息，直指宋元。类似情况，在同时期的其他绘画作品中也皆有出现，如与上述创作时间相近的《韩熙载夜宴图》中，置于床前不同尺度的圆腿有拉枨桌案，其细腿和纵横拉枨的表达表现形式等，皆与《风檐展卷》《戏婴图》中所绘同款家具以及传世同款式家具的体貌特征所呈风格一致，如图4-63所示。再有，就上述所涉绘画作品中的人物表现，表情刻画，姿态呈现，尤其是对女性人物的全方位刻画与描绘，包括发髻头型、衣着装扮等，这些家具专业知识以外更为大众广泛认知的绘画常识及特征特点，亦是这一时期绘画作品写实性的又一证明。

从上述相同或相近时期，不同作者、不同题材的绘画作品中，所涉及的同类甚至是同款家具的一些局部造型及细节方面的处理，确有一定的共性与规律可言。再结合相关传世物证的具体情况等多方面，综合研究分析后可以得出，古代绘画中家具局部细节的表现，同样具有一定的写实性，且写实程度较高，参考价值较大。

不仅如此，有关唐宋时期画中家具的写实

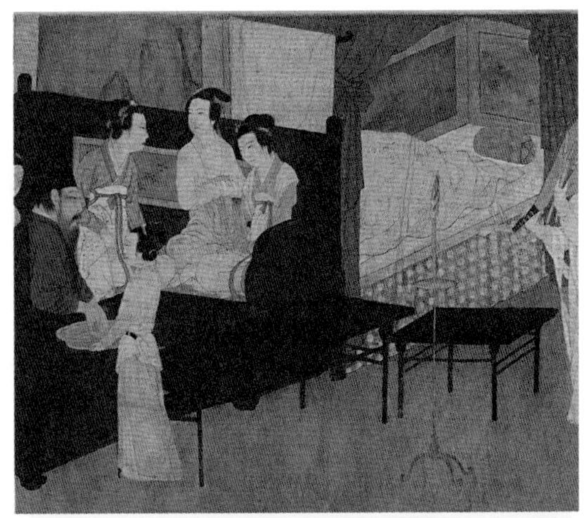

图4-63 《韩熙载夜宴图》《风檐展卷》和《戏婴图》中所绘圆腿横拉枨桌案局部细节的对比

性，除上述造型制式、局部细节以及其他有关方面得以印证外，家具在绘画中的写实表现这一现象和规律还应贯穿于绘画领域的史上各个时期。本著第三章素屏与绘画一节中，所举元代画家李公麟《幽风七日图》画作中的写实论述部分，可作为参考外，明清时期绘画作品中所涉家具的更是具象真实。图 4-64《杏园雅集图》，其创作年代为明代早期，创作背景是作者应明朝初年政治家、文学家杨荣之邀，是当时以杨士奇、杨荣、杨溥等九位内阁大臣共聚杨荣府杏园聚会的真实写照。其故事的时间、地点、人物等皆有据可依，有资料可查，在此不必多论。就此画在真实反映当时社会上层官吏生活的前提下，画中所绘家具的样貌体态与现实中传世的同类同款家具造型制式、所呈风格等完全一致。同样，郎世宁绘《仕女》画中的家具风格特征，包括结构制式相关细节以及材质的色泽质感等，皆刻画表达得更加细腻逼真。两绘画中所出现的家具，明式的简约流畅，清作的繁复方刚，官帽式搭脑的飘逸洒脱，拐子工的方正叠卷及变化，一招一式的呈现与状态都各自诉说着身世，折射出相应的时代背景。正因此，所有古代家具研究学者几乎全面依赖凡有家具图像在内的包括明清刻板、古代绘画等作为首选依据或佐证渠道。

至此，综上通过对所列举画中家具的造型制式、风格特征和局部细节、特点特色以及其他相关方面的梳理分析，再结合绘画史上相关方面的总体情况，以及参考同类同款式家具制作以及传世实物的具体情况，综合分析、相互比较、互相印证后可以得出：其一，可以更加确定部分古代绘画具有一定的写实性；其二，相关古代绘画中所绘家具的写实性、真实性及参考价值也更加得以肯定。因此，古代绘画中家具的样貌表现、信息表达等相关因素，亦可作为古代家具研究和探讨的有效依据和重要参考信息。

2. 枕屏相关标准探讨

枕屏以上已有交代，是指置于床头放于枕边的有底座屏具，其主要功能是起到防风御寒作用。除享有者外，与其有最为直接关联的因素，首先应是直接承接它的床榻，再有即其所应用的空间氛围等，因此枕屏该如何应景适宜地发挥其功能作用服务于人，这在自身结构制式、尺寸尺度等相关方面皆应有一定的要求及规制。那么，其结构制式应有何特点？尺寸尺度多少为佳？相关标准及其他方面的要求又会是怎样？在上节有关画中家具皆为写实得以求证，和画中相关家具信息具有一定参考价值的基础之上，本节我们将结合图 4-54 至图 4-57 四图绘画中所绘榻与枕屏的设置情况、应用环境、服务

图 4-64　明 谢环绘《杏园雅集图》和清 郎世宁绘《仕女》中家具风格具有高度写实性
（左）镇江博物馆 藏，（右）故宫博物院 藏

对象，以及每架枕屏的自身情况、相互关系、异同之处等有关方面，通过反向推理、科学论证的方式，再结合其他方面的具体情况，对上述相关问题逐一进行分析、予以探讨，进而就枕屏这一特殊屏具的结构制式、选材用料、相关制作等方面应具的条件和标准，以及特征等相关因素作出梳理与总结。

（1）结构制式

枕屏，作为床榻之上的陈设器具，且紧依人的头部，所以起防风作用的同时，自身的稳定性，给使用者带来的安全性甚至安全感至关重要，应是枕屏设计制作中首先要考虑的问题。如何才能做到这一点，图 4-54 至图 4-57 四图中，通过对置于榻上所绘枕屏的仔细观察，稍作分析后不难发现，四架枕屏的外观形体表现，除明显可见全部有底座设置外，其屏身比例皆宽度大于高度且差距较大，全部为横屏卧式。此外，从四幅绘画图片中所展现四架枕屏的结构制式及具体表现看，首先屏心的位置皆较为低矮，且抱鼓墩的刻画皆较为醒目，体量偏大，也就是说底座偏矮、重心靠下。再者，虽然仅从绘画角度不能完全肯定和确认屏心与底座的具体结构关系，然通过四枕屏底座之上均没有立柱生出的相关描画，再依据明代及更早时期所制此类制式座屏连体结构为主这一特征，和传世的明代此类座屏也多见连体结构的现象和规律，以及上述第二章相关枕屏一节所表，作为枕屏，其连体结构制式的应用及稳定性早已被古人发现，综合分析后可以断定，四绘画中所涉的枕屏，其屏与座的组合形式，应全部为连体结构。至此，相关枕屏应具的横屏卧式与连体结构特征，从古代绘画和相关研究结果方面再一次得以印证。

（2）尺寸尺度

枕屏，除与稳定性、安全性有着直接关系的形制结构、重量、重心等因素有关外，其整体尺度的把握、各方尺寸的控制，尤其是枕屏的宽度定夺，怎样考量才算正确，如何把握更为合理，常规制式下的枕屏最佳宽度应该是多少，相关的尺度范围又应是多大等一系列问题，既是屏具相关研究方面一个极具学术性的课题，又是枕屏鉴别判定方面又一重要参考要素。针对这些问题，以下我们将从枕屏实用角度应具的宽度、画中枕屏所表现的宽度和其他相关记载三个方面，作进一步的梳理分析、加以论证并找出合乎情理的参考标准及相关数据。

① 枕屏实用角度应具宽度

枕屏，在其实际应用过程中，与其接触最为直接的家具应为凉床或凉榻。凉床，原本是指夏天用于乘凉的睡卧竹床，除质地、功能有其专属性以外，做工简易属大众用具。凉榻，则是指古代的一种坐卧类家具，属于榻的一种，与人们的生活起居更加密切。或设于书斋，或置于亭榭，平时可随手甩几卷书在上面，亦可放些古玩雅器，把玩读书之余亦可供文人雅士小憩之用，较为随意尤为惬意。总之，更有文人器具属性的一面。随着时间的推移，应用的需要，凉床和凉榻的应用空间、应用范围、氛围等方面越来越难以厘清，故相关称谓、概念等也就有些模糊不清，现实中，今天的古典家具业界及学术界，多数人会将凉床和凉榻误认为是同种器具，只是叫法不同而已。为了便于研究，以下相关方面的探讨，皆是指在以木质而为的具文人属性的凉榻范围的进行。

文人属性下的凉榻，就明清时期所制器具的总体情况而言，其一，考究的凉榻造型制式皆相对简约秀雅、体量适中。形美工精者，无论是有束腰、无束腰，还是四面平式，亦无论是马蹄腿、香蕉腿、三弯腿还是其他形制，其整器用料全部加起来总共不会超过十五根，即四边框、四腿足、四牙板（如有束腰者，其束腰牙板为一木整出）再加三根弯托枨。上述情况，皆能说明凉榻作为文人用器相对讲究的同时，亦能折射出凉榻应更具规章、更显品位。其二，无论是相关方面的资料显示，还是传世凉榻的真实情况表明，凉榻的

图 4-65　清中期榉木窄凉榻
万乾堂 藏

尺度，尤其是踏面的宽度，可分为三种，第一种较窄型，此类“凉榻”的宽度通常都在 60 厘米左右。如图 4-65 所示，此凉榻长 203 厘米，高 45 厘米，宽 64 厘米，材质为榉木，产地为江苏，年份为清中期，是较为考究十五根料做法的经典文房器具。需要表明的是，此种尺度及体量的凉榻，应为木质凉榻器具中的最小尺码，故有因其原由而称之为“凉床”或“小凉榻”的有意区分之叫法，特别是尽管或因此类器具的宽度较窄难为卧具，但置于书房体量恰适，温文尔雅更宜氛围，故称之为“凉床”更加贴切。再者，其制作及应用数量也相对较少，如尺寸再窄至 50 厘米左右那就属于四人凳或长条凳的范围了。第二种，既是较为普通的常见宽度，通常情况下此种宽度的凉榻，其榻面宽度应为 80~120 厘米，在这个范畴内，最为常见的宽度则多在 100 厘米左右，上下出入不会太大。图 4-66 所示为明代榆木髹黑大漆抱柱腿凉榻，此榻面宽度为 116 厘米，在正常凉榻宽度的范围之内。此凉榻虽其制作为明代，但造型制式、风格特征等皆上承宋元，与《风檐展卷》中所绘凉榻风格一致、样貌相符，为宋式凉榻的代表，具有一定的参考价值。第三种，应为凉榻类别中体量较大，榻面最宽的一种，其榻面的宽度皆在 120 厘米以上，甚至会有超过 150 厘米的个别情况。类此种尺度的凉榻，同那些宽 60 厘米左右的小尺码小凉榻一样，首先是数量较少，再者就此类凉榻的相关应用应以户外为主的同时，其功能属性或更有专属，有的或与文人书房器具关联甚小。

以上所述三种不同宽度凉榻的有关情况，时间再早不敢妄议，依据相关资料反映，结合传世实物的具体情况可以肯定，自宋元至明清，这一现象皆普遍存在，且有贯穿与规律性可言。在此前提下，排除较窄一类的小凉榻，因其难为睡卧，故应与枕屏无缘。再抛开尺寸过宽、尺度过大的一类凉榻，或因其应用的氛围、服务的场所，以及本身数量相对较少等因素，造成此类凉榻与枕屏关联较小关系甚微等问题，故亦可视为特殊情况与枕屏的相关应用忽略不计。所以，真正符合作为枕屏相关研究方面最为有效、最为直接、最为密切的凉榻，当属上述常见榻面宽度在 80~120 厘米的各式凉榻，即第二种。

榻面宽度在 80~120 厘米范围内的凉榻首先应该明确的是，古代凉榻常规制式及作用下的凉榻制作，通常榻面大边的宽度皆在 10~15 厘米，再增或减皆应在 2 厘米之内，再小因力之所需可能性不大，再大应属特殊情况，几率较小。另外，但凡考究之作，其榻面的实施皆为软屉装置，即穿棕铺藤。明清传世之器，亦是最好的印证。再者，凡枕屏的应用多与这些形美工精置于书斋亭榭的文人用器关系更大。在此前提与上述榻面、大边等具体情况皆有数据和章法可依的基础上，针对枕屏宽度与凉榻宽度这一具体问题，推断分析如下：首先，常见范畴内榻面宽度为 80~90 厘米较窄些的凉榻，根据榻面及大边宽度与枕屏放置最安全、最合理等必要必须的匹配关系进行推算，枕屏的宽度应为 70~80 厘米。因为基于安全方面的考虑，枕屏底座需要置于凉榻的大边之上，往里不能越过软屉，往外应退后大边外缘至少 5 厘米处，同理，榻面宽度在 100~120 厘米的凉榻，其枕屏的宽度应为 90~110

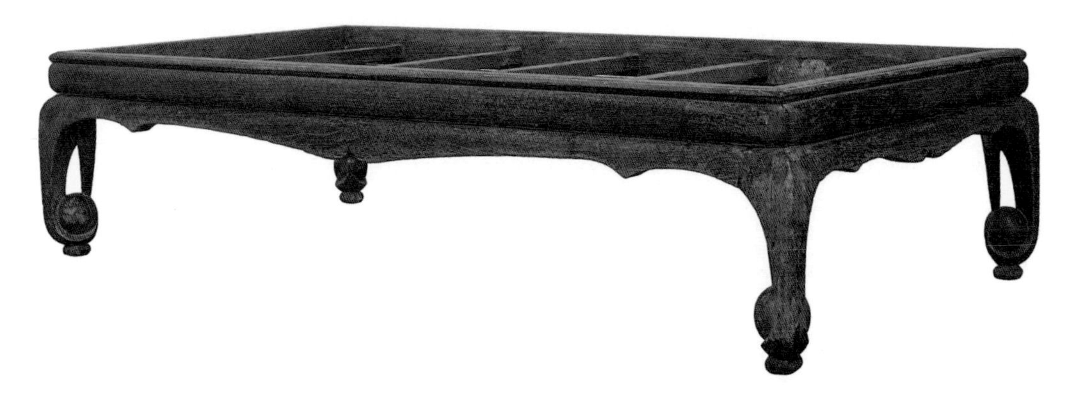

图 4-66　明代榆木髹黑大漆抱柱腿凉榻
万乾堂 藏

厘米。现实中，凉榻宽度围绕在 100 厘米左右的情况较多，也就是说，尺寸在 90~110 厘米的最多最常见。如此一来，无论是据实际还是依理论，常规制式下的枕屏其宽度应在 80~100 厘米最为合情合理。

② 画中枕屏宽度

北宋王诜《绣栊晓镜图》，如图 4-54 所示。女主人身后的榻上一端置一架连体结构枕屏，横屏卧式、横向较宽。从相关刻画及图示效果分析，上装屏心四周边框似以朱红漆髹饰，屏心虽不能完全排除石片儿装置，但是处于安全性和更便于收纳、搬运等方面的考虑，抑或是以木质髹漆灰工艺绘山水画的表现手法而为之的可能性更大。且该榻所设空间既非主人卧房亦不是文房书斋，应为亭院之中。

在上述此绘画作品以及画中家具得以写实认证的前提下，就图片中各类家具的具体表现，以及相互之间的体量、比例关系呈现和场景内人与器物之间的相对互映等具体情况综合而论，此榻尺寸应在常见凉榻尺度的范畴之内，其宽度应为 100 厘米有余。这一数值的得来，其理由之一，作为自唐宋时期所出现的高形床榻类器具，时至今日，其高度这一重要指标始终未曾有大的改变，皆应在 50 厘米左右。依据这一数值，针对该绘画作品中，榻面宽度和榻面高度明显成 2 倍关系的具体表现进行推断，此榻宽度为 100 厘米左右亦在合情合理之中；再者，如上所讲，在该绘画作品中，家具与家具之间、家具与人物之间以及整个画面表现皆得体舒适、相互吻合的前提下，视觉感受以外，如从数据数值方面进行分析推算，在常规床榻的高度皆为 50 厘米左右和常规桌案的高度应在 80~90 厘米这两大硬性指标的前提下，此桌与榻的高度差应在 30 厘米左右。这一数值，除与现实中的相关情况完全吻合外，该绘画中所绘桌子高出榻面的高度呈现情况，以及与其他所有场景中所涉及人与物之间的感觉也都吻合。如此一来，以反向验算的方式就又间接地证明了该榻面宽度应为 100 厘米左右这一数据的相对准确性。

在此画作中所涉榻面宽度应为 100 厘米左右得以确认的前提下，我们再就此凉榻与枕屏的匹配关系以及该枕屏的宽度作进一步的探讨。就此画面效果表现而论，榻上枕屏应具的宽度明显窄于榻面，即此枕屏的宽度肯定要小于 100 厘米，那它的最为合理、最为精确的尺寸该是多少，我们还需理论结合实际，借助传世古代凉榻与枕屏的相关应用情况寻找答案。首先通过上述通常情况下，宽度在 100 厘米左右的凉榻占比较大这一现象和规律，再结合这些床榻其榻面做法有很大一部分为“软面儿”的现象，以及处于安全稳定性方面的考虑，只有将枕屏底座两侧的坐墩部位置于凉榻的两大长边之上才能有其保障性等硬性条件和因素。再按通常用料宽度皆在10厘米左右的榻面大边，置枕屏后再留出适当的安全区域进行计算，宽度在100厘米左右的凉榻，所放置的枕屏宽度其最佳尺寸应为90厘米左右。这一数值恰与上述根据现实情况所推论出来枕屏最为常见最为合理的80~100厘米数值高度吻合。

③ 相关资料枕屏宽度

除上述相关方面的论证，2014年出版的李溪著《内外之间》一书中也有类似情况的表述和同样的观点表达，具体描述如下："在南宋的《荷亭儿戏图》中，凉亭下母亲身边的婴孩所爬的榻上也出现了几乎一样的枕屏。这种小的枕屏长为床宽或略窄，约二尺，高度则为宽度的一半，尤为适合白日里拿到庭院中的榻上，小睡时可遮风寒，不用时便收于房内，比三围屏更为灵活方便。"此引用助述中所提及的插图与本节图4-55同为一图。从这段表述中不难发现，就枕屏的特征特点等方面向我们提供了三个可贵的参考依据：第一，枕屏置于榻上，用于室外，意在遮挡风寒；第二，"不用时便收于房中，比三围屏更为灵活方便"之表述，亦有屏心装饰或不应为过于沉重石材；第三，枕屏的宽度一定要小于凉榻的宽度，且枕屏的高度通常情况下也一定会小于枕屏的宽度，表明了枕屏横屏卧式之特点所在；第四，就表述中所给出的此枕屏宽度"这种小的枕屏长为床宽或略窄，约二尺"这一具体数值，按当时的鲁班尺进行换算（1尺≈33.33厘米），那么枕屏的宽度约为80厘米。这一具体尺寸及数值，恰好也与上述枕屏实际应具宽度探讨中所推断出的常规制式下常见的枕屏宽度，以及绘画探讨中所论证出来的枕屏宽度数值相吻合。

④ 枕屏宽度数值

以上通过对具有一定代表性凉榻与枕屏宽度方面的论证与探讨，以及结合传世凉榻实物的有效考证，通过对古代绘画作品中所绘枕屏宽度的推测与论证，以及参考其他相关方面的研究成果，归纳总结分析后，就枕屏宽度相关参考数值等问题，得出如下结论：枕屏的宽度，可根据凉榻的尺度大小和所应用空间的氛围及使用者的具体要求等情况因需而为，其可大可小。但通常情况下，常规制式的枕屏，整体宽度皆应在80~100厘米，即使有变化，或增或减都不会出入太大。这一数据，可作为常见枕屏宽度的重要参考依据和枕屏判断的又一辅助条件。

（3）其他相关因素

作为枕屏，除以上所述应具的横屏卧式、连体结构、重心低下等与牢固性、稳定性、安全性有着直接关系的主要条件及因素外，鉴于枕屏器具的特殊性以及其所应用的空间、应对的氛围、服务的对象等各种不同情况与因素的影响，综合分析后认为，枕屏的制作还应与另外两种因素有关：一是屏心的制作与选材；二是素面屏心的制作与应用。

首先，作为枕屏出于其在使用过程中人身安全方面的考虑，其屏心的制作，尤其是屏心的选材用料方面，更应有着一定的要求和相关方面的考量。依常理而论，应尽量避开选用那些密度较大、质地坚硬、质量较重的石材类，因为屏心以石质材料为之的枕屏，一来置于榻上立于头部存有隐患，二来对于用于户外的器具而言，会带来便捷上的问题。这一观点及道理在世人皆知的情况下，李溪著《屏之内外》一书中“小睡时可遮风寒，不用时便收于房内，比三维屏更为灵活轻便”等相关表述，亦有相同意义等方面的对应。所以，枕屏屏心的相关制作及选材用料，当以木材、布绢、纸张等较为轻软材质的材料，并施以漆灰工艺的手法及形式表达更为科学合理，应视为首选。

再者，枕屏屏心素面因素及相关表现，纵观古代绘画作品中相关枕屏器具的具体刻画描写情况，不难发现屏心表面的状态与呈现，除大部分屏心的表面明显有纹样图案修饰外，亦有屏心表现似净颜素面情况的存在。上述所举图 4-55《荷亭儿戏图》中出现的枕屏，虽屏心状态显示有些模糊，但细观同一画面中的不同界面，相同性质下所采用的同一表现手法，如画面中地面、榻面、桌面等这些本身就该是素净的表达表现，皆与榻上枕屏屏心的色泽施绘效果呈现一致。况该屏边框、底座、抱鼓墩等相关局部的细节刻画与描绘，其界限界点颜色区分等，更能说明和感受到屏心空寂无饰应为素面的一面。此外，此作《荷亭儿戏图》称谓中“荷亭”字眼的出现，本身就寓意着户外，作为户外用器精工细作之余，部分器具的粗工简朴乃至不加修饰亦是正常现象，部分文人枕屏的制作亦是如此。所以，上述相关枕屏的标准及条件外，枕屏范畴内素心净面的存在亦是合情合理。

更有，无论是古代先贤笔下的“置榻素屏下”或“素屏应居士”，抑或是“念此尺素屏，曾不离我身”等有关素屏方面的词汇表达，还是史上各历史时期相关文人、士大夫等社会上层，与素屏文化、素屏应用等方面密切相关的人文趣事情况来看，更加证明素面枕屏应确有其器、确有应用的同时，再结合现实中素屏及素屏文化，在古人特别是那些文豪大家、大隐之士日常与精神生活中卧以游之，滋养身心的非同凡响与钟爱，更能说明和证实，素屏文化在文人圈里有共识、有共鸣，素面枕屏是文人雅士所用枕屏的终极之器、最高之品。所以，在枕屏相关标准、条件等皆具的情况下，屏心素面因素的存在，更加肯定了其枕屏的身份与属性。

（4）枕屏相关标准及条件归纳

综合以上有关枕屏标准、条件及相关因素等方面的探讨与论证，结合史上各时代文豪大家、大隐之士等世外高人与素屏及素屏文化方面的更多奇闻趣事、不解之缘，梳理总结后得出，作为枕屏：

其一，制式结构方面，首先，应具备横屏卧式和连体结构，与牢固性与稳定性密切相关的两大主要因素。其次，应尽量考虑和做到整器重心的压低靠下和底座重量的加大等与稳定性、安全保障相关方面的需求。

其二，屏心的制作与选材用料，应以木质漆灰工艺及其他相对轻软型的材质材料为首选。通常情况下，密度、硬度、质量等皆较高较大的石材类，不宜用于枕屏屏心的制作。

其三，正常情况下，枕屏的宽度在 70~110 厘米的范围内皆算合理。常规制式下，常见枕屏宽度则多在 80~100 厘米。

其四，以上特征特点及相关参考数值，可作为枕屏判定的主要条件和参考标准外，素屏因素的存在，亦可视为枕屏判断的又一重要因素和相关依据。

3. 黑大漆素面座屏定性与定论

依据上述有关枕屏器具应具的特征以及相关判断标准等，结合本节所示的“明晚期楠木黑大漆素面座屏”的具体情况进行梳理分析，明确该黑漆素面座屏的真实身份、相关属性以及确切的称谓是以下探讨内容的重点。

（1）结构制式

本节开头部分对此黑大漆素面座屏的结构制式、制作工艺等相关细节方面已作过详述，归纳总结后其最为主要之处应有以下几个方面：第一，该屏屏心与底座的连体结构做法，其成因除与年代较早有关外，此种做法及该种结构的实施，更是出于器具自身的牢固性和稳定性方面的考虑，这样的结构相较于上下两节活插活拿的做法更符合枕屏的使用与需求；第二，就自身形制而言，该屏宽度明显大于高度的横屏卧式体现，除符合枕屏的又一硬性标准外，也使得该屏重心得以压低靠下，大大增强了该屏的稳定性；第三，该屏底座之上所设的四个硕大圆形球体，其尺度较大质量较重，视觉享受之余起到了配重平衡作用，这又是出于枕屏稳定性方面的考虑。多方共为之下，该屏无论是自身结构制式、选材用料、工艺实施等方面都具备了枕屏应有的牢固性、稳定性、安全保障等基础条件和基本标准。

（2）尺寸尺度

此黑大漆素面座屏的宽度为 88 厘米，这一数值恰与常见枕屏宽度范围的参考数据 80~100 厘米相吻合，符合枕屏宽度这一硬性指标及条件。

（3）屏心制作

该屏主体的选材用料及制作皆为木质漆灰工艺，特别是屏心的选材与制作以及不分正反面的状态呈现，更是基于安全方面的考量，更符合枕屏应用与制作的相关辅助条件。

（4）相关因素

依同时期以欣赏和装饰作用为主的其他屏具而论，就髹漆用色方面而言，首先是通体施单色调者相对较少，即使屏身等主体髹漆为单一色，如黑色、红色、紫色等，通常情况下，也会有描金、五彩等其他附着色彩的出现。更为常见的是，屏身主体髹漆或多以黑、红相伴，或以紫红、黑褐等两种或两种以上的综合色调进行髹饰，并施描金、五彩等工艺共同为之，形成了多色配搭、漆彩并施的常见制作手法。而单一色的施色工艺及做法，除与各自的质地、质感、色泽美感等方面有关外，现实中色彩的运用，更有人文思想等意识形态方面的表现因素存在，如红色代表喜庆，寓意富贵；黄色代表华贵，象征身份与地位，等等。因此家具的髹漆颜色选择，很大程度上应取决于家具的一些特定属性和特别需要，髹漆用色美学的背后有着很深的学问。此黑大漆素面座屏所髹漆色之所以择其纯黑，且整器通髹不容半点差色，其初衷应基于以下方面的考虑及考量：其一，黑色，首先是没有任何可见光进入视觉范围，自身更显清洁纯正，更能体现低调象征高雅；其二，正是因为黑色的清洁纯正，排外性较强，容不得半点掺染，故此屏不施他色，想必更是有意而为，想借黑色的低调高冷、不喧不闹和沉稳庄重，反映和表达文人及大隐之士的内心世界和高尚品格。不仅如此，现实中能与这种素静表现状态有共鸣者，首先视觉感受清爽怡目，看着就顺眼。再者，面对此屏或静思顿悟，或深度修行，渐入佳境，有一定的催化助推作用。有此屏相伴，身心得以滋养，精神得以寄托，灵魂得以安慰。所以，此屏通体髹饰黑漆，屏心全素无饰这一有意为之与特点特色的呈现，更符合大隐之士“卧游”情结外，亦是与枕屏相关因素的具体体现。

（5）定性与定论

以上总结分析充分表明，此屏所具的连体结构、横屏卧式、形制尺度以及器物属性等相关方面，皆符合枕屏的基本标准和相关条件，因此该屏属性应定性为榻上枕屏毫无疑问。再结合此枕屏的选材用料以及相关制作年代，综合考量后其名称定为："明晚期楠木黑大漆素面枕屏"更为合理准确，图 4-67 和图 4-68 为古代文人空间枕屏应用与该明晚期楠木黑大漆素面枕屏置于凉榻之上相应场景的对比。

图 4-67　宋 赵伯驹《风入松》图中枕屏与凉榻场景
美国弗利尔博物馆 藏

图 4-68 明晚期楠木黑大漆素面枕屏置于凉榻之上的场景
万乾堂 摄

（五）相关发现

本节至此，在上述此明晚期楠木黑大漆素面枕屏，其身份、属性等相关方面得以定性定论的前提下，此明晚期楠木黑大漆素面枕屏的发现，该屏功能属性以外的相关情况和其在屏具研究领域的学术价值还应有如下几个方面：

（1）首先印证了古代资料记载中有关“素屏”之称谓之说法及相关物种的存在；印证了古代与素屏有关的人闻趣事及相关典故的真实性、可信度和参考价值；印证了素屏器具在古人日常生活中的实用价值以外其精神层面的文化价值及意义，填补了传世“素屏”实物空缺的空白。

（2）厘清了素屏的应用及传承情况，发现了素屏不同身份及属性，窥见了素屏文化的真实存在以及其在各领域各方面的相关体现与传承情况，验证了此黑大漆素面枕屏的功能作用及应具的真实身份，填补了传世“枕屏”实物空缺的空白。

（3）上述两项空白的填补，其学术价值得以肯定的同时，也是屏具门类乃至整个古代家具研究史上的重大发现与突破，是屏具研究领域迈出的引领性及鲜见性一步。也正是因为此屏的出现，才有了如上本著所有内容的总结与呈现。但愿此举作用之下，能够敲开屏具门类研究的大门，为屏具研究工作起到一定的推动作用，若真有此叩门之效，那么此明晚期楠木黑大漆素面枕屏的发现，更是成为了打开千年屏具世界文化宝库的“百年钥匙”。

附：相关参考资料

自古以来，家具范畴下的屏具制作，多以木质、漆灰工艺为主。本节以下有关大漆家具的概念以及大漆家具制作相关问题的略表与提及，意在使大家尤其是业外或初涉人士阅读此书时，针对大漆工艺以及大漆工艺所为屏具的认知和理解，提供一些最为基础的相关知识，起到一定辅助作用的同时，亦是出于方便上的考虑。更为深入细致的相关知识及问题，还需参考其他专业方面的研究成果或相关资料。

一、大漆家具的定义

古代家具以及家具制作工艺，常见于木材与漆灰的结合，这种结合制作出的家具统称之为漆木家具，在漆木家具的范畴内，有一种漆灰工艺较为考究的家具，即“大漆家具”。“大漆家具”其制作要具备骨胎之上披灰或披麻灰环节，并髹饰“大漆”。除此基本工艺及必备环节外，还有更为考究的漆灰工艺实施，如雕填、戗金、剔红、剔黑、剔犀、堆漆、沥粉、镶嵌、螺钿等。“大漆家具”中的“大”字表达工艺复杂，内涵丰富之意（此定义及部分注释引自2013年出版的《大漆家具》一书）。正因大漆家具工艺复杂，制作考究，所以除制作工艺外，其选材用料方面皆较为严格考究。

二、大漆家具的基本用材简介

（一）杉　木

杉木，为柏科杉木属的常绿乔木。分布于中国和越南，为亚热带树种，较喜光，喜温暖湿润，多雾静风的气候环境，不耐严寒及湿热，怕风怕旱。杉木是在中国长江流域、秦岭以南地区栽培最广，生长快，经济价值较高的用材树种。木材黄白色，有时心材带淡红褐色，质较软，有香气，纹理直，易加工，耐腐力强，不受白蚁蛀食，适于建筑、桥梁、造船、木桩以及家具制作等方面的应用。

大漆家具的制作，首先要选择适合的材料，这里所讲的“适合”不是指材料的高低贵贱，而是指材质的性能优长。以大漆家具的骨架用材而论，如果材料选择不对，外表的用材用料再贵重，所实施的工艺再考究，一旦内部的木制骨胎发生变化，就会导致器具的外表面目皆非，前功尽弃。所以，古人制器，尤其是大漆家具骨胎木材的选择，一定要选用木性稳定、木质松软、抓接力强、耐腐性强等适宜类材质。因此，无论是上至皇家御制之器还是下到民间百姓用器，大漆家具骨胎的选材杉木最佳，当为首选，而且一定要选择自然风干的陈年旧料为上。除杉木外，楠木亦是制作大漆家具骨胎的又一较佳之选。现实中，楠木材质的应用，虽多见于宫廷御制家具之中，但是楠木材质的应用并非一定能胜于杉木材质在大漆家具制作中的效果呈现及价值体现，而是有宫廷家具皇家文化的考量在其中。杉木在家具制作中的应用，体现的是古人对木性的了解，对自然的尊重，折射的是顺应自然规律有效驾驭及科学的制器理念。杉木在大漆家具制作中的应用，印证了“天生我材必有用”的哲学道理外，也证明了当今社会所存在的“唯材论”，尤其是“唯材第一论”拜物主义思想是错误的有待转变。最后重申一句：“不要误解小瞧甚至看不上杉木，杉木是制作大漆家具骨胎的最佳材料，没有之一，杉木在大漆家具中的应用是给家具增分的。”

（二）灰　粉

就传世的古代大漆家具而言，其披灰所选用的灰质主材料一般分为草木灰、砖瓦灰、骨灰、鹿角灰四种。草木灰因其灰质疏松、碱性较大、透气效果较好，能起到一定的防潮作用，故通常灰层较厚，多用于器具的底部以及靠墙的一侧。砖瓦灰在封堵木材棕眼起到防水防潮的前提下，更多考虑和兼顾到牢固耐用性以及器具表面的平整光洁度，故砖瓦灰多见于家具前脸、桌面等外表部位的实施。砖瓦灰原料的选择应以几百年前老房子拆下来的旧砖老瓦为上，因时间越久的砖或瓦所制作出来的灰质会越好，其稳定性越强。骨灰是加入部分动物骨头粉末的漆灰，此种灰质更为坚硬牢固较为考究。鹿角灰即是用鹿角粉等制作而成的漆灰，此种灰质极为考究，非百姓达贵阶层所能及也，多见于皇家宫廷器具的应用。

（三）麻与布

披麻、披布工艺环节，麻与布是在较为考究的大漆家具制作过程中，不可缺少的必备材料，是将苘麻或夏布等披于木胎之上灰层之中， 等同于现代建筑中浇筑屋顶时所加入的钢筋网，意在使家具的漆灰更加牢固结实。源于房屋建筑大木做法的梁柱披麻灰工艺借鉴，又因苘麻是古代家具制作披灰工艺中最早应用的材料，故才会有“披麻灰”之称谓。“披麻灰”是一种通称，现实中披麻灰工艺中所说的“麻”泛指多种，这其中包括苘麻、 红麻等不同品种及品质的同类材质，还包括布绢纸张等不同性质及属性的材质材料。就麻与布等不同材质的始用时间，理论上讲也有一定的时间规律性可言，通常披麻披灰工艺在家具上的初始应用，其年代要早于披布披灰和披纸披布工艺，披布披灰工艺的问世又应早于披纸披灰的做法。就披布披灰工艺中所用布料而言，质地稀疏的白色网状织物应用其年代较早，质地较为稀疏的白色夏布应用应紧随其后，质地密实的白色、绿色、青色夏布应用时间会更晚。

虽上述材质在漆灰工艺中的应用，确有发明及应用时间的先后之别，且存在着一定的规律性和普遍性，但现实与传世的大漆家具而论，披麻环节所用到的各种材质自古至今一直都有应用，也就是说麻、布、纸等材质在家具上的出现，不等同于披麻或披布工艺的家具其年份一定就早。虽所用麻、布、纸等材质对家具的断代有一定的参考作用，但规律之外有现实，一切要视具体情况综合而论。

（四）大　漆

大漆是指产于我国南方地区的纯天然植物生漆提炼加工而成的一种制剂，被称之为“国漆”。其应用较早用途广泛，素有我国“三大宝”（树割漆，蚕吐丝，蜂做蜜）之一的誉名，具有防腐蚀、耐强酸、耐强碱、防潮绝缘、耐高温、耐土抗性等多种优特之处，是制作大漆家具实施披灰工艺环节中，调制灰粉制成灰膏不可缺少的最为基础及最佳调和剂，更是大漆家具以及漆木家具制作中，各种漆工艺环节和外表状态处理中不可或缺的主要材料，其应用面广，效果最好，没有之一。因此，七千年前被古人发现应用至今且无可替代。

三、漆灰工艺实施简介

（一）披　灰

披灰工艺的实施要求极为严格，既是技艺的体现，又是多种专业知识和综合能力的考验，且有较高的科学性。主要体现在两方面：其一是披灰的遍数及每道灰质的粗细及用料配比掌控和具体实施。调制漆灰以外，通常先由封堵木材表面棕眼的第一道底灰开始，然后再依照底灰、粗灰、中灰、细灰、浆灰顺序与相关流程具体实施，这是最基本的披灰工艺流程及环节，如遇考究之作，则要在此基础之上，进行多遍且反复的不同程度的粗细灰实施，较为考究的器具仅披灰工艺环节就达几十道甚至上百道之多，这期间还要加入精工细磨等相关工艺的实施。其二是时间把控。披灰环节除由粗到细至精的程序外，其每道灰的具体实施时间也要严格把握，具一定的科学性和经验在其中，最为关键之处应有两点：首先，要在前道灰其干湿适度的条件下再披下道灰，否则过于潮湿或过于干燥都会影响到披灰的质量；再者，在具体的实施及制作过程中，一定要把控好干燥的方式和时间，要做到每道灰的干燥过程不宜过快，要风干，不能暴晒，必须用阴干的办法进行处理。现实中具体的操作过程，每个披灰环节的完成，连同披灰带阴干的时间正常天气下至少都要十天以上，如遇气候及特殊情况等问题时间会更长，如此算来几遍灰披好做完应需要几个月的时间。如果遇到工艺更为考究的器具制作，其披灰所用的时间会长达一年之久。所以，一件工艺考究的大漆家具制作，对古人来说堪同一个“工程”真不为过。

（二）髹　漆

髹漆，是指在预先制作好的家具骨胎及披麻灰工艺完成的基础上，髹饰天然的植物大漆。以最基本、最普通的髹漆工艺为例，通常情况下，髹漆环节最起码要经过三道工序，即上底漆、髹主漆、罩面漆三个环节。其中，各道工序中又会根据具体情况及需求刷饰不同的遍数。与此同时，漆的质量或成色等也有优劣之分、品级之别。另外，如需不同的颜色呈现，在调制的过程中，古代所用颜料多为矿物质，其色泽鲜艳纯正不易褪色。此外，具体的涂刷方式及手法除有一定的技能技巧外，有的家具还会根据髹漆工艺的具体需要采用相应的特别手法。如常见的推光漆做法中，就要用到发丝及人工手推的细磨方式，只有这样才能达到和作出推光漆的最佳效果及水平。以上这些是最为常见的标准的髹漆工艺实施过程，如遇更为考究的髹漆工艺，如雕填、戗金、剔红、螺钿、百宝嵌等工艺的实施，其工艺程序、实施手法、工艺标准、技术难度等，皆更为复杂多变要求更高，可见髹漆工艺的考究程度及在家具制作中的重要性。

四、其他相应材质及工艺略表

在大漆家具制作的选材用料及工艺实施过程中，除上述所提到的最为基础、较为常见的大漆工艺及相关用材用料以外，对于更为考究的大漆家具制作而言，其选材用料、所施工艺及工种类等方面的涉及会更加宽泛、更为丰富，如绘、堆、洒、嵌、雕、填、戗、剔等其他更为考究的各类漆灰工艺，这些较为考究的漆灰工艺实施，皆有三种优长可以肯定：其一，各类工艺的相关工艺属性水准等，在正常情况下，皆应优于普通常见的常规做法，其内在质量、外在表现等皆更胜一筹。其二，在这些较为考究的漆灰工艺制作中，所用到的部分材料皆会更为优质，甚至更加昂贵，如金、银、朱砂、玉石、百宝等各种名贵珍稀之材。其三，此类工艺及材质的大漆工艺实施过程中，其技术技艺的种类涉及会更多，且技术、技艺等方面的要求会更高更难，如钳工、金银匠、各类小细作等。有关上述三个方面的具体情况，以及制作工艺及具体实施手法等相关方面的细节问题还有很多，在此不做更为深入的阐述。

上述相关方面及问题的提及，意在表明大漆工艺范畴下，常见的漆灰做法和选材用料之外，还有更为考究的漆灰工艺种类及做法存在。表明大漆家具以及屏具的制作所涉及到普通材质与常见制作工艺知识以外的某些相关知识点，意在使大家对本著中大漆工艺范畴下各种漆灰工艺而为之的屏具有针对性了解，便于大家在对以漆灰工艺而为之的屏具鉴赏过程中，有一条清晰的鉴赏思路和相对的参考框架。当然了，虽然正常情况下，材质的优良、工艺种类等不同因素会涉及到一件器具的品味品级，甚至会影响到质量水准的高下，但它们并非是正比关系，更不是绝对的。所以，在了解的基础上，在鉴赏评判的过程中，皆应理性借鉴，综合而论。

参考文献

白居易，2006. 白居易诗集校注 [M]. 谢思炜，校注. 上海：中华书局.

白居易，2011. 白居易文集校注 [M]. 谢思炜，校注. 上海：中华书局.

陈骙，佚名，1988. 南宋馆阁录续录 [M]. 张富祥，点校. 上海：中华书局.

陈同滨，吴东，越乡，1995. 中国古典建筑室内装饰图集 [M]. 北京：今日中国出版社.

陈增弼，2018. 传薪：中国古代家具研究 [M]. 北京：故宫出版社.

邓雪松，2012. 贞穆堂明清家具撷珍 [M]. 北京：人民美术出版社.

杜甫，1979. 杜诗详注 [M]. 仇兆鳌，注. 上海：中华书局.

杜绾，2009. 云林石谱 [M]. 陈云轶，译注. 重庆：重庆出版社.

高左贤，2019. 湖上・大邦维屏（第十二期）[M]. 杭州：西泠印社出版社.

古斯塔夫・艾克，1991. 中国花梨家具图考 [M]. 北京：地震出版社.

故宫博物院，2015. 故宫博物院藏明清家具全集 [M]. 北京：故宫出版社.

莫里斯・杜邦，2013. 欧洲旧藏中国家具实例 [M]. 北京：故宫出版社.

黄定中，2009. 留余斋藏・明清家具 [M]. 香港：三联书店.

姜雷，2013. 案头・书房内外 [M]. 北京：中国书店.

蒋晖，2018. 明代大理石屏考 [M]. 济南：山东画报出版社.

郎瑛，2009. 七修类稿 [M]. 上海：上海书店出版社.

李溪，2014. 内外之间：屏风意义的唐宋转型 [M]. 北京：北京大学出版社.

刘传生，2013. 大漆家具 [M]. 北京：故宫出版社.

刘敦桢，1984. 中国古代建筑史 [M]. 北京：中国建筑工业出版社.

马未都，2008. 马未都说收藏・家具篇 [M]. 上海：中华书局.

牛晓霆，王逢瑚，2016. 中国古代占筮尺研究 [M]. 北京：科学出版社.

欧阳修，2009. 欧阳修诗文集校笺 [M]. 洪本健，校笺. 上海：上海古籍出版社.

乔匀，2002. 中国古代建筑 [M]. 北京：新世界出版社.

宋云涛，墓建中，1992. 洛阳邙山宋代壁画墓 [J]. 文物（12）：42.

孙机，2014. 中国古代物质文化 [M]. 上海：中华书局 .
孙希旦，1989. 礼记集解 [M]. 沈啸寰，王星贤，点校 . 上海：中华书局 .
台北故宫博物院编辑委员会，1996. 画中家具特展 [M]. 台北：台北故宫博物院 .
萧军，2008. 永乐宫壁画 [M]. 北京：文物出版社 .
王利器，2017. 盐铁论校注 [M]. 上海：中华书局 .
王世襄，2003. 明式家具珍赏 [M]. 北京：文物出版社 .
王世襄，2008. 明式家具研究 [M]. 北京：生活·读书·新知三联书店 .
王先谦，1988. 荀子集解 [M]. 沈啸寰，王星贤，点校 . 上海：中华书局 .
文震亨，1984. 长物志校注 [M]. 陈植，校注，杨超伯，校订 . 南京：江苏科学技术出版社 .
巫鸿，2017. 重屏：中国绘画中的媒材与再现 [M]. 上海：上海人民出版社 .
巫鸿，2021. 物绘同源：中国古代的屏与画 [M]. 上海：上海书画出版社 .
吴美凤，2016. 明代宫廷家具史 [M]. 北京：故宫出版社 .
扬之水，2015. 唐宋家具寻微 [M]. 北京：人民美术出版社 .
杨耀，1986. 明式家具研究 [M]. 北京：中国建筑工业出版社 .
张辉，2017. 明式家具图案研究 [M]. 北京：故宫出版社 .
赵希鹄，2016. 洞天清录（外二种）[M]. 杭州：浙江人民美术出版社 .
郑玄，2010. 周礼注疏 [M]. 贾公彦，疏 . 上海：上海古籍出版社 .
周进，2016. 鸟度屏风里 [M]. 重庆：重庆出版社 .
周默，2018. 中国古代家具用材图鉴 [M]. 北京：文物出版社 .
朱家溍，2002. 明清家具（上）[M]. 上海：上海科学技术出版社 .
朱家溍，2004. 明清室内陈设 [M]. 北京：紫禁城出版社 .

图片索引

4　图1-1
明晚期黑大漆彩绘案上赏屏（摄于1999年）

5　图1-2
明晚期黑大漆彩绘案上赏屏侧面

9　图1-3
明晚期黑大漆素屏

15　图1-4
清中期榆木剃头凳的展示

16　图1-5
五代南唐 周文炬所绘《太真上马图》中上马凳的展示

25　图2-1
清乾隆款杉木髹漆彩绘有座落地屏风

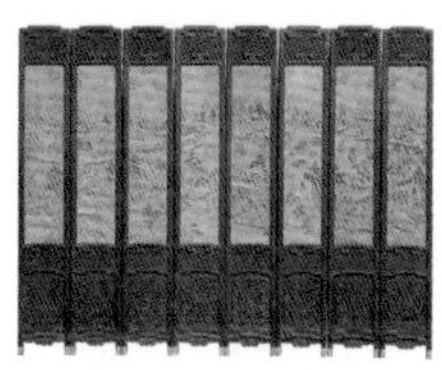
26　图2-2
清紫檀木边框雕黄杨山水人物图无底座组合屏风

27　图2-3
宋 佚名《荷亭儿戏图》中的枕屏

27　图2-4
明 唐寅《陶谷弱兰图》场景中案上砚屏

29　图2-5
清中期剔红框嵌牙山水图案上赏屏

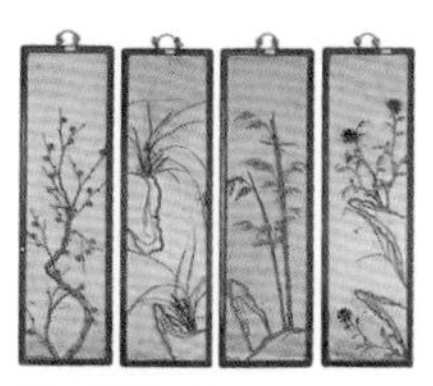
31　图2-6
清代黑漆框铁艺花卉梅兰竹菊四扇组合挂屏

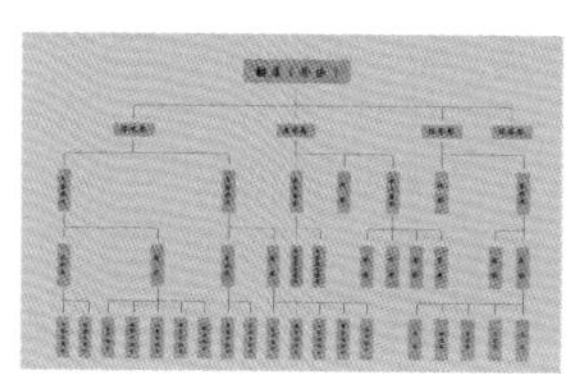
33　图2-7
屏具族谱图

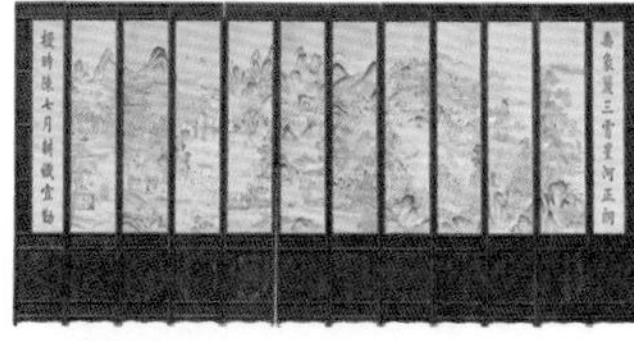
37　图2-8
清中期紫檀框山水人物图无底座落地组合屏风

38　图2-9
清中期紫檀框楠木心案上无底座组合小屏风

41　图2-10
南宋大理国张胜温画卷中有关折叠式组合屏风示意图

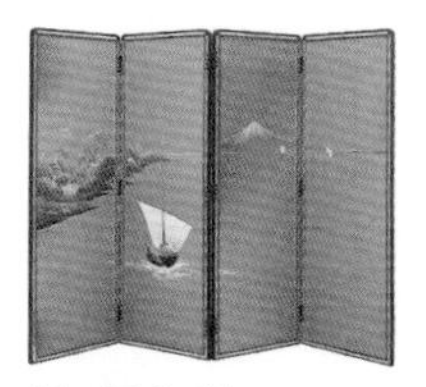
41　图2-11
清晚期紫檀框绣山水图无底座无站脚组合屏风

42　图2-12
清中期款彩群仙贺寿图十二扇无底座有脚落地式组合屏风

45　图2-13
分别为西汉墓壁画与仇英《溪山消夏图》中无底座“L”形围屏

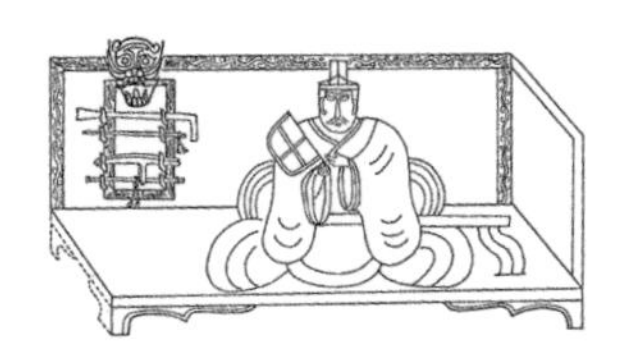
45　图2-14
山东安丘汉墓画像石中“L”形围屏

46　图2-15
东晋 顾恺之《烈女仁智图》中“凹”字形无底座围屏

48　图2-16
清乾隆《历代贤后图》中“八”字形屏风局部

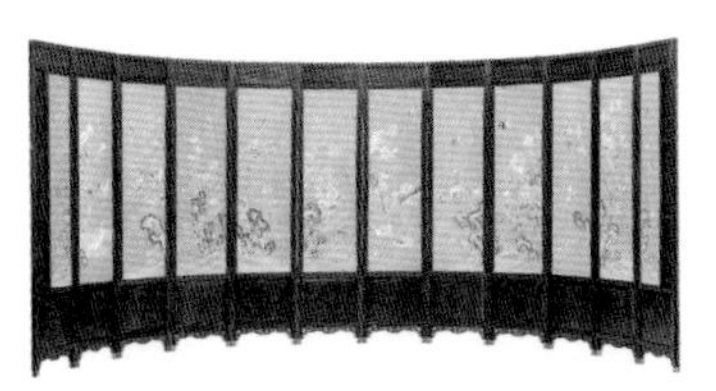

50 图 2-17
清代紫檀绣花鸟图十二扇“U”形无底座组合屏风

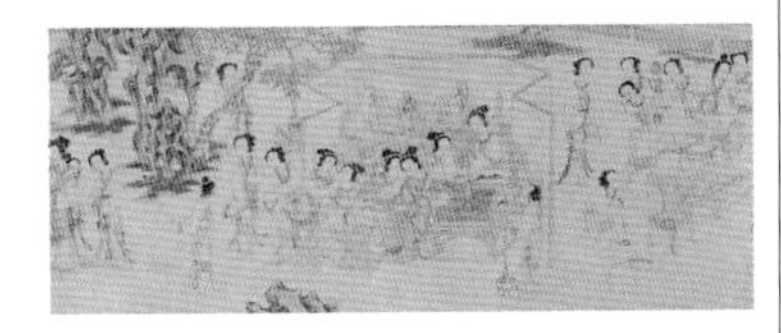

54 图 2-20
明 仇英《乞巧图》中所呈异形无底座围屏

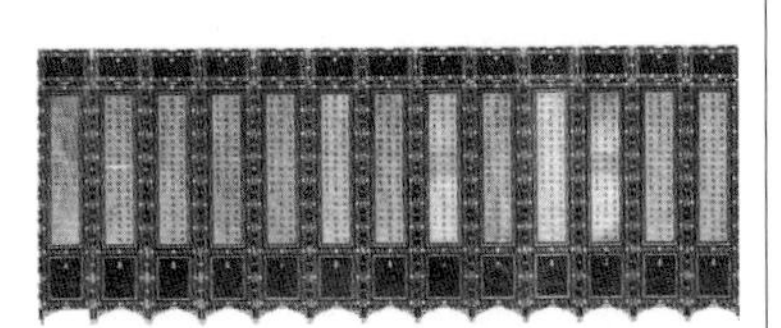

58 图 2-23
清康熙紫檀嵌螺钿框皇子祝寿诗大型无底座组合屏风

63 图 2-26
清中早期无底座组合屏风部分制作工艺代表

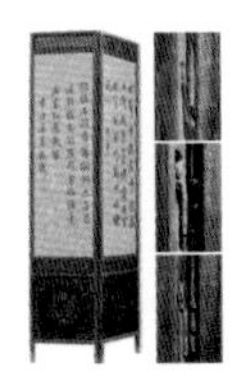

67 图 2-29
清乾隆官作楠木紫漆描金大型无底座组合屏风

70 图 2-32
北宋晚期（2008 年出土）宋墓壁画中所展现的单扇平面直形屏风的展示

71 图 2-35
宋 佚名《宋人白描大士像轴》中榻后有底座单扇平面直形屏风

52 图 2-18
清中期紫漆描金框绣《群仙贺寿图》九扇“U”形无底座组合屏风

56 图 2-21
常见有脚屏风与隔扇造型制式等方面的对比

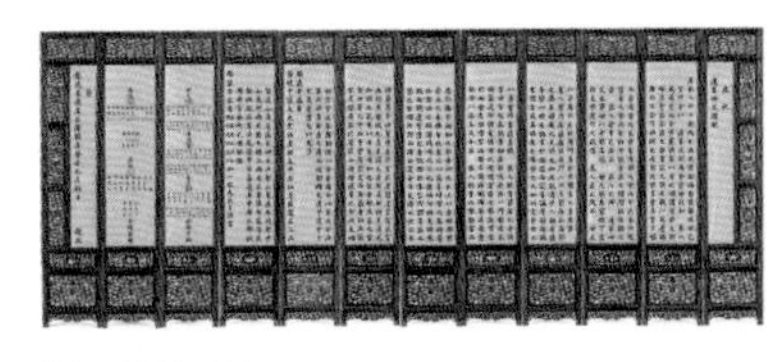

60 图 2-24
清中期黄花梨百宝嵌无底座十二扇寿屏及屏心内容的展示

65 图 2-27
明清较早时期屏风连接件铁质铜质挂鼻（钩）

69 图 2-30
汉代五彩画“有座”单扇平面直形屏风

70 图 2-33
元 佚名《张雨题倪赞像》画中有底座较大型单扇平面直形屏风

72 图 2-36
宋 佚名《宋人十八学士图轴》中有底座单扇平面直形屏风

52 图 2-19
清晚期黑漆莳绘鹤鹿图十二扇“U”形无底座组合屏风

57 图 2-22
宋 佚名《宋人十八学士图轴》中所呈无底座组合屏风

61 图 2-25
清中期晋作黑漆款彩十二扇无底座自立型寿屏整体及局部细节

66 图 2-28
清晚官作无底座组合屏风部分连接方式

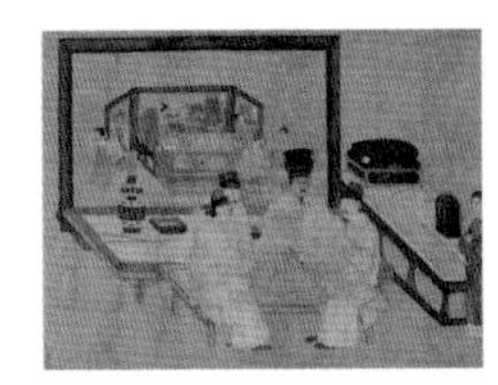

69 图 2-31
宋人摹五代周文矩《重屏会棋图》中较大型有底座单扇平面直形屏风

71 图 2-34
五代顾闳中《韩熙载夜宴图》中有底座单扇平面直形屏风的展示

73 图 2-37
《宋人十八学士图轴》中屏风底座上立柱与屏心立边框相接部位的细节

73　图2-38
明 杜堇《玩古图》中有底座单扇平面直形屏风的展示

74　图2-39
明代黑红大漆有底座单扇平面直形屏风

75　图2-40
明代黑红大漆有底座单扇平面直形屏风漆灰工艺

76　图2-41
清中期紫檀镶珐琅西洋人物有底座单扇平面直形屏风

76　图2-42
清中期黄花梨框蓝漆瀏鶒木象牙山水图有底座单扇平面直形屏风

77　图2-43
清中期黄花梨框蓝漆瀏鶒木象牙山水图有底座单扇平面形屏风局部

78　图2-44
宋 李公麟《孝经图》中有底座多扇组合平面直形屏风

79　图2-45
清乾隆剔红山水人物图有底座平面直形三扇组合屏风

80　图2-46
清乾隆紫檀框黑漆嵌玉乾隆书《千字文》有底座平面直形九扇组合屏风

81　图2-47
宋徽宗《十八学士图》中“L”形有座屏风在公共场所应用

83　图2-48
西汉南越王墓中出土有底座“凹”字形围屏(复制品)

84　图2-49
宋 刘松年《罗汉图》中所绘“八”字形有底座围屏

85　图2-50
明 仇英绘《璇玑图》中主人身后的较大型“八”字形有底座围屏

86　图2-51
清乾隆紫檀嵌玉会昌九老图“八”字形有底座围屏

87　图2-52
清中期紫檀镶珐琅云福纹有底座“八”字形围屏

88　图2-53
故宫太和殿陈设的有底座“八”字形御用围屏

89　图2-54
清乾隆紫檀嵌竹框山水图有底座“八”字形围屏

89　图2-55
清乾隆紫檀框黄漆百宝嵌花卉图有底座“八”字形围屏

90　图2-56
清中期紫檀云福纹“八”字形围屏式多宝阁

91　图2-57
民国时期山西地区折叠式有底座组合寿屏

93　图2-58
清中期黑漆描金框牡丹图有底座“U”形围屏

94 图2-59
清早期紫檀框绣云龙纹有底座“U”形围屏

94 图2-60
清晚期十扇以上由双数组合而成的有底座“U”形围屏

96 图2-61
异形有底座围屏

97 图2-62
清中期造像座“八”字形围屏

97 图2-63
清晚期山西地区有底座案上“八”字形小围屏

98 图2-64
清中期榆木髹黑红漆案上折叠式龛屏（关闭）

99 图2-65
清中期榆木髹黑红漆案上折叠式龛屏（打开）

101 图2-66
清中期潮汕地区紫漆彩绘亭台人物场景图无底座组合屏风

102 图2-67
清中晚期福建地区传世有“角座”自立型组合屏风

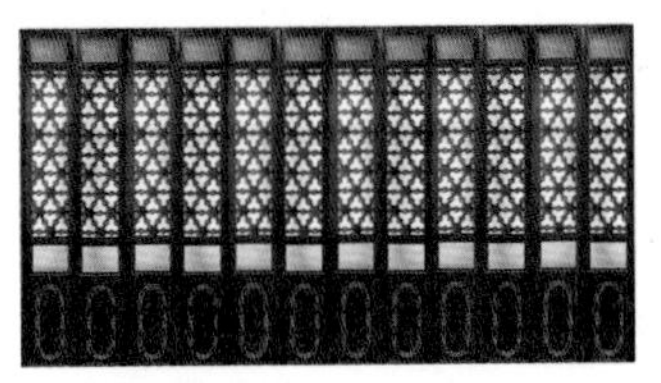

104 图2-68
清晚民国时期类中式洋味无底座自立型组合屏风

108 图2-69
清早期山西地区有底座屏风

109 图2-70
清晚民国时期山西地区有底座寿屏

111 图2-71
清代山西地区大漆工艺所制无底座自立型屏风部分工艺代表的组图

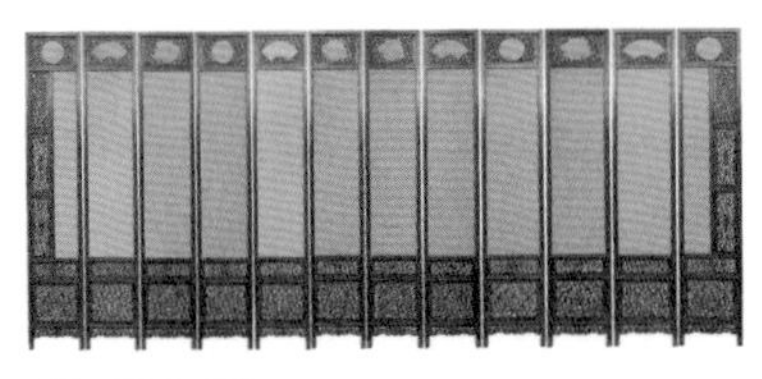

112 图2-72
清早期北方地区产黄花梨木十二扇屏风

116 图2-73
清康熙无底座自立型组合屏风代表的展示

118 图2-74
清宫旧藏有底座屏风

120 图2-75
明代黑漆彩绘云龙纹有底座围屏残件

121 图2-76
明晚期黄花梨透雕螭龙纹大理石心有底座较大型屏风

123 图2-77
明晚至清中期黄花梨制无底座自立型组合屏风经典纹样

126 图2-78
全国范围内黄花梨无底座自立型组合屏风传世情况分布示意图

130 图2-79
明晚清早期黄花梨砚屏及连体结构线图

130 图 2-80
清中期胶胎屏心插屏及分体结构线图

132 图 2-81
清晚期硬木水银镜面大型落地镜屏

134 图 2-82
宋 佚名《槐荫消夏图》中的落地枕屏

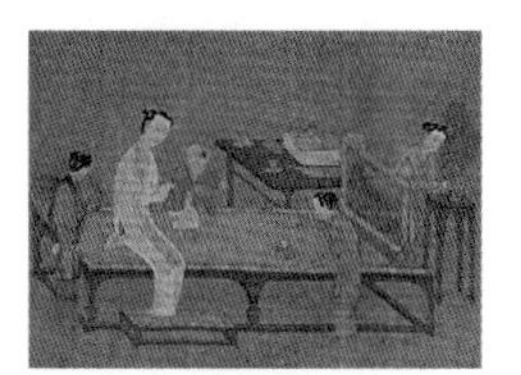

135 图 2-83
宋 佚名《戏婴图》中枕屏

137 图 2-84
明晚期黑大漆绿端石心赏屏

138 图 2-85
明晚期黑大漆卧式座屏

140 图 2-86
仇英（款）（约 1482—1559）《东坡寒夜赋诗图》画中的砚屏

141 图 2-87
明代绘画中较早时期砚屏的组图

142 图 2-88
明代黑大漆浮雕人物故事图砚屏

142 图 2-89
明晚期云石心黄花梨砚屏

143 图 2-90
清早期黄花梨螭龙纹玻璃心砚屏

143 图 2-91
清中早期铁梨木镶石板画砚屏

145 图 2-92
清乾隆紫檀嵌铜镜玉雕双龙纹砚屏反、正两面

145 图 2-93
清乾隆黄花梨镶青金石饰兰草纹小砚屏正、反两面

147 图 2-94
清晚民国红木大理石屏心砚屏

147 图 2-95
清晚期红木祝寿图瓷板心砚屏

149 图 2-96
砚屏屏心（常见天然石片儿）

149 图 2-97
天人合一砚屏屏心（石片儿）

150 图 2-98
祁阳石材质屏心及雕刻纹样

151 图 2-99
清中期红木边框刻玻璃画砚屏

152 图 2-100
清代以来部分砚屏用材及屏心少见做法的代表

153　图 2-101
清代以来常见砚屏屏心用材工艺及部分创新做法的代表

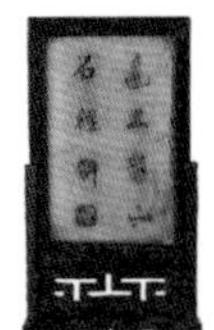

154　图 2-102
清晚民国时期“石片儿诗画”和“瓷片儿”屏心砚屏

156　图 2-103
明晚清早期黄花梨理石心砚屏

157　图 2-104
清早期黑大漆嵌百宝砚屏

158　图 2-105
清乾隆御题诗紫檀嵌象牙《梧桐消夏图》砚屏

159　图 2-106
清中期铁梨木绘画理石心砚屏

160　图 2-107
清晚民国时期传世砚屏

161　图 2-108
清乾隆御制紫檀雕缠枝莲纹座屏式灯屏

162　图 2-109
清乾隆御制紫檀雕缠枝莲纹座屏式灯屏灯箱顶部透气孔

163　图 2-110
清乾隆紫檀灯屏

163　图 2-111
清中晚期北方地区黑漆灯屏

164　图 2-112
清中晚期民间灯屏

164　图 2-113
清中晚期民间灯屏

165　图 2-114
清乾隆紫檀木座屏式灯屏样鱼缸赏屏

166　图 2-115
故宫太极殿西次间南窗炕上箱式赏屏及场景

168　图 2-116
清中期朱漆沥粉螭龙纹佛龛

168　图 2-117
清中期榆木神龛

171　图 2-118
常见制式龛屏

172　图 2-119
福建、潮汕地区微小型龛具与北方地区龛屏的对比

174　图 2-120
湖北省江陵望山 1 号墓出土楚国彩漆屏

176　图 2-121
明 佚名《上元灯彩图》中的相关屏具

179 图2-122
明中早期大漆镂空高浮雕人物、瑞兽纹连体结构赏屏

179 图2-123
明早期朱红漆彩绘镂空雕麒麟纹连体结构赏屏

180 图2-124
明晚期大漆彩绘案上赏屏（分体结构榫销插装方式）

181 图2-125
明晚黄花梨大理石心案上赏屏（分体结构倒“凸”字形插装方式）

182 图2-126
明中晚期黑大漆方形案上赏屏

182 图2-127
明中期黑大漆嵌云石心赏屏

184 图2-128
明晚期黑漆薄螺钿人兽花鸟图竖式赏屏（正面）

185 图2-129
明晚期黑漆薄螺钿人兽花鸟图竖式赏屏（背面及款识）

186 图2-130
明中晚时期案上赏屏部（分材质及工艺）

188 图2-131
明中晚期沉香木高浮雕麒麟纹赏屏

189 图2-132
明中晚期沉香木高浮雕麒麟纹赏屏（另一面屏心）

191 图2-133
明晚清早期黄花梨案上座屏

194 图2-134
明代经典抱鼓墩形制底座

195 图2-135
清宫廷御制赏屏常见“脚心”式“拱桥”状基座

197 图2-136 清中晚期花梨木料丝“镜面”山水人物画赏屏

198 图2-137
清中期案上赏屏（形制、用材、工艺等）

200 图2-138
故宫博物院明清家具馆相关屏具场景

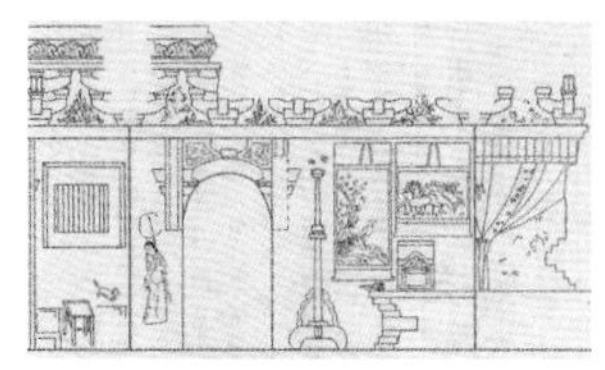

201 图2-139
河南洛阳邙山宋墓壁画上相关“挂屏”的资料

202 图2-140
皖南地区清代厅堂之内有关挂屏场景布置

205 图2-141
清代常见独立挂屏

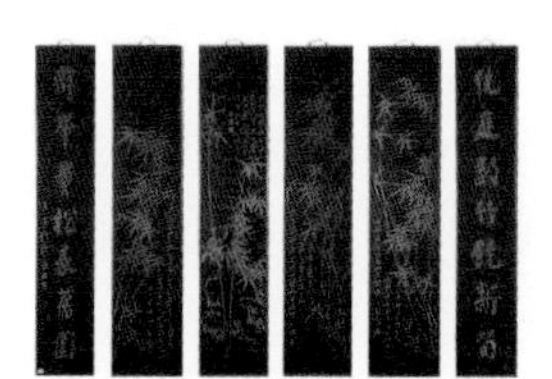

207 图2-142
清中晚期紫漆镶竹黄竹纹诗句六件套挂屏

209 图 2-143
明晚期大漆贴金雕填捻砂工艺楹联（正、反两面）

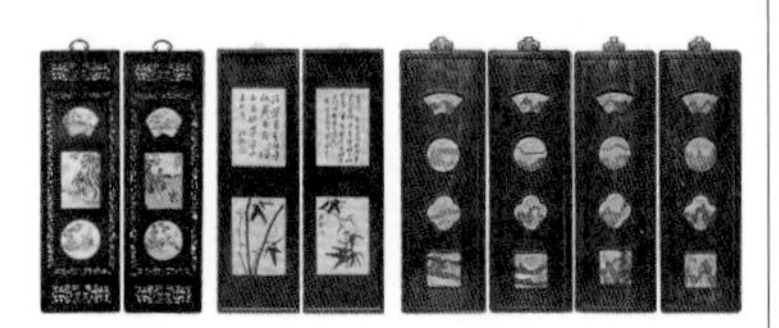
214 图 2-146
全国各地不同时期不同做法的厅堂挂屏

219 图 2-149
影视场景中的“炕屏”

226 图 2-152
唐 韩干《牧马图》屏风画（局部）

229 图 2-155
明中晚期黑大漆嵌螺钿工艺案上赏屏（背面）

237 图 2-158
故宫太和殿内宝座之位及立体空间

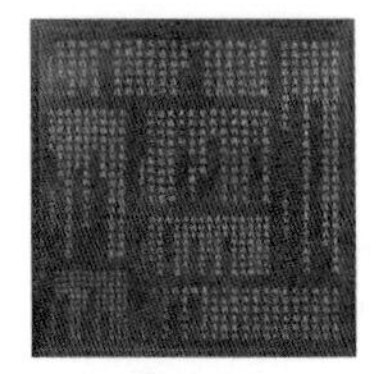
241 图 2-161
清乾隆紫檀镶铜镜案上赏屏（背面）

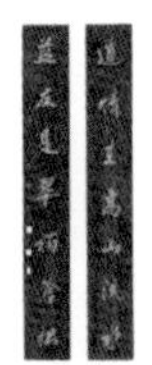
210 图 2-144
清中晚期朱红漆嵌青花瓷诗句对联

217 图 2-147
书房匾、功德匾、寿匾以及殿堂匾额部分传世代表

220 图 2-150
故宫重华宫东梢间和恭王府相关空间炕屏

227 图 2-153
宋 郭熙《早春图》屏风画

233 图 2-156
清代常见中堂及堂内布置

238 图 2-159
故宫太和殿内宝座、屏风及藻井等相关场景

253 图 3-1
清中期紫檀镶白铜心小砚屏

213 图 2-145
清代皇家御制挂屏材质及工艺

218 图 2-148
古代大型殿堂内外悬挂的匾额

223 图 2-151
清乾隆紫檀嵌百宝博古图案上赏屏

228 图 2-154
明中晚期黑大漆嵌螺钿工艺案上赏屏（正面）

234 图 2-157
清乾隆五十七年款大漆彩绘书朱子家训落地屏风

240 图 2-160
清乾隆紫檀镶铜镜案上赏屏（正面）

257 图 3-2
琅琊山 157 号汉墓出土汉代漆盒彩绘工艺（局部）

257　图 3-3
西汉初期马王堆 3 号汉墓出土彩绘漆屏风

275　图 3-6
《韩熙载夜宴图》中所绘素屏（局部放大）

280　图 3-9
元末明初 王蒙作品《双亭观浪图》

283　图 3-12
明 文徵明绘《古树双榭图》中的素屏

286　图 3-15
明 仇英《独乐园图》中的素屏

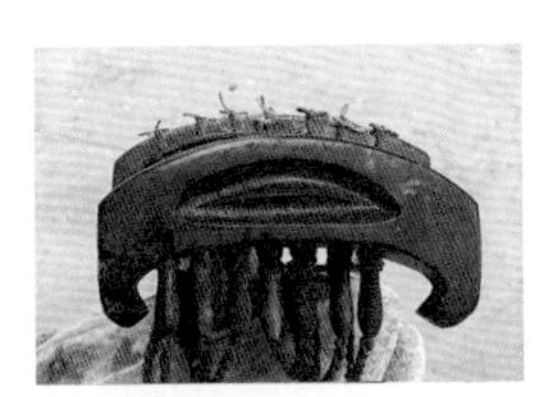

303　图 4-1
某古琴局部细节

321　图 4-4
横屏卧式形优器弱之代表

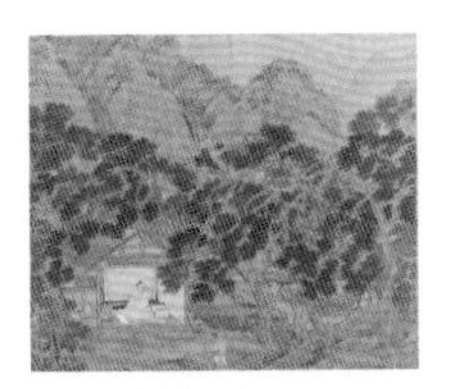

264　图 3-4
明 仇英绘《高山流水图》中素屏的展示

278　图 3-7
宋 李公麟绘《豳风七月图》（局部）

281　图 3-10
元 姚廷美所绘《有余闲斋图》

284　图 3-13
明 唐寅《西洲话旧图》（局部）

287　图 3-16
明 尤求《松荫博古图轴》中的素屏

306　图 4-2
某琴“藏款”

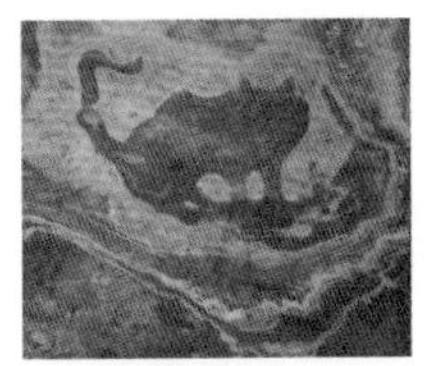

324　图 4-5
绿端石天人合一的纹样图案

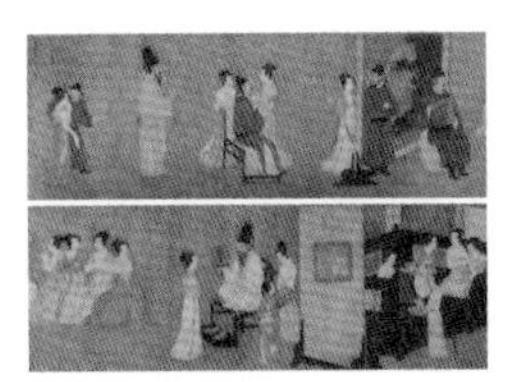

274　图 3-5
五代南唐 顾闳中绘《韩熙载夜宴图》

279　图 3-8
元末明初 王蒙绘《谷口春耕图轴》

282　图 3-11
元末明初 倪瓒、赵原《狮子林图》

285　图 3-14
明 刘俊《周敦颐赏莲图》（局部）

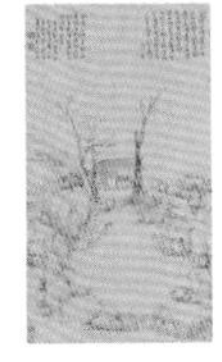

289
图 3-17　明末清初 画僧弘仁《古槎短荻图轴》中的素屏

320　图 4-3
横屏卧式形优器美之代表

324　图 4-6
祁阳石材质与人为的巧作

324 图4-7
白石板手绘彩色人物图案

326 图4-10
清中晚期铁梨木“石片儿”心砚屏

329 图4-13
清乾隆十八年大漆工艺自立型组合屏风（局部）

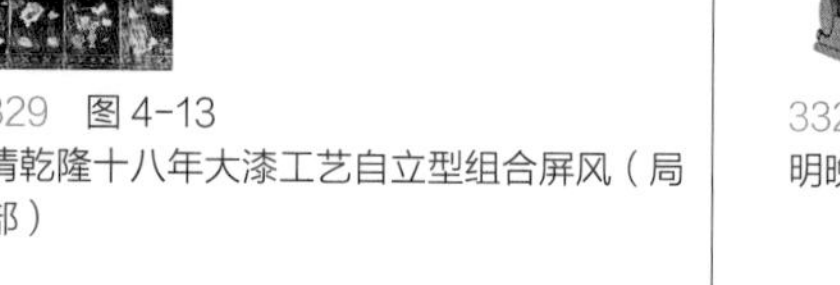

340 图4-16
常见表现形式书房匾

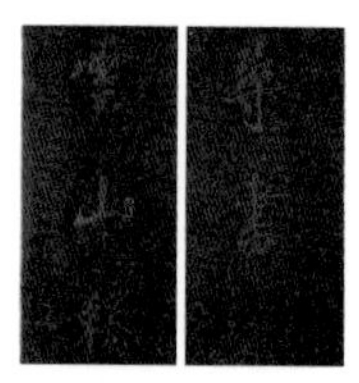

345 图4-19
清晚期陈瑜款朱红漆捻金堆珍珠粉工艺楹联局部细节的组图展示

353 图4-22
该赏屏架格式组合“腰板”与常见上下两拉枨中间夹装条环板式腰板的对比

358 图4-25
该案上赏屏所披稀疏白色织品

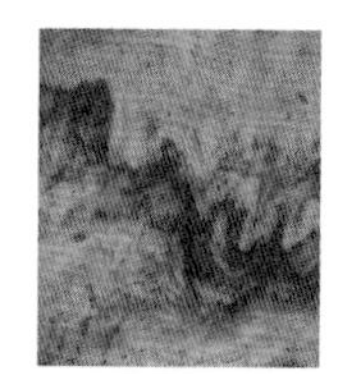

324 图4-8
纯天然大理石纹样

327 图4-11
清晚期铁梨木“石片儿”心砚屏

332 图4-14
明晚期黄花梨理石心赏屏

340 图4-17
较为少见表现形式书房匾

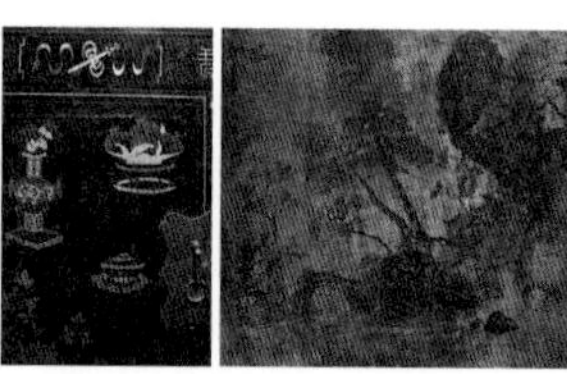

347 图4-20
相同工艺不同的人及相关做法下古代家具画面局部的对比

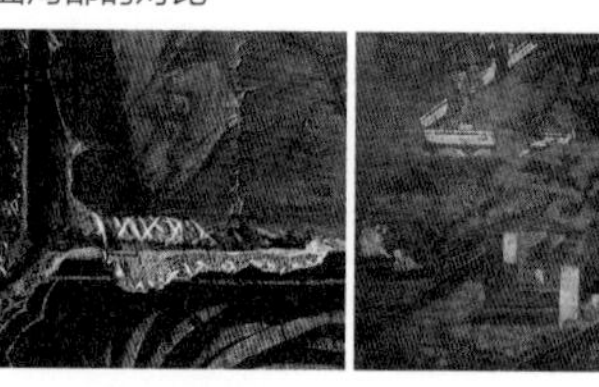

355 图4-23
该屏披布、披灰，髹黑、红大漆及彩绘描金工艺的局部组图

362 图4-26
该屏心的一面

326 图4-9
清中早期铁梨木“石片儿”心砚屏

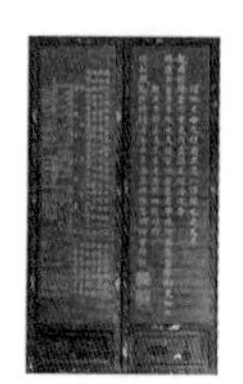

329 图4-12
清乾隆六年黄花梨自立型组合屏风（局部）

333 图4-15
清中期紫檀木嵌百宝松鹿延年赏屏

344 图4-18
清晚期陈瑜款朱红漆捻金堆珍珠粉工艺楹联

351 图4-21
明晚期杉木黑红漆披麻灰彩绘描金赏屏

357 图4-24
该赏屏底座“平足式”托泥和清中以后流行的“脚心式”托泥及其他各相应部件对比图的展示

363 图4-27
该屏心的另一面

365　图 4-28
清乾隆御制紫檀嵌百宝灯屏式赏屏

366　图 4-29
清乾隆御制紫檀嵌百宝灯屏式赏屏分体结构

368　图 4-30
该赏屏站牙雕工

371　图 4-31
该赏屏雕刻手法及工艺

372　图 4-32
该赏屏雕刻手法及包箱工艺

374　图 4-33
该赏屏灯箱前面边框掐金边走银线及所施工艺

376　图 4-34
该赏屏屏心前面漆灰及镶嵌工艺

377　图 4-35
该赏屏屏心背面漆灰及镶嵌工艺

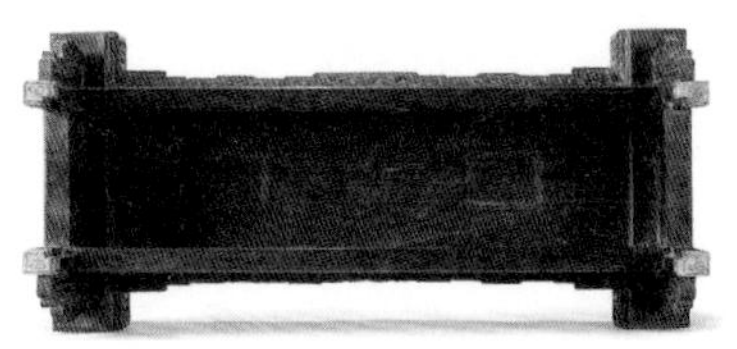

378　图 4-36
该赏屏底座内蜡烛台印迹

381　图 4-37
明晚期黄花梨玉石心砚屏

383　图 4-38
该砚屏底座侧面与站牙等部位展示

384　图 4-39
该砚屏黄花梨材质

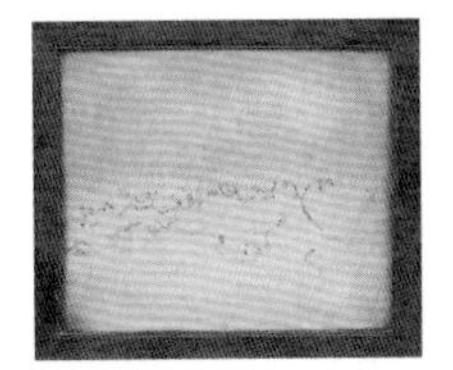

386　图 4-40
砚屏石片儿在日光条件下的效果

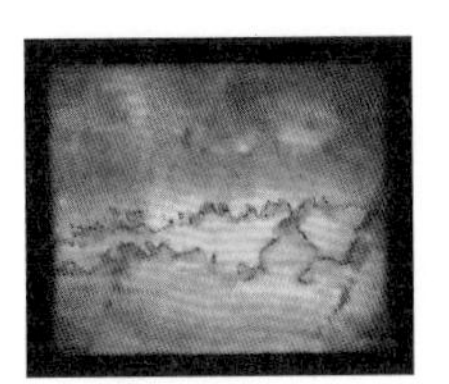

387　图 4-41
砚屏石片儿在光照下的效果

390　图 4-42
该砚屏腰板所饰寿字纹鼻祖“吕”字纹样

391　图 4-43
清早、中、晚及民国不同时期家具所用“寿”字纹样及相关纹样演变

397　图 4-44
明代榆木黑大漆云石心赏屏

398　图 4-45
该赏屏连体结构及局部细节

401　图 4-46
该赏屏侧面局部细节

402　图 4-47
赏屏石片儿的天然画面

409　图 4-48
明晚期楠木黑大漆素面枕屏

411　图 4-49
该屏整体结构及底座两侧托泥与抱鼓墩基座部分相关分料结构的线图

413　图 4-50
该枕屏侧面局部

414　图 4-51
该枕屏选材用料、披布披灰及漆面漆断等相关展示

416　图 4-52
明晚期黑漆龛屏（三件）

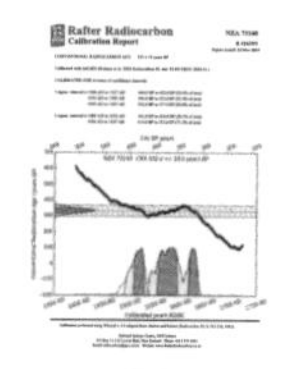

417　图 4-53
明晚期（约 1619 年）黑漆龛屏（三件）相关局部细节及碳十四检测报告

420　图 4-54
宋 王诜《绣栊晓镜图》中的枕屏

420　图 4-55
宋 佚名《荷亭儿戏图》中的枕屏

421　图 4-56
南宋 赵伯骕《风檐展卷》中的枕屏

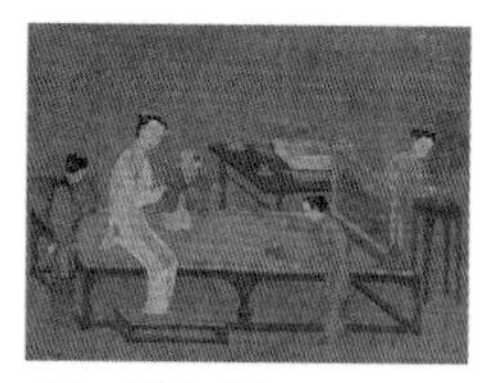

421　图 4-57
宋 佚名《戏婴图》中的枕屏

422　图 4-58
南宋 赵伯骕《风檐展卷》中的榻前小书桌

423　图 4-59
明代仿宋式黑大漆喷面书桌

425　图 4-60
明代宋元风格黑大漆矮束腰供桌的足部“停留”造型

425　图 4-61
宋式剑腿桌腿足部位的形制

425　图 4-62
宋 王诜《绣栊晓镜图》中四平面式梳妆台和《戏婴图》中榻、几等家具腿足局部细节

426　图 4-63
《韩熙载夜宴图》《风檐展卷》和《戏婴图》中所绘圆腿横拉枨桌案局部细节的对比

428　图 4-64
明 谢环绘《杏园雅集图》和清 郎世宁绘《仕女》中家具风格具有高度写实性

430　图 4-65
清中期榉木窄凉榻

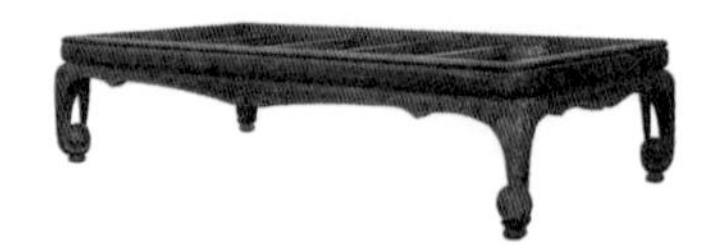

431　图 4-66
明代榆木髹黑大漆抱柱腿凉榻

437　图 4-67
宋 赵伯驹《风入松》图中枕屏与凉榻场景

438　图 4-68
明晚期楠木黑大漆素面枕屏置于凉榻之上的场景

后记

此书得以面世：

其一，赶上了一个好时代。20 世纪 60 年代初出生的我辈，虽生逢三年困难时期，童年的时光有些困苦与磨难，但自成年步入社会，恰逢国家改革开放之际。自 1984 年接触第一件古典家具，从“带路”“喝街”“拉乡”“铲地皮”，到略有认知、感悟，及小有起色，再经皆有提升、建立体系，直至后来的专注研究与收藏，过目家具不计其数，真金白银“荷枪实战”，大半辈子只干了这一件事儿。想来，除勤奋好学、努力拼搏以及儿时历练所形成的价值观受益终生外，其关键还在于，我赶上了经济飞速发展的特别年代，正值古典家具行业兴起、发展与繁盛的最佳时期。正可谓：“生逢其时，恰遇潮头。”

其二，幸遇了特殊机缘。伴随着人类文明的进步，中国古代家具，自诞生至今的数千年间，虽历经发明创造、传承发展与应用，但纵观往昔，谈及总体，论其实际，可用“制作”和“应用”形容概之，将其视为艺术品，特别是作为古董进行收藏，把家具文化纳入学术领域深入研究，几大价值得以充分体现，这是始于 20 世纪中叶，发展兴盛于 20 世纪晚期和 21 世纪初期的新鲜事儿，应为有人类文明以来，家具发展史上的首现或仅见，更可谓：“史无先例，后无同例。”

其三，具备团队力量与精神。此书的编写与修改，涉及知识面广、信息量大、专业及学术性强，面对如此数量之大的文字内容，以及数百张对应性强、佐证度高的各类图片选择、拍摄、剪修等海量工作，四年多来打磨折腾十几遍，谈何容易。幸有加斌、朝忠、艳丽、周颖、张辉、加旭、秀英、文祥等年轻一辈骨干力量，各尽所能与甘愿付出，真可谓：“众人拾柴火焰高。”

此书得以付梓，得益于一贯热衷于传统文化研究与弘扬的周默先生，他看到我执着、认真、严谨以及辛劳付出的同时，更感受到了此书的学术价值及份量所在，竭全力倾全能，在其学术支持下，在中国林业出版社的高度重视下，共就了此书的顺利出版。在此，真诚谢过周默兄，杜娟、李鹏二位编辑等老师们的辛勤付出！并就为此书的出版，给予热情帮助的吴义强院士、吴智慧教授以及曾经作出努力的邓雪松、徐小燕、周京南等老师同仁们表示感谢！

此书编写过程中，马未都先生亦师亦友般的一贯支持与厚爱，既是动力的注入，又是底气所在。常纪文先生的鼓励与指导，更是能量的汇聚，学术的加持。于山兄弟的友情支持愚牢记于心，崔凯、刘汝杰、郭宗平老师以及太原理工大学艺术学院师生等，对此书所涉绘画、诗词、图片、线图等相关释解、校修、绘制工作给予的支持与付出，深表感谢！

此外，对本书得以面世，曾各方面给予热情帮助的张爱红、梁欣然、杨惠、陈业、赵军、茹庆旭、吴振文、陈风、王文杰、王长杰、徐小川、邓波、徐刚、古耀辉、刘东洋、李鹏、余伟新、刘传彪、刘加龙、刘佳威、柯惕思（美国）等众位女士、先生们表示感谢！

对为本书提供实物、图片和资料的所有同仁与相关艺术馆、博物馆、拍卖行，特别是故宫博物院、中国林业出版社、中贸圣佳拍卖有限公司、北京收藏家协会、河南玉园等团体、机构给予的帮助与支持，表示感谢！

刘传俊

2023 年 11 月 26 日

致谢

提供实物、图片等相关资料的同仁与单位名单：（排序排名不分前后）

王媛、王国华、王何慧、邓波、张达明、刘海纯、刘大维、孙建龙、孙二培、赵军、张爱红、张涵予、张文胜、张旭、李增、李世辉、李光宝、陈风、陈宝立、杜峰、杭州藏家、罗汉（法国）、柯惕思（美国）、袁维娇、耿寿杰、耿瑞起、耿瑞胜、耿世彪、徐政夫、梁国宇、蒋念慈、黑健鹏、曾重庆、靳汇川。

万乾堂、元亨利、心怡斋、可园、留馀斋、菩提缘、河北省稍可轩博物馆、山西唐人居博物馆、山西平遥协同庆博物馆、河南洛阳民俗博物馆、故宫博物院。

相关艺术馆、博物馆、拍卖公司等有：

西泠印社、辽宁省博物馆、广州南越王博物馆、江苏镇江博物馆、台北故宫博物院、美国波士顿美术馆、美国弗利尔美术馆、美国克利夫兰艺术博物馆、美国明尼阿波利斯艺术博物馆、大都会博物馆、东京国立博物馆、中国保利国际拍卖公司、中国嘉德拍卖公司、中贸圣佳拍卖公司、中鸿信拍卖公司、香港佳士得拍卖公司、加拿大 A.H.Wilkens 拍卖公司。